Andrew C. Campbell

Was lebt im Mittelmeer?

Pflanzen und Tiere der Mittelmeerküste in Farbe
Illustriert von Roger Gorringe und James Nicholls

Kosmos · Gesellschaft der Naturfreunde
Franckh'sche Verlagshandlung · Stuttgart

Aus dem Englischen übersetzt und bearbeitet von Dr. Hilde Nittinger
Titel der Originalausgabe „The Hamlyn Guide to the Flora and Fauna
of the Mediterranean Sea",
erschienen bei The Hamlyn Publishing Group Ltd., Feltham 1982,
unter ISBN 0 600 35279 X und 0 600 36417 8
© 1982, The Hamlyn Publishing Group Ltd., Feltham
Mit 1012 Farbzeichnungen, 1 Karte und 133 Schwarzweißzeichnungen
von R. Gorringe, J. Nicholls, L. Rogers Assoc. und K. Ludlow

Umschlag von Edgar Dambacher unter Verwendung einer Farbzeichnung
von Marianne Golte-Bechtle

CIP-Kurztitelaufnahme der Deutschen Bibliothek

Campbell, Andrew C.:
Was lebt im Mittelmeer? : Pflanzen u. Tiere d.
Mittelmeerküste in Farbe / Andrew C. Campbell.
Ill. von Roger Gorringe u. James Nicholls. [Aus
d. Engl. übers. u. bearb. von Hilde Nittinger]. –
Stuttgart : Franckh, 1983.
    (Kosmos-Naturführer)
    Einheitssacht.: The Hamlyn guide to the flora
    and fauna of the mediterranean sea ⟨dt.⟩
    ISBN 3-440-05138-2
NE: Gorringe, Roger:; Nicholls, James:;
Nittinger, Hilde [Bearb.]

Was lebt im Mittelmeer?

Einleitung

Viele Generationen hindurch betrachteten die Bewohner der Küsten das Meer vorwiegend als Nahrungsquelle und als Handelsweg, wurden sich dabei aber auch mehr und mehr der Vielfalt des pflanzlichen und tierischen Lebens dieses Raumes bewußt.
Den Biologen bietet die Küste ein vorzügliches Übungsfeld, den Laien ein faszinierendes Gebiet für eine Fülle von Entdeckungen.
Das Mittelmeer wird heutzutage Jahr für Jahr von Tausenden von Touristen besucht, es ist immer noch ein wichtiger Schiffahrtsweg und bedeutende Industriezweige siedeln an seiner Küste. Aus diesem Grund ist dieses größte Beinahe-Binnenmeer auch sehr stark menschlicher Beeinflussung ausgesetzt. Es ist jedoch gegen Verschmutzung und Vergiftung durch Abwässer jeglicher Art gerade als Beinahe-Binnenmeer nicht unbegrenzt belastbar.
Das Anliegen dieses Buches ist es, dieses einzigartige Meer mit seiner Vielfalt an pflanzlichen und tierischen Lebewesen dem Benutzer nahezubringen und es ihm zu ermöglichen, die häufigeren tierischen und pflanzlichen Bewohner kennen- und verstehen zu lernen.

Wie man mit diesem Buch umgeht

Dieses Buch beschreibt etwa 1100 der häufigeren Pflanzen und Tiere des Mittelmeeres und bildet die meisten davon auch farbig ab.

Wollen Sie eine Art zum ersten Mal bestimmen, so verwenden Sie zunächst den groben Bestimmungsschlüssel auf den Seiten 10–13. Anhand der Schwarzweiß-Zeichnungen und der knappen Beschreibungen können Sie dann feststellen, wo in diesem Buch der gefundene Organismus näher beschrieben ist – die genauere Bestimmung kann dann auf dieser Seite durchgeführt werden. Fast alle im Text beschriebenen Arten sind abgebildet; zusätzlich wurden zur Unterscheidung ähnlicher Arten vielfach charakteristische Merkmale angeführt. Für bestimmte Unterscheidungsmerkmale sind schematische Strichzeichnungen im Text erforderlich geworden. Sehr oft sind auch die Angaben über das Vorkommen (z. B. „im Flachwasser", „im Schlamm", „bis in 100 m Tiefe") für eine exakte Bestimmung von Nutzen. Gleichzeitig sei aber darauf hingewiesen, daß die angegebenen Tiefen, in denen die betreffenden Arten vorkommen, nicht immer von gleicher Genauigkeit sind, zumal die diesbezüglichen Berichte oft stark voneinander abweichen. Neben der äußeren Gestalt sind für die Bestimmung einer Art noch viele andere Merkmale wichtig. Die Abbildungen enthalten keine Größenangaben, die wichtigsten Größenverhältnisse der verschiedenen Organismen sind im Text angeführt. Dabei ist aber zu bedenken, daß Jugendformen im allgemeinen unter der Durchschnittsgröße erwachsener Tiere bleiben, andererseits aber auch gelegentlich natürlich große Exemplare gefunden werden. Die Färbung kann bei Meerestieren überraschend variabel sein. Einige Wirbellose, besonders *Octopus* und *Sepia,* und einige Fische können ihre Farbe rasch und willkürlich ändern; andere Formen wechseln ihre Farbe bereits kurze Zeit nachdem sie gefangen und aus dem Wasser genommen wurden. Wo solche Farbänderungen bei der Bestimmung Verwirrung stiften, müssen andere Merkmale herangezogen werden. Wuchsform, auch Verhaltensweisen, wie z. B. die Art der Bewegung, können zudem helfen. Erwähnt sei auch, daß das Auftreten vieler Arten an den Küsten saisonbedingt ist. Viele Pflanzen erreichen ihren Höhepunkt im Frühjahr und Sommer, und die meisten Tiere zeigen von den Jahreszeiten abhängige Fortpflanzungszyklen, die bei Fischen zu Wanderungen führen können. Zu bedenken ist auch, daß viele Meereslebewesen nachtaktiv sind. Abschließend sei noch bemerkt, daß Männchen und Weibchen einiger Arten verschieden aussehen können; zeigt in solchen Fällen die Abbildung nur ein Geschlecht, so bedeutet ♀ weiblich und ♂ männlich. Wenn Sie glauben, den Namen eines gesammelten Objektes zu kennen, so schlagen Sie diesen im Register nach, das neben den wissenschaftlichen auch die allgemein gebräuchlichen deutschen Namen enthält. Für viele marine Pflanzen und Tiere gibt es jedoch keinen eingeführten deutschen Namen. Wir haben daher teils in freier Übersetzung, teils nach auffallenden Merkmalen auch für die Tiere und Pflanzen deutsche Namen gebildet, für die es bisher nur wissenschaftliche Bezeichnungen gibt – in diesem Buch sind jedoch auch noch eine ganze Anzahl von Organismen, die bisher nur unter ihrem wissenschaftlichen Namen bekannt geworden sind. Zu betonen sei jedoch, daß für die internationale Verständigung allein die wissenschaftlichen aus dem Lateinischen oder Griechischen abgeleiteten Namen von Bedeutung sind.

Das Mittelmeer

Dieses Buch deckt das gesamte Mittelmeergebiet ab, das von der Straße von Gibralta über das westliche Mittelmeer und die Adria bis zum östlichen Mittelmeer reicht. Die Verbindungen des Mittelmeeres zu anderen Meeren sind sehr eingeschränkt. Die Straße von Gibraltar ist der einzige Zugang zum Atlantik; sie ist nicht nur sehr schmal sondern wegen einer untermeerischen Schwelle auch sehr flach. Da das Wasser des Mittelmeeres einen etwas höheren Salzgehalt als der benachbarte Atlantik aufweist, nämlich 37–38% gegenüber 34–35%, ist es schwerer und sinkt ab, es strömt also nur in dem Maße nach außen in den Atlantik, wie es über die Gibraltarschwelle schwappt, während oberflächlich eine schwache Strömung atlantischen Wassers ins Mittelmeer einfließt. Was im Osten den künstlich angelegten Suezkanal betrifft, so besteht hier eine geringfügig nördliche Strömung, die Wasser vom Roten Meer durch den Kanal ins Mittelmeer führt. Seit der Eröffnung des Kanals im Jahre 1869 sind einzelne Fische und Wirbellose aus dem Roten Meer ins östliche Mittelmeer eingewandert.

Während der Tertiärzeit (vor 15–70 Millionen Jahren) sah die Topographie Europas ganz anders aus als heute: Ein ausgedehntes Meer, die Tethys, reichte vom Indopazifik im Osten zwischen Europa und dem südlichen Superkontinent Gondwana hindurch bis zum gegenwärtigen Atlantik und hatte Verbindung bis zur Arktischen Region. In den darauffolgenden gewaltigen Gebirgsbildungen und Kontinentalverschiebungen zerbrach das Gondwanaland in die Landmassen Antarktis, Südamerika, Afrika, Indien und Australien, die den Indischen Ozean zwischen sich ließen.

Das östliche Mittelmeerbecken stellt den letzten Überrest des einstigen Tethys-Meeres dar; durch die Nordwärtsbewegung der Landmassen im Zuge der Kontinentaldrift wurde das Mittelmeer ringsum eingeschlossen, mit Ausnahme eines schmalen Durchlasses im äußersten Westen. Aufgrund dieses erdgeschichtlichen Werdegangs und der weitläufigen Verbindungen der Tethys zu anderen Meeren findet man heute im Mittelmeer Tier- und Pflanzenarten, die von arktischen, atlantischen und indowestpazifischen, alle zunächst in die Tethys eingewanderten Vorfahren abstammen.

Die besonderen im Mittelmeer herrschenden Bedingungen ermöglichten es vielen dieser Organismen bis heute zu überleben.

Die westlichen Becken des Mittelmeeres sind relativ junge Bildungen – sie entstanden vor rund 25 Millionen Jahren, als sich kleine Blöcke von der europäischen Landmasse ablösten. Diese Schollen bilden heute die Inseln Korsika, Sardinien und Sizilien.

Die Oberflächenwasser des Mittelmeeres sind warm und ermöglichen das Gedeihen von Warmwasserformen. Die Wassermassen unter 50 m Tiefe sind jedoch kälter und schaffen dadurch einen günstigen Lebensraum für Kaltwasserformen.

Wie auf Seite 8 noch ausführlicher dargestellt wird, gibt es im Mittelmeer nur ganz geringe Gezeitenbewegungen, nur in der nördlichen Adria in der Gegend von Venedig ist eine deutliche Gezeitenschwankung bemerkbar. Die Gezeiten, obwohl ausgesprochen schwach, sind in der Lage, starke Ströme hervorzubringen, z. B. in der Straße von Messina, zwischen Italien und Sizilien. Hier erreicht die Strömungsgeschwindigkeit 2m/sec. Ungeachtet seiner geringen Ausdehnung, hat das Mittelmeer häufig hohen Seegang, besonders wenn saisonale Winde herrschen – wie Mistral, Schirokko oder Bora. Zwischen Sizilien und Tunesien sind Wellen von 12 Meter Höhe registriert worden.

Wegen seiner Isolierung von ozeanischen Strömungen und der Gefährdung durch Verunreinigung und Verseuchung, die bei einem Binnenmeer besonders hoch ist, sind die Oberflächenwasser im Mittelmeer nicht so produktiv wie die anderer Meere. Fische und Krustentiere sind jedoch zahlreich genug, um in den Mittelmeerländern eine gutgehende Fischerei zu unterhalten. Krustentiere sind ein wichtiger Faktor in der Ernährung der Küstenvölker. Muscheln, Hummer, Krabben und Garnelen werden an den Felsküsten zum Teil in Reusen gefangen. Felsgarnelen, die nur im tiefen Wasser vorkommen, werden mit Spezialnetzen gefischt. Tintenfisch und *Octopus* gelten allgemein als Delikatesse, Sardinen und Makrelen sind die Hauptwirtschaftsfische. Sie sind pelagisch und schwimmen nicht sehr tief; man fängt sie mit großen Kreisschließnetzen, die einen ganzen Schwarm einkreisen können, vorwiegend bei Nacht (wobei die Fische mit starken Lichtern angelockt werden). Daneben werden Brassen, Meeräschen, Dorschfische, Thune und Haie angelandet. Die benthischen Fische werden mit verschiedenen Bodenschleppnetzen gefischt und wie die Küstenfische auf den Fischmarkt gebracht. Sie werden in frischem Zustand bis weit ins Hinterland gebracht, während die Sardinen zu Konserven verarbeitet auf den Markt kommen.

Um das Mittelmeer vor Überfischung zu bewahren haben die Anrainerstaaten Schutzmaßnahmen beschlossen, doch es gibt noch viele Probleme – nicht zuletzt deshalb, weil einige der ergiebigsten Laichgründe durch landwirtschaftliche Maßnahmen verlorengingen.

Das Meer hält noch andere Resourcen bereit. In vielen Ländern wird Salz gewonnen, indem man das Meerwasser in flachen Pfannen verdunsten läßt bis das Salz auskristallisiert. In Israel wurde ein Verfahren entwickelt, um Süßwasser für Haushalts- und Bewässerungszwecke zu produzieren. In einigen Ländern wird noch die Schwammtaucherei betrieben, Tange werden örtlich als Düngemittel verwendet oder für die industrielle Gewinnung ihrer Inhaltsstoffe eingesammelt. Auf kargen Inseln wurde früher Seegras als Stallstreu genutzt.

Die folgende Karte zeigt die Temperaturen und den Gehalt an Salz (in %) des Mittelmeeres.

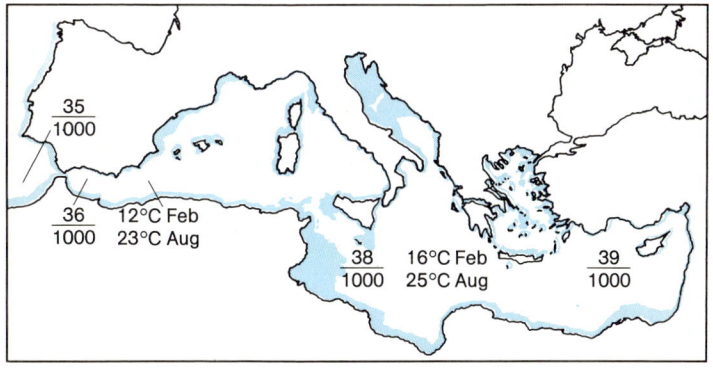

Die Mittelmeerküste

Als Küste bezeichnet man den Bereich, der zwischen dem höchsten Flut- und dem tiefsten Ebbeniveau liegt. Alles pflanzliche und tierische Leben innerhalb dieser beiden Grenzmarken ist den Bewegungen der Gezeiten und ihrer Nebenwirkungen ausgesetzt. Die Gezeiten werden im Prinzip durch die Anziehungskraft von Sonne und Mond auf die endlosen Wassermassen der Ozeane hervorgerufen.

Im Vergleich zu den Weltmeeren nimmt das Mittelmeer nur ein kleines Areal ein und ist somit in weit geringerem Maße diesen Gravitationskräften ausgesetzt. Außerdem ist es durch die enge Straße von Gibraltar vom angrenzenden Atlantik fast abgeschnitten. Die Gezeitenbewegungen sind daher sehr eingeschränkt und viel geringer als an den Küsten Nordwesteuropas oder der Nordsee. In Gibraltar liegt der Gezeitenunterschied bei 1 Meter, in Neapel beträgt er maximal 50 cm und in Alexandria 60 cm.

Daher ist für die Länder am Mittelmeer die Küste in engerem Sinne nur ein schmaler Bereich aus Fels, Sand und Steinblöcken. Bei schwerer See kann der Einfluß des Meeres durch Spritz- und Sprühwasser weiter landeinwärts reichen. In dieser Zone, dem Supralitoral, leben nur solche Tiere und Pflanzen, die Salzwasser tolerieren können. Die eigentliche Küste, das Eulitoral, das sich zwischen Ebbe- und Flutlinie ausdehnt – also dem regelmäßigen Wechsel von Wasser und Luft ausgesetzt ist – stellt ein schmales Band von 50 cm Höhe dar. An heißen Tagen werden Felsen und Sand stark erwärmt und ihren Bewohnern droht Überhitzung und Austrocknung. Auch starke Winde können zu Austrocknung führen, so daß die Tiere des Gezeitenbereiches, hätten sie keine spezifischen Anpassungen entwickelt, um den Wasserverlust einzuschränken, absterben müßten.

Da die Gezeitenunterschiede im Mittelmeer geringer und die Temperaturdifferenzen während der Ebbe extremer als an der Nordsee und am Atlantik sind, ist die Organismenwelt des Gezeitenbereiches nicht gerade reichhaltig. Eulitorale Algen sind zwar vorhanden, doch fehlen die riesigen Riemen- und Ledertange des Nordens völlig (abgesehen von einigen Stellen in der Adria). Stets vorhanden sind Tiere wie Seepocken und Strandschnecken oder andere hartschalige Mollusken. Obgleich an warmen Küsten die großen Algen während der Ebbe für viele weichhäutige Tiere Versteck und Schutz bieten, sind relativ wenige Tiere des Litorals auf sie als Nahrung angewiesen. Wichtiger für diese Tiere, die dem Druck der Brandung standhalten, sind die planktischen Algen, die ihnen zur Flutzeit als Nahrung dienen. Seepocken und Bryozoen ernähren sich z. B. auf diese Weise, kriechende Meeresschnecken (z. B. die Strandschnecke *Littorina neritoides*) weiden mikroskopisch dünne Algenfilme auf den Felsen ab oder ernähren sich von Krustenflechten.

Die relative Armut an tierischen Lebewesen in der Gezeitenzone des Mittelmeeres wird jedoch völlig wett gemacht durch ein vielfältiges und reichhaltiges tierisches Leben sowohl im Sublitoral, dem untersten Küstenabschnitt, der ständig vom Wasser überspült bleibt, als auch im Seichtwasser. Schnorchel, Taucherbrille und Schwimmflossen ermöglichen es vielen Menschen, eine Welt farbenprächtiger Tiere und Pflanzen von seltsamer Schönheit direkt unter dem Wasserspiegel zu erleben.

Bewahren, Erhalten und sinnvolles Sammeln

Viele Menschen wollen, wenn sie etwas Interessantes entdeckt haben, das Fundstück zur besseren Beobachtung oder zur genauen Bestimmung mit nach Hause nehmen. Gerade dies sollte jedoch vermieden werden, und so besteht das Hauptanliegen dieses Buches darin, als Naturführer nicht nur im Bücherregal zu stehen, sondern ins Gelände mitgenommen zu werden, so daß man Tiere oder Pflanzen aus ihrem natürlichen Lebensraum nicht zu entfernen braucht. Sind auch viele der hier beschriebenen Arten durchaus häufig, so trifft das nicht auf alle zu. Da einige Tiere ihre Geschlechtsreife unter Umständen erst nach Jahren erreichen und zudem zeitlich engbegrenzte Fortpflanzungsperioden haben, kann ihr Bestand durch eifrige Sammler reduziert, ja sogar gefährdet werden! Müssen aus irgendeinem wichtigen Grund Tiere mitgenommen werden, so trachte man, ihre Zahl möglichst gering zu halten. Besonders für Taucher erscheint es oft verlockend, eine größere Menge attraktiver Arten, die an einer bestimmten Stelle vielleicht gehäuft vorkommen, heraufzuholen; dieses oft zu beobachtende gehäufte Auftreten an sich seltener Organismen ist jedoch meist örtlich begrenzt und sollte daher nicht Anlaß zu falschen Schlüssen über die allgemeine Verbreitungsdichte einer Art führen. Müssen Sie unbedingt unter Wasser schießen, so benützen Sie eine Kamera – und keine Harpune, durch deren unsportlichen Gebrauch große standorttreue Fische stark dezimiert wurden.

Will man die Felsküste von der Landseite her untersuchen, so muß man harte Arbeit leisten, wenn man Tiere finden will, die in Felsspalten oder unter Steinblöcken hausen. Wer Steine wegräumt, sollte sie wieder an ihren alten Platz zurücklegen, so daß die Tiere, die es vorziehen, im Dunkeln zu leben, dies auch nachher noch tun können.

Auch die Felstümpel enthalten viele Organismen, zu denen auch schwimmende Formen gehören. An Sand- und Schlammküsten können die äußerlichen Zeichen von Leben zunächst kaum auffallen. Der erfahrene Beobachter wird jedoch bald die verschiedenen Sandkegel und Eingänge der im Substrat lebenden Würmer bemerken.

Sammeln Sie Tiere für einen bestimmten Zweck, so achten Sie auch auf diese: Schützen Sie sie vor Überhitzung, indem Sie den Behälter in einen Felstümpel stellen, in dem die Temperatur möglichst niedrig bleibt. Die mit ausreichend Wasser gefüllten Gefäße, in denen die Tiere entweder bedeckt sind oder frei schwimmen können, sollten nur während des eigentlichen Transportes verschlossen werden. Nehmen Sie wirklich nur dann Tiere zum genaueren Beobachten und Bestimmen aus ihrem natürlichen Lebensraum, wenn Sie auch sicher sind, sie am Leben erhalten zu können, und bringen Sie die Tiere auf jeden Fall nach Ihren Studien wieder in ihren gewohnten Lebensraum zurück!

Bestimmungsschlüssel
wesentlicher Systemgruppen
Pflanzen

viele feine Fäden 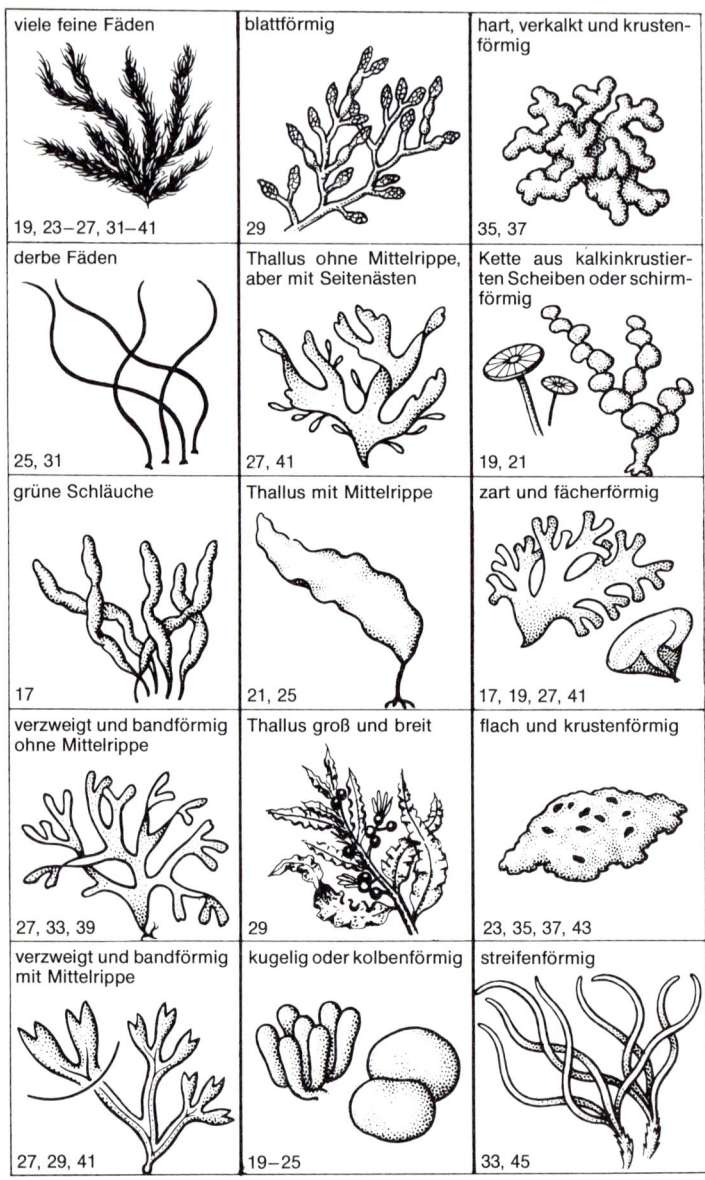19, 23–27, 31–41	blattförmig 29	hart, verkalkt und krusten- förmig 35, 37
derbe Fäden 25, 31	Thallus ohne Mittelrippe, aber mit Seitenästen 27, 41	Kette aus kalkinkrustier- ten Scheiben oder schirm- förmig 19, 21
grüne Schläuche 17	Thallus mit Mittelrippe 21, 25	zart und fächerförmig 17, 19, 27, 41
verzweigt und bandförmig ohne Mittelrippe 27, 33, 39	Thallus groß und breit 29	flach und krustenförmig 23, 35, 37, 43
verzweigt und bandförmig mit Mittelrippe 27, 29, 41	kugelig oder kolbenförmig 19–25	streifenförmig 33, 45

Pflanzenähnliche Tiere		Tiere mit gegliederten Beinen
einfache, verzweigte oder krustenförmige Schwämme	hart, verzweigte Wuchsform; weiche Tentakel	Körper klein; 6−8 Beine
51−55	81	221
verzweigte Wuchsform; Tentakel nicht einziehbar	fächerartige Wuchsform	Körper flach oder seitlich zusammengedrückt; mehr als 8 Beine
59−61	59−67, 83, 85	189−201
verzweigte Wuchsform; Tentakel einziehbar	freilebend; 5 Paar verzweigte Arme	Körper abgerundet oder seitlich zusammengedrückt; mit Scheren; mehr als 8 Beine
63−67	231	201−203
Körper weich; Tentakel umgeben den Mund	Kolonie verzweigt; Tentakel bei Störung zurückgezogen	Körper mittelgroß-groß, lang; mit Scheren und Schreitbeinen
73−79, 83	225−227	205−211
Körper hart; weiche Tentakel umgeben den Mund	Kolonie krustenförmig; Tentakel bei Störung zurückgezogen	Körper klein-groß, oval oder abgerundet; mit Scheren und Schreitbeinen
81	225	213−219

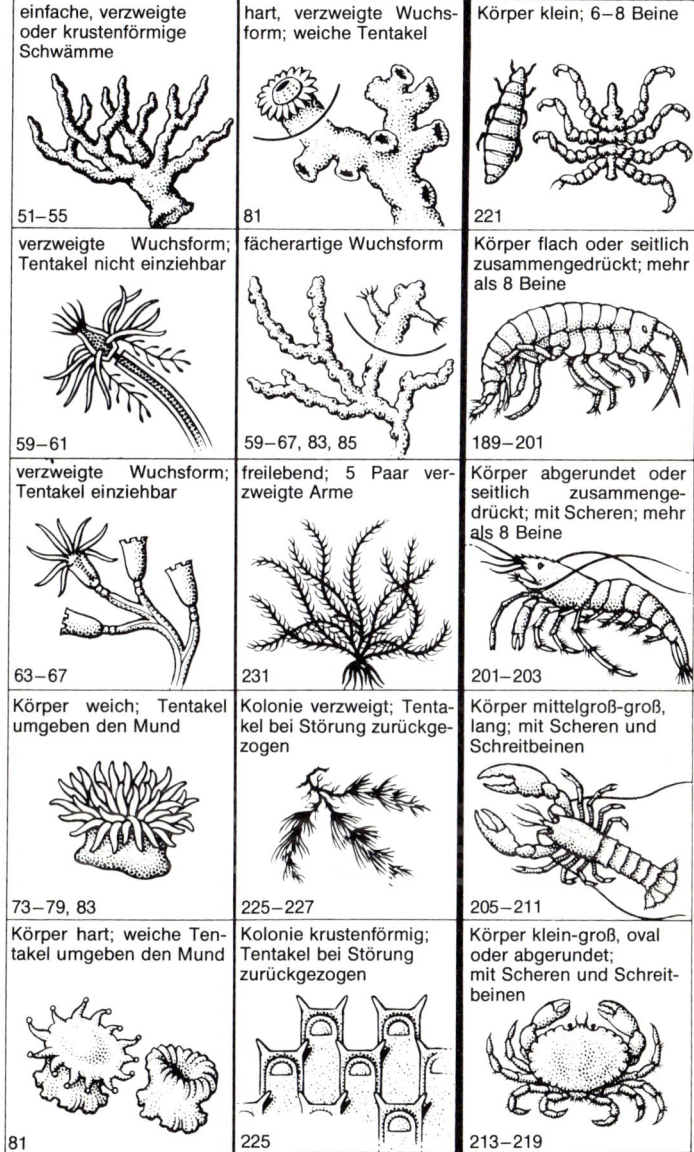

Tiere mit Schalen

mit 8 Schalenplatten	Schale röhrenförmig	2 kleine, gelenkige Schalenklappen; mit Kalkröhre
125	117, 119, 135, 179	179
flache, durchbrochene Schale	Schale kappen- oder pantoffelförmig	Körper gestielt, abgeflacht, mit schalenartigen Platten
127	139	185
kegelförmige Schale	Schale hornförmig	Schale klein, vulkanähnlich; festgewachsen
127–129, 157	157	185–187
gewundene, ungefurchte Schale	2 gelenkig verbundene, gleichartige Schalenklappen	Körper sternförmig
129, 139, 147, 157	159–179	231–235
gewundene, gefurchte Schale	2 gelenkig verbundene, ungleichartige Schalenklappen	Körper rundlich, stachelig
141–145	165	237–241

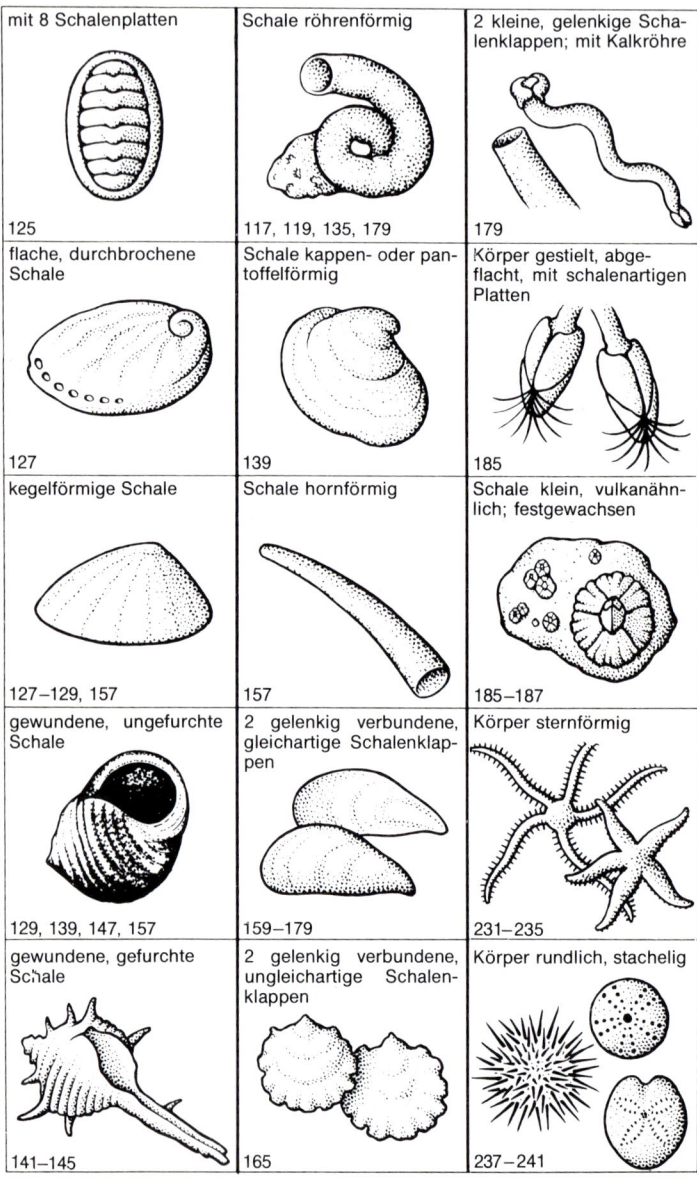

Tiere ohne Schalen

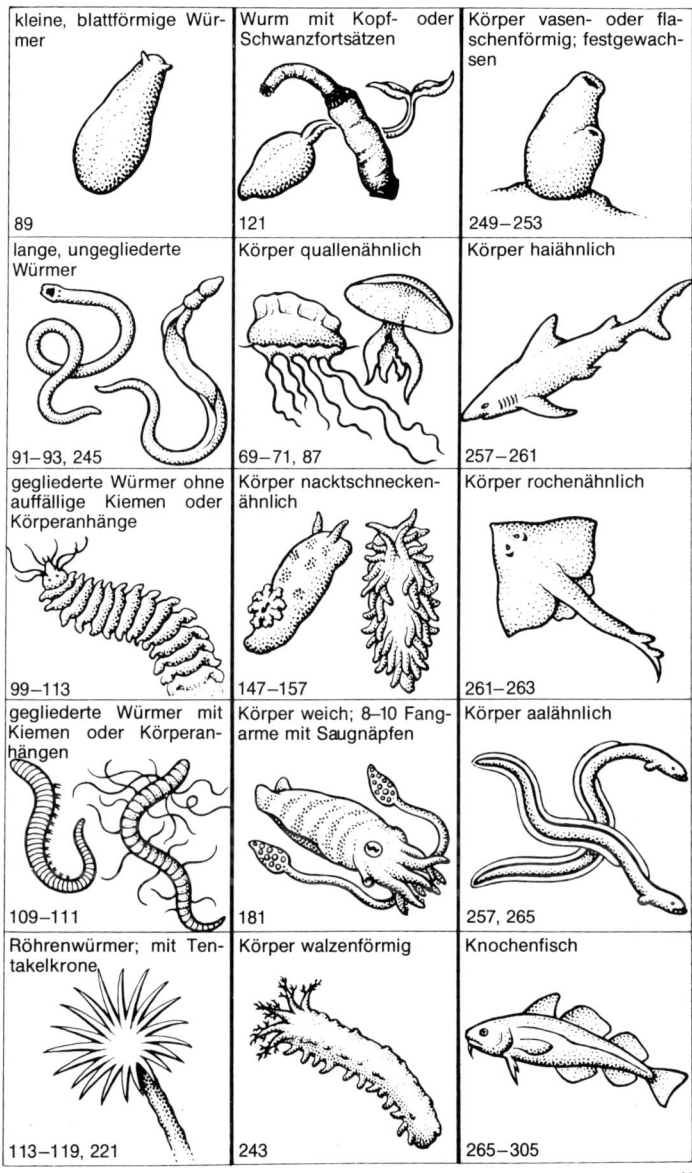

kleine, blattförmige Würmer	Wurm mit Kopf- oder Schwanzfortsätzen	Körper vasen- oder flaschenförmig; festgewachsen
89	121	249—253
lange, ungegliederte Würmer	Körper quallenähnlich	Körper haiähnlich
91—93, 245	69—71, 87	257—261
gegliederte Würmer ohne auffällige Kiemen oder Körperanhänge	Körper nacktschneckenähnlich	Körper rochenähnlich
99—113	147—157	261—263
gegliederte Würmer mit Kiemen oder Körperanhängen	Körper weich; 8—10 Fangarme mit Saugnäpfen	Körper aalähnlich
109—111	181	257, 265
Röhrenwürmer; mit Tentakelkrone	Körper walzenförmig	Knochenfisch
113—119, 221	243	265—305

Das Pflanzenreich

Das Pflanzenreich umfaßt eine Anzahl systematischer Großgruppen, deren Formenreichtum vom einfachen, nur mit Hilfe eines Mikroskopes sichtbaren Organismus bis zu den großen, allen vertrauten Bäumen reicht. Das Meer bietet jedoch nur wenigen Pflanzengruppen einen geeigneten Lebensraum, in ihrer Mehrzahl gehören sie zu den niederen Pflanzen, den Lagerpflanzen (Thallophyten). Diese Gruppe umfaßt die Algen (einschließlich der Tange), Pilze und Flechten. Die einzigen höheren Pflanzen, die nennenswert im Meer vorkommen, sind einige wenige Vertreter der Blütenpflanzen (Angiospermae).

Die grüne Pflanze ernährt sich im Gegensatz zum Tier autotroph, d. h. sie baut mit Hilfe der Photosynthese organisches Material aus anorganischen Substanzen auf; alle Tiere hängen deshalb direkt und indirekt von den Pflanzen ab. Pflanzen stellen daher die ersten lebenden Glieder jeder Nahrungskette und in jedem Nahrungssystem dar (mit den Begriffen Nahrungskette bzw. Nahrungssystem werden die zwischen Organismen und ihren Konsumenten oder Räubern bestehenden Nahrungsbeziehungen beschrieben).

Die Algen werden in eine Anzahl Klassen unterteilt, von denen hier 3 behandelt werden; dies sind die Grünalgen (Chlorophyceae), die Braunalgen (Phaeophyceae) und die Rotalgen (Rhodophyceae). Ist auch die Farbe offensichtlich das Hauptunterscheidungsmerkmal, so muß doch berücksichtigt werden, daß gerade sie sehr variabel sein und darüber hinaus in auffälliger Weise wechseln kann, besonders dann, wenn die Pflanzen längere Zeit trocken liegen oder gar im Absterben sind. Die Farbe allein ist daher eher ein unbrauchbares Bestimmungsmerkmal, eine Tatsache, die sehr häufig auch für Tiere gilt. Die Bestimmung von Meeresalgen basiert im wesentlichen auf der Wuchsform. Eine exakte Artbestimmung ermöglicht oft nur eine sorgfältige Untersuchung mikroskopischer Merkmale, doch geht eine solche Bestimmung in größerem Umfang weit über den Rahmen dieses Buches hinaus. Trotzdem sollte es dem Leser möglich sein, mit Hilfe der Beschreibung der Wuchsform, der Farbtafeln und ein wenig Übung auch in diesem recht schwierigen Gebiet der Meeresbiologie Erfolg zu haben.

Der Vegetationskörper (Thallus) einer typischen Meeresalge besteht im allgemeinen aus einem basalen Haftorgan, das der Verankerung am Untergrund dient, und einem assimilierenden, unterschiedlich gestalteten Abschnitt, der bei einzelnen Arten eine Differenzierung in stengel- und blattähnliche Organe aufweisen kann. Vielfach kann der Thallus von seinem Haftorgan losgerissen und an die Küste geschwemmt werden; daher zeigen nicht alle Abbildungen das Haftorgan. Im Gegensatz zu höheren Pflanzen sind bei den meisten Algen die Thalli noch wenig in verschiedenartige Gewebe differenziert, und nur einige, wie z. B. die Laminarien, verfügen über eine Art Gefäßsystem. Daraus folgt, daß die meisten Zellen nicht spezialisiert sind und mehrere Funktionen ausüben können; spezialisierte Zellen, wie sie in den Haft- und Vermehrungsorganen vorkommen, sind auf relativ kleinen Umfang beschränkt. Die Form des gesamten Thallus wie auch die seines Haftorganes sind wesentliche Bestimmungsmerkmale. Letzteres kann scheibenförmig oder wurzelartig sein bzw. einem Wurzelgeflecht gleichen, stellt jedoch keine echte Wurzel dar, da es die Alge nicht mit Wasser und den darin gelösten Stoffen versorgen kann. Der Thallus selbst kann verschiedenste Wuchsform, wie rund, abgeflacht-blattförmig, schlauch- oder fadenförmig, krustenartig, blattartig mit oder ohne Rippen, etc. zeigen. Die Art der Verzweigung ist ebenfalls wichtig; sie kann gegabelt, wechselständig, schraubig oder auch fiederartig sein; Bild 1 zeigt einige der Möglichkeiten.

Bei einigen Arten, vor allem bei den Braun- und Rotalgen, hilft die Form und Verteilung der Vermehrungsorgane bei der Bestimmung weiter. Unter den Braunalgen gilt dies besonders für die Ordnung Fucales (z. B. *Fucus*). Hier bestehen die Vermehrungsorgane aus kleinen Gruben, die sich mit winzigen Poren nach außen öffnen und zumeist in Verdickungen des Thallusgewebes nahe den Spitzen der Verzweigungen sitzen. Bei anderen Ordnungen, wie z. B. Ectocarpales (z. B. *Ectocarpus*) kann man die Vermehrungsorgane mit einer Lupe auf den Seiten der Zweige oder im Winkel zwischen Stämmchen und Seitenast erkennen. Einige andere Gattungen, wie z. B. *Padina*, tragen ihre Vermehrungskörper in Gruppen zusammenstehend auf der Oberfläche des Thallus. Auch Vertreter der Rotalgen verfügen über in das Thallusgewebe eingesenkte Vermehrungsorgane, die bei anderen Gattungen, wie z. B. *Polysiphonia*, an kleinen Seitenästen stehen oder aber wie bei *Dilsea* im Pflanzeninneren verborgen sein können; bei manchen Rotalgenarten sind sie nur äußerst schwer zu erkennen. Obige Beschreibung berücksichtigt weder die Form noch die Art oder Funktionsweise dieser Vermehrungsorgane,

Bild 1. Verschiedene Typen der Thallus-Verzweigung und der Anordnung der Vermehrungsorgane. **a** gegabelt, **b** gegenständig, **c** gegenständig mit gefiederten Seitenzweigen, **d** wechselständig mit wechselständigen Seitenzweigen, **e** schraubig, **f** Thallusspitzen von *Fucus* mit Vermehrungskörpern (schwarz), **g** Vermehrungskörper von *Ectocarpus* (vergrößert), **h** Vermehrungskörper von *Polysiphonia* (vergrößert)

sondern beschränkt sich nur auf deren Verteilung. Wo es notwendig erscheint, wird dies im Text noch erwähnt. Bild 1 zeigt auch einige dieser Vermehrungsorgane und ihre jeweilige Anordnung.

Die Lebenszyklen mariner Algen erscheinen auf den ersten Blick recht kompliziert; im Prinzip wechseln zwei Generationen miteinander ab. Die eine ist die sog. Sporophyten-Generation, welche die ungeschlechtlich entstandenen Sporen trägt, aus denen sich die andere, die Gametophyten- oder Geschlechtsgeneration entwickelt. Letztere kann männliche und weibliche Organe auf ein und derselben Pflanze oder auf zwei getrennten Pflanzen ausbilden. Durch geschlechtliche Vermehrung entsteht wieder eine neue Sporophytengeneration. Gleichen sich die Sporophyten- und Gametophytengeneration, so bezeichnet man sie als isomorph, sind sie jedoch voneinander verschieden, nennt man sie heteromorph. In einigen Fällen sind die Lebenszyklen jedoch nicht ganz so einfach; eine diesbezüglich genauere Darstellung würde den Rahmen dieses Buches bei weitem übersteigen.

Die Verbreitung der Meeresalgen wird durch das für die Photosynthese benötigte Licht begrenzt; so sind diese Algen auf Tiefen beschränkt, in denen noch ausreichende Lichtverhältnisse vorherrschen. Auch starke Trübung des Meerwassers reduziert die Helligkeit und damit auch das Aufkommen von Pflanzen; nur einige Arten können unter einem verminderten Lichtangebot, wie es z. B. für eine Höhle charakteristisch ist, existieren.

Das Mittelmeer zeigt eine Vielfalt von Lebensräumen sowohl hinsichtlich der physikalischen Bedingungen als auch der Art des Meeresbodens, jedoch schränkt das Fehlen ausgeprägter Gezeitenbewegungen die Verbreitung von Meerespflanzen an der Küste stark ein. Es ist das seichte küstennahe Wasser, in dem eine wirkliche Vielfalt vorzufinden ist, aus diesem Grund wird das Pflanzenvorkommen hauptsächlich vom Bodentypus beeinflußt. Felsböden zeichnen sich durch eine Fülle an Grün-, Braun- und Rotalgen aus, während Sandböden von ausgedehnten Beständen des Seegrases Posidonia bewachsen sind, die ihrerseits ein Substrat für Algen und seßhafte wirbellose Tiere bilden.

Obgleich Braunalgen an felsigen Standorten reichlich vertreten sind, fehlen sie mit ihren großen Vertretern, den Tangen, welche die beherrschende Algenflora Nordwesteuropas ausmachen. Nur in der Adria sind große Braunalgen anzutreffen.

Die Literatur über die mediterrane Meeresflora ist weit verstreut, und infolge der verschiedenen Sprachen und unterschiedlicher Namen ist es nicht leicht, die Zahl der gemeldeten Arten endgültig anzugeben.

Diese Darstellung schenkte den Flechten und marinen Angiospermen kaum Beachtung, sie werden auf den Seiten 42–45 berücksichtigt. Hier soll nur erwähnt werden, daß Flechten in der Spritzwasserzone vorkommen und eher für terrestrische Lebensräume typisch sind, während Seegräser hochspezialisierte Blütenpflanzen sind.

Lagerpflanzen (Thallophyta)
Algen (Phycophyta)

Diese vorwiegend im Wasser lebenden Pflanzen verfügen über einen grünen Assimilationsfarbstoff, das Chlorophyll. Als Thallophyten lassen sie keine Differenzierung in echte Wurzeln, Stämme und Blätter erkennen, desgleichen fehlt ihnen ein Gefäßsystem. Die Vermehrung erfolgt geschlechtlich über Gameten, ungeschlechtlich über Sporen.

Grünalgen (Chlorophyceae)

Algen, bei denen das Chlorophyll nicht durch rotes oder braunes Pigment überdeckt ist. Sie umfassen winzige, einzellige Formen wie auch vielzellige, große Arten mit fädigen, büscheligen, gegliederten und blattartigen Thalli.

Palmophyllum crassum
Thallus 30 cm lang, fächerförmig. Farbe: Olivgrün. Vorkommen: In 50−60 m Tiefe, auf Steinen, Kalkalgen und Cystosiren-Stämmen (siehe Seite 28).

Ulva lactuca Meersalat
Thallus 15−50 cm hoch, lappig verbreitert, blatt- oder bandartig, oft mit eingerissenen Rändern, im einzelnen von variabler Gestalt; im allgemeinen oben breiter als an der Basis; Stiel, so vorhanden, massiv. Farbe: Durchscheinend grün. Vorkommen: Auf Felsen, von der oberen Gezeitenzone bis etwa 10 m Tiefe; stellenweise auch in Fluttümpeln; zum Teil losgerissen und frei treibend bzw. angeschwemmt.

Enteromorpha intestinalis Darmtang
Thallus 5 cm−1 m und länger; röhrenförmig, unregelmäßig aufgebläht und gewunden; im allgemeinen unverzweigt; oben verbreitert, an der Basis gestielt. Farbe: Hellgrün. Vorkommen: In Fluttümpeln der oberen Gezeitenzone, manchmal angespült; bisweilen im Brackwasser.

Enteromorpha compressa Flacher Darmtang
Thallus bis 30 cm hoch; röhrenförmig; Hauptstamm nur gegen die Basis zu verjüngt, verzweigt sich normalerweise in eine Reihe ähnlicher Seitenäste. Farbe: Dunkel- bis hellgrün. Vorkommen: An Felsen und untergetauchten Holzbauten, an der Küste häufig angeschwemmt, auch im brackigen Wasser.

Enteromorpha linza (= Ulva linza) Gewellter Darmtang
Thallus 10−50 cm hoch; abgeflacht, nur an den Rändern hohl (an einem Querschnitt bei sorgfältiger Betrachtung unter dem Mikroskop sichtbar); unverzweigt, verjüngt sich von der Mitte etwas gegen die Basis und Spitze; Ränder wellig. Farbe: Leuchtend grün. Vorkommen: In der Küstenzone, vorwiegend auf Felsen, manchmal angeschwemmt.

Anmerkung: Die genaue Bestimmung der Enteromorpha-Arten ist schwierig und erfordert eine mikroskopische Untersuchung.

Cladophora prolifera
Thallus bis 20 cm lang, mit kurzem Stiel, mehrfach verzweigte Äste, die dichte Büschel bilden, mit Rhizoiden befestigt. Die mikroskopische Untersuchung zeigt langgestreckte Zellen, die mit der Entfernung von der Basis kürzer werden. Farbe: Braun-grün. Vorkommen: Zwischen Steinen und Cystosiren (siehe Seite 28), bis 20 m tief.

Cladophora pellucida (nicht abgebildet)
Thallus bis 14 cm lang, steif, bäumchenartig, am Substrat mit Rhizoiden verankert, distale Enden unregelmäßig verzweigt. Die mikroskopische Untersuchung zeigt, daß der Thallus aus langgezogenen Zellen besteht, die von der Basis entfernt kleiner werden. Farbe: Leuchtend grün mit rotem Anflug am Grund. Vorkommen: In Wassertümpeln, nahe der Wasseroberfläche.

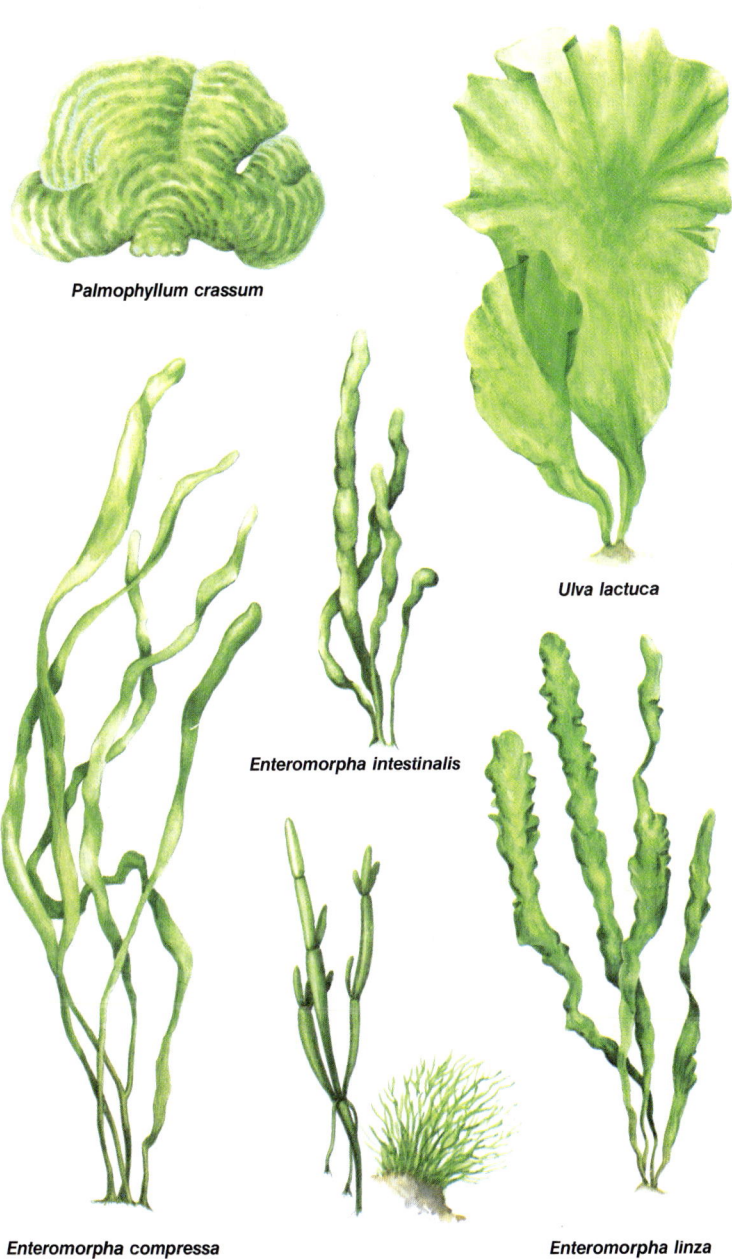

Palmophyllum crassum

Ulva lactuca

Enteromorpha intestinalis

Enteromorpha compressa

Cladophora prolifera

Enteromorpha linza

Dasycladus clavaeformis Keulenalge
Thallus 3 cm lang, keulenförmig, verjüngt sich gegen die Basis zu, mehrere Thalli sitzen an einer gemeinsamen Verankerung. Farbe: Grün mit rauher Oberfläche. Vorkommen: Auf Felsen, zwischen Sand und Kies im seichten und tieferen Wasser.

Acetabularia mediterranea Schirmchenalge
Thallus bis 8 cm hoch; Thallusstiel trägt schirmchenförmige Scheibe, die aus einer großen Anzahl von radial angeordneten Fächern besteht; Stiel mit Kalkeinlagerung und dadurch verfestigt. Farbe: Grünlich-weiß. Vorkommen: Auf Felsen und Steinen in der Gezeitenzone und im Flachwasser.

Derbesia lamourouxi Derbesia
Thallus 5 cm hoch, als Büschel von fadenförmigen aufrechten, selten verzweigten Thalli aus einer gemeinsamen Basis wachsend. Farbe: Leuchtend grün. Vorkommen: Im Seichtwasser zwischen anderen Algen und Steinen.

Bryopsis plumosa Grüner Federtang
Thallus bis 10 cm hoch; federförmig, die gefiederten Seitenäste sind am Hauptstämmchen mehr oder minder gegenständig angeordnet; Seitenzweige werden gegen die Thallusspitze kürzer, desgleichen die Fiederchen. Farbe: Männliche Pflanze gelb-grün, die weibliche hingegen dunkelgrün; glänzend. Vorkommen: Auf Felsen und Steinen sowie an den Wänden der Fluttümpel.

Bryopsis balbisana
Thallus 7 cm hoch, mit endständigen, fiederförmigen Verzweigungen, Stiel nackt. Farbe: Dunkelgrün. Vorkommen: In Seichtwasser, auf Steinen oder anderen Algen wachsend, z. B. auf *Corallina elongata* (siehe Seite 34).

Udotea petiolata
Thallus 6,5 cm lang, fächerförmig, Ränder gelappt, gestielt, dem basalen Haftorgan können mehrere Fächer entspringen. Vorkommen: Auf Sand, Steinen und Felsen, bis 60 m tief.

Dascycladus clavaeformis

Acetabularia mediterranea

Derbesia lamourouxi

Bryopsis plumosa

Bryopsis balbisana

Udotea petiolata

Valonia utricularis Seetraube
Thallus 3 cm hoch, ziemlich blasig und kolbenförmig; auf einem gemeinsamen Haftorgan sitzen meist mehrere Thalli. Farbe: Glänzend grün. Vorkommen: Auf Felsen, bis 10 m tief.

Halimeda tuna Meerkette
Thallus etwa 9 cm hoch; bildet Ketten aus einer Anzahl mit Kalk inkrustierter, scheibenförmiger Glieder; manchmal unregelmäßig verzweigt. Vorkommen: Im allgemeinen an schattigen Stellen wie Felsüberhänge, Höhleneingänge und Spalten, im Unterwuchs größerer Algen, bis 20 m Tiefe.

Codium tomentosum Grüne Gabelalge
Thallus 25−35 cm hoch; Büschel aus röhrenförmigen, dichotom und reich verzweigten Ästen mit rauher, filziger Oberfläche. Haftorgan scheibenförmig, besteht aus einem Geflecht das Substrat durchsetzender Fäden. Farbe: Dunkelgrün. Vorkommen: Auf Steinen zwischen Sand und Schlamm, vom seichten Wasser bis in 20 m Tiefe.

Codium bursa Meerball
Thallus 3−20 cm Durchmesser; feine, miteinander verflochtene Thallusfäden bilden eine weiche, schwammähnliche, meist abgeflachte hohle Kugel; ein Geflecht verfilzter Fäden dient zur Verankerung am Substrat. Farbe: Dunkelgrün. Vorkommen: Vorwiegend an beschatteten Felswänden, meist in geringer Tiefe; auf Steinen und auch auf sekundären Hartböden in größerer Tiefe; manchmal losgerissen und angespült.

Codium difforme (nicht abgebildet)
Thallus bis 6 cm, rundliche, krustenförmige Überzüge bildend. Farbe: Dunkelgrün. Vorkommen: Auf harten Unterlagen Krusten bildend, bis 40 m tief.

Caulerpa prolifera
Thallus 1,5 cm lang, blattartig breit, entspringt von kriechenden Stielen, die mit Rhizoiden verankert sind. Vorkommen: Auf Sandböden, häufig an Hafenplätzen oder geschützten Orten, wo diese Alge wiesenartige Bestände bildet.

Valonia utricularis

Halimeda tuna

Codium tomentosum

Codium bursa

Caulerpa prolifera

Braunalgen (Phaeophyceae)

Algen, bei denen das Chlorophyll vor allem durch den braunen Farbstoff Fucoxanthin überdeckt ist. Dies sind vielzellige, häufig eine beachtliche Größe erreichende, im allgemeinen am Substrat verankerte Pflanzen. Sie bevorzugen kühles Wasser und bilden daher die beherrschende Vegetation der felsigen Meeresküste Nordwest-Europas, während sie im Mittelmeer nur spärlich vertreten sind.

Ectocarpus siliculosus Felsen-Faseralge
Thallus 12–30 cm lang; Büschel verfilzter, feiner, verzweigter Fäden, die nur gegen die Spitzen frei werden; Seitenäste stehen sehr unregelmäßig; Haftorgan fädig und kriechend; mit Hilfe einer Lupe kann man sowohl die keulenförmigen als auch die langgestreckten, spitz zulaufenden Vermehrungskörper im Bereich der Zweigspitzen, die zumeist auf kurzen Stielen sitzen, erkennen. Farbe: Gelb-grün-braun. Vorkommen: Auf Steinen und Felsen, vom Ufer abwärts.

Anmerkung: Diese Art und die folgende sind sog. Sammelarten, in denen früher getrennte *Ectocarpus*-Arten zusammengefaßt sind.

Ectocarpus confervoides (nicht abgebildet)
Thallus 5 cm lang, Büschel verfilzter, feiner, verzweigter Fäden; Haftorgan fädig und kriechend. Mit Hilfe einer Lupe sind die keulenförmigen Vermehrungskörper (Sporangien) zu erkennen. Farbe: Braun gebändert, infolge unterschiedlicher Verteilung des Pigments im Thallus. Vorkommen: Auf Steinen und großen Algen.

Ralfsia sp.
Thallus bildet unregelmäßige, oft ledrige, an den Rändern gelappte, krustenförmige Überzüge von 2–10 cm Durchmesser und 25 mm Dicke; im Winter treten kleine, keulenförmige, mit der Lupe sichtbare Vermehrungskörper auf der Thallusoberfläche auf; Gametophyt und Sporophyt isomorph (siehe Seite 15). Farbe: Dunkelbraun-schwarz. Vorkommen: Auf Felsen und Steinen, häufig an exponierten Stellen. *Ralfsia verrucosa* ist ein typischer Vertreter dieser Gattung.

Stilophora rhizoides Wurzelalge
Thallus 15–60 cm hoch, gabelig verzweigt, Seitenzweige verjüngen sich gegen die Spitzen zu und sind mit kleinen Fadenbüscheln und Warzen bedeckt; Thallus in der Jugend massiv, mit zunehmendem Alter röhrenförmig. Vorkommen: Auf Felsen und anderen Algen im Sublitoral, häufig auch in Gewässern mit geringem Salzgehalt, z. B. in Flußmündungen.

Spermatochnus paradoxus
Thallus bis 20 cm lang, abwechselnd verzweigt, unter der Lupe sind viele kleine dunkle Gebilde, die zu zweien oder dreien aufgereiht sind, zu erkennen. Farbe: Bräunlich. Vorkommen: Auf Steinen und Algen, von 10–40 m Tiefe.

Asperococcus turneri (= *A. bullosus*) Körniger Blasenschlauch
Thallus 15–30 cm hoch; bildet blasig aufgetriebene, auf einem kurzen, dünnen Stiel sitzende Schläuche; Haftorgan klein und scheibenförmig; häufig in Gruppen beisammenstehend; Thallusgewebe weich, häutig und leicht transparent, wird mit zunehmendem Alter dicker. Farbe: Olivgrün. Vorkommen: Auf Felsen und epiphytisch auf größeren Algen, in der Gezeitenzone und im flachen Wasser.

Stictyosiphon adriaticus
Thallus bis 20 cm lang, stark verzweigt, wechsel- oder gegenständig. Farbe: Gelbbraun. Vorkommen: An Steinen, Schalen oder anderen Algen angeheftet, am Ufer und im seichten Wasser.

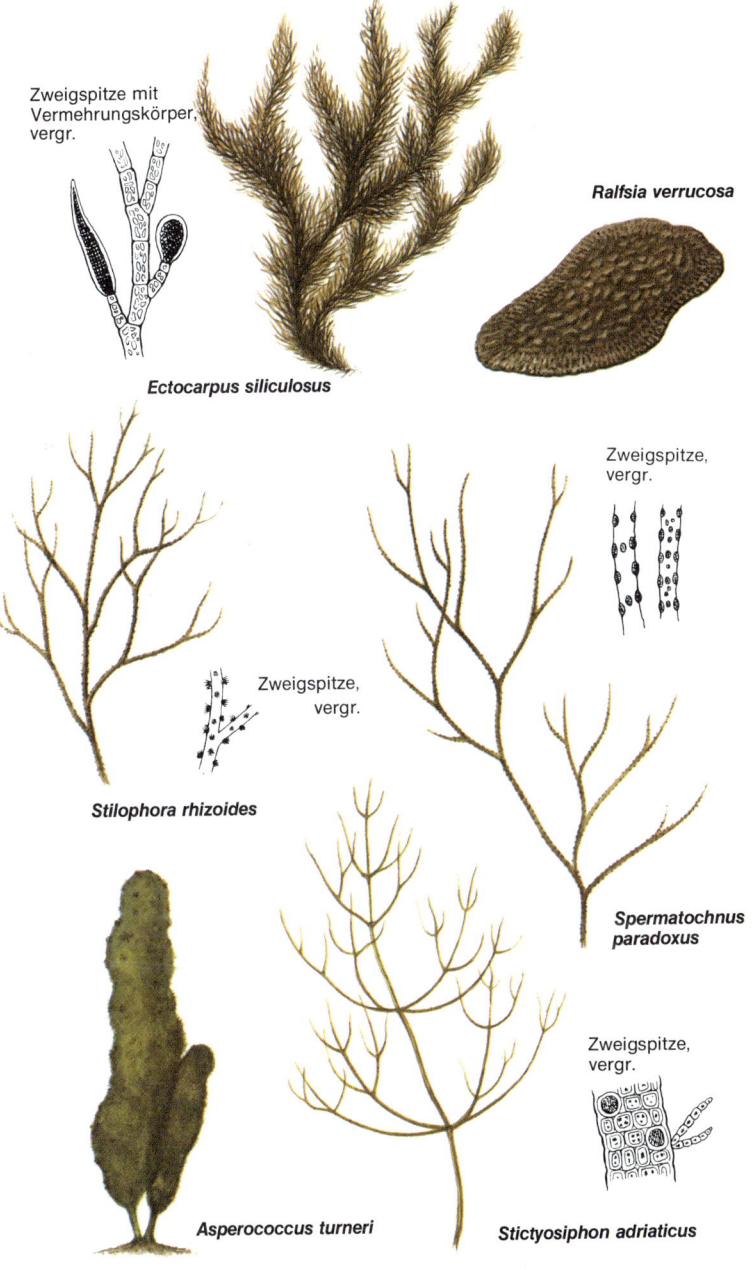

Zweigspitze mit
Vermehrungskörper,
vergr.

Ectocarpus siliculosus

Ralfsia verrucosa

Zweigspitze,
vergr.

Zweigspitze,
vergr.

Stilophora rhizoides

**Spermatochnus
paradoxus**

Zweigspitze,
vergr.

Asperococcus turneri

Stictyosiphon adriaticus

Punctaria sp. Meerwegerich
Thallus 20−40 cm lang, 7,5 cm breit; aufrechte, unverzweigte, blattähnliche Thalli, die auf einem kurzen Stiel stehen und mit kleinen Haarbüscheln besetzt sind; das obere Ende kann spitz oder stumpf sein. Vorkommen: Auf Felsen, Steinen und Schalen, im seichten Wasser.
Punctaria latifolia ist typisch für diese Gattung.

Colpomenia sinuosa Knollenalge
Thallus besteht aus einem dünnwandigen, hohlen, kugelförmigen Gebilde von 20 cm Durchmesser, gewöhnlich aber kleiner, von feinen braunen Tupfen bedeckt. Vorkommen: In Fluttümpeln und häufig auf anderen Algen oder Muschelschalen angeheftet, am Ufer und im Seichtwasser.

Petalonia sp.
Thallus bis 30 cm lang, 6 cm breit, Ränder zum Teil gewellt; der kurze Stiel verbreitert sich rasch zum breiten, blattartigen Thallus, er ist wesentlich kürzer als bei den Laminarien. Farbe: Glänzend, grünbraun. Vorkommen: Auf sandbedeckten Steinblöcken, in Fluttümpeln am Ufer.
Petalonia fascia (Bandblatt) ist ein typischer Vertreter dieser Gattung.

Scytosiphon lomentaria Geschnürter Schlauchtang
Thallus 15−30 cm lang; bildet hohle, unverzweigte Schläuche, die vielfach eingeschnürt sind und sich gegen die Spitze zu verjüngen. Farbe: Grün-gelb. Vorkommen: Auf Felsen und Steinen sowie epiphytisch auf anderen Algen, in der Gezeitenzone und im seichten Wasser, häufig an exponierten Stellen.

Cutleria multifida Gabeltang
Thallus 10−14 cm hoch; bildet flache, gabelig verzweigte Fächer, deren Zweigspitzen gegabelt sind; Thallus im frischen Zustand elastisch und gewöhnlich gesprenkelt; Haftorgan scheibenförmig. Farbe: Gelb-grün. Vorkommen: Auf Felsen, Steinen, anderen Algen, im seichten Wasser, manchmal angespült.

Sporochnus pedunculatus Stieltang
Thallus 15−45 cm hoch; fadenförmige Wuchsform mit einem zentralen Stämmchen, das Seitenäste trägt; diese verfügen über wechselständige Fiedern. Farbe: Olivgrün. Vorkommen: Auf Felsen, sandig-kiesigen Böden und epiphytisch auf Algen; im Seichtwasser.

Laminaria rodriguezi
Thallus bis 40 cm lang, mit relativ kurzem Stiel, auf dem ein breiter, bandförmiger Blattkörper mit gewellten Rändern sitzt; aus dem einfachen, verzweigten Haftorgan können mehrere solche Thalli entspringen. Vorkommen: Auf Geröll und Hartböden.

Arthrocladia villosa Zottentang
Thallus 15−90 cm hoch; besteht aus feinen, unregelmäßig verzweigten Fäden, die in Wirteln stehende, kurze Seitenästchen tragen; diese Seitenzweige können ihrerseits feine, unverzweigte Fäden aufweisen, die zum Teil Vermehrungskörper bilden und der ganzen Alge ein zottiges, grünes Aussehen verleihen. Vorkommen: Auf Felsen und Steinen sowie epiphytisch auf *Zostera* (siehe Seite 44).

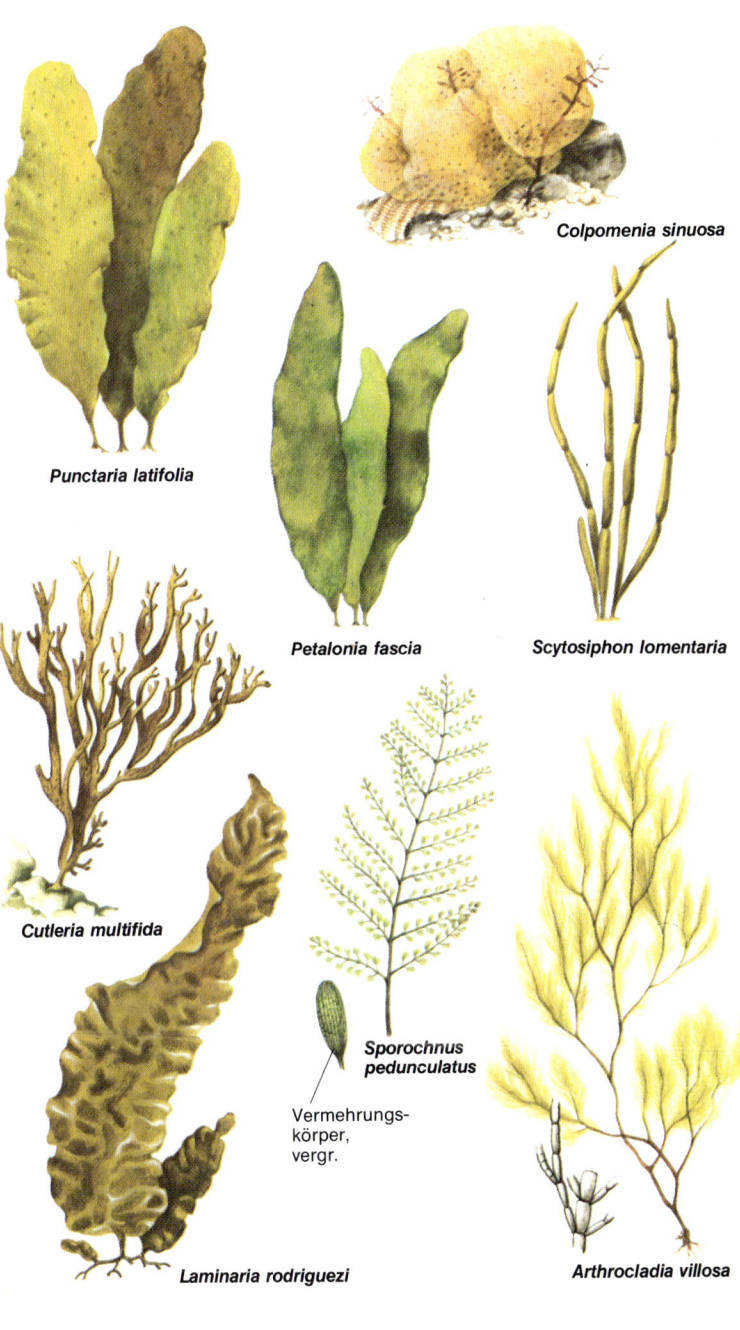

Colpomenia sinuosa

Punctaria latifolia

Petalonia fascia

Scytosiphon lomentaria

Cutleria multifida

Sporochnus pedunculatus

Vermehrungs-
körper,
vergr.

Laminaria rodriguezi

Arthrocladia villosa

Sphacelaria cirrhosa
Thallus bis 3 cm lang, büschelig, verzweigt, mit der Lupe ist zu sehen, daß die Seitenästchen nur die Dicke einer Zelle haben; Reproduktionskörper endständig. Farbe: Braun. Vorkommen: Auf Steinen und anderen Algen vom Ufer bis in 10 m Tiefe.

Halopteris scoparia Pinsel-Halopteris
Thallus bis 6 cm lang, der Hauptstamm, der dem Haftorgan aufsitzt, verzweigt sich in mehrere Hauptäste, die wiederum unterteilt sind, so daß fädige Büschel entstehen. Die Lupenvergrößerung zeigt, daß die Seitenzweige segmentiert sind und mehrere Zellen dick sind. Farbe: Dunkelbraun. Vorkommen: Auf Felsen, in Gezeitentümpeln.

Halopteris filicina Farn-Halopteris
Thallus 5–10 cm lang; Hauptstamm trägt viele gegenständig angeordnete Seitenzweige, die ihrerseits Seitenfiederchen aufweisen; gewöhnlich zeigt der obere Stammteil mehr Seitenzweige als der untere. Mit der Lupe ist zu erkennen, daß die Ästchen die Dicke mehrerer Zellen haben; Haftorgan wurzelartig. Farbe: Grünbraun. Vorkommen: Auf Felsen, großen Algen und Muschelschalen, im Seichtwasser.

Cladostephus verticillatus Seequirl
Thallus 10–25 cm lang; Hauptstamm mehr oder minder gabelig verzweigt; die Seitenzweige tragen in Quirlen angeordnete, stachelige Ästchen; diese können im unteren Bereich des Hauptstammes und der größeren Äste fehlen; Haftorgan scheibenförmig. Farbe: Im allgemeinen mattbraun. Vorkommen: Auf Felsen, Steinen und Kalkrotalgen der Gezeitenzone und im Sublitoral.

Dictyopteris membranacea Weichhäutiger Tang
Thallus 10–30 cm lang; gabelig verzweigt und flach; bei älteren Exemplaren kann die auffällige Mittelrippe der einzige verbleibende Stammteil in den basalen Regionen sein; die dünnhäutigen Thallusränder sind mit Gruppen winziger Haare besetzt und erscheinen daher getupft; die Zweigspitzen sind abgerundet und leicht gespalten oder eingekerbt; Haftorgan scheibenförmig und filzartig. Farbe: In der Jugend gelblich, später dunkelbraun werdend. Vorkommen: Auf Felsen der Ebbelinie, bis in 80 m absteigend. Anmerkung: Im frischen Zustand von üblem Geruch.

Dictyota dichotoma Gabelzunge
Thallus bis 13 cm lang; regelmäßig gabelig verzweigt; flach mit abgerundeten, eingekerbten Enden, zart und durchscheinend; ohne Mittelrippe; die Thallusoberfläche kann von Gruppen winziger, haarähnlicher Vermehrungskörper bedeckt sein. Farbe: Gelboliv-braun-irisierend. Vorkommen: Auf Felsen und epiphytisch auf anderen Algen im Eu- und Sublitoral.

Padina pavonia Trichteralge
Thallus etwa 10 cm hoch; fächerförmig; der schmale, kurze und runde Thallusstiel verbreitert sich zu einer abgerundeten Blattfläche; diese ist bei jungen Exemplaren ziemlich dünn und eben, mit zunehmendem Alter rollt sie sich mehr und mehr zu einem charakteristischen Trichter ein. Farbe: Außenfläche mit braun-grünen Streifen; innere Oberfläche kalkig-weiß-grün. Vorkommen: Auf Steinen und Felsen geschützter Standorte, im seichten Wasser.

Taonia atomaria Blattlappentang
Thallus 7–30 cm hoch; dünnhäutig, durchscheinend und glänzend; verbreitert sich von der Basis in eine keilförmige Lappen und Bänder geteilte „Blattfläche"; Vermehrungskörper sowie Haarbüschel vermitteln ein gestreiftes Aussehen. Farbe: Oben hell oliv-grün-braun; unten dunkler. Vorkommen: An Steinen und Felsen bis in 20 m Tiefe.

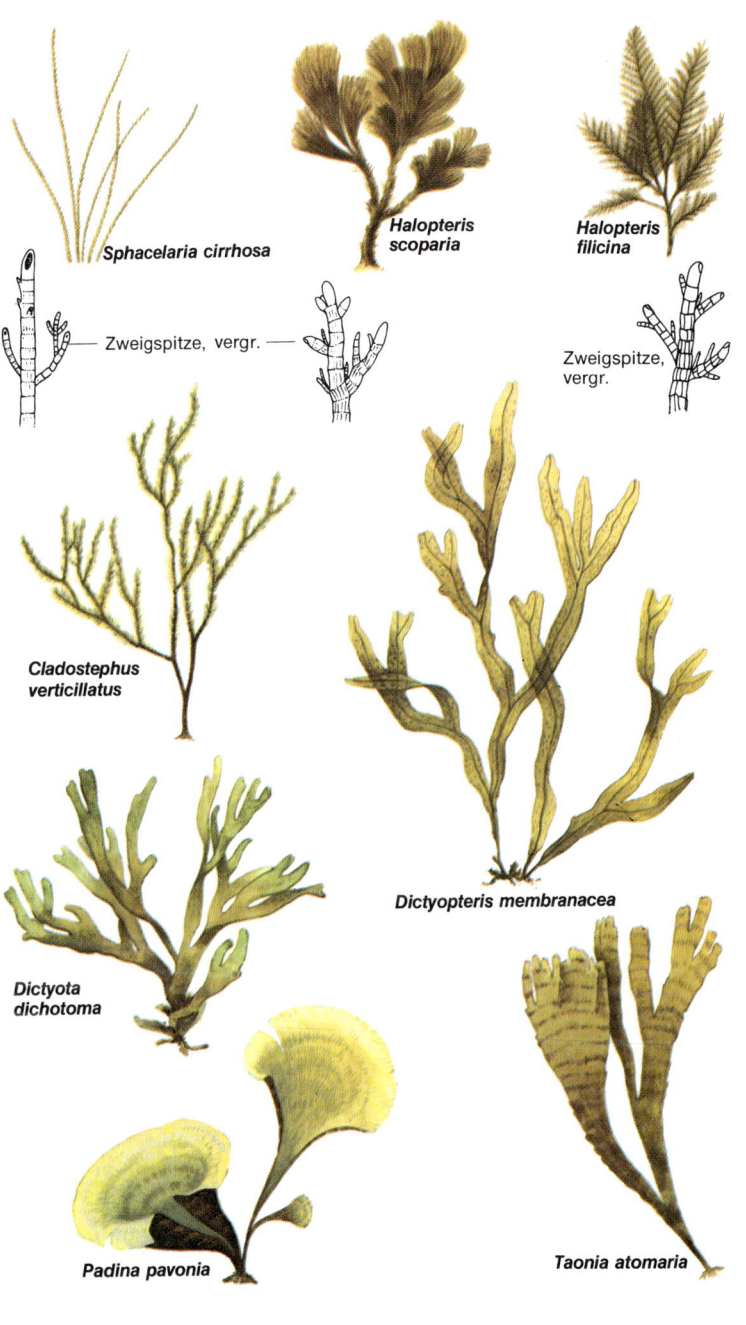

Sphacelaria cirrhosa

— Zweigspitze, vergr. —

Halopteris scoparia

Halopteris filicina

Zweigspitze, vergr.

Cladostephus verticillatus

Dictyopteris membranacea

Dictyota dichotoma

Padina pavonia

Taonia atomaria

Fucus virsoides
Thallus 10 cm lang, zäh, riemenförmig, gabelig verzweigt, ohne Luftblasen und Säge-
ränder, deutliche Mittelrippe, an den Thallusspitzen können aufgetriebene Vermehrungskörper sitzen. Farbe: Oliv-braun. Vorkommen: An Küstenfelsen.

Cystoseira barbata
Thallus bis 1 m lang, der Hauptstamm hat mehrere Seitenäste, die ihrerseits gabelig in
viele Ästchen verzweigt sind und am Ende verdickte Vermehrungskörper tragen. Farbe:
Bräunlich. Vorkommen: Auf Hartböden, bis in 50 m Tiefe, oft von epiphytischen Algen
bewachsen.

Cystoseira abrotanifolia Rautenblättriger Tang
Thallus etwa 25 cm hoch; Hauptstamm mehr oder weniger gerade, mit einer Anzahl
alternierender Seitenäste; diese werden gegen die Thallusspitze hin kürzer und tragen
alternierend angeordnete Ästchen, auf denen subterminal die Vermehrungskörper stehen. Vorkommen: Auf steinigen Böden, nahe der Oberfläche und bis 30 m Tiefe.

Cystoseira spicata Ährentang
Thallus etwa 30 cm hoch; der Hauptstamm teilt sich nahe der Haftscheibe in einige lange
Seitenstämme, die abwechselnd angeordnete, gefiederte Ästchen tragen, auf denen die
Vermehrungskörper sitzen. Vorkommen: Auf Felsen.

Cystoseira tamariscifolia Tamarixblättriger Tang
Thallus 30–45 cm hoch; der Hauptstamm ist einige Male verzweigt und trägt
viele abwechselnd angeordnete Seitenzweige, die ihrerseits über zahlreiche über die
ganze Länge verteilte Stacheln wie auch über in Büschel zusammenstehende Vermehrungskörper nahe den Spitzen verfügen; Luftblasen können einzeln oder in Gruppen
auftreten; buschiger Gesamthabitus. Farbe: Oliv-braun; unter Wasser irisierend grün-
blau. Vorkommen: An Küstenfelsen, in Spritzwassertümpeln und im Seichtwasser.

Sargassum vulgare Beerentang
Thallus 15–30 cm lang; der unregelmäßig verzweigte Stamm trägt lanzettförmige „Blätter" sowie kugelige Luftblasen und in Büscheln stehende, verzweigte Vermehrungskörper. Farbe: Braun. Vorkommen: Auf Hartböden bis 30 m Tiefe.

Sargassum linifolium (nicht abgebildet)
Thallus bis 10 cm lang, der Hauptstamm trägt weniger „Blätter" und Blasen als *S. vulgare* oder *S. hornschuchi*, die „Blätter" sind schmal und lanzettlich. Farbe: Braun. Vorkommen: Auf verschiedenen Böden, bis 20 m tief.

Sargassum hornschuchi Luftblasen-Beerentang
Thallus 30–40 cm lang; Hauptstamm trägt unregelmäßig oder wechselständig blattförmige Seitenzweige, die nahe der Thallusspitze über kugelige Luftblasen und Büschel
traubenartig verzweigter, spitz zulaufender Vermehrungskörper verfügen. Farbe: Braun.
Vorkommen: Auf Felsböden, von 10 m abwärts.

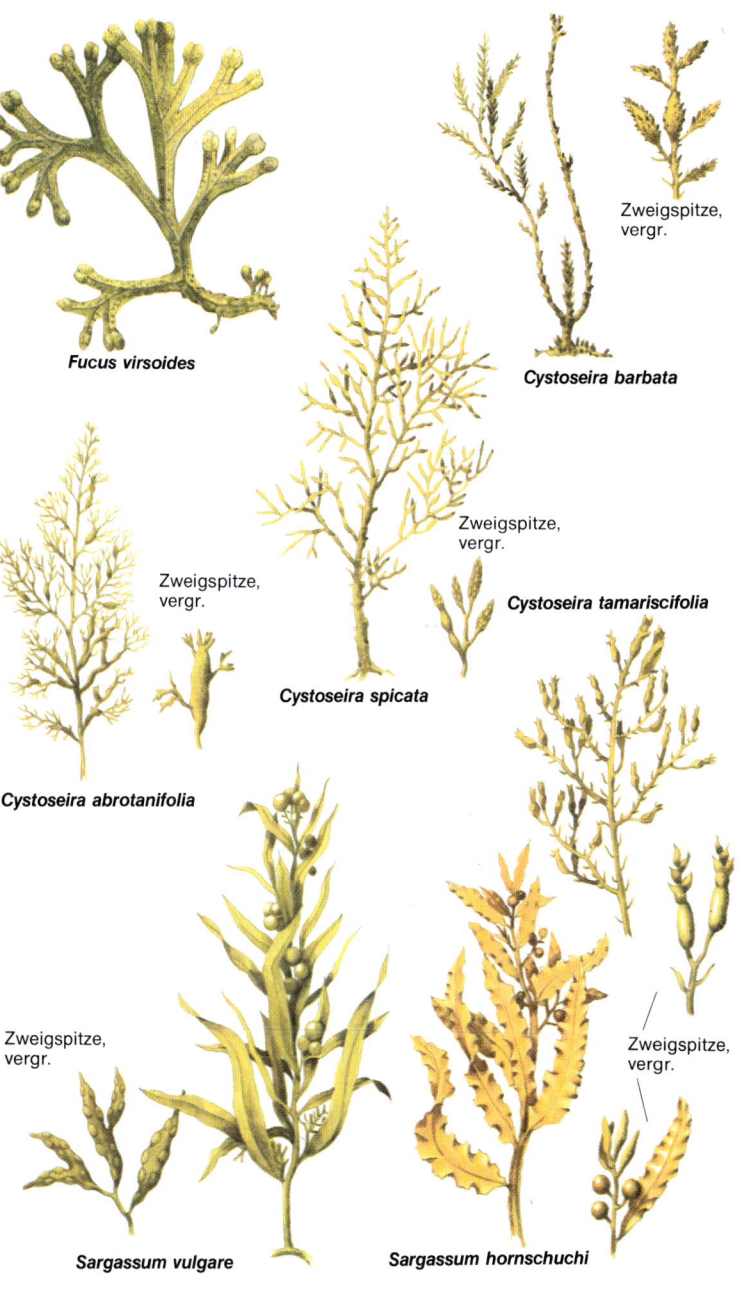

Fucus virsoides

Zweigspitze,
vergr.

Cystoseira barbata

Zweigspitze,
vergr.

Cystoseira tamariscifolia

Zweigspitze,
vergr.

Cystoseira spicata

Zweigspitze,
vergr.

Cystoseira abrotanifolia

Zweigspitze,
vergr.

Sargassum vulgare

Zweigspitze,
vergr.

Sargassum hornschuchi

Rotalgen (Rhodophyceae)

Algen, bei denen das Chlorophyll häufig durch einen roten Farbstoff, das Phycoerythrin überdeckt ist. Dies sind ausschließlich vielzellige, kleine bis mittelgroße Pflanzen. Die Rotalgen treten in gemäßigten und warmen Gewässern auf. Im Mittelmeer kommen sie an fast allen Standorten von der Küste bis in verschiedene Meerestiefen vor.

Gelidium crinale Haartang
Thallus etwa 5 cm lang; der Hauptstamm trägt unregelmäßig bis fiederförmig angeordnete Seitenäste, die, besonders an der Spitze, über kleine, pfriemartige Ästchen verfügen; knorpelige Konsistenz. Vorkommen: Auf sandigem und felsigem Untergrund, im Seichtwasser.

Gelidium sesquipedale Horntang
Thallus bis 20 cm hoch und mehr; der leicht abgeflachte Hauptstamm trägt feinere Seitenzweige, die sich gegen die Spitze zu verjüngen; Konsistenz mehr hornig und weniger biegsam als bei *G. crinale*. Vorkommen: An Küstenfelsen und im Seichtwasser.

Pterocladia capillacea Gefiederter Tang
Thallus 5–15 cm hoch; im allgemeinen größer und kräftiger als die meisten *Gelidium*-Arten; aufrecht buschförmig, zweiseitig abgeflacht; der Hauptstamm muß nicht so viele gegenständige Seitenäste im unteren Abschnitt tragen wie das abgebildete Exemplar; die Äste verjüngen sich häufig sowohl gegen die Basis als auch gegen ihr freies Ende; knorpelige Konsistenz. Vorkommen: Auf Felsen, an der Küste und im Seichtwasser.

Nemalion helminthoides Wurmtang
Thallus 10–25 cm lang; die wurmförmigen Stämmchen verzweigen sich entweder unmittelbar an der Basis oder gabeln sich an verschiedenen Stellen; obwohl sich diese Äste gegen ihr freies Ende zu verjüngen, sind ihre Enden selbst stumpf; gallertige oder knorpelige Konsistenz; Haftorgan winzig und scheibenförmig. Farbe: Braunrot. Vorkommen: An der Küste und im Seichtwasser.

Asparagopsis armata Busch-Rotalge
Geschlechtliche Generation (Gametophytengeneration) von *Falkenbergia rufolanosa*. Als die beiden Pflanzen beschrieben wurden, wußte man nicht, daß sie verschiedengestaltige Generationen ein und derselben Art sind (siehe Seite 15). Thallus 10–20 cm lang; schlank, zart; der Hauptstamm trägt unregelmäßig angeordnete Zweige; wie der Stamm, so sind auch diese Seitenäste fast ganz mit kleinen, spiralig verteilten Ästchen besetzt, die der Pflanze ein buschiges Aussehen verleihen; einige Seitenäste entbehren dieser Ästchen und verfügen über abwechselnd angeordnete Widerhäkchen und Dornen; mit einem Geflecht von „Wurzeln" am Substrat befestigt. Vorkommen: In tieferen, schattigen Gezeitentümpeln und im Seichtwasser.

Falkenbergia rufolanosa Knäueltang
Ungeschlechtliche Generation (Sporophytengeneration) von *Asparagopsis armata*. Thallus kugelige Fadenbüschel aus einem Geflecht feiner, wirrer Fäden bestehend; epiphytisch an anderen Algen.

Bonnemaisonia asparagoides Spargelkraut-Rotalge
Gametophytengeneration von *Hymenoclonium serpens* (in diesem Buch nicht beschrieben). Thallus 15–23 cm hoch; der runde oder flache Hauptstamm trägt abwechselnd angeordnete Seitenzweige, wobei die untersten die längsten sind; die Seitenzweige besitzen ihrerseits abwechselnd stehende, mit Fiederchen besetzte Ästchen; die Fiedern sind von gleicher Länge und in gleicher Anordnung über die ganze Pflanze verteilt; Haftorgan klein und scheibenförmig. Vorkommen: Auf Hartböden, im Seichtwasser.

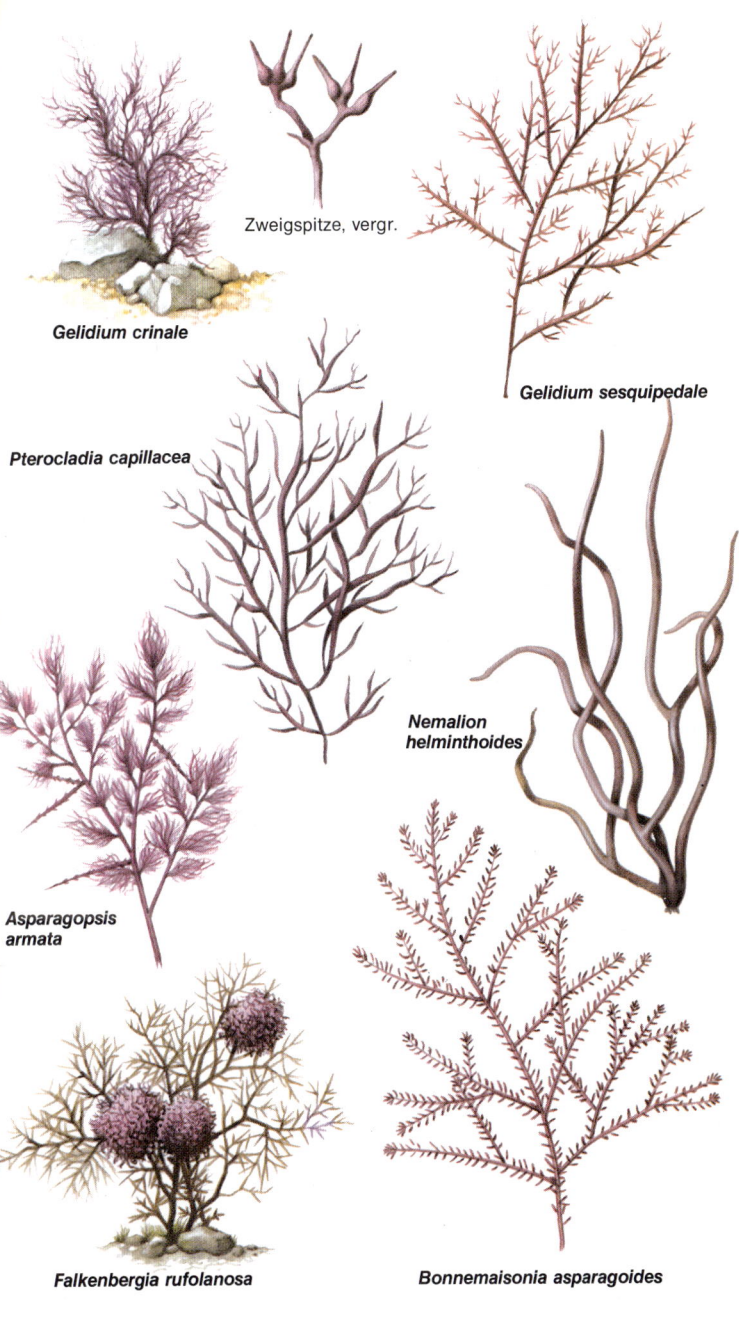

Gelidium crinale

Zweigspitze, vergr.

Gelidium sesquipedale

Pterocladia capillacea

Nemalion helminthoides

Asparagopsis armata

Falkenbergia rufolanosa

Bonnemaisonia asparagoides

Halarachnion ligulatum Gefranster Spinnentang.
Thallus 30 cm hoch; der bandförmige, gabelig verzweigte Stamm trägt viele unregelmäßig bis gegenständig angeordnete Seitenzweige, die viel schmaler als der Stamm und oftmals am Ende tief eingeschnitten sind; Konsistenz gallertig, weich. Farbe: Rosa-rotgelb. Vorkommen: Auf Felsen und Schalen, im Flachwasser.

Catenella repens Kriechender Tang
Thallus 3 cm lang; moos- bis rasenförmige Wuchsform mit unregelmäßigen aufrechten Thalluszweigen, die stark gegliedert erscheinen; kann Polster bis 5 cm Durchmesser bilden. Vorkommen: Auf Felsen und in Felsspalten des Supralitorals.

Plocamium cartilagineum Kammtang
Thallus bis 30 cm lang, buschig mit kräftigen Hauptstämmen, die in der Regel in ihrem oberen Teil mehr unregelmäßig angeordnete Zweige tragen, im unteren Abschnitt aber wesentlich weniger bis keine; diese Zweige verfügen über Ästchen, deren Fiederchen alle auf einer Seite stehen; nahezu kugelige Vermehrungskörper treten an der ganzen Alge auf. Vorkommen: Auf Felsen und Steinen, im Flachwasser.

Sphaerococcus coronopifolius
Thallus bis 20 cm lang, einfach, aufrecht, mit zarten Seitenästen. Farbe: Leuchtend rot. Vorkommen: Auf Felsen in Seichtwasser.

Phyllophora crispa Krauser Tang
Thallus bis 25 cm lang, flach, bandförmig, einem sehr kurzen, zylindrischen Stiel entspringend, gabeliger Verzweigungstyp; Seitenthalli enden stumpf, Oberfläche derb und gekräuselt; Haftorgan klein und scheibenförmig, kann mit benachbarten verwachsen. Vorkommen: Gewöhnlich auf senkrechten Felsen oder den Wänden von Felstümpeln, am Ufer und im Seichtwasser.

Gracilaria verrucosa Besentang
Thallus 7–50 cm lang; der faserige Stiel trägt eine Anzahl unregelmäßig stehender Äste, die ihrerseits viele schlanke Ästchen aufweisen, die sowohl gegen die Basis als auch gegen das freie Ende zu verjüngt sind; die kleinen warzenförmigen Vermehrungskörper treten über die ganze Alge verstreut auf; aus der fleischigen Haftscheibe können mehrere Stämme entspringen. Vorkommen: Auf Felsen und Steinen, am Ufer und im Seichtwasser.
Anmerkung: Eine der wenigen Algen, die sich im Sand verankern können.

Gigartina acicularis
Thallus bis 8 cm hoch, schlank, unregelmäßig verzweigt, Seitenthalli verjüngen sich zur Spitze hin. Farbe: Dunkelgrün bis braunrot oder fast schwarz. Vorkommen: Auf Steinen und anderen Algen im Seichtwasser.

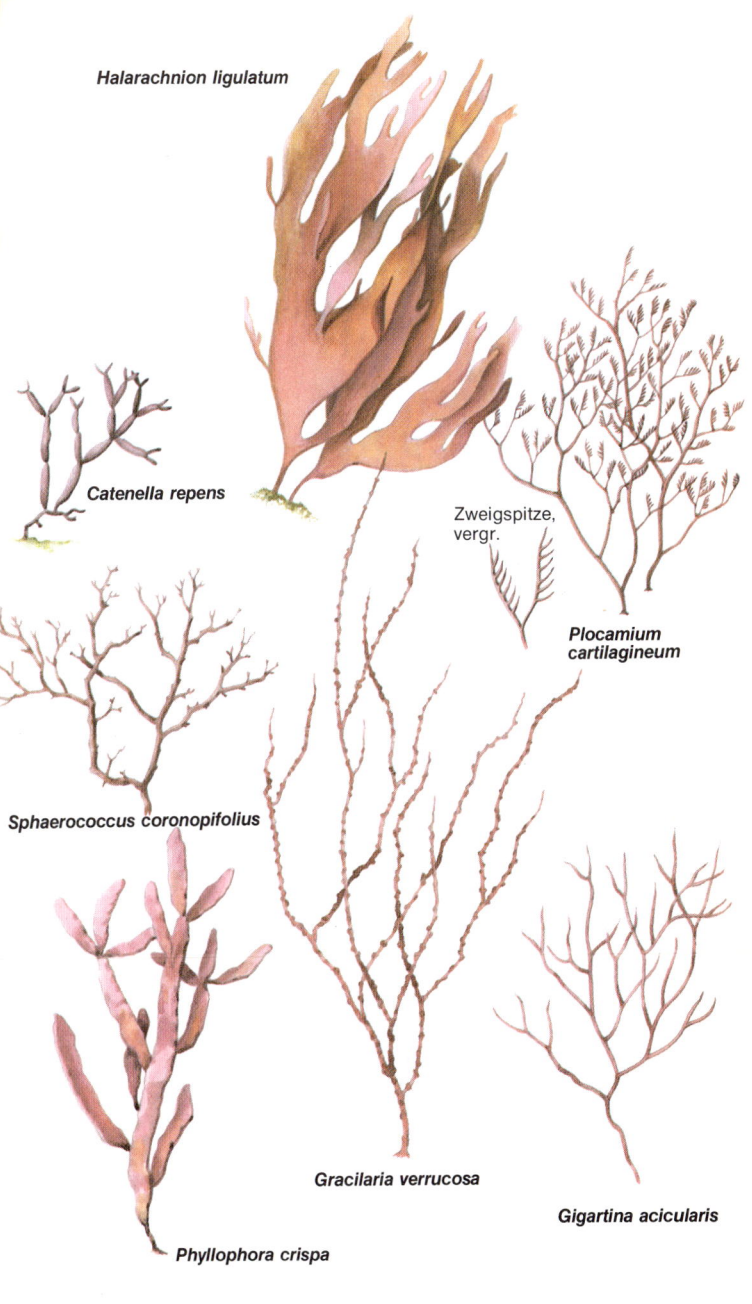

Halarachnion ligulatum

Catenella repens

Zweigspitze,
vergr.

*Plocamium
cartilagineum*

Sphaerococcus coronopifolius

Gracilaria verrucosa

Gigartina acicularis

Phyllophora crispa

Hypnea musciformis Moos-Tang
Thallus bis 30 cm lang, der aufrechte Stamm trägt eine Reihe unregelmäßig verteilter, beinahe gefiederter Seitenäste. Farbe: Schwarz-rot-grün. Vorkommen: Immer zwischen anderen Algen an geschützten Orten.

Peyssonnella squamaria Schuppenblatt
Thallus besteht aus blattähnlichen Gebilden, die durch „Wurzeln" an ihrer Unterseite am Substrat verankert sind; die Thalli können bis 10 cm Durchmesser erreichen; die flächig ausgebreiteten „Blätter" sind an der Oberseite dunkelrot und rot-braun konzentrisch gezeichnet. Vorkommen: Auf Felsen, Steinen und auf anderen Algen von der untersten Gezeitenzone bis in etwa 60 m Tiefe.

Corallina elongata Korallenmoos
Thallus bis 8 cm hoch, an der Basis verzweigt und daher buschig erscheinend; Seitenzweige gefiedert; Stammsegmente oval oder leicht dreieckig; die endständigen Vermehrungskörper tragen „Hörnchen". Farbe: Purpurrot-rosa-gelb-weiß. Vorkommen: In Wassertümpeln und im Seichtwasser, auf Fels.

Hildenbrandtia sp. Hildenbrandtia
Thallus bis etwa 3 cm im Durchmesser; bildet krustenartige Flecken auf Steinen und Felsen, die man mit Vorsicht ablösen kann; im trockenen Zustand ohne Glanz. Farbe: Rosa oder braun-rot. Vorkommen: Am Ufer und im Seichtwasser.
Hildenbrandtia prototypus ist ein typischer Vertreter dieser Gattung.

Jania rubens Feines Korallenmoos
Thallus 2–5 cm lang; verkalkt und gegliedert, mit gegabelter Verzweigung; bildet häufig dichte Büschel; im Frühjahr treten auffällige, runde Vermehrungskörper auf; Haftorgan winzig und scheibenförmig. Farbe: Rosa-rot. Vorkommen: Vorwiegend epiphytisch auf anderen Algen.

Corallina officinalis Korallenmoos
Thallus bis 12 cm lang; das Hauptstämmchen trägt exakt gegenständige Äste, die ihrerseits gegenständige Fiedern aufweisen; die Alge scheint aus einer Anzahl von Kalksegmenten zu bestehen, die länger als breit und durch elastische Glieder miteinander verbunden sind; die endständigen Vermehrungskörper ohne „Hörnchen"; Haftorgan krustenförmig und verkalkt. Farbe: Variiert von purpur-rot-rosa bis gelb-weiß. Vorkommen: Auf Felsen und in Fluttümpeln an der Wasserlinie und im seichten Wasser.

Lithophyllum incrustans Krustenförmiges Steinblatt
Thallus besteht aus Krusten verkalkten Gewebes bis zu 4 cm Dicke; Wuchsform im Umriß unregelmäßig mit glatter oder höckriger Oberfläche, manchmal übereinander wachsend; haftet fest am Untergrund und kann kleine Schalen etc. einschließen. Die Thallusränder unterscheiden sich nur wenig vom übrigen Gewebe in Farbe und Konsistenz (siehe *Phymatolithon calcareum* auf Seite 36). Farbe: Malvenfarben-purpur-rot-gelb; an schattigen Standorten dunkler. Vorkommen: In Wassertümpeln am Ufer und im Seichtwasser.
Es kommen mehrere ähnliche Arten vor (siehe Seite 36), die oft schwer voneinander zu unterscheiden sind. Früher wurden sie zur Herstellung von Mörtel im Hausbau verwendet.

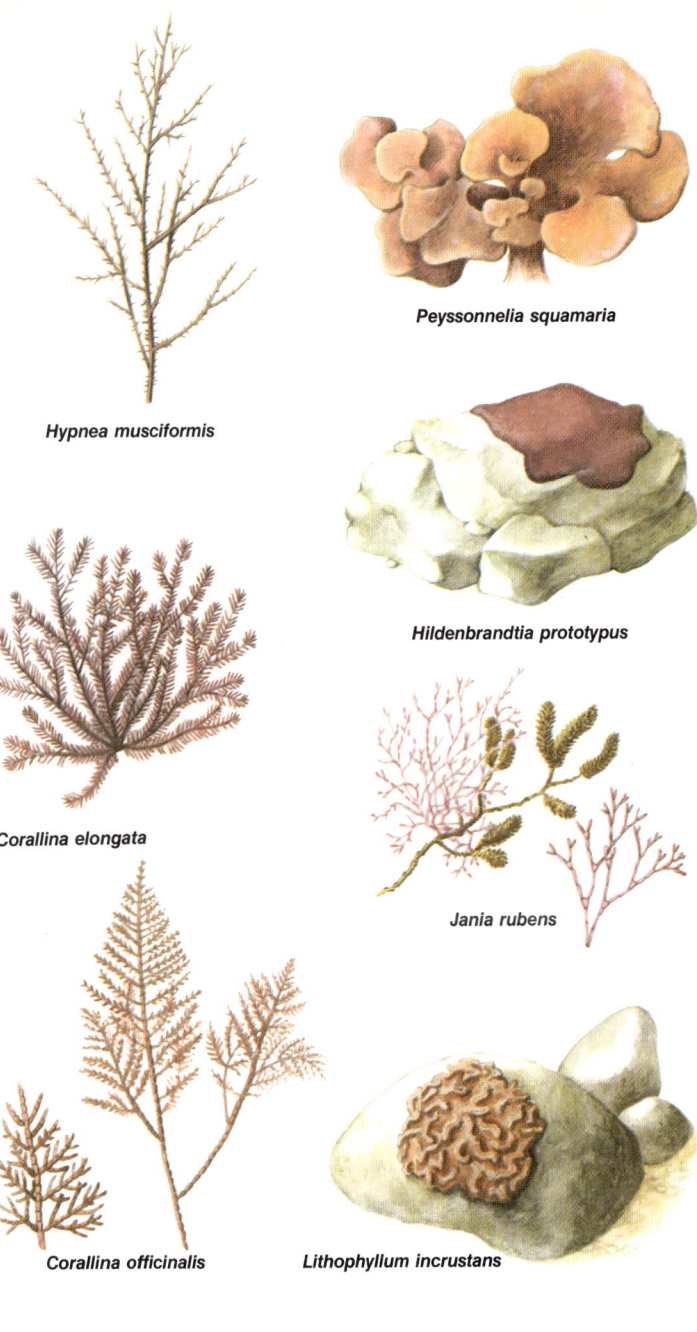

Hypnea musciformis

Peyssonnelia squamaria

Hildenbrandtia prototypus

Corallina elongata

Jania rubens

Corallina officinalis

Lithophyllum incrustans

Phymatolithon calcareum Knolliger Kalktang
Junge Exemplare bestehen aus Krusten verkalkten Gewebes bis zu 4 cm Dicke mit unregelmäßigem Umriß und glatter oder höckeriger Oberfläche, am Rand dicker als im Innern. Ältere Exemplare wachsen aufrecht, knotig und verzweigt und werden bis zu 8 cm hoch. Farbe: Violett-rot. Vorkommen: Festhaftende Krusten auf Felsen und Steinen oder frei (besonders ältere Exemplare) als Knollen; an der Wasserlinie und im Seichtwasser.

Lithothamnion fruticulosum Kleinästiger Kalktang
Verkalkte Krusten oder Knollen, die bis 3 cm dick werden und 10 cm im Durchmesser erreichen; Oberfläche mit zahlreichen kurzen, verzweigten, stumpf oder spitz endigenden Auswüchsen. Farbe: Violett-rot-gräulich. Vorkommen: Auf Fels- und Weichböden, bis in 80 m Tiefe.

Fosliella farinosa
Thallus rund oder unregelmäßig, krustenbildend auf anderen Algen, Seegräsern, Hydroiden und Wurmröhrchen. Vorkommen: Als krustenförmiger Überzug auf anderen Organismen an der Wasserlinie und im Seichtwasser.

Pseudolithophyllum expansum
Thallus bis 10 cm im Durchmesser, verkalkte Krusten von unregelmäßigem Umriß, mit Ausnahme der freien Ränder fest am Substrat haftend (Unterscheidung zu *Lithophyllum incrustans*). Farbe: Rosa-rot. Vorkommen: Auf Felsen, Kalkalgen und Braunalgen bis in 60 m Tiefe.

Antithamnion cruciatum Kreuzförmiges Antithamnion
Thallus 2,5–5 cm lang; Hauptstamm mit alternierenden Ästen und Fiedern; Astspitzen büschelig; der mikroskopische Aufbau zeigt, daß sie aus einzelnen langen, mit den Endflächen aneinandergrenzenden Zellen bestehen, von denen jede 2 gegenständige Fiederchen trägt. Vorkommen: Auf Felsen, häufig an schlammigen Orten.

Callithamnion corymbosum Doldentraubiges Callithamnion
Thallus bis 7 cm hoch; Hauptstamm trägt wechselweise angeordnete Äste, die ihrerseits zarte, fädige Fiedern aufweisen. Vorkommen: Auf Felsen und Algen von der Wasserlinie bis in größere Tiefen.

Cryptonemia lomation
Thallus bis 8 cm lang, breit und blattförmig mit unregelmäßig verzweigten Läppchen mit unregelmäßigen, gewellten Rändern. Farbe: Dunkelrot. Vorkommen: Im Seichtwasser, häufig an Steinen und Kalkrotalgen verankert.

Phymatolithon calcareum

Lithothamnion fruticulosum

Fosliella farinosa

Pseudolithophyllum expansum

Antithamnion cruciatum

Cryptonemia lomation

Callithamnion corymbosum

Grateloupia filicina Farntang
Thallus bis 12 cm lang; buschig, zweiseitig abgeflacht; der Hauptstamm verjüngt sich sowohl gegen die Basis als auch gegen das freie Ende zu und trägt wechsel- oder gegenständige Äste mit ebenso angeordneten Fiedern; Haftorgan scheibenförmig. Vorkommen: Auf Steinen und Felsen, an der Wasserlinie und im Seichtwasser, gelegentlich an Süßwasserzuläufen.

Halymenia dichotoma
Thallus bis 30 cm lang, gabelig verzweigt, Zweige verjüngen sich zur Spitze hin. Farbe: Schwärzlich-violett bis dunkelgrün. Vorkommen: Im Seichtwasser, manchmal an schattigen Standorten.

Lomentaria linearis
Thallus bis 20 cm lang, dünn, zylindrisch, unregelmäßig oder gabelig verzweigt, der Thallus scheint aus einzelnen Gliedern zu bestehen. Farbe: Rosa-rot. Vorkommen: Bis 60 m tief, zwischen Kalkrotalgen und Braunalgen.

Rhodymenia corallicola
Thallus bis 19 cm lang, verzweigt, über der Verzweigungsstelle gedreht; Haftorgan klein und rund. Farbe: Dunkelrot-rosa. Vorkommen: Auf Hart- und Weichböden, bis in 70 m Tiefe.

Botryocladia botryoides
Thallus bis 18 cm lang, schmal, wechselständige Verzweigungen, die kugelige Gebilde bis zur Zweigspitze tragen. Vorkommen: Von der Wasserlinie bis in 80 m Tiefe.

Nitophyllum punctatum Geweih-Tang
Thallus 10–50 cm lang; von der kleinen Haftscheibe erhebt sich direkt der breite, keilförmige, dünnhäutige „Blatteil", wobei ein oder mehrere solcher Fächer von einer Haftscheibe entspringen können; die Verzweigung ist annähernd regelmäßig und gabelig; das Vorhandensein zahlreicher kleiner, endständiger Fiederäste gibt dem Rand ein gekräuseltes Aussehen; „Blattadern" fehlen; Thallus zart. Farbe: Rot-rosa, nahe den Spitzen manchmal irisierend. Vorkommen: Epiphytisch auf verschiedenen Algen, in tiefen Fluttümpeln der unteren Gezeitenzone und im Seichtwasser.

Dasya hutchinsiae Bäumchen-Tang (nicht abgebildet)
Thallus bis 10 cm lang; der Hauptstamm trägt abwechselnd angeordnete Seitenzweige, die ihrerseits feine, fadenförmige Ästchen aufweisen; auf diesen sitzen auf Stielen die kleinen kolbenförmigen Vermehrungskörper; Haftscheibe besteht aus „Wurzeln". Farbe: Braun-hochrot. Vorkommen: Auf Felsen an der Wasserlinie und im Seichtwasser.

Ceramium rubrum Roter Horntang
Thallus bis 30 cm lang; der Hauptstamm verzweigt sich gabelig, aber nicht gleichmäßig; gleiches gilt auch für die Seitenäste; Spitzen der endständigen Ästchen zangenartig eingekrümmt; Gesamthabitus buschig; Konsistenz knorpelig. Farbe: Variabel, tiefrotbraun-gelb, mit einer Lupe ist zu erkennen, daß Stamm und Äste mit dunklem Pigment geringelt sind. Vorkommen: Auf Felsen und Algen an der Wasserlinie und im Seichtwasser.
Anmerkung: Habitus variiert, je nach Standort.

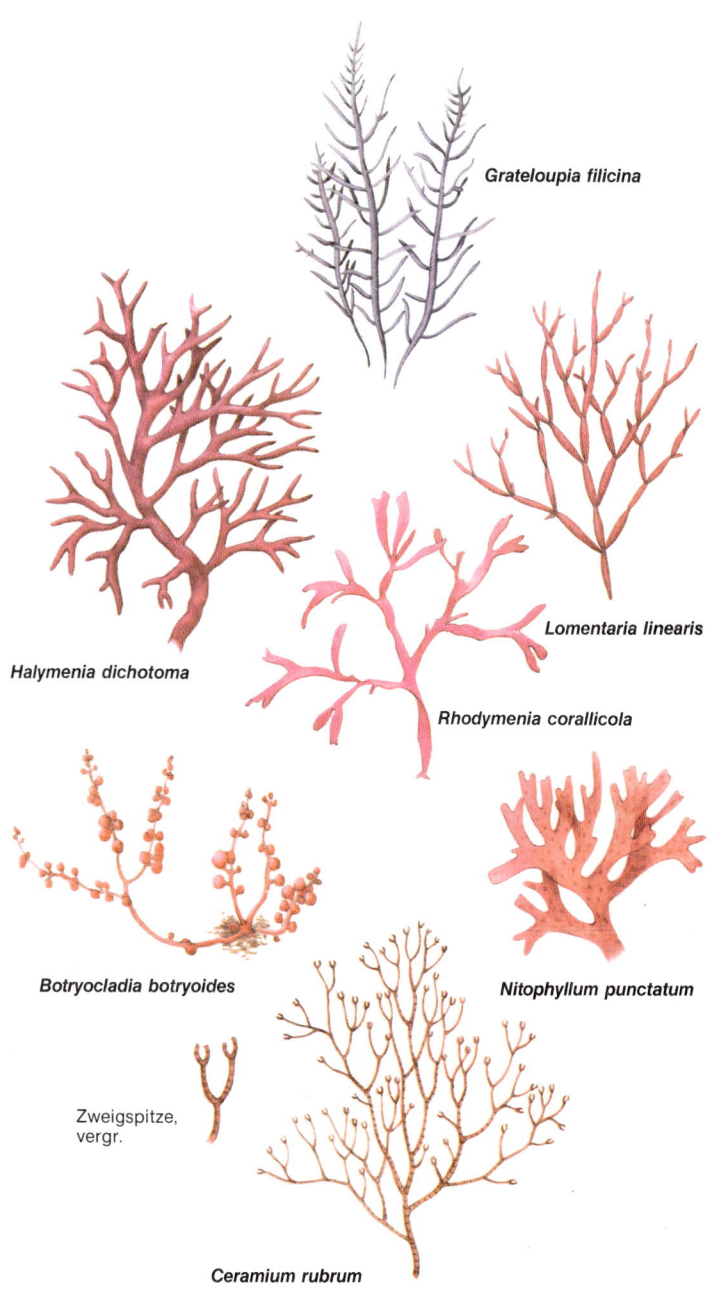

Grateloupia filicina

Halymenia dichotoma

Lomentaria linearis

Rhodymenia corallicola

Botryocladia botryoides

Nitophyllum punctatum

Zweigspitze,
vergr.

Ceramium rubrum

Laurencia pinnatifida Pfefferalge
Thallus bis 30 cm lang; abgeflachter, wohlentwickelter Hauptstamm mit alternierend angeordneten, ihrerseits wieder verzweigten Seitenästen; Konsistenz knorpelig; Haftorgan scheibenförmig mit kleinen „Wurzeln". Farbe: Je nach Standort an der Küste verschieden, häufig jedoch purpur-braun; kann im Bereich der Gezeitenzone grün-gelb sein. Vorkommen: Am Ufer.

Laurencia obtusa Knorpel-Tang
Thallus bis 15 cm lang; bildet dichte, reichverzweigte Büschel; die runden Hauptstämme tragen wechsel- oder gegenständige, schraubig angeordnete Äste; Fiedern ähnlich stehend; Zweige und Fiedern werden gegen die Thallusspitze zu kürzer; knorpelige Konsistenz; Haftorgan klein und scheibenförmig, manchmal mit kleinen „Wurzeln".
Farbe: Variabel; purpur-rosa-gelb. Vorkommen: Auf Felsen, zum Teil bestandsbildend und epiphytisch auf verschiedenen anderen Algen in tiefen Fluttümpeln und im Seichtwasser.

Polysiphonia elongata Langfädiger Röhrentang
Thallus bis 30 cm lang; deutlich entwickelter Hauptstamm; Gesamterscheinung buschig; die Seitenzweige beginnen etwa 2 cm über der Basis und sind abwechselnd rund um den Stamm angeordnet; ihre weiteren Verzweigungen tragen Gruppen feiner, terminaler Fiederchen, besonders im Frühjahr; gallertige Konsistenz; das kleine Haftorgan setzt sich aus „Wurzeln" zusammen. Farbe: Dunkelrot-gelblich. Vorkommen: Auf Felsen, Steinen, Muschelschalen und epiphytisch auf einigen größeren Algen, in der unteren Gezeitenzone und im Seichtwasser.

Polysiphonia sertularoides (nicht abgebildet)
Ähnelt *P. elongata*. Thallus bis 25 mm lang, Hauptstamm nicht recht deutlich, Gesamterscheinung buschig, die Seitenzweige beginnen in geringem Abstand von der Basis und tragen kleine keulenförmige Reproduktionskörper an den Spitzen, die in einem fädigen Büschel enden. Farbe: Dunkel rot-braun. Vorkommen: Zwischen Algen, Steinen und Sand im Seichtwasser.

Polysiphonia urceolata
Thallus bis 25 cm lang; fädig mit büscheligem Aussehen; Hauptstämme tragen nach allen Richtungen abwechselnd angeordnete Äste; mehrere Stämme können dem aus kriechenden „Wurzeln" zusammengesetzten Haftorgan entspringen; bisweilen mit charakteristischen urnenförmigen Vermehrungskörpern. Farbe: Purpur-rot-braun. Vorkommen: Auf Steinen, Muschelschalen und Algen, bis in 20 m Tiefe.

Vidalia volubilis Windende Vidalia
Thallus etwa 10 cm lang; der flache, blattförmige Stamm ist wenig verzweigt und charakteristisch schraubig gedreht; Ränder von Stamm und Ästen sind gezähnt oder gesägt; eine Mittelrippe ist vorhanden; Haftorgan scheibenförmig. Vorkommen: Im Sand und im Schlamm bis in 80 m Tiefe.

Porphyra umbilicalis Purpurtang
Thallus bis 20 cm lang; besteht aus unregelmäßigen gallertigen, häutigen „Blättern", die gewöhnlich an einer Stelle mit einer kleinen Haftscheibe befestigt sind. Farbe: Rot-purpur-grün, im trockenen Zustand schwarz. Vorkommen: Auf Felsen und Steinen, die von Sandkörnern bedeckt sind.

Porphyra leucostricta
Thallus bis 30 cm lang, blattartig, von länglicher Form. Farbe: Blau-grün, purpur-rot oder sepia-braun. Vorkommen: Auf Steinen und größeren Algen.

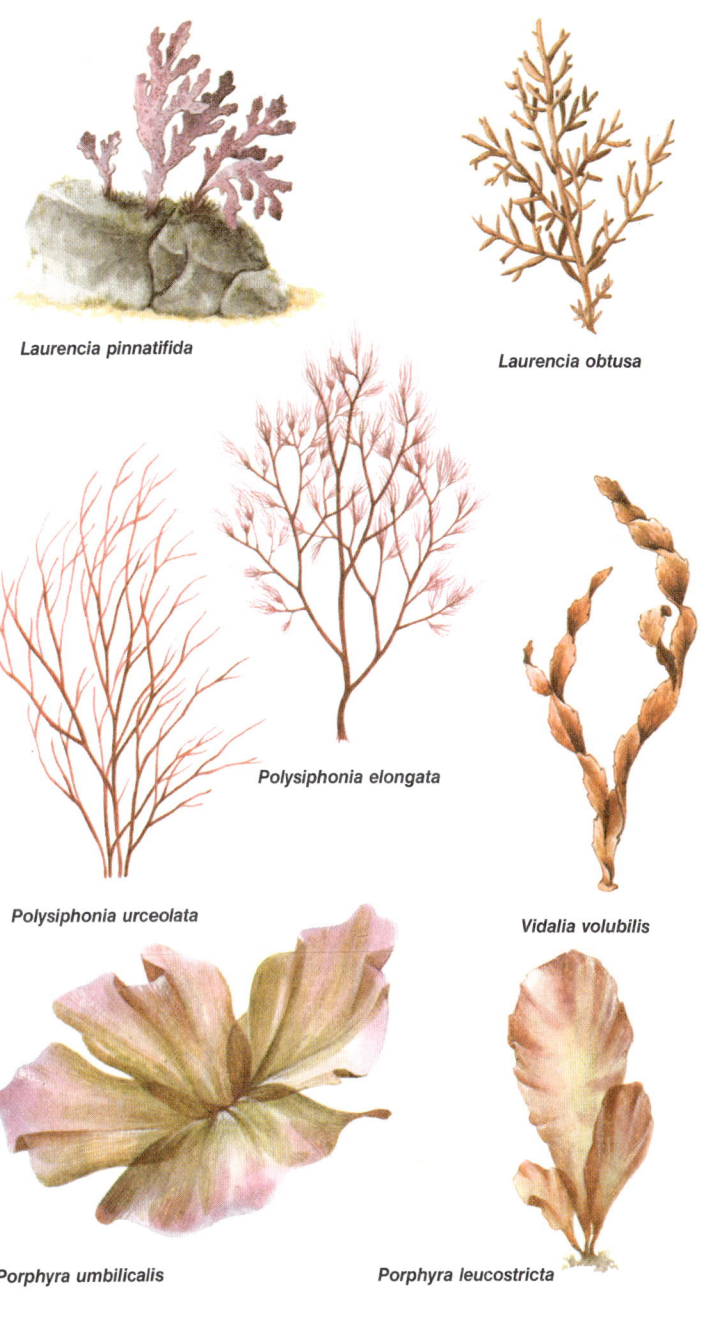

Laurencia pinnatifida

Laurencia obtusa

Polysiphonia elongata

Polysiphonia urceolata

Vidalia volubilis

Porphyra umbilicalis

Porphyra leucostricta

Flechten (Lichenes)

Flechten sind Verbände von bestimmten Pilzen mit bestimmten Algen. Sie sind gewissermaßen Doppelwesen, deren Thallus teils aus Pilzfäden, teils aus Algenzellen aufgebaut ist.

Früher wurde sie als systematisch eigenständige Gruppe aufgefaßt, neuere Arbeiten aber stellen sie in die Nähe bzw. überhaupt zu den Pilzen. Sie gleichen in vielen Lebensvorgängen sowohl den Algen als auch den Pilzen, zeigen aber darüber hinaus eigenständige Merkmale. Zahlreiche botanische Handbücher geben eine gute Darstellung ihrer Struktur und Funktion. Im allgemeinen zeigt ein Flechtenthallus flache oder blattförmige Wuchsform und überzieht oft krustenförmig andere Pflanzen, Felsen und Schalen. Das Flechtengewebe kann brüchig oder fleischig weich, rauh oder glatt sein und buschige, verzweigte oder flache Aufwüchse bilden. Viele Flechten verfügen über Fruchtkörper, die für ihre Bestimmung von Bedeutung sein können. Die genaue Einordnung dieser Organismen ist jedoch in vielen Fällen eine Arbeit für Spezialisten. Wenn nicht anders angegeben, so kommen die unten beschriebenen Flechten im Supralitoral und auf den darüberliegenden Felsen vor.

Verrucaria adriatica Warzenflechte
Thallus dünn und krustenförmig, bedeckt ausgedehnte Areale auf Felsen, mit grünen Fruchtkörpern. Vorkommen: Auf Felsen, an der Flutlinie.

Lichina confinis
Thallus büschelig, verzweigt, aufrecht 5 mm hoch, einem winzigen Tang gleichend. Vorkommen: Auf Felsen, an der Flutlinie.

Lichina pygmaea Zwergflechte
Thallus büschelig, verzweigt, aufrecht, etwa 10 mm hoch, einem verkleinerten Seetang gleichend. Vorkommen: An der Küste, zeitweilig vom Meerwasser überspült.

Caloplaca marina Schönflechte
Thallus flächig und krustenförmig, grob gekörnt, bildet Flecken von 10 cm Durchmesser. Farbe: Orange. Vorkommen: An Felsen, oberhalb der Flutlinie.

Caloplaca aurantia
Ähnlich C. marina, jedoch mit extrem flachem Thallus und creme-oranger Farbe.

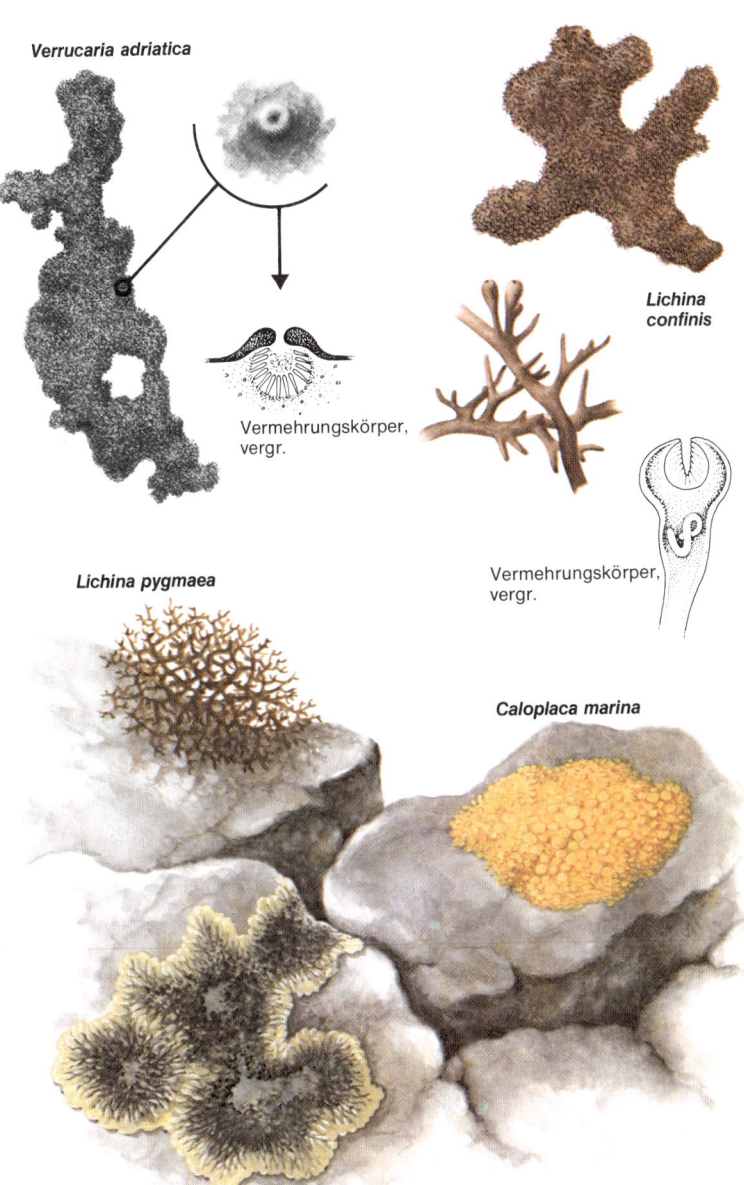

Verrucaria adriatica

Vermehrungskörper, vergr.

Lichina confinis

Lichina pygmaea

Vermehrungskörper, vergr.

Caloplaca marina

Caloplaca aurantia

Bedecktsamige Blütenpflanzen (Angiospermae)
Marine Blütenpflanzen (Seegräser)

Die Angiospermen oder Höheren Blütenpflanzen sind unter den Landpflanzen dominierend. Zu ihnen gehören die Gräser, Kräuter, Sträucher und Bäume. Obgleich eine Reihe von Arten fähig sind, ganz oder teilweise im Süßwasser zu leben, vermögen nur wenige im Meerwasser zu existieren. Nur zwei Pflanzengruppen, die Mangrovepflanzen und die Seegräser, konnten sich an die Lebensbedingungen im Salzwasser anpassen und stellen einen beachtlichen Aspekt der marinen Flora dar, insbesondere in warmen Meeren. Im Mittelmeer sind ausgedehnte Seegraswiesen nichts Ungewöhnliches, sie bieten einem besonders reichhaltigen Tierleben Nahrungsgrundlage und Unterschlupf. Im Mittelmeer kommen 4 Arten vor.

Zostera marina Gewöhnliches Seegras
Flache, lange, schmale Blätter von 1 m Länge und 5–10 mm Breite, mit charakteristischer Verteilung der Blattnerven (siehe Abbildung); die unscheinbaren Blüten, die bis zu einem gewissen Grad denen der Landgräser gleichen, erscheinen im Frühjahr oder Sommer. Farbe: Dunkelgrün oder grasgrün. Vorkommen: Im allgemeinen an geschützten Standorten oder Flußmündungen, auf Kies, Sand oder Schlickböden.

Zostera nana Zwerg-Seegras (nur ein Teil des Blattes abgebildet)
Flache, sehr schmale Blätter etwa 15 cm lang und 1 mm breit, artspezifische Blattaderung siehe Abbildung. Vorkommen: Auf Schlammbänken in Flußmündungen, küstennah.

Cymodocea nodosa Tanggras
Flache, schmale Blätter, bis 20 cm lang; dicker, verzweigter Wurzelstock, Blattbasis nicht zottig. Vorkommen: Häufig mit Zostera vergesellschaftet, auf Schlick- und Sandböden, bis in 10 m Tiefe.

Posidonia oceanica Neptungras
Flache, lange, schmale Blätter, bis 30 cm lang und etwa 10 mm breit; Blattgrund rauh und zottig, die unscheinbaren Blüten treten im Sommer auf. Farbe: Grün-gelb. Vorkommen: Auf weichen Böden, bis in 50 m Tiefe.
Anmerkung: Die abgerissenen Blätter dieser Pflanze werden von den Wellen, mit Sandkörnern vermengt, zu braunen, weichen Bällen, den sog. Seebällen, geformt.

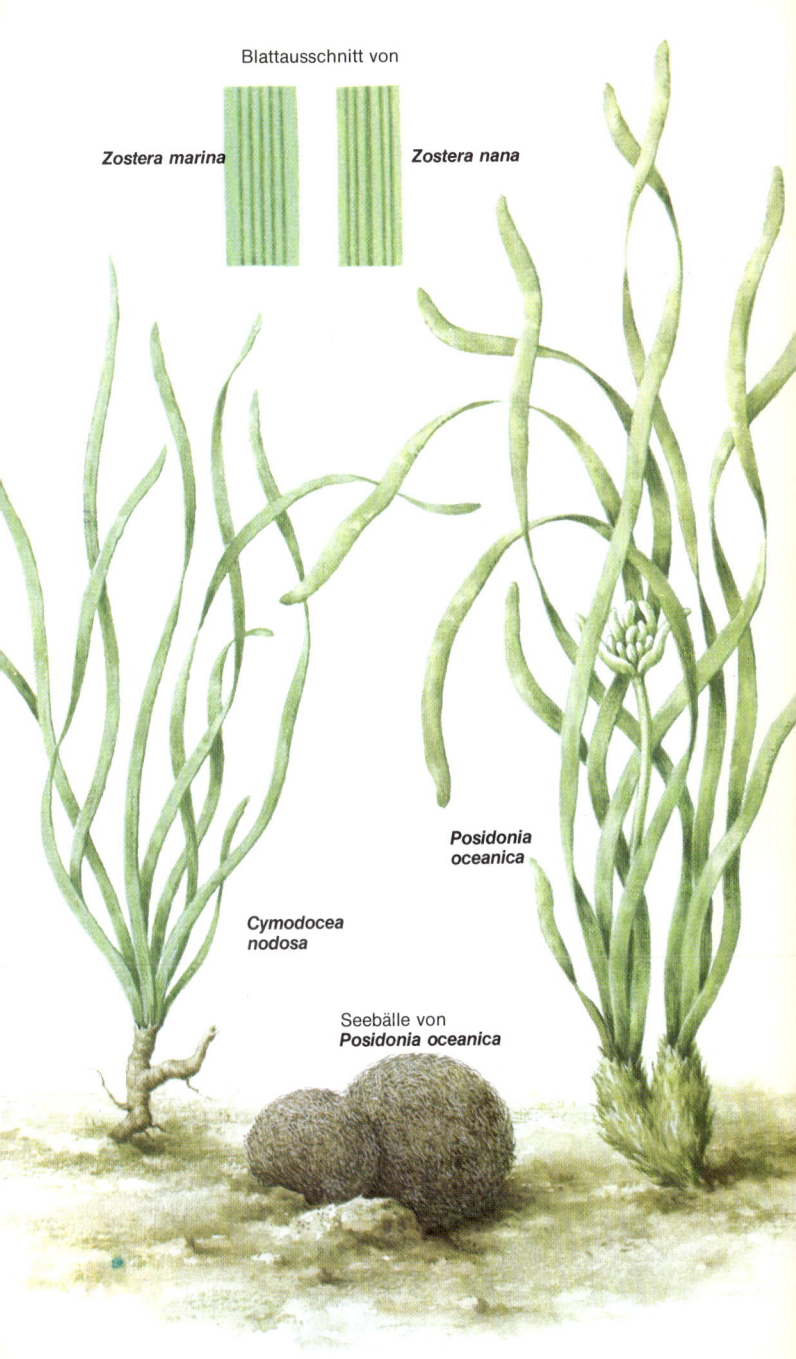

Blattausschnitt von

Zostera marina

Zostera nana

*Posidonia
oceanica*

*Cymodocea
nodosa*

Seebälle von
Posidonia oceanica

Das Tierreich

Das Tierreich wird in die folgenden gebräuchlichen systematischen Kategorien eingeteilt:

Stamm (phylum)
Klasse (classis)
Ordnung (ordo)
Familie (familia)
Gattung (genus)
Art (species)

wobei die einzelnen Kategorien, von der Art ausgehend, den Grad der verwandtschaftlichen Beziehungen der Formen zum Ausdruck bringen. So sind z. B. alle Vertreter eines Stammes untereinander verwandt und stammen von einer gemeinsamen Ahnenform ab. Zur Klassifizierung der Tiere werden von den Wissenschaftlern die Organisationshöhe und der Bauplan des Organismus als Kriterien herangezogen. Hierfür sind folgende Merkmale von Bedeutung: Besteht das Tier aus einer oder mehreren Zellen? Falls es vielzellig ist – bilden diese Zellen einen einzigen Gewebetyp, der den Körper aufbaut, oder sind sie zu verschiedenen Gewebetypen differenziert, die dann ihrerseits Organe, wie z. B. Drüsen oder Muskeln, bilden? Wie sind diese Gewebe im Körper angeordnet? Verfügt das Tier – abgesehen vom Verdauungstrakt – über eine Leibeshöhle? Ein weiteres Kriterium ist die Symmetrie eines Tieres. Völlig asymmetrisch sind nur wenige Schwämme. Häufiger sind radiär-symmetrisch gebaute Tiere wie z. B. Medusen und Stachelhäuter (letztere zeigen jedoch nur im Erwachsenenstadium eine spezielle fünfstrahlige Radiärsymmetrie). Die überwältigende Mehrheit der Tiere ist bilateral-symmetrisch, das heißt: halbiert man die Tiere vom Kopf bis zum Schwanz, so ergeben sich zwei spiegelbildlich gleiche Körperhälften.

Das Tierreich umfaßt eine ungeheure Vielfalt an Lebewesen – vom einfach gebauten Einzeller bis zum komplexen, vielzelligen Säugetier. Zwischen diesen beiden Extremen liegt ein breites Spektrum verschiedenster Formen. Die Tiere unterscheiden sich grundlegend von den Pflanzen durch ihre Ernährungsweise:

Pflanzen sind **autotroph**, d. h. sie bilden aus anorganischen Stoffen, die sie dem Boden, dem Wasser und der Luft entnehmen, unter Zuhilfenahme der Sonnenenergie organische Stoffe.

Tiere sind **heterotroph**, d. h. sie ernähren sich von organischen Substanzen, die sie in körpereigene Stoffe umbauen.

Aus diesem Grund entstehen die oft sehr komplexen Nahrungsketten, an deren Anfang stets Pflanzen als Primärerzeuger stehen.

In allen Lebensgemeinschaften gibt es eine Kette, besser gesagt ein Netz von Wechselbeziehungen – das gilt sowohl für das Leben im Wasser als auch für das Leben an Land. Im Gegensatz zum Land verfügt das Wasser, und hier speziell das Meer, jedoch nicht annähernd über die Vielfalt pflanzlichen Lebens. Im Meer übernehmen die niederen Pflanzen, die Algen, die meisten wichtigen Aufgaben. Ganz gleich, ob es sich um große Tange des Flachmeeres oder um pflanzliche Einzeller des freien Meeres handelt, sie versorgen die pflanzenfressenden Tiere mit Nahrung. So finden wir an der Küste algenfressende Schnecken, in der Flachwasserzone Seeigel und „weidende" Fische. Die nächsthöhere Stufe der Nahrungskette sind die primären Fleischfresser wie Wellhornschnecken, Seesterne, Seeanemonen und Fische, die sich von diesen Pflanzenfressern ernähren. Im freien Wasser sind winzige Krebse, z. B. Copepoden, die ersten Umwandler von pflanzlichem in tierisches Eiweiß.

Neben der Nahrung, seien es nun große Tange oder winziges pflanzliches Plankton, benötigen die Tiere aber auch Versteckmöglichkeiten, um sich zum einen vor Feinden schützen, zum andern in Ruhe fortpflanzen zu können. Deshalb hängt es nicht allein vom Nahrungsangebot ab, ob eine bestimmte Tierart in einem bestimmten Lebensraum existieren kann oder nicht.

Meeresküsten und angrenzende Flachmeere bieten eine überwältigende Fülle von Lebensformen, denn die Gezeitenerscheinungen Ebbe und Flut, die die Küstenbereiche abwechselnd der Luft bzw. dem Wasser aussetzen, bringen eine unendlich abgestufte Folge von Lebensräumen hervor, angefangen von der Uferregion, die direkt an der Flutlinie beginnt, bis hin zum Meeresboden, auf dem die physikalischen Bedingungen mehr oder weniger konstant sind. Die Meeresküste ist wahrscheinlich das lohnendste Übungsfeld für den Naturfreund und Zoologen. Ökologische Gesetzmäßigkeiten wie auch andere Aspekte inner- und zwischenartlicher Beziehungen können für fast jeden Biotop erkannt werden; darüber hinaus bieten sich in diesen Regionen entwicklungsgeschichtlich sehr interessante Fragestellungen. Kennt man aus dem Meer auch weniger Arten als aus anderen Lebensräumen, so sind hier doch alle Tierstämme vertreten. Während einige Arten mit wechselndem oder sogar bleibendem Erfolg das Süßwasser und das Land besiedelt haben, konnten sich viele andere nur im Meer entfalten. Einige Stämme, wie die Rippenquallen (Ctenophora) und die Stachelhäuter (Echinoderma), leben sogar ausschließlich marin.

Auf den folgenden Seiten werden nun die häufigsten im Mittelmeer vorkommenden Tierarten anhand charakteristischer Merkmale wie Größe, Gestalt und Farbe kurz beschrieben und ihr Vorkommen angegeben. Hier sei darauf hingewiesen, daß sich die Maßangaben stets auf die erwachsenen Tiere beziehen, nicht auf die Jugendstadien! Anschauliche Farbzeichnungen ergänzen den Text.

Schon ein kurzes Durchblättern der folgenden Seiten zeigt, daß der Informationsgehalt nicht bei allen Arten gleichwertig ist. Das ist darauf zurückzuführen, daß der augenblickliche Wissensstand nicht bei allen Arten gleich groß ist. So weiß man z. B. in einigen Fällen, in welcher Wassertiefe sich die betreffende Art aufhält, bei anderen dagegen fehlt diese Kenntnis bis jetzt noch.

Zuletzt sei noch einmal betont, daß es im Rahmen dieses Buches nicht möglich ist, sämtliche Einzelheiten der aufgeführten Arten darzustellen, noch alle Arten aufzuführen, die man am Strand, dem Küstengebiet und dem Flachmeer des Mittelmeeres finden kann. Soweit dies möglich ist, haben wir jedoch im Literaturverzeichnis auf weiterführende Spezialliteratur hingewiesen.

Schwämme (Porifera)

Schwämme sind festsitzende Tiere, die entweder einzeln vorkommen oder massige bis baumförmige Stöcke bilden. Nur in wenigen Fällen weist der Körper einen einheitlichen, zentralen Hohlraum (Spongocoel) auf; die Mehrzahl der Schwämme verfügt über ein weitverzweigtes Kanalsystem.

Die einfachste Form besteht aus einem dünnwandigen Sack; der auf der dem Festheftungspol gegenüberliegenden Seite eine große Ausströmöffnung (Osculum) besitzt. Durch zahlreiche kleine Einströmöffnungen, deren Wände von spezialisierten Zellen, den Kragengeißelzellen (Choanocyten) ausgekleidet sind, gelangt die Nahrung ins Körperinnere. Die Körperwand baut sich aus drei Schichten auf: Einem äußeren Plattenepithel, einer mittleren Stützschicht und einer Innenschicht mit den Kragengeißelzellen.

Zur Stützung des sonst weichen Schwammkörpers dienen Kalk- oder Kieselsäurenadeln oder hornartige Fasern. Je nach dem Material des stützenden Skeletts unterscheidet man:

Kalkschwämme
: (Calcarea) Skelett ausschließlich aus ein-, drei- oder vierstrahligen Kalknadeln bestehend

Glasschwämme
: (Triaxonia) Skelett aus sechsstrahligen Kieselsäurenadeln bestehend

Hornschwämme
: (Demospongiae) Skelett entweder aus Kieselsäurenadeln, die nie sechsstrahlig sind, aus Hornfasern oder aus mit Hornfasern verbundenen Kieselsäurenadeln bestehend.

Schwämme kommen auf nahezu allen Meeresböden von der Küste bis in die Tiefe vor. Ihre Körperform hängt sehr davon ab, ob sie geschützt oder ungeschützt sitzen. So zeigen Schwämme an stark exponierten Stellen einen abgeflachten oder krustenförmigen Wuchs, an geschützten Stellen dagegen bilden sie pflanzenähnliche Wuchsformen aus mit aufrechten und feinverzweigten Stämmen und Ästen.

Auf den schematischen Schnittbildern durch einen einfach gebauten (a) und einen komplexen (b) Schwamm kann man deutlich den Durchfluß des Seewassers verfolgen (Pfeil). Mit dem Wasser gelangen Sauerstoff und Nahrung (winzige planktische Teilchen) in das Körperinnere des Schwammes.

Die meisten Schwämme sind in ihrer Organisation jedoch wesentlich komplizierter. Durch einfache Anordnung zahlreicher Grundelemente (a) um einen gemeinsamen Hohlraum entsteht ein komplexerer Bauplan (b). Durch weitere Zusammensetzungen und Faltungen kompliziert sich der Aufbau vieler Schwämme noch wesentlich. Eine nähere Erklärung dieser Variationen würde jedoch über den Rahmen dieses Buches hinausgehen.

Auf den ersten Blick könnte man den zentralen Hohlraum mit dem Verdauungstrakt höherer Tiere vergleichen, doch fehlen die typischen Gewebsdifferenzierungen, die ein Darmepithel auszeichnen. Am Aufbau des Schwammkörpers sind nur ganz wenige Zelltypen beteiligt, und die Zellen, die den zentralen Hohlraum auskleiden, decken den Nahrungsbedarf durch direkte Einverleibung geeigneter Partikel. Der Mangel an Organ- und Gewebsdifferenzierungen bedingt das hohe Regenerationsvermögen der Schwämme selbst aus winzigen Bruchstücken. Trotz ihrer geringen Organisationshöhe vermehren sich die Schwämme auf sexuellem Wege mit typischen Ei- und Samenzellen, aus denen sich nach der Befruchtung eine freischwimmende Larve entwickelt, die sich auf einer geeigneten Unterlage festsetzt und zu einem neuen Schwamm heranwächst.

Eine bemerkenswerte Eigenschaft der Schwämme ist ihre Vergesellschaftung mit anderen Tieren. Öffnet man einen Schwamm, so entdeckt man im Innern eine Menge anderer Tiere, wie Würmer und Krebse. Einige Schwämme leben in Symbiose mit Einsiedlerkrebsen, wobei die Schwämme den Krebs tarnen und schützen, dieser wiederum transportiert sie zu neuen Futterplätzen.

Obwohl man eine große Zahl von Schwämmen kennt, sind nur wenige von wirtschaftlicher Bedeutung; das bekannteste Beispiel ist der Badeschwamm *(Spongia officinalis)*, der in größerem Umfang in den Gewässern um die griechischen Inseln gesammelt wird.

Die Schwämme sind schon immer eine schwierig zu bearbeitende Gruppe gewesen, und es gibt verhältnismäßig wenige Nachschlagewerke, die ihre Bestimmung erleichtern könnten.

Der Laie wird feststellen, daß die häufigsten Mittelmeerschwämme in diesem Buch abgebildet sind. Daneben gibt es jedoch noch eine Menge nicht so häufiger Schwämme, die unberücksichtigt blieben. Da die Erforschung der Schwämme in vollem Gange ist, kann hier keine absolute Anzahl der mittelmeerischen Schwämme angegeben werden.

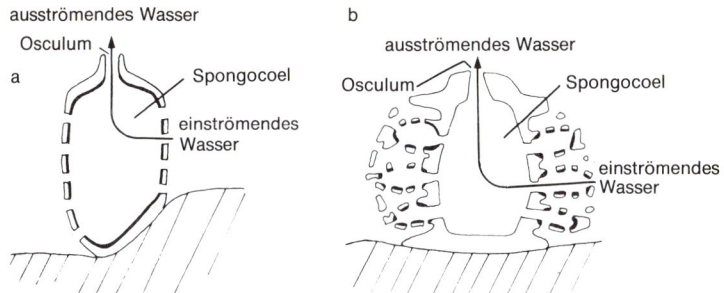

Bild 2. Schematische Schnittbilder durch einen einfach gebauten (a) und einen komplexen (b) Schwamm. Die Lage der Kragengeißelzellen ist dick schwarz ausgezogen, der Pfeil gibt die Strömungsrichtung des Wassers an.

Kalkschwämme (Calcarea)

Schwämme, deren Skelett ausschließlich aus ein-, drei- oder vierstrahligen Kalknadeln besteht. Sie sind meist klein und becher- oder kelchförmig, von blasser Färbung und bevorzugen schattige Standorte (unter Felsabhängen, in dunklen Nischen und Höhlen).

Clatherina coriacea (= ***Leucosolenia coriacea***) Gitterkalkschwamm
Gestalt: Verzweigtes Netzwerk aus engumwallten Röhren, die flache Überzüge von mehreren Millimetern Dicke und ca. 10 cm Ausdehnung bilden; an der Vereinigungsstelle mehrerer Röhren liegt jeweils eine gemeinsame Ausströmöffnung; von weicher Konsistenz. Farbe: Weiß-grau, gelegentlich rosa oder gelb. Vorkommen: Auf sauberem Gestein, häufig unter überhängenden Felsen im flachen Wasser.

Sycon ciliata (= ***S. raphanus***) Wimperkalkschwamm
Gestalt: Röhren- oder vasenförmig, aufrechtstehend, 30 mm hoch, bei Lupenvergrößerung erscheint die Oberfläche rauh, die Ausströmöffnung wird von einem Kranz längerer, steifer Nadeln umgeben; von weicher bis fester Beschaffenheit. Farbe: Creme-gelb, creme-braun. Vorkommen: Auf Steinen und Schalen, vom flachen Wasser bis in 100 m Tiefe; wächst meist in Gruppen.

Leuconia aspera (= ***Leucandra aspera***)
Gestalt: Von gedrungenem, vasenförmigem Wuchs, mit Knötchen und endständiger Ausströmöffnung; Farbe: Weiß-braun. Vorkommen: In Felslöchern, Höhlen und dunklen Standorten, bis hinunter ins tiefe Wasser; einzeln oder in Gruppen, im letzteren Fall seitlich zusammengedrückt.

Leucosolenia botryoides
Gestalt: Röhrenförmig verzweigter Schwamm, die senkrechten Röhren erheben sich 20 mm hoch aus einem kriechenden, wurzelähnlichen Kanalsystem; Ausströmöffnung groß, Konsistenz weich. Farbe: Weißlich. Vorkommen: Auf Algen festsitzend, in Küstennähe und im flachen Wasser.

Grantia compressa
Gestalt: Unter Wasser angeschwollen und urnenförmig, bis 5 cm groß, beim Herausnehmen kollabiert der Schwamm zu einem flachen, sackförmigen Gebilde; große endständige Ausströmöffnung. Farbe: Weiß-grau-gelb. Vorkommen: Unter Felsüberhängen und auf Algen, im flachen Wasser.

Hornschwämme (Demospongiae)

Schwämme mit Kieselnadeln, die nie sechsstrahlig sind, und/oder Sponginfasern; Gestalt sehr mannigfaltig, bisweilen recht groß. Oftmals leuchtend gefärbt. Meist an schattigen Standorten, wachsen jedoch auch an lichtdurchlässigen Standorten.

Oscarella lobularis
Gestalt: Fleischig, krustenförmig mit rundlichen Knötchen, flächig wachsend (ca. 10 cm Durchmesser, 3–6 mm Höhe). Die Ausströmöffnungen sitzen auf Verdickungen. Oberfläche samtig. Farbe: Gelb-braun, normalerweise rot, grün oder blau. Vorkommen: An Steinen, Felsen und Algen im Seichtwasser, im allgemeinen an gut beleuchteten Stellen.

Chondrosia reniformis
Gestalt: Rundlich, oval oder gelappt, 50–100 mm breit, 30 mm hoch, Oberfläche glatt; fest und gummiartig, Ausströmöffnungen nicht sichtbar. Farbe: Grau-braun oder dunkel, mit hellen Tüpfeln; Inneres beim Öffnen weiß und fest. Vorkommen: An Felsen und unter Steinen im flachen Wasser.

Geodia mulleri (= ***G. gigas***)
Gestalt: Rundlich, oft kugelig, bis 400 mm im Durchmesser, Oberfläche fest, häufig eingedrückt, Außenschicht mit spitzen Nadeln, die eine günstige Voraussetzung für die Ansiedlung anderer Organismen, wie z. B. Algen, Mollusken oder Würmer, bieten; die innere Schicht ist weich und von vielen Gängen durchzogen.

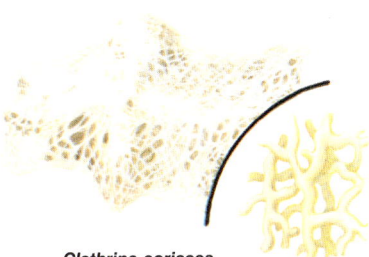

Clathrina coriacea

Sycon ciliata

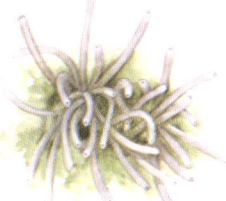

Leucosolenia botryoides

Grantia compressa

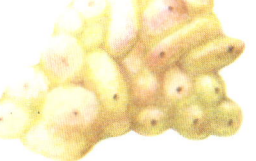

Oscarella lobularis

Chondrosia reniformis

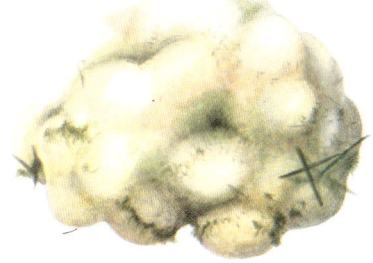

Geodia mulleri

Suberites domuncula Korkschwamm
Gestalt: Variabel, mehr oder weniger kugelig, bis zu 30 cm Durchmesser, Oberfläche glatt, aber nicht samtig, Konsistenz fleischig, bei übermäßigem Druck auseinanderbrechend, mäßig elastisch; aus dem Wasser genommen, schrumpft dieser Schwamm auf ³/₄ seiner ursprünglichen Größe. Farbe: Gelb-orange. Vorkommen: Vom Flachwasser bis in 200 m Tiefe, auf von Einsiedlerkrebsen bewohnten Schneckenhäusern.
Ähnliche Art: *S. cavernosus* (nicht abgebildet), der häufig gestielt ist und eine glatte und samtene Oberfläche hat.

Tethya aurantium Meerorange
Gestalt: Kugelig, bis 10 cm Durchmesser; Oberfläche mit Warzen bedeckt. Die Untersuchung des inneren Baues führt zu einer sicheren Bestimmung: Fächerförmige Nadelbündel verlaufen rechtwinklig zur Oberfläche und enden dort in einer Warze. Ausströmöffnung und Einströmöffnungen sind von gleicher Größe. Farbe: Hell-golden. Vorkommen: Einzeln oder grüppchenweise auf Steinen, Felsen und in Höhlen, vom seichten Wasser bis in 130 m Tiefe.

Spirastrella cunctatrix
Gestalt: Unregelmäßig, krustenbildend, Durchmesser 50 mm oder mehr, Oberfläche gelegentlich gemustert, keine Papillen, sichtbare Ausströmöffnungen. Farbe: Variabel, orange bis blau. Vorkommen: Auf Hartböden.

Cliona celata Bohrschwamm
Gestalt: Kompakt, rundlich oder flach, kugelige Exemplare erreichen bis zu 40 cm Durchmesser, krustenförmige werden bis zu 1 m lang, die Ausströmöffnungen sitzen am Ende engwandiger Röhren, die 10 mm über die Oberfläche ragen; fest und zäh. Die jungen Schwämme bohren sich in Felsen und Muschelschalen. Farbe: Gelblich. Vorkommen: Befallen Kalkgestein, Schalen und Kalkrotalgen, gewöhnlich in flachem Wasser. Die Gattung *Cliona* wird überarbeitet, und sicherlich werden weitere Arten beschrieben.

Axinella polypoides
Gestalt: Fächerförmig oder aufrecht und säulenförmig, wenig Verzweigungen, bis 50 cm hoch. Seitenzweige im Querschnitt oft oval; Ausströmöffnungen mit radiären Oberflächenrillen, die ihnen ein sternförmiges Aussehen geben. Oberfläche samtig und glatt, ohne Rillen oder Wellenlinien. Farbe: Gelb-orange-rot. Vorkommen: In 30–100 m Tiefe.

Axinella cannabina (nicht abgebildet)
Der vorigen Art recht ähnlich; die Ausströmöffnungen münden auf rundlichen Erhebungen. Farbe: Gelb-orange. Vorkommen: Häufig an schlammigen Standorten.

Axinella verrucosa Fingerschwamm
Gestalt: Wuchsform variabel, aufrecht und verzweigt, strauchförmig, bis zu 25 cm hoch; Farbe: Gold-orange-rosa. Vorkommen: Im allgemeinen auf Hartböden in 10–100 m Tiefe.

Halichondria panicea Brotschwamm
Gestalt: Variabel, von krustenförmigem Überzug bis zu massigen oder buschigen Klumpen aus miteinander verwachsenen Ästen reichend. Bei der krustigen Form münden die Ausströmöffnungen auf Kratern, bei der buschigen Form am Ende der Seitenäste. Oberflächenstruktur glatt, bis zu 20 cm groß und 20 mm dick. Farbe: An sonnigen Standorten aufgrund der Algen, die im Schwamm leben, grün; an schattigen Standorten cremegelb. Es gibt im Mittelmeer auch eine rote Form, die möglicherweise einer verwandten Art angehört.

Mycale massa Fladenschwamm
Gestalt: Massige rundliche Überzüge, bis 5 cm und mehr Durchmesser. Farbe: Gelb, grau oder hellorange. Vorkommen: Manchmal auf Muschelschalen oder Kalkrotalgen, die Sand- oder Schlammböden besiedeln, ab 15 m abwärts.

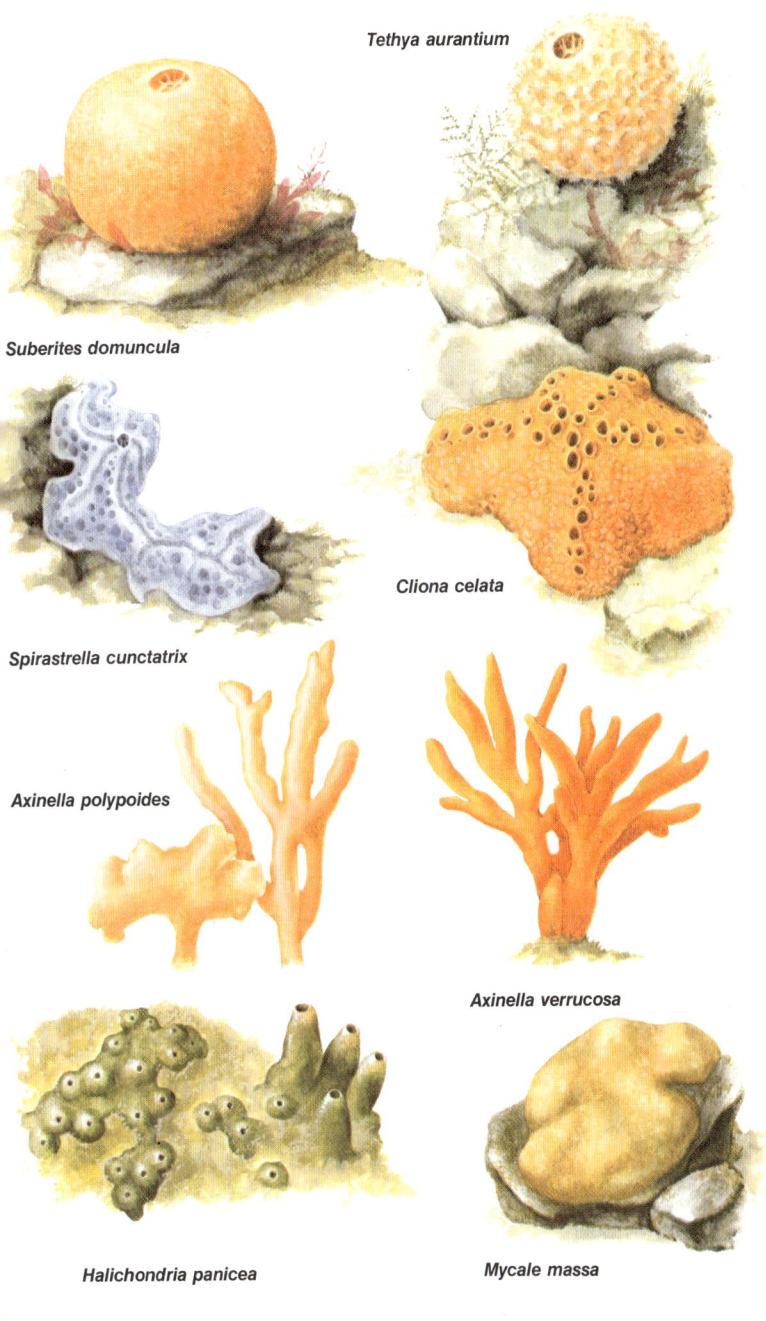

Tethya aurantium

Suberites domuncula

Spirastrella cunctatrix

Cliona celata

Axinella polypoides

Axinella verrucosa

Halichondria panicea

Mycale massa

Myxilla incrustans Grubenschwamm
Gestalt: Dicke, polsterartige Aufwüchse von maximal 15 cm Durchmesser und 5 cm Dikke; die kreisförmigen Ausströmöffnungen sind unregelmäßig über die gefurchte Oberfläche verteilt und münden auf kleinen Kratern; weich und elastisch. Farbe: Gelblich, manchmal rot. Vorkommen: Auf Felsen bis in 130 m Tiefe, vor allem in klarem Wasser, manchmal auf den Panzern von Seespinnen.

Hymeniacidon sanguinea Blutschwamm
Gestalt: Krustenförmige, bis 50 cm große Überzüge mit vielen kleinen, unregelmäßig verstreuten Ausströmöffnungen; Oberfläche runzlig oder glatt; variable Wuchsform. Farbe: Orange-scharlachrot bis tiefrot. Vorkommen: Auf Felsen an der Küste und im flachen Wasser.

Haliclona oculata Nixenhandschuh
Gestalt: Entweder runde Säule von gleichbleibendem Durchmesser oder verzweigte Masse mit zusammenführenden Ästen; Seitenäste am Ende abgerundet, elastisch und weich; untere Region der Äste fester, ohne hartes Achsenelement. Oberflächenstruktur weich und etwas samtig. Ausströmöffnungen klein; 0,5–2 mm Durchmesser, rund und nicht erhaben. Vorkommen: Häufig an Standorten mit starker Strömung, scheint jedoch auch Ablagerungen ertragen zu können.

Petrosia ficiformis
Gestalt: Feigenförmig, mit bis zu 5 cm hochragenden Ausströmöffnungen, lattichförmig mit bis zu 20 cm Durchmesser und mit auffälligen Ausströmöffnungen oder krustenförmig; hart und papierartig. Farbe: Unten grünlich, oder braun-violett. Vorkommen: Im tiefen Wasser unter Felsen und Geröllblöcken, häufig von der Nacktkiemenschnecke *Peltodoris atromaculata* besiedelt.

Spongia officinalis (= **Euspongia officinalis**) Badeschwamm
Gestalt: Massige unregelmäßige bis kugelige Wuchsform, bis 20 cm Durchmesser, gelegentlich viel größer, relativ wenig Ausströmöffnungen, die die Oberfläche kraterförmig überragen. Das Skelett besteht nur aus Sponginfasern, die nach Reinigung und Bearbeitung als „Badeschwamm" übrigbleiben. Farbe: Rot-braun-grün. Vorkommen: Auf Felsen, vom Seichtwasser bis in 50 m Tiefe und mehr.

Hippospongia communis (= **H. equina**) Pferdeschwamm
Gestalt: Flach, rundlich oder lappig, bis 60 cm Durchmesser, die auffälligen Ausströmöffnungen erheben sich nicht über die Oberfläche; ohne Kieselsäurenadeln, Skelett aus Sponginfasern aufgebaut, häufig mit harten Einschlüssen. Farbe: Braun-rot-gelb. Vorkommen: Auf Felsen vom flachen Wasser bis in die Tiefe.

Dysidia fragilis
Gestalt: Bis zu 40 mm hoch, rundlich und zylindrisch mit großen endständigen Ausströmöffnungen, auch krustenbildend, manchmal grüppchenweise einer neben dem anderen. Oberfläche mit kurzen, spitzen Erhebungen übersät, meistens weich und elastisch. Farbe: Weißlich. Vorkommen: Auf Felsen, häufig in Gesteinsspalten.

Verongia aerophoba (= **Aplysina aerophoba**) Farbwechselnder Zylinderschwamm
Gestalt: Aufrechte, zylindrische Röhren, bis 15 cm hoch, die abgeflachten Enden, in denen die endständigen Ausströmöffnungen liegen, sehen wie abgesägt aus. Die Einzelröhren stehen an der Basis miteinander in Verbindung. Skelett ohne harte Nadeln, besteht nur aus Sponginfasern, im Schwammkörper können harte Knötchen eingeschlossen sein. Farbe: Gelb-grün-schwarz. Vorkommen: Normalerweise auf Felsen in niedrigem Wasser.

Ircinia fasciculata (= **Hircinia fasciculata**) Büscheliger Bockschwamm
Gestalt: Unregelmäßiger, massiger Wuchs, bis 15 cm Durchmesser, Ausströmöffnungen mit veränderlicher Form und Lage. Farbe: Violett-braun. Vorkommen: Unter Steinen und in Spalten in seichtem Wasser.

Myxilla incrustans

Hymeniacidon sanguinea

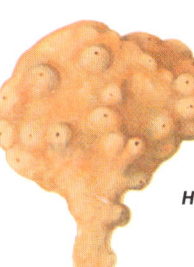

Haliclona oculata

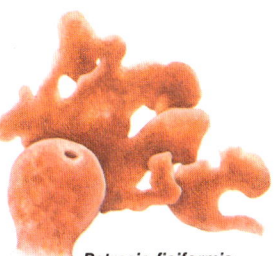

Petrosia ficiformis

Spongia officinalis

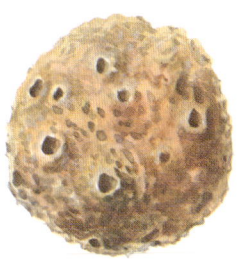

Hippospongia communis

Dysidia fragilis

Verongia aerophoba

Ircinia fasciculata

Nesseltiere (Cnidaria)

Zartwüchsige, blumenähnliche Tiere, von denen die meisten während ihrer Entwicklung ein Medusenstadium durchlaufen. Die Tiere sind einfach gebaut: Der zumeist sackförmige Körper besteht nur aus einer äußeren (Ektoderm) und einer inneren (Entoderm) Zellage. Beide Zellschichten sind durch eine gallertige Stützschicht (Mesogloea) voneinander getrennt. Der innere Körperhohlraum entspricht dem Darm und führt über eine Mundöffnung, die jedoch zugleich als Darmausgang dient, nach außen. Um die Mundöffnung stehen mit Nesselzellen bewehrte Tentakelkränze. Diese Tentakeln ergreifen die Beute, lähmen sie durch das von den Nesselzellen gelieferte Gift und führen sie zur Mundöffnung. Kreislauf- und Verdauungssystem fehlen, das Nervensystem ist sehr einfach und besteht aus einzelnen Nervenzellen, die durch Fortsätze netzförmig untereinander verbunden sind. Charakteristisch sind die Nesselzellen mit ihren das Nesselgift enthaltenden Nesselkapseln.

Man unterscheidet zwischen einer festsitzenden Form, dem Polypen, und dem freischwimmenden Stadium, der Meduse.

Die Nesseltiere gliedern sich in 3 Klassen:

Hydrozoa – Nesseltiere, die oft einen Generationswechsel zwischen einer Polypen- und einer Medusengeneration aufweisen.

Scyphozoa (Quallen) – Nesseltiere mit dominierender Medusengeneration

Anthozoa (Blumen- oder Korallentiere) – Nesseltiere ohne Medusenstadium

Innerhalb der Hydrozoa sind die Hydroidea die umfangreichste Gruppe. Diese am einfachsten gebauten Nesseltiere besiedeln fast alle Lebensräume von der Küste bis in die Tiefsee. Ihre Polypen sind meist koloniebildend, wobei die einzelnen Polypen untereinander über ein Röhrensystem verbunden sind. Diese Organisation führt fast immer zur Bildung ausgedehnter Kolonien und zur Spezialisierung einzelner Polypen.

Bei der Ordnung Athecata ist das verbindende Röhrensystem von einer schützenden Hülle, dem Periderm (Perisarc) umgeben.

Bei den Polypen der Ordnung Thecaphora sind nicht nur die verbindenden Stiele geschützt, die Hülle bildet außerdem einen Becher (Theca), in dem das Polypenköpfchen sitzt und in den die Tentakeln eingezogen werden können. Die Entwicklungszyklen der Hydroiden sind recht kompliziert: Ausgewachsene Kolonien, die auf Steinen, Gehäuseschalen oder Algen wachsen, bringen ausschließlich der Fortpflanzung dienende Polypen hervor, die freischwimmende Medusen abschnüren. Diese werden von der Flut und von Strömungen verdriftet, denn das Tier kann mit Hilfe rhythmischer Kontraktionen seines Schirmes nur nach oben schwimmen und sich dann wieder absinken lassen. Die Meduse bildet Ei- und Samenzellen, die nach der Reife ins Meer entlassen werden; hier findet dann die Befruchtung statt. Aus den befruchteten Eiern entwickeln sich Larven, die sich am Boden niederlassen und eine neue Kolonie gründen. (Den früheren Naturforschern war dieser Lebenszyklus nicht bekannt, so daß Polyp und zugehörige Meduse oftmals unterschiedliche Namen tragen.) Sowohl Polyp als auch Meduse ernähren sich von Planktonorganismen, die an die nesselzellenbewehrten Tentakel stoßen.

Eine 3. Ordnung bilden die Staatsquallen (Siphonophora). Es handelt sich hier um große, floßartig treibende, koloniebildende Hydrozoen, die zeitlebens freischwimmend sind. Eine beson.ders spezialisierte Meduse bildet den Schwimmkörper, der von vielen Medusen und Polypen, die der Ernährung, Fortpflanzung und Verteidigung dienen, umgeben ist. Viele Staatsquallen sind Oberflächenbewohner, die sich von Wind und Wellen vertriften lassen. Sie ernähren sich vorwiegend von Fischen, die sie mit Hilfe ihrer langen, im Schlepptau nachgezogenen Fangfäden erbeuten.

Die kleine 4. Ordnung der Chondrophora, besteht nur aus wenigen Arten. Es handelt sich ebenfalls um freischwimmende, aus Schwimmkörper und spezialisierten Polypen bestehende Kolonien, die sich durch Medusenknospung vermehren.

Die Schirmquallen (Scyphozoa) sind durch die Dominanz der Medusengeneration gekennzeichnet. Sie verbringen einen Großteil ihres Lebens als freischwimmende Räuber, die ihre Beute mit Hilfe der langen, nachschleifenden, mit Nesselzellen bewehrten Tentakel fangen. Die Quallen bringen Ei- und Samenzellen hervor, aus denen sich nach der Befruchtung eine Larve entwickelt, die seßhaft wird und zu einem hydroidähnlichen Polypen (Scyphistoma) auswächst. Dieses Stadium schnürt ständig winzige Quallen (Ephyren) ab, die zu den typischen erwachsenen Formen heranwachsen. Nur bei einer Gruppe (Becherquallen oder Stauromedusae) sind die kleinen trompetenförmigen erwachsenen Tiere nicht freischwimmend, sondern leben festgeheftet an Algen oder Steinen. Die Scyphozoa kommen in allen Meerestiefen vor.

Die Anthozoa (Blumen- oder Korallentiere) umfassen wiederum verschiedenartige Formen. Allen gemeinsam ist die fehlende Medusengeneration. Die Polypen sind höher entwickelt als die der Hydrozoa. Sie leben entweder in weichen Böden eingegraben oder an Felsen u. ä. angeheftet.

Die bekanntesten Anthozoen sind die Seeanemonen. Man findet sie sowohl an der Küste als auch im tiefen Wasser. Wie andere Nesseltiere fangen sie ihre Beute mit Tentakeln. Sie können sich entweder ungeschlechtlich durch Teilung vermehren oder geschlechtlich.

Die Ordnung Antipatharia umfaßt die schwarzen Korallen. Ihre Polypenkolonien bilden ein hartes hornartiges, bäumchenförmiges Skelett.

Die Zylinderrosen (Ceriantharia) und die Krustenanemonen (Zooantharia) gleichen den Seeanemonen. Erstere leben auf Sand- oder Schlickböden in eigenen Schleimröhren, in die sie sich zurückziehen können. Letztere bilden kleine Kolonien, die für gewöhnlich Felsen und Steine krustenförmig überziehen.

Die Steinkorallen (Madreporaria) sind nur mit wenigen Arten im Mittelmeer vertreten. Sie unterscheiden sich von den Seeanemonen durch den Besitz eines harten Kalkskelettes, das die unteren Teile der Polypen schützt und stützt und in das auch die Tentakeln zurückgezogen werden können. Viele sind koloniebildend.

Einzellebend hingegen sind die europäischen Vertreter der nahe verwandten Corallimorpha, denen das charakteristische Kalkskelett fehlt.

Die Weichkorallen (Alcyonacea), Hornkorallen (Gorgonacea) und Seefedern (Pennatulacea) sind nahe verwandt und haben im allgemeinen Polypen mit verzweigten Tentakeln. Sie sind stets koloniebildend und zeichnen sich durch eine beträchtliche Variationsbreite in ihrer Wuchsform aus.

Bild 3. Stämmchen von **Gonothyraea loveni** mit Freß- und Fortpflanzungspolypen

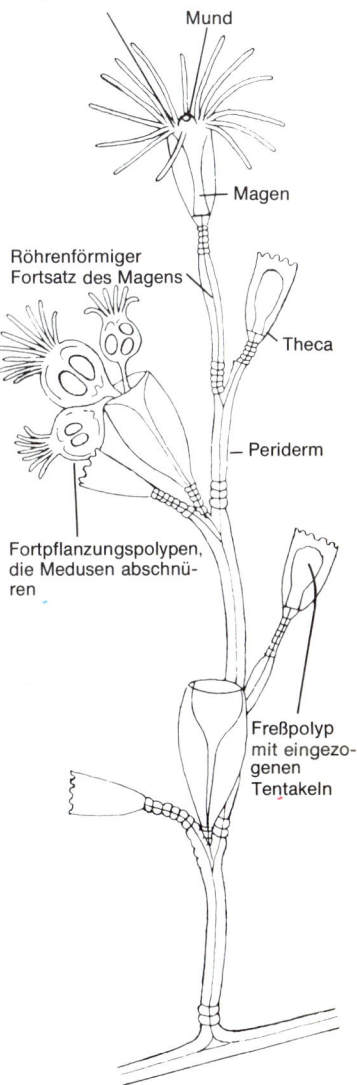

Freßpolyp mit ausgestreckten Tentakeln

Mund

Magen

Röhrenförmiger Fortsatz des Magens

Theca

Periderm

Fortpflanzungspolypen, die Medusen abschnüren

Freßpolyp mit eingezogenen Tentakeln

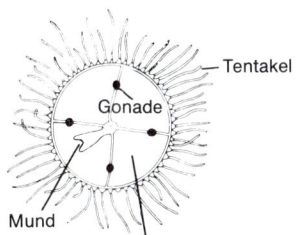

Tentakel

Gonade

Mund

Unterseite der Schwimmglocke

Bild 4. Meduse von **Obelia geniculata**

Hydrozoa
Athecata

Hydroiden, deren Polypen nicht von einer schützenden Skelettröhre umgeben sind. Die Polypen sind daher – auch bei Störung – immer sichtbar. Die äußere Erscheinung und die Form der Kolonien sind sehr variabel. In jüngster Zeit erwiesen sich die Hydroiden als gute Indikatoren in bezug auf die Wasserqualität.

Corymorpha nutans
Solitärer Polyp mit dickem Stämmchen und dünnem, zartem Periderm, das sich über $^2/_3$ des Hauptstämmchens hinauf erstreckt, 20 mm hoch. Das Polypenköpfchen umgibt ein äußerer Ring langer Tentakel und ein innerer Ring kürzerer, zwischen denen sich die Geschlechtskörper entwickeln. Vorkommen: Im Sand oder Schlick, mit Hilfe wurzelähnlicher Gebilde (Hydrorhiza) verankert.

Tubularia indivisia Ungeteilter Röhrenpolyp
Koloniebildend mit kriechenden „Wurzeln" und aufrechten, wenig verzweigten, meistens kaum verflochtenen Stämmchen, bis 18 cm hoch; die endständigen, kolbenförmigen, rosaroten Polypen tragen einen äußeren Ring hängender, weißer Tentakel und einen inneren Ring kürzerer, steiferer Tentakel; gelegentlich treten traubenförmige Geschlechtskörper (Gonophoren) auf; die schützende Skelettröhre ist gelblich und häufig längsgestreift. Vorkommen: In schattigen Felstümpeln an der Küste, an Felsen und Gesteinsbrocken in tieferem Wasser.

Coryne pusilla Kölbchenpolyp
Koloniebildend mit kriechenden, wurzelförmigen Ausläufern und unregelmäßig verzweigten Stämmchen, 10 mm hoch oder höher; die endständigen, zylinderförmigen, rosafarbenen Polypen tragen keulenförmige Tentakel; zeitweilig treten kugelige Geschlechtskörper auf. Vorkommen: Auf Felsen, in Felstümpeln und im tiefen Wasser.

Zanklea costata
Koloniebildend mit kriechenden, wurzelartigen Ausläufern, aus denen unverzweigte Stiele entspringen; jeder Stiel trägt einen länglichen, rutenförmigen Polypen, der mit keulenförmigen Tentakeln bewehrt ist; die Geschlechtskörper wachsen aus der Polypenwand unterhalb der Tentakel; 5 mm hoch, Periderm erstreckt sich nur um die Stiele. Vorkommen: Auf Steinen und Felsen von der Küste bis ins tiefe Wasser.

Cladonema radiatum
Koloniebildend, mit kriechenden, wurzelförmigen Ausläufern, denen unverzweigte Stämmchen mit je einem kleinen Polypen entwachsen; Polyp mit 4 kurzen basalen Tentakeln und längere keulenförmige Tentakel nahe der Mundöffnung; die Geschlechtskörper entwachsen den Polypenwänden nahe den unteren Tentakeln; 5 mm hoch; Periderm unscheinbar. Vorkommen: Auf Felsen und Geröll, an der Küste und in seichtem Wasser.
Keine ähnlichen Arten. Wird häufig in Meeresaquarien gehalten. Hier kommt es auch zur Entwicklung der relativ großen Medusen (35 mm), die frei schwimmen oder sich an der Aquarienscheibe anheften.

Eleutheria dichotoma
Koloniebildend, mit kriechenden wurzelförmigen Ausläufern, aus denen senkrechte Polypen wachsen, die an der Mundöffnung mit 6–8 Tentakeln bewehrt sind; die Geschlechtskörper entstehen an der Polypenbasis, genau dort, wo das Periderm aufhört. Vorkommen: Wächst auf Felsen, in Wassertümpeln und im seichten Wasser.

Halocordyle disticha
Koloniebildend, mit kriechenden, wurzelartigen Ausläufern, aus denen ein Hauptstämmchen mit wechselständig wachsenden Seitenästchen entspringt, die dem Stöckchen ein buschförmiges Aussehen geben; jeder Seitenast trägt bis zu 5 Polypen, das Stöckchen wird bis 10 cm hoch; die Einzelpolypen tragen einen Ring aus längeren Tentakeln um den Grund und kurze Tentakel an den Seitenflächen des zugespitzten Mundstücks. Vorkommen: Auf Algen und Felsen an exponierten Standorten.

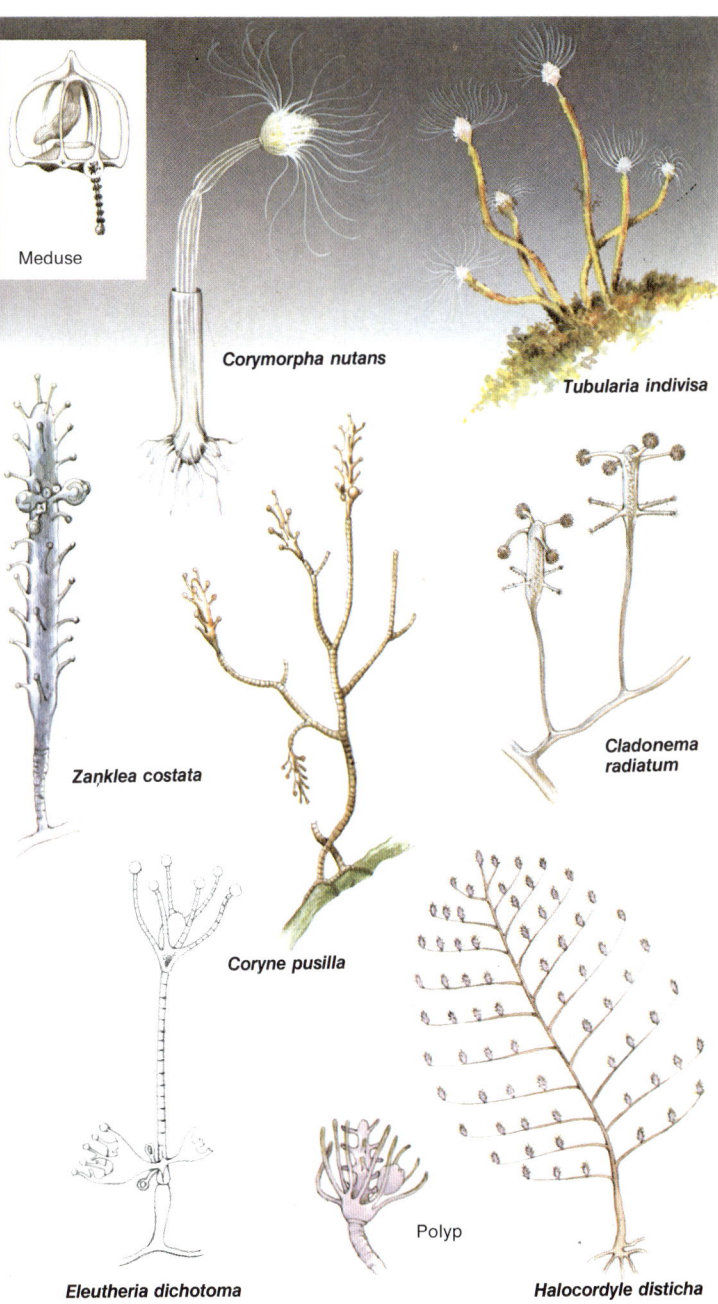

Meduse

Corymorpha nutans

Tubularia indivisa

Zanklea costata

Cladonema radiatum

Coryne pusilla

Eleutheria dichotoma

Polyp

Halocordyle disticha

Tubiclava fruticosa
Koloniebildend mit kriechenden, wurzelähnlichen Ausläufern, von denen polypentragende Stiele abgehen; das Periderm reicht bis zum Polypenfuß; Polypen langgestreckt mit 8 Tentakeln. Vorkommen: Höhlen und Grotten unter dem Meeresspiegel.

Podocoryne carnea
Koloniebildend, mit krustenförmiger, hornartiger Fußmasse, die mit dornigen Auswüchsen bewehrt ist; hier entspringen die trompetenförmigen Polypen und gelegentlich parallel gerichtete tentakelartige Gebilde. Die Polypen tragen 10 zarte Tentakel, die das konische Mundstück umgeben; die Fortpflanzungsorgane entspringen auf halber Höhe am Polypenstiel. Vorkommen: An schattigen und geröllhaltigen Standorten.

Hydractinia echinata Stachelpolyp
Koloniebildend, rasenförmiger Wuchs, mit krustiger Skelettröhre; spindelförmige weiß-braun-rote Polypen, die auf 15 mm langen Stielen sitzen. Vorkommen: Auf von Einsiedlerkrebsen bewohnten Schneckenhäusern, gelegentlich auch auf Steinen in seichtem Wasser.

Bougainvillia ramosa Bougainvillia-Polyp
Koloniebildend, aufrechte wechselständige oder unregelmäßig verzweigte Stämmchen, die aus einer krustigen Basis wachsen; die Polypen sitzen an den Zweigenden; Kolonie bis 25 mm hoch; Polypen tragen 10 zugespitzte Tentakel; die Fortpflanzungsorgane wachsen etwas unterhalb der Ästchenenden. Vorkommen: Auf Kalkalgen, Felsen und Steinen.

Perigonimus repens
Koloniebildend, gerade oder verzweigte Stämmchen, die von einer krustigen Basis ausgehen; röhrenförmiges Periderm bis zum Fuß der Polypen, die kleinen, keulenförmigen Polypen können sich partiell in diese Röhren zurückziehen; Stöckchen bis 7 mm hoch, die Fortpflanzungspolypen entspringen unterhalb der Polypenbasis am Stämmchen. Vorkommen: Auf Kalkalgen, Fels und Stein.

Eudendrium rameum Bäumchenpolyp
Buschige Kolonien bildend, bis 15 cm hoch, mit kriechenden „Wurzeln", starke Stämmchen mit braunem Periderm, kolbenförmige rosafarbene Polypen mit einem Tentakelkranz genau am Grund des Mundstücks; Geschlechtsorgane an der Basis der Polypen. Vorkommen: Im allgemeinen unter 10 m Wassertiefe, an Felsen und Höhlen.

Eudendrium racemosum
Buschige Kolonien bildend, bis 10 cm hoch, mit kriechenden Ausläufern und kräftigen Stämmchen; die kolbenförmigen Polypen haben 2 Tentakelkränze, einen am Grund des Mundstücks und einen am Fuß der Polypen. Vorkommen: Gewöhnlich im tiefen Wasser an Felsen und überhängenden Gesteinsblöcken.

Eudendrium ramosum
Buschige Kolonien bildend, zart, bis 12 cm hoch; Hauptstämmchen kräftig, die kolbenförmigen Polypen haben nur einen Tentakelkranz an der Basis des Mundteiles. Vorkommen: Auf Hartböden zwischen Rotalgen bis 35 m Tiefe.

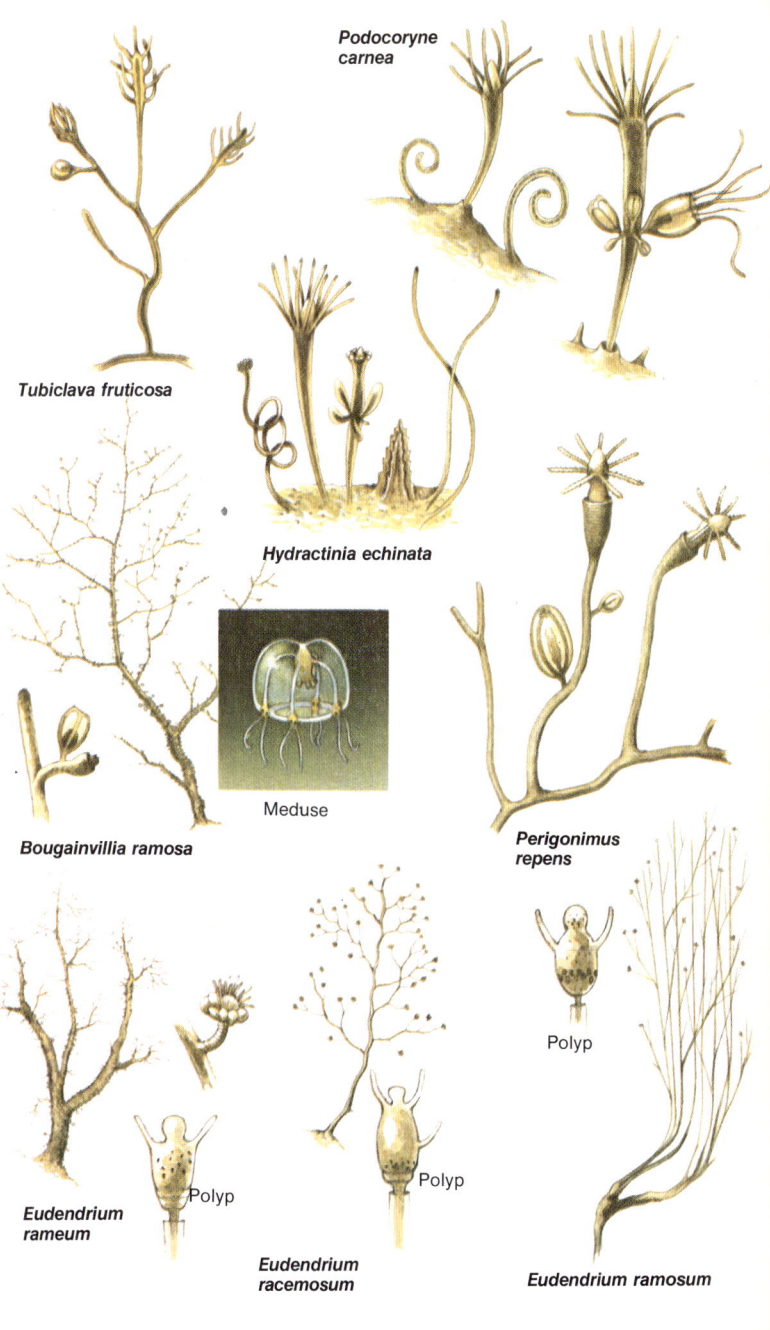

Podocoryne
carnea

Tubiclava fruticosa

Hydractinia echinata

Meduse

Bougainvillia ramosa

Perigonimus
repens

Polyp

Eudendrium
rameum

Polyp

Eudendrium
racemosum

Polyp

Eudendrium ramosum

Thecata

Hydroiden, deren Polypen von hornigem Periderm becherartig umhüllt sind, so daß sie sich bei Störungen vollständig zurückziehen können. Viele Arten haben eine charakteristische Wuchsform, einige können jedoch leicht mit Moostierchen (Bryozoen) verwechselt werden.

Clytia johnstoni
Koloniebildend, die langen, unverzweigten oder wenig verzweigten Stämmchen entspringen einem kriechenden Ausläufer, die Polypen sitzen in einer Theka mit Ringwulst an der Basis. Thekarand mit einer Reihe spitzer Zähnchen, jedoch nicht zinnenförmig gezackt; Polypen 5 mm hoch, die urnenförmigen Geschlechtspolypen sitzen an getrennten, kurzen Stielen. Vorkommen: Häufig auf Rotalgen oder Zosterablättern.

Campanulina sp.
Koloniebildend, das aufrechte Stöckchen wächst aus wurzelförmigen kriechenden Ausläufern; Polypenstiele verzweigt, zylinderförmige Polypen mit bandförmigen Tentakeln, die oben zusammengehalten werden und dem Polypen ein spitzzulaufendes Aussehen geben. Die großen Geschlechtspolypen entstehen an den unteren Seitenästchen; Stöckchen 5 mm hoch. Es sind mehrere Arten bekannt, die jedoch schwer zu unterscheiden sind.

Cuspidella grandis
Koloniebildend, klein, kriechend, ohne aufrechten Stamm; röhrenförmige Ausläufer verbinden die kleinen, 0,5 mm langen Polypen, die 8 Tentakel tragen. Vorkommen: Bilden Krusten auf anderen Hydroidstöckchen.

Campanularia hincksi Glockenförmiger Polyp
Koloniebildend, mit auffälligen, langgestreckten Hydrotheken, die am Rand zinnenartig eingekerbt sind und an einem langen Zweig sitzen; sie erheben sich 0,5 mm vom an der Unterlage kriechenden Stämmchen; die langgestreckten, geringelten Geschlechtspolypen, die sich zur an der Spitze gelegenen Öffnung hin verjüngen, sitzen am basalen Teil. Vorkommen: Auf Schalen, anderen Hydroiden- oder Bryozoenstöckchen, in 10–60 m Tiefe.

Orthopyxis caliculata
Koloniebildend, einfache, unverzweigte Stämmchen, die einer basalen Schicht entwachsen; an der Hydrothekenbasis ist ein deutlicher Ringwulst, darüber nur schwach geringelt, Theka mit glattem Rand; Stöckchen 4 mm hoch. Vorkommen: Auf Hartböden und Rotalgen, bis in mäßig tiefes Wasser.

Gonothyraea gracilis
Koloniebildend; ähnlich aufgebaut wie Clytia johnstoni, doch mit verzweigten, aufrechten Stämmchen und mehreren Ringen an der Basis der Hydrotheken, auch die Verzweigungsstellen der Stämmchen haben einige Ringe; Stöckchen werden 15 mm hoch, die Geschlechtspolypen sitzen in kolbenförmigen Gonotheken an besonderen Stielen. Vorkommen: Grotten und Höhlen unter dem Meeresspiegel, Hartböden in tieferem Wasser.

Obelia geniculata Glockenpolyp
Koloniebildend; mit kriechenden, wurzelförmigen Ausläufern und aufrechten, zickzackförmig verzweigten Stämmchen, die 40 mm hoch werden; die glockenförmigen Hydrotheken werden von einem rotbraunen Periderm gebildet, das an den Verzweigungsstellen charakteristisch geringelt ist; die Polypen wachsen wechselständig am Stämmchen. Vorkommen: Auf Algen an der Küste und im flachen Wasser.

Laomedia flexuosa
Koloniebildend, 15 mm hohe Stöckchen, nicht deutlich im Zickzack wachsend. Vorkommen: Auf Felsen und Steinen.

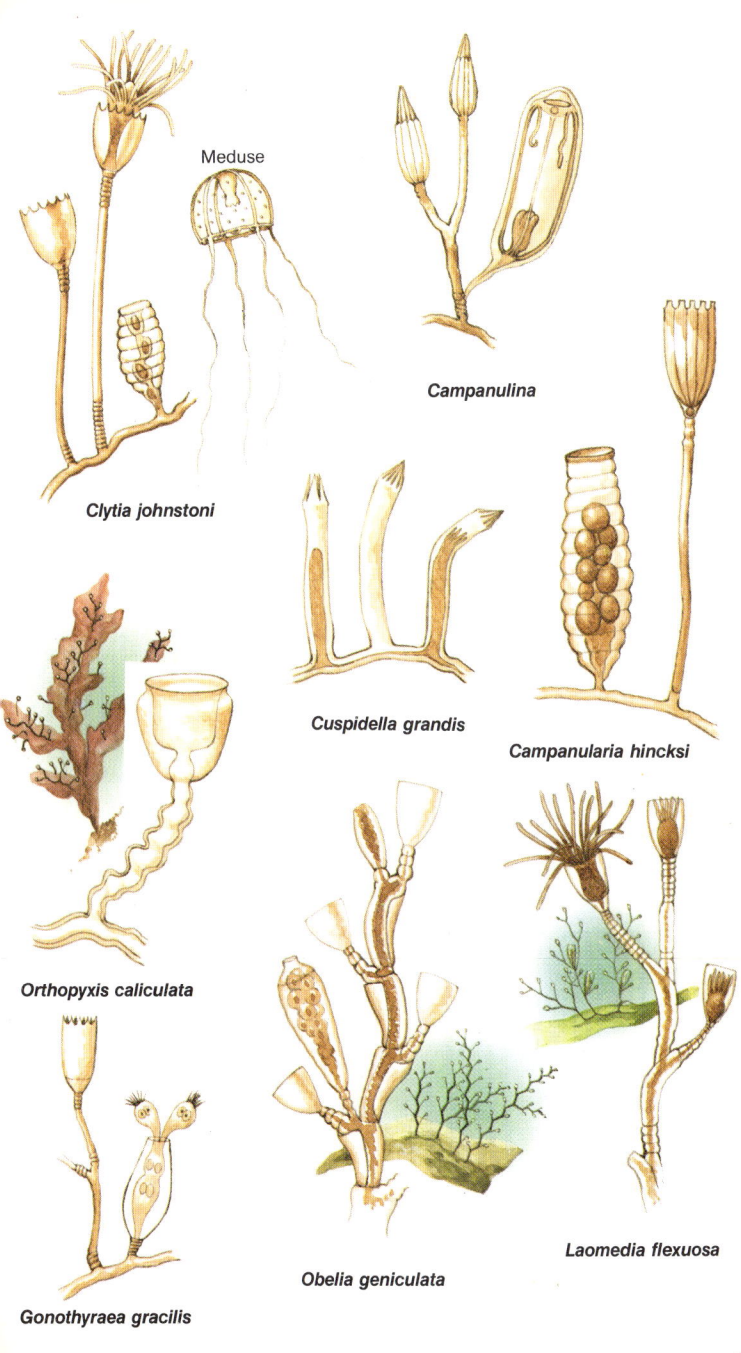

Meduse

Clytia johnstoni

Campanulina

Cuspidella grandis

Campanularia hincksi

Orthopyxis caliculata

Obelia geniculata

Laomedia flexuosa

Gonothyraea gracilis

Lafoea dumosa
Koloniebildend, klein; die kriechenden Ausläufer bilden ein zartes Netzwerk, aus dem sich kleine, 5 mm hohe, röhrenförmige Hydrotheken erheben; daneben existiert eine dichterverzweigte, derbere Varietät. Vorkommen: Auf Wurmröhren, Schalen und anderen Hydroidstöckchen, bis in 300 m Tiefe, gedeiht besonders auf Hydroiden massenhaft.

Halecium halecinum
Koloniebildend; großer, federartiger Wuchs, bis 12 cm hoch oder höher, der gemeinsamen Unterlage entspringen mehrere Stämmchen; das Hauptstöckchen trägt Seitenäste, an denen die Polypen sitzen, die Hydrotheken sind trichterförmig, häufig sind mehrere Trichter übereinandergestülpt. Vorkommen: Wächst auf Steinen, Schalen und Wurmröhren vom flachen Wasser abwärts.

Sertularia cupressina Zypressenmoos
Koloniebildend; hohe, schlanke Stämmchen mit wechselständig wachsenden Seitenzweigen, an denen Ästchen entspringen, die so angeordnet sind, daß der Eindruck eines federförmigen Wuchses entsteht; Freßpolypen und Geschlechtspolypen sitzen an den Seitenästen. Die Hydrotheken entspringen in 2 Reihen und sind lang und zylindrisch, das Stöckchen kann 45 cm lang werden. Vorkommen: Auf Schalen und anderen Hydroiden bis in recht tiefes Wasser.

Sertularia gayi
Koloniebildend, mit aufrechten, verzweigten Stämmchen, die Seitenzweige entspringen wechselständig, die Ränder der kolbenförmigen Hydrotheken sind zu 4 Zähnchen ausgezogen; die Kolonie bis 22 cm hoch. Vorkommen: Auf sauberen Sand- und Schillböden bis in die Tiefe.
Ähnlich: *Sertularia polyzonias.*

Dynamena pumila
Koloniebildend, die Stämmchen erheben sich 12 mm hoch aus den horizontal kriechenden, wurzelähnlichen Ausläufern; Polypen entspringen gegenständig an den aufrechten Stämmchen; kappenförmige Hydrotheken. Vorkommen: Auf Steinen und Pflanzen an der Küste und im seichten Wasser, weit verbreitet.

Plumularia halecioides (= **Ventromma halecioides**)
Koloniebildend, federbuschförmiger Wuchs, das Stöckchen erhebt sich etwa 20 mm von den kriechenden Ausläufern; die Polypen sitzen an den Seitenästen in flachen Theken, die denen von *Kirchenpaveria pinnata* (unten) gleichen, aber eine zusätzliche distale Hülle haben; die recht großen Geschlechtskörper sitzen am Hauptstämmchen. Vorkommen: Auf *Plumularia setacea, Nemertesia* spp. und auf Algen.

Kirchenpaueria pinnata (= **Plumularia pinnata**)
Koloniebildend, aufrechte, verzweigte, 10 cm hohe Stöckchen mit einer wurzelartigen Unterlage; die Polypen sitzen an den Seitenzweigen in flachen Theken, die Geschlechtspolypen am Hauptstämmchen. Vorkommen: Auf verschiedenem Substrat, Pfeilern, Felsen, anderen Hydroiden, Wurmröhren und Schalen vom flachen Wasser bis in die Tiefe.

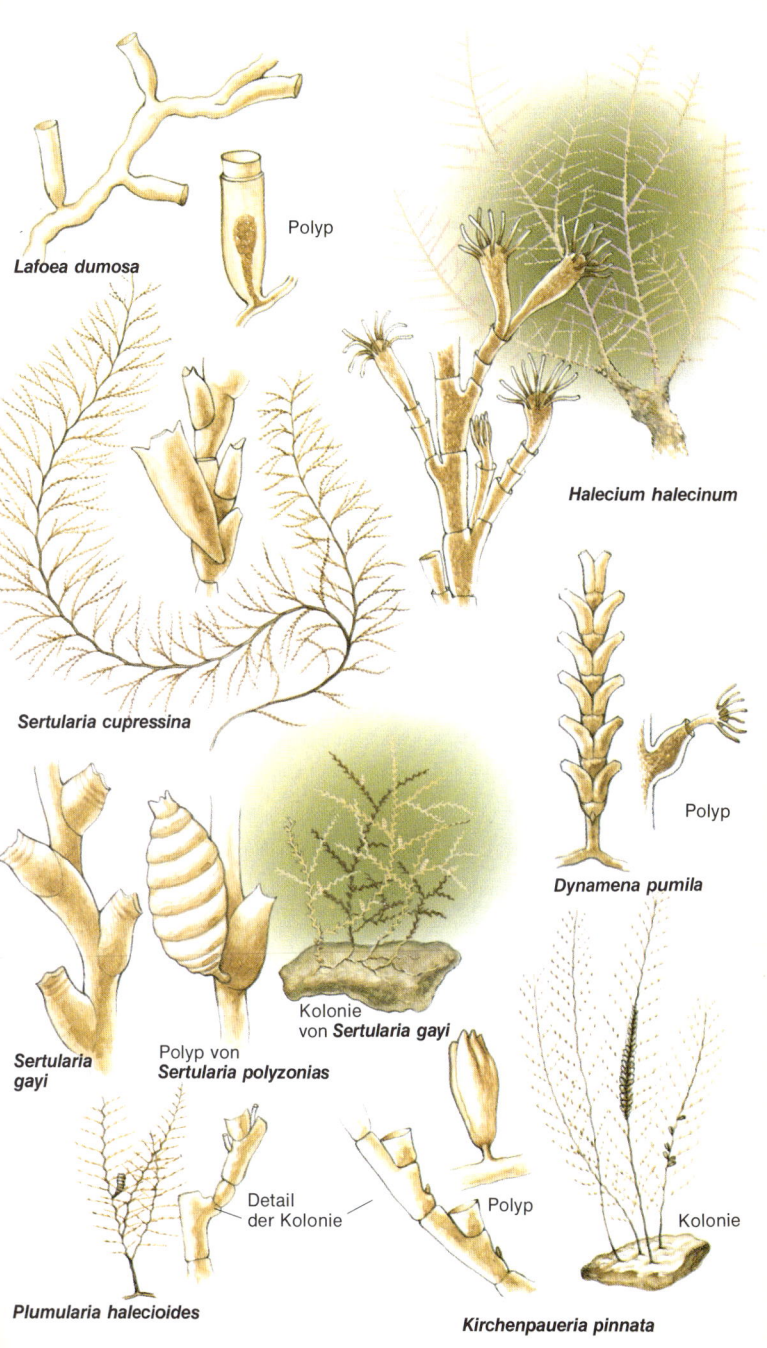

Lafoea dumosa

Polyp

Halecium halecinum

Sertularia cupressina

Dynamena pumila

Polyp

Kolonie
von *Sertularia gayi*

Sertularia gayi

Polyp von
Sertularia polyzonias

Detail
der Kolonie

Polyp

Kolonie

Plumularia halecioides

Kirchenpaueria pinnata

Plumularia setacea
Koloniebildend, zarte wellige Stämmchen, 30 mm hoch; Polypen sitzen an den wechselweise wachsenden Seitenästen; Theken ziemlich tief, glattrandig; schlanke, schalenförmige Geschlechtspolypen im Winkel zwischen Seitenast und Hauptstämmchen. Vorkommen: Küstennah auf Felsen, in Spritzwassertümpeln und seichtem Wasser.

Plumularia catharina Federpolyp
Koloniebildend, mit kriechenden, wurzelförmigen Ausläufern und verzweigten Stämmchen (10 cm hoch); Seitenäste gegenständig; Theken ziemlich tief und glattrandig, sowohl an den Seitenästen als auch an den Stämmchen. Vorkommen: Auf Steinen, Schalen und Seescheiden.

Polyplumularia frutescens
Koloniebildend, buschig, sich verjüngende aufrechte, 14 cm lange Stöckchen; Hauptstämmchen röhrenförmig, unregelmäßig verzweigt. Zweige mit wechselweise abgehenden polypentragenden Ästchen; Theken scharf von den Ästchen abgesetzt, länger als Durchmesser; birnenförmige, kurzstielige Geschlechtspolypen an den Seitenästchen. Vorkommen: Auf Schalen und Steinen in tieferem Wasser.

Theocaulus diaphanus
Koloniebildend, aufrechte, 15 cm hohe Stämmchen, kriechende Ausläufer; Stämmchen mit wechselständigen Seitenästen, an denen die Polypen sitzen, unter den Verzweigungen Polypen mit schüsselförmigen Theken; Geschlechtskörper kappenförmig. Vorkommen: Auf Hartböden in tieferem Wasser.

Nemertesia antennina (= **Antennularia antennina**)
Koloniebildend, in Büscheln wachsende, autrechte, 25 cm hohe Stämmchen, gelblich, hornartig; Stämmchen entspringen einer verfilzten faserigen Masse, die zur Anheftung dient; die wirteligen, kurzen Ästchen sind am Grund dicker und nach innen gebogen, mit Polypen, die in vasenförmigen, glattrandigen Theken sitzen; Geschlechtspolypen im Winkel zwischen Hauptstämmchen und Seitenästchen. Vorkommen: Im allgemeinen auf harten Objekten, z. B. Kieseln oder leeren Schalen, auch oft auf abgelagertem Sand.

Nemertesia ramosa
Koloniebildend; das dicke Hauptstämmchen wächst aus einer Unterlage verfilzter Fasern empor, verzweigt sich mehrfach unregelmäßig; die langen, sich verjüngenden, nach außen gebogenen Ästchen sind haarig und stehen in dichten Wirteln. Theken klein und vasenförmig, Geschlechtspolypen birnenförmig, neigen sich nach innen dem Stamm zu. Vorkommen: Auf harten Objekten oder abgelagertem Sand.

Thecocarpus myriophyllum (= **Lytocarpa myriophyllum** = **Aglaophenia myriophyllum**)
Koloniebildend, federartig, Hauptstämmchen gewöhnlich buschig, bis zu 30 cm oder höher, in Abständen zu Knötchen verdickt; Seitenzweige können ihrerseits verzweigt sein; Theken recht tief, zylindrisch, fein gezähnelt, an der Vorderseite mit einem einzigen kräftigen Zahn; Geschlechtspolypen ähneln Miniaturmiesmuscheln, sitzen paarweise in der Nähe der Thekenbasis und werden von einem gebogenen Zahnfortsatz an der äußeren Ecke geschützt. Vorkommen: In tiefem Wasser.

Aglaophenia tubulifera
Koloniebildend, federbuschförmiges Stöckchen, das aus wurzelartigen Ausläufern entspringt und 80 mm oder höher wird; Theken tief, oben an der Vorderseite eingebogen, Lippenrand ein bißchen nach außen gedreht; die eiförmigen Geschlechtspolypen sitzen meist doppelreihig auf kurzen Stielen. Vorkommen: Auf Pflanzen, Schalen anderer Organismen, meist in tieferem Wasser als A. pluma.

Aglaophenia pluma
Federartige Kolonien bildend, von den kriechenden, wurzelartigen Ausläufern erhebt sich das Hauptstämmchen 70 mm oder mehr empor, Seitenzweige wachsen wechselständig; Theken ziemlich flach, mit fein gezähntem, erweitertem Rand, Geschlechtspolypen schotenförmig. Vorkommen: Auf Algen, Schalen und Felsen an der Küste und in seichtem Wasser.

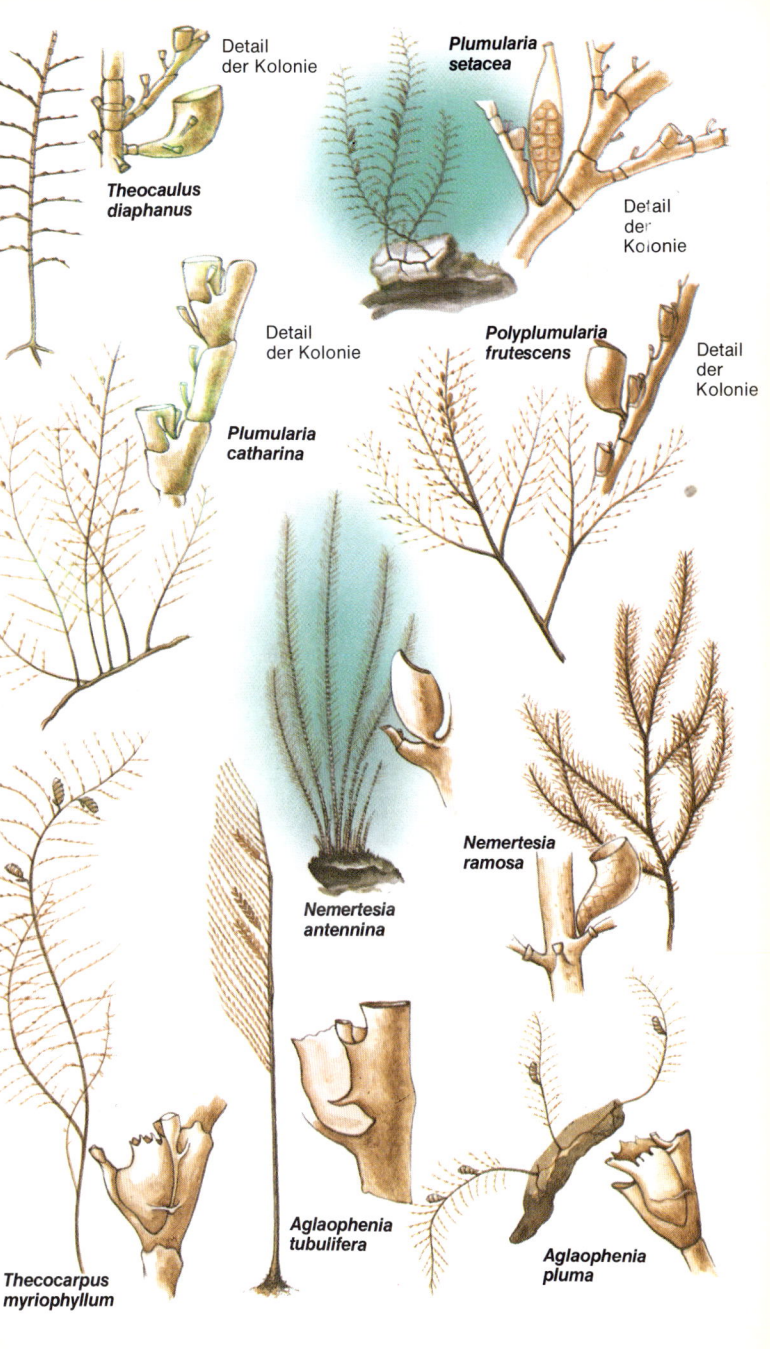

Detail der Kolonie

Theocaulus diaphanus

Plumularia setacea

Detail der Kolonie

Detail der Kolonie

Plumularia catharina

Polyplumularia frutescens

Detail der Kolonie

Nemertesia antennina

Nemertesia ramosa

Thecocarpus myriophyllum

Aglaophenia tubulifera

Aglaophenia pluma

Staatsquallen (Siphonophora)

Koloniebildende, schwebende oder freischwimmende Hydrozoen mit vielen, verschiedenartigen Individuen, die in einen verbindenden zentralen Stamm, Schwimmkörper, Freß- und Wehrpolypen und Geschlechtsindividuen differenziert sind. Einige Arten treiben an der Meeresoberfläche, andere schwimmen in tieferem Wasser; im allgemeinen Hochseeformen, die nur gelegentlich bei stürmischer See in Küstennähe getrieben werden. Ein am Meeresboden sitzendes Polypenstadium wird nicht ausgebildet, seine Funktion übernehmen spezialisierte Einheiten der freischwimmenden Kolonie. Im Mittelmeer kommen rund 20 Arten vor.

Physalia physalis Portugiesische Galeere
Der riesige, sackförmige Schwimmkörper (Pneumatophor) wird bei 10 cm Breite bis 30 cm lang und trägt ein auffälliges Segel; darunter befinden sich in einem komplexen Verband eine große Zahl anderer Individuen: Ein kurzer Stiel, der an der Unterseite des Schwimmkörpers befestigt ist, trägt mehrere große, als Dactylozooide bezeichnete, fangende und abwehrende tentakelförmige Polypen; daneben gibt es kleinere Dactylozooide und Gruppen von Freßpolypen (Gastrozooiden) ohne Tentakel, aber mit Mundöffnungen; ferner viele verzweigte Geschlechtsindividuen (Gonodendra), von denen sich Medusen ablösen und die dem Medusenstadium anderer Hydrozoen entsprechen. Farbe: Pneumatophor silberblau mit rötlichem Anflug, übrige Kolonie purpur-blau. Vorkommen: Freischwimmend, an der Meeresoberfläche. – Küstenwärts getrieben kann sich der Pneumatophor leicht von der übrigen Kolonie lösen und scheint dann zu fehlen. Jegliche Berührung vermeiden! Verursacht gefährliche Nesselungen!

Muggiaea atlantica Helmförmige Schwimmglocke
Bis zu 20 mm lange, helmförmige Schwimmglocke, von der ein durchsichtiger, kontraktiler Stiel herabhängt, der eine große Anzahl Individuengruppen (Cormidien) trägt. Jede dieser Gruppen besteht aus einem mit einem Tentakel ausgerüsteten Freßpolypen, 1 Geschlechtspolypen (Gonophore) und einem kleinen, medusenähnlichen Schwimmblatt, das den Gonophoren ermöglicht, sich abzulösen, um als selbständiges Individuum zu schwimmen. Farbe: Durchscheinend. Vorkommen: Schwimmend in verschiedenen Tiefen.
Ähnlich: *Lensia conoidea,* mit 2 ca. 10 mm langen Schwimmglocken, vordere etwas größer.

Physophora hydrostatica Physophore
Kleiner, an der Spitze befindlicher Schwimmkörper, unter dem ein etwa 60 mm langer Stiel hängt, der 5 Paar Schwimmglocken in 2 Reihen trägt, darunter befinden sich Freß-, Wehr-, Fangpolypen und Geschlechtsindividuen. Farbe: Vorwiegend gelb-rosa-rot. Vorkommen: In verschiedenen Tiefen.
Ähnlich: Rote Staatsqualle *(Halistemma rubrum),* Gesamtlänge 20 cm und mehr. Farbe: Rot.

Chondrophora

Freischwebende Hydrozoenkolonien, die systematisch früher mit den Siphonophoren vereint waren.

Velella velella Segelqualle
Bläuliche, hornartige, ovale Schwimmscheibe von 80 mm Durchmesser, die einen Schwimmkörper einschließt und mit einem halbmondförmigen Segel ausgestattet ist; in lebendem Zustand sind Schwimmscheibe und Segel mit einem weichen Gewebe überzogen, das Segel ragt über die Wasseroberfläche, um sich vom Wind antreiben und vertriften zu lassen; an der Scheibenunterseite sitzt ein großer Freßpolyp, der von einem inneren Kranz von Geschlechtsindividuen und einem äußeren Kranz tentakelartiger Fangpolypen umgeben ist. Vorkommen: Im freien Meer, Oberflächenbewohner, manchmal in Schwärmen auftretend.

Porpita umbella Tellerqualle (nicht abgebildet)
Ähnlich *Velella velella,* aber ohne das charakteristische Segel, die blaugrüne Schwimmscheibe erreicht 80 mm im Durchmesser. Vorkommen: Im freien Meer, an der Oberfläche, häufig schwarmweise auftretend.

Physalia physalis

Velella velella

Physophora hydrostatica

Muggiaea atlantica

Schirmquallen (Scyphozoa)

Nesseltiere mit dominierender Medusengeneration, die jedoch in ihrer Entwicklung normalerweise ein kurzes Polypenstadium durchlaufen; dieser Polyp wird Scyphistoma oder Scyphopolyp genannt. Die Medusen (Quallen) sind meistens freischwimmend, nur ganz wenige sitzen fest. Im Mittelmeer sind 6 Arten nachgewiesen.

Charybdea marsupialis Mittelmeer-Wespe
Würfelförmiger Schirm, 60 mm hoch, 4 schweifartige Tentakel, die 30 cm oder länger werden. Farbe: Durchsichtig, mit gelb-rotem Anflug. Vorkommen: Im freien Meer. Verursacht schmerzhafte Nesselungen!

Aurelia aurita Ohrenqualle
Flach tellerförmiger Schirm, bis 25 cm Durchmesser, mit 4 gekräuselten Mundarmen, die länger sind als die zahlreichen, am Rande sitzenden Tentakel, 8 Sinnesorgane (Rhopalien), die regelmäßig am Schirmrand angeordnet sind; 4 auffällige purpurviolette, in Aufsicht hufeisenförmige Gonaden, die durch die Körperwand sichtbar sind. Farbe: Durchsichtig, mit blau-weißem Anflug. Vorkommen: Im freien Meer. Bei gestrandeten Exemplaren besteht Verwechslungsmöglichkeit mit ähnlichen Arten, doch in schwimmendem Zustand gleicht *A. aurita* keiner anderen Qualle.
Die kleine Abbildung zeigt eine stark vergrößerte Larve mit 8 Randlappen, eine sog. Ephyra.

Pelagia noctiluca Leuchtqualle
Pilzhutförmiger Schirm, bis 10 cm Durchmesser, mit 4 langen Armen um den Mund und 8 schlanken, schweifartigen Tentakeln am Schirmrand; ausgestreckt sind die Tentakel länger als die Mundarme, 8 kleine, warzenförmige Sinnesorgane, die mit den Tentakeln abwechseln. Farbe: Durchscheinend, gelb-rot getönt. Vorkommen: Im freien Meer. Nesselt heftig und schmerzhaft. Leuchtet bei Beunruhigung, vor allem in der Nacht.

Rhizostoma pulmo (= *R. octopus*) Gelbe Lungenqualle
Kuppelförmiger Schirm, bis zu 90 cm Durchmesser, ohne Randtentakel, aber mit 96 Randlappen, 16 Sinnesorgane, 8 verwachsene Mundarme. Farbe: Blau-weiß-gelb mit gelben oder blau-roten Mundarmen. Vorkommen: Im freien Meer schwimmend, manchmal von Jungfischen begleitet.

Cotylorhiza tuberculata
Tellerförmiger Schirm, oben mit deutlicher zentraler Kuppel, unten verjüngt, 20 cm Durchmesser, 16 Randlappen und viele Tentakel von unterschiedlicher Länge, einige enden in gekräuselten Spitzen; 8 Sinnesorgane am Schirmrand, 8 Mundarme. Farbe: Grün-braun (die Grünfärbung wird von kommensalischen Algen hervorgerufen). Vorkommen: Im freien Meer schwimmend, manchmal im flachen Wasser von Jungfischen begleitet.

Nausithoë punctata
Relativ flacher Schirm, von dem 16 auffällige Randlappen abgehen, 8 Tentakel und 8 Sinnesorgane, Mund kreuzförmig, von 4 Läppchen umgeben, 12 mm im Durchmesser. Vorkommen: Im freien Meer schwimmend.

Chrysaora hysoscella Kompaßqualle (nicht abgebildet)
Tellerförmiger Schirm, bis 30 mm im Durchmesser, am Rand in 32 Lappen ausgezogen; hier sitzen 24 Tentakel, die regelmäßig mit 8 Sinnesorganen abwechseln. Die 4 Mundarme sind länger als die Tentakel. Farbe: Gelb-weiß mit 16 charakteristischen bräunlichen Bändern, die radial von der Schirmmitte ausgehen. Vorkommen: Im freien Meer.

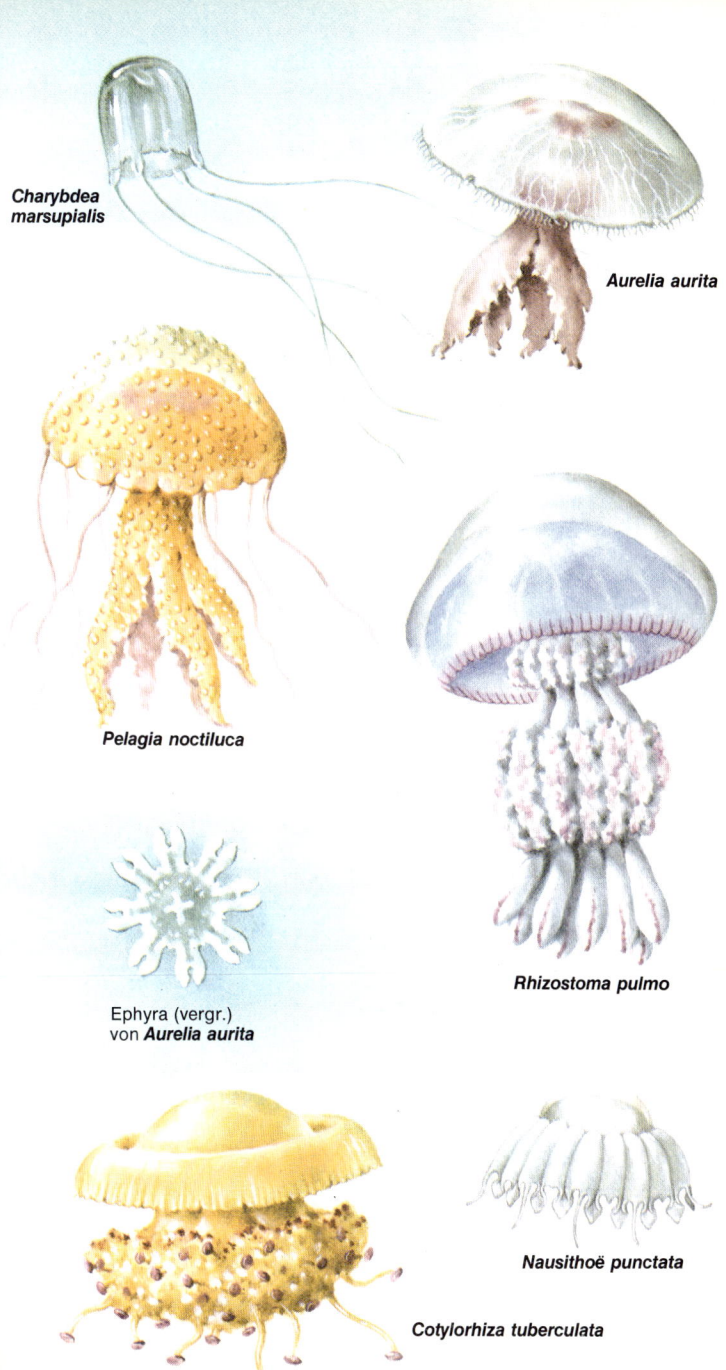

Charybdea marsupialis

Aurelia aurita

Pelagia noctiluca

Ephyra (vergr.)
von *Aurelia aurita*

Rhizostoma pulmo

Nausithoë punctata

Cotylorhiza tuberculata

Blumen- oder Korallentiere (Anthozoa)

Nesseltiere ohne Medusengeneration; Polypen entweder einzeln oder koloniebildend, meist groß und auffällig, mit und ohne Kalkskelett.

Dörnchenkorallen (Antipatharia)

Dorniges schwarzes Achsenskelett, das von einer weichen Außenschicht überzogen ist, in der Polypen mit nicht einziehbaren, unverzweigten Tentakeln sitzen. Im Mittelmeer 2 Arten nachgewiesen.

Antipathes subpinnata Schwarze Koralle
Koloniebildend; stachliges, schwarzbraunes, 1 m lang werdendes, reichverzweigtes Skelett; weiß-graue Außenschicht mit kleinen bilateral-symmetrischen, 1 mm großen Polypen, jeder mit 6 Tentakeln. Vorkommen: Auf Schlammgrund auf Steinen aufgewachsen, in 10–250 m Tiefe. Keine ähnliche Arten.

Zylinderrosen (Ceriantharia)

Einzelne Polypen, die in selbstgebauten dicken, schleimigen Röhren sitzen, die im Sand- oder Schlickboden eingegraben sind, so daß die Krone aus unverzweigten Tentakeln, die in 2 Kreisen stehen, eingezogen werden kann; keine anklebende Fußscheibe wie bei den echten Seeanemonen. Im Mittelmeer 2 nachgewiesene Arten.

Cerianthus membranaceus Mittelmeer-Zylinderrose
Einzelner, bis 35 cm großer Polyp mit über 100 Tentakeln, die in 4 Kreisen um den Mund stehen; Tentakel bis zu 20 cm lang, können aufgerichtet werden, so daß sie dem Tier das Aussehen einer Wasserfontäne geben; der Polyp kann sich rasch in die Wohnröhre, in deren Wandung Schlickpartikel eingelagert sind, zurückziehen. Farbe: Variabel, meistens bräunlich, aber manchmal violett, weiß oder grün, fluoreszierend. Vorkommen: Auf schlickigen Sandböden. Nicht verwechseln mit eingegrabenen Anemonen, diesen fehlt die Wohnröhre, und sie haben kürzere Tentakel. Der Polychaet *Myxicola* kann kleinen Mittelmeer-Zylinderrosen ähneln.

Krustenanemonen (Zooantharia)

Gewöhnlich koloniebildende Polypen, die Einzeltiere einer Kolonie sind durch Ausläufer (Stolonen), die nicht immer gut zu sehen sind, verbunden. Die Ausläufer lagern in die Oberfläche Fremdkörper ein (Steinchen, Schalen oder lebende Organismen, z.B. Seescheiden). Polypen mit weichen zarten Tentakeln, die an den Enden winzige Köpfchen zu tragen scheinen und die in 2 Kreisen angeordnet sind. Im Mittelmeer sind 5 Arten nachgewiesen.

Epizoanthus arenaceus (möglicherweise synonym mit *E. couchii*) Sand-Krustenanemone
Koloniebildend; Ausläufer nicht gut sichtbar, da dünn und eng; grau-braun-rötliche, 10 mm lange Polypen mit 25–35 schlanken, weißlich durchscheinenden Tentakeln, die 5 mm lang werden und aus dem gezackten oberen Rand des Rumpfes entspringen; Tentakel mit weißen Spitzen. Vorkommen: Auf Felsen, Steinen und Muschelschalen im Flachwasser und tiefer, manchmal weite Flächen überziehend.

Epizoanthus paxi
Koloniebildend, mit unbedeutenden Ausläufern, die dunkel-ingwerbraunen Polypen haben ein schmales dunkelviolettes Band, das den Rumpf direkt unterhalb des Tentakelursprungs umgibt, sie haben 35 Tentakel. Vorkommen: Meist in ganz flachem Wasser.

Parazoanthus axinellae Gelbe Krustenanemone
Koloniebildend, mit dünnen, plattenförmigen Ausläufern, die die gelblichen, 20 mm groß werdenden Polypen verbinden; Wände und Unterseite der Polypen können mit Sand inkrustiert sein, 34 goldgelbe Tentakel entspringen dem gezackten oberen Rand, der Mund kann orange sein. Vorkommen: Wachsen auf anderen Tieren, wie Seescheiden, Korallen und Röhrenwürmern, aber auch an Felsen und Schalen in 6–100 m Tiefe. Verwechslungsmöglichkeit mit blassen Exemplaren der Gattung *Epizoanthus*.

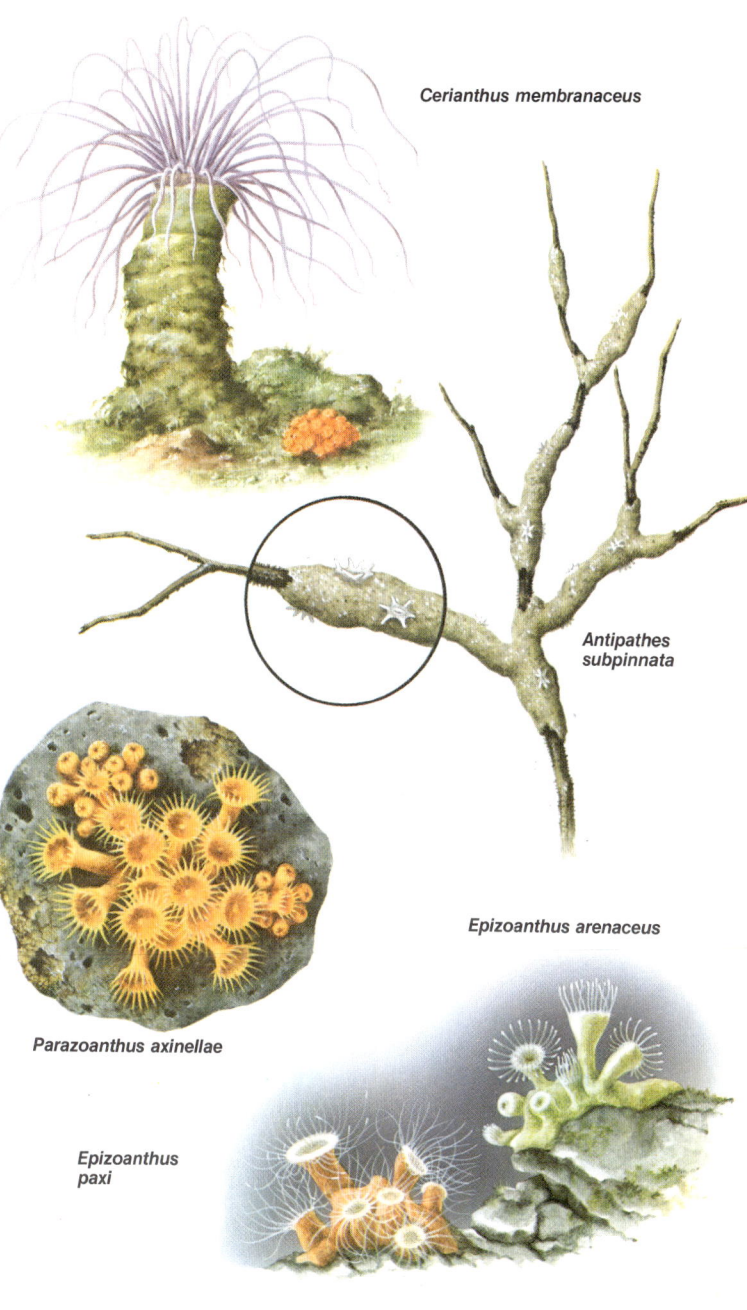

Cerianthus membranaceus

Antipathes subpinnata

Epizoanthus arenaceus

Parazoanthus axinellae

Epizoanthus paxi

Seeanemonen (Actiniaria)

Einzelne, oft auffällige Blumentiere ohne hartes Kalkskelett; sie sind ortsfest und haben eine Fußscheibe, mit der sie sich entweder im Untergrund eingraben oder sich auf Gehäusen von Schnecken und auf Felsen wie mit einer Saugscheibe festsetzen können; Tentakel einfach und unverzweigt.

Actinia equina Purpurrose, Pferdeaktinie
Festsaugbare Fußscheibe, bis zu 50 mm Durchmesser, Körper glatt und bis 70 mm hoch; etwa 200 dichtstehende kontraktile Tentakel, die 20 mm lang sind, sich aber auf 70 mm Länge strecken können, die Tentakel stehen in 5–8 Kreisen und werden bei Störungen rasch eingestülpt; Mundscheibe trägt am Rand genau an der Grenze zu den Tentakeln 24 deutliche blaue Flecken; wenn die Anemone bei Ebbe aus dem Wasser ragt, sieht sie wie ein 30 mm hoher Gallertklumpen aus. Farbe: Veränderlich; braun, rot, orange oder grün. Vorkommen: Auf Felsen und in Felsspalten, im allgemeinen in flachem Wasser bis 8 m Tiefe.

Actinia cari Gürtelrose
Mit festhaftender Fußscheibe, 70 mm im Durchmesser, kegelförmiger Körper glattwandig, bis 50 mm hoch (merklich flach, wenn die Tentakel eingezogen sind), rund 190 kontraktile, 20 mm lang werdende Tentakel, die blitzschnell eingestülpt werden, wenn das Tier gestört wird; klare, blaue Flecken am Rand der Mundscheibe außerhalb der Tentakel. Farbe: Braun, blaugrün, grün oder gelb mit kontrastierenden dunklen, ringförmigen Linien. Vorkommen: Auf Felsen, Steinen und Molen in 0,5–1,5 m Tiefe.

Anemonia viridis (= **A. sulcata**) Wachsrose
Fußscheibe leicht festhaftend, bis 70 mm Durchmesser, Rumpf glatt und in der Länge veränderlich, bis zu 10 cm hoch, rund 170 wellige, 15 cm lang werdende Tentakel, die in 6 Kreisen angeordnet sind, ausgestreckt sind die Tentakel 18 cm lang, bei Störung können sie nicht völlig eingestülpt werden. Farbe: Rumpfwand braun, grau oder grünlich, Tentakel ebenso ohne purpurne Spitzen; zwei charakteristische weiße Linien ziehen von entgegengesetzten Seiten über das Mundfeld. Vorkommen: Im Flachwasser, an Felsen, Algen und Seegras angeheftet, häufig an lichtdurchfluteten Stellen.

Bunodactis verrucosa Edelsteinrose
Fußscheibe festhaftend, bis 25 mm Durchmesser; Körperwand bis 50 mm lang, zylindrisch mit kleinen, warzenähnlichen Erhebungen in 48 Längsreihen, mit 48 Tentakeln, jede 15 cm lang werdend. Farbe: Körper rosa, Warzenreihen meist grau, aber von einigen weißen Reihen unterbrochen; Tentakel durchscheinend und grün, grau oder rosa gesprenkelt. Vorkommen: Spritzwassertümpel und Spalten im Flachwasser, häufig dem Licht zugewandt.

Anthopleura rubripunctata
Der vorigen Art ähnlich, Fußscheibe festhaftend, bis 70 mm Durchmesser, Rumpf bis 70 mm hoch mit 48 Längsreihen von Saugwarzen, bis zu 96 Tentakel, nicht lang, mit stumpfen Enden. Farbe: Körper gelblich bis olivgrün, Warzen meist rötlich, Tentakel gelblich. Vorkommen: Im Flachwasser.

Anthopleura ballii Felsen-Warzenrose
Saugnapfartiger, festhaftender Fuß bis 50 mm Durchmesser, Rumpf verbreitert sich nach oben, wenn das Tier voll ausgestreckt ist; wird 60 mm groß, in Reihen angeordnete Warzen, die oben am größten sind; mit 48 Tentakeln, die 15 mm lang und am Ende zugespitzt sind. Farbe: Körperwand rosa-orange oder gelbbraun, Tentakel glasig grün, rosa oder braun gesprenkelt und manchmal grünlich überhaucht. Vorkommen: Felsspalten, nicht im hellen Licht, gewöhnlich im Flachwasser.

Condylactis aurantiaca Goldrose
Fußscheibe festhaftend, Stamm bis 40 cm hoch, 70 mm Durchmesser, viele Tentakel. Farbe: Körperwand auf weißem Untergrund orangerote Längsstreifen und weiße Saugwarzen, Tentakel grün mit violetten Spitzen. Vorkommen: In Sand oder Geröll eingegraben und an zugeschütteten Felsen oder Steinen angeheftet, so daß nur die Tentakel herausragen.

Anemonia viridis

Bunodactis verrucosa

Actinia equina

Actinia cari

Condylactis aurantiaca

Anthopleura rubripunctata

Anthopleura ballii

Phymanthus pulcher (= **Ragactis pulchra**)
Festhaftende Fußscheibe, 30 mm Durchmesser, Körper bis 70 mm hoch, verjüngt sich zur Spitze etwas, Mundscheibe napfförmig, von 96 kleinen, kurzen Tentakeln in 5 Kränzen umsäumt, im inneren Ring längere Tentakel. Farbe: Körperwand rötlich gestreift, Tentakel dunkelbraun. Vorkommen: Bis in 30 m Tiefe, häufig auf Korallenkalkalgen.

Aureliana heterocera
Fußscheibe festhaftend, bis 70 mm Durchmesser, meist viel breiter als Rumpf, verjüngt sich allmählich und ist glatt, Mundscheibe flach, mit 150 kurzen, keulenförmigen, buckeligen Tentakeln, in 4 Kreisen angeordnet. Farbe: Körper gelb oder rot, meistens marmoriert und manchmal mit gelben oder weißen Streifen. Vorkommen: An Felsen oder Muschelgehäusen angeheftet oder im Schlick, Sand oder Geröll vergraben, manchmal frei, bis in große Wassertiefen.

Aiptasiogeton pellucidus
Fußscheibe festhaftend, 10 mm Durchmesser, Schaft verjüngt sich zur Spitze allmählich oder merklich, ganz nach dem Grad der Ausstreckung; 20 mm hoch; 100 schlanke, zugespitzte Tentakel, Farbe: Körperwand durchscheinend weiß bis hellbraun mit undurchsichtigen, manchmal orangefarbenen Längsreihen, Mundscheibe durchscheinend blaßrosa bis orange mit roten Spitzen. Vorkommen: An Felsen oder in Felsspalten in Küstennähe und im Flachwasser.

Aiptasia mutabilis (= **A. couchii**) Siebanemone, Trompetenanemone
Festsaugbare Fußscheibe, schmäler als der Rumpf, bis 20 cm hoch, gegen die Mundscheibe hin erweitert, 100 spitz zulaufende Tentakel. Farbe: Blaßgelb bis braun. Mundscheibe mit vielen weißlichen Linien, die von der Tentakelbasis zum Mund verlaufen. Vorkommen: Auf Felsen und Muschelgehäusen, meist in großer Zahl im Flachwasser.

Haliplanella lineata (= **H. luciae**)
Fußscheibe festhaftend, bis 25 mm Durchmesser, Körperwand bei Kontraktion runzlig, bei voller Ausstreckung glatt und säulenförmig, bis 40 mm hoch, meist kürzer; bis 100 10 cm lange, zarte, kontraktile Tentakel. Farbe: Dunkelbraun mit rund 20 orangen Längsstreifen, Tentakel grün-grau. Vorkommen: Auf Felsen, Steinen, Geröll und Schalen, Holzmolen, in geschützten Buchten und Lagunen.

Sagartia elegans (= **S. rhododactylos**) Tangrose
Fußscheibe sehr festhaftend, breiter als der Rumpf, bis 30 mm Durchmesser; Körperwand mit Saugwarzen, bei voller Ausdehnung trompetenförmig, Mundscheibe mit bis zu 200 langen Tentakeln (40 cm und mehr). Körperfarbe braun-orange mit blassen Saugwarzen, cremefarbene, graue, rote, orange oder braune Mundscheibe, orange Tentakel mit helleren Flecken. Vorkommen: Bis 100 m tief.

Sagartia troglodytes Witwenrose
Außerordentlich starkhaftende Fußscheibe von 50 mm und mehr Durchmesser, meist größer als die Spannweite des Tentakelkranzes; Körperwand mit Saugwarzen, voll ausgestreckt 12 cm hoch, Mundscheiben mit vielen, 12 cm langen Tentakeln. Farbe: Sehr variabel, 2 deutlich abgegrenzte Varietäten; var. *decorata*: Rumpf gelblich, wird nach oben blasser und grauer mit Längsstreifen, Mundscheibe und Tentakel kompliziert gemustert; var. *ornata*: Rumpf olivgrün mit etwas blasseren Längslinien und Flecken; Mundscheibe und Tentakel kompliziert gemustert, Fußscheibe im allgemeinen 10 mm im Durchmesser. Vorkommen: Var. *decorata* an der Küste bis in 50 m Tiefe, im schmutzigsten Schlick und Sand, var. *ornata* an der Küste, aber an saubereren Orten als *decorata*.

Cereus pedunculatus Sonnenrose, Seemaßliebchen
Fußscheibe sehr festhaftend, breiter als Rumpf, 12 cm hoch, im oberen Bereich hervortretende Saugwarzen; Mundscheibe mit 750 Tentakeln in 9 Kreisen bei großen Exemplaren, oftmals gefaltet. Farbe: Körperfarbe variabel, unten blasser, oft fleischig grau-braun, Saugwarzen grauweiß, Tentakel und Mundfeld variabel, oft bräunlich und mit blasseren Farben getüpfelt, manchmal rosa gepünktelt. Vorkommen: Typische Küstenform, meist versteckt, in Spritzwassertümpeln und im Flachwasser an Felsen, an harten Gegenständen, im Sand eingegraben.

Phymanthus pulcher

Aureliana heterocera

Aiptasiogeton pellucidus

Aiptasia mutabilis

Haliplanella lineata

Sagartia elegans

Sagartia troglodytes var. *ornata*

Cereus pedunculatus

Sagartiogeton undatus Schlammrose
Fußscheibe sehr stark haftend, bis 60 mm Durchmesser, Körperwand glatt, 12 cm hoch; Mundscheibe mit bis zu 192 recht langen Tentakeln, die sich allmählich verjüngen. Farbe: Außenwand blaß braun-gelblich, oft mit braunen Tupfen und cremefarbenen Längsstreifen, Mundfeld gemustert, glasig-braun bis blaßgrau, Tentakel durchscheinend hellgrau. Vorkommen: An Steinen oder Gehäusen, im Sand oder Schlick vergraben.

Hormathia coronata
Breite Fußscheibe, bis 40 mm Durchmesser, mäßig haftend, Rumpf mit dünner Außenhaut, bis 50 mm hoch, sich allmählich verjüngend, mit kleinen Warzen, die in 12 Längsreihen stehen. Mundscheibe klein, mit 96 kurzen Tentakeln in 5 Kreisen. Farbe: Rumpf unten braun-rot-orange, oben dunkel-purpur-braun mit einer weißen Abschlußlinie, Rillen orange-braun, Mundfeld und Tentakel orange bis hellbraun, manchmal gemustert, mit einer grauen Region um den Mund. Vorkommen: Auf Wurmröhren, Schalen oder Felsen, manchmal auf Fels oder Kies, untergetaucht im Schlick.

Adamsia carciniopados
Kommensalische Anemone, die fast ausschließlich mit *Pagurus prideauxi* oder *P. excavatus* vergesellschaftet ist. Fußscheibe und Rumpf bilden einen festhaftenden Mantel um den Körper des Krebses, der meist im Haus einer kleinen Schnecke sitzt. Wächst der Krebs, so produziert die Fußscheibe der Anemone ein chitinöses Sekret, das das Gehäuse verlängert; die Fußscheibe umspannt 10 cm; der stark abgeflachte Rumpf endet unmittelbar in einer Tentakelkrone mit vielen kleinen Tentakeln, die eine Reichweite von maximal 50 mm haben. Farbe: Fußscheibe braun-gelb, gewöhnlich mit roten Tupfen oder Flecken, Mundscheibe und Tentakel transparent, weiß. Bei Reizung werden purpurne fadenförmige Nesselorgane (Akontien) ausgestoßen. Vorkommen: Sandiger oder schlickiger Untergrund bis in 200 m Tiefe.

Calliactis parasitica Schmarotzerrose
Stark haftende Fußscheibe, bis 80 mm Durchmesser; Rumpf stämmig, säulenförmig, 10 cm hoch, ohne Warzen oder Saugwarzen, aber mit körniger Oberfläche; Mundscheibe recht breit mit rund 700 ziemlich langen Tentakeln. Farbe: Körper fahlbraun, gelb oder hellbraun, von helleren Längsstreifen unterbrochen; Mundscheibe und Tentakel durchscheinend cremegelb, manchmal orange gesprenkelt. Vorkommen: Sitzt als Kommensale auf Schneckengehäusen, die von Krebsen bewohnt sind.

Amphianthus dohrni Dohrns Seeanemone
Fußscheibe vergrößert, bis 25 mm lang, eignet sich zum Umfassen anderer Organismen; Rumpf kurz, Mundscheibe flach oder napfförmig, 10 mm Durchmesser, mit deutlichem Rand und bis zu 80 kurzen, unregelmäßigen Tentakeln. Farbe: Orange-rot-rosa, lederfarben, manchmal mit unregelmäßigen Streifen oder Flecken. Vorkommen: Wächst immer auf anderen Hohltierkolonien bis in 1000 m Tiefe.

Edwardsia claparedii
Fußscheibe nicht festhaftend, Rumpf wurmähnlich, 12 cm lang, Mundscheibe klein mit 16 Tentakeln in 2 Kreisen; ausgestrecktes Tentakel 35 mm lang. Farbe: Rumpf transparent rosa, Mundfeld gelb-lederfarben, Tentakel transparent farblos, zart rot-braun und undurchsichtig cremefarben getüpfelt. Vorkommen: In schlickigem Sand und Kies eingegraben, oft zwischen Seegras bis 10 m tief.

Mesacmaea mitchellii
Fußscheibe festhaftend, nicht saugnapfartig; Rumpf birnenförmig, zusammengezogen rundlich, 80 mm lang, 50 mm Durchmesser, mit 36 langen, sich zuspitzenden Tentakeln, die in 3 Kreisen angeordnet sind. Farbe: Rumpf unten braun-orange oder rötlich, unter der Mundscheibe hellgrau-weiß, Mundscheibe grau-braun-cremefarben mit Ring um die Mundöffnung, Tentakel grau-braun. Vorkommen: In Sand und Kies eingegraben.

Peachia cylindrica (= *P. hastata*)
Grabtier, Fuß zum Graben, ohne Haftscheibe, Rumpf durchscheinend, wurmähnlich, bis 30 cm lang und 25 mm Durchmesser, 12 etwa 40 mm lange Tentakel, meist kurz und dick. Farbe: Lederbraun und gestreift, Tentakel mit charakteristischer pfeilförmiger Zeichnung. Vorkommen: In sandigem Schlick, Sand und Schilf bis 50 m Tiefe.

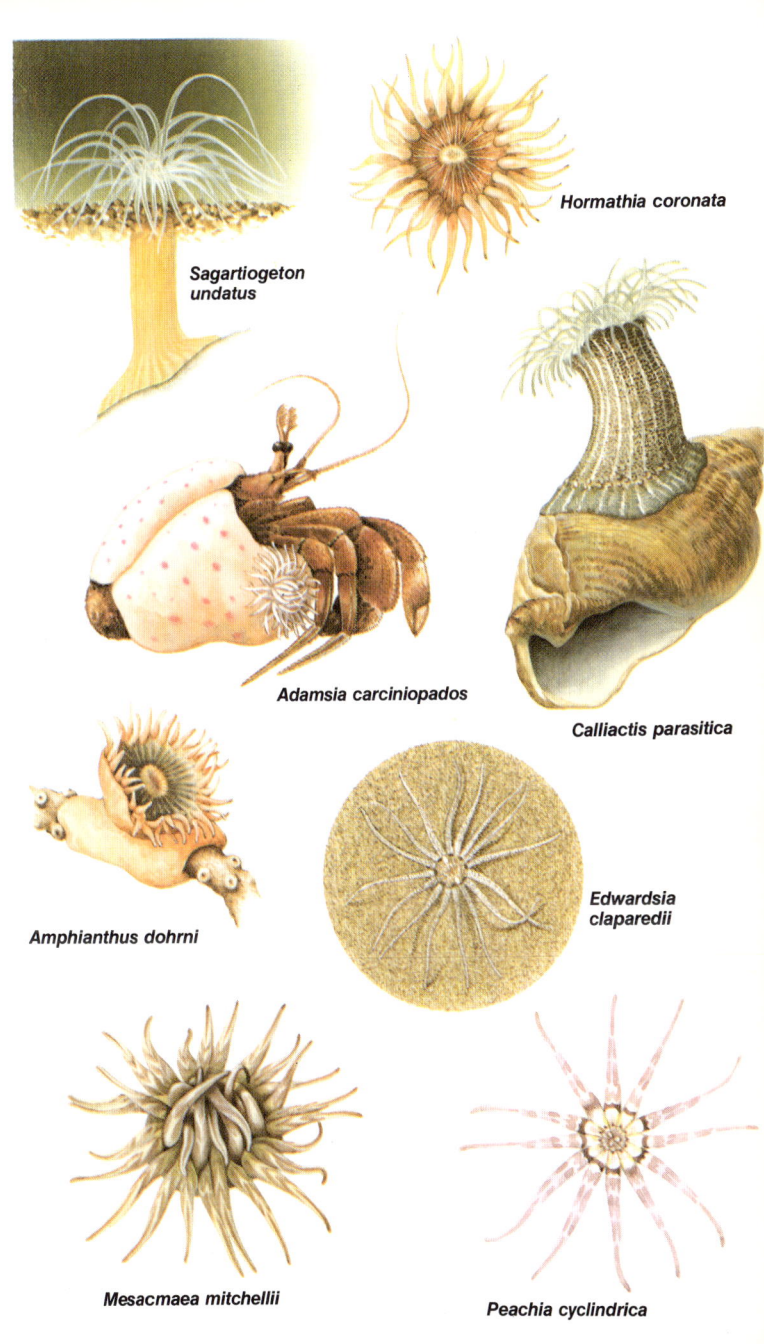

Sagartiogeton
undatus

Hormathia coronata

Adamsia carciniopados

Calliactis parasitica

Amphianthus dohrni

Edwardsia
claparedii

Mesacmaea mitchellii

Peachia cyclindrica

Steinkorallen (Madreporaria)

Blumentiere mit hartem Kalkskelett, in das sich die Polypen bei Störung fast ganz, wenn nicht sogar völlig, zurückziehen. Meist koloniebildend. Verwechslungsmöglichkeit mit verkalkten Moostierkolonien.

Caryophyllia smithii Becherkoralle
Einzeln, mit derbem, bis 15 mm hohem Skelett mit deutlichen Rillen (Septen). Farbe: Skelett braun-weiß, Polypen variabel, weiß, rosa, braun oder grün, oftmals mit kontrastierenden Rändern, z. B. rot oder grün, Tentakel variabel, in einem kleinen Köpfchen endend. Vorkommen: Auf Fels oder Steinen von der Küste bis 100 m Tiefe.
Manchmal mit einer kleinen Seepocke (*Boscia angelicum*) vergesellschaftet, die auf dem Rand des Korallenkelchs wächst.

Balanophyllia regia Prachtkoralle
Einzeln, mit zylindrischem, 10 mm hohem Skelett, die porösen Septen sind am lebenden Objekt nicht sichtbar. Farbe: Körper glänzend scharlachrot bis orange, Tentakel durchscheinend golden getüpfelt und ohne Köpfchen am Ende. Vorkommen: Von der Küste bis in 100 m Tiefe, auf Felsen.

Cladocora cespitosa Rasenkoralle
Buschige Kolonien mit verzweigten, röhrenförmigen Skeletten, bis 10 cm hoch; Säulchen 20–50 mm Durchmesser. Farbe: Polypen braun. Vorkommen: Bewohnt Felsen und Schalen von 1–70 m Tiefe.

Lophelia pertusa Gitterkoralle
Koloniebildend, mit unregelmäßig verzweigtem, gelbweißem Skelett, 50 cm hoch, rosa Polypen, die lose über das Skelett verstreut sind. Vorkommen: Auf felsigem Untergrund in 60–600 m Tiefe.

Leptosammia pruvoti
Einzeln, derbes Skelett mit dicken Wänden, 60 mm hoch, 70 mm Durchmesser; Skelett verengt sich allmählich zur Anheftungsstelle; Polyp mit 96 oder mehr Tentakeln. Farbe: Polypen gelborange. Vorkommen: Auf Korallinenböden, unter Felsabstürzen, in Höhlen und dunklen Nischen.
Ähnliche Art: *B. regia*. Diese Art hat jedoch ein zarteres Skelett und bis zu 48 Tentakel.

Astroides calycularis
Koloniebildend; Kolonie uhrglas- oder polsterförmig mit einer großen Zahl von Individuen; Einzelskelett zart, 35 mm hoch, 8 mm Durchmesser, dicht gepackt, fast in ganzer Länge eng aneinanderstehend, jedes mit dünnen Radialsepten. Polypen mit etwa 30 Tentakeln. Farbe: Polypen orangerot. Vorkommen: Auf Felsen und Geröll an schattigen Orten bis 50 m tief.

Dendrophyllia ramea Baumkoralle
Baumförmig verzweigte Kolonien, bis 50 cm hoch, Seitenzweige und Polypen in 2 Reihen sitzend; dünnwandiges Skelett, außen gerippt. Farbe: Polypen hellgelb. Vorkommen: Bewohnt Felsen ab 30 m Tiefe.

Corallimropharia

Anthozoen ohne hartes Skelett. Polypen mit Tentakeln, die in kleinen Köpfchen enden.

Corynactis viridis Juwelenanemone
Einzelne kleine, leuchtend gefärbte Polypen (verblassen meist im Aquarium); Körperdurchmesser 3–5 mm, Fußscheibe breit, festhaftend, Tentakel in 3 Kreisen, Mund entspringt auf einem kleinen Kegel. Vorkommen: Bewohnt Felsen an ganz flachen Küsten bis in 100 m Tiefe.

Boscia anglicum

Skelett

Balanophyllia regia

Skelett

Caryophyllia smithii

Cladocora cespitosa

Lophelia pertusa

Leptopsammia pruvoti

Dendrophyllia ramea

Astroides calycularis

Seefedern (Pennatulacea)

Federförmige Anthozoenkolonien mit hornigem oder kalkigem Skelett, das auch den Achsenstab aufbaut. Körper zweigeteilt in eine obere Region mit Verzweigungen, an denen die Polypen sitzen, und eine untere polypenfreie Zone, die in unterschiedlichem Ausmaß im Substrat eingegraben ist. Im Mittelmeer kommen 5 Arten vor.

Veretillum cynomorium

Fingerförmige Kolonie mit stämmigem Achsenkörper, bis 15 cm hoch, der polypentragende Bereich umfaßt $4/5$ der Gesamtlänge, der Rest ist zugespitzt und sorgt für Verankerung am Substrat; bei voller Entfaltung sind die Polypen 20 mm lang. Farbe: Orangegelb. Vorkommen: Auf sandigen Böden, in 20–40 m Tiefe.

Virgularia mirabilis

Dünne, federförmige, zarte, aufrechte Kolonie, bis 20 cm hoch, Achsenstab dünn; lebend zeigen die polypentragenden Seitenäste nach unten zum Substrat, Seitenäste klein. Farbe: Creme-gelb. Vorkommen: Auf schlammigen Böden ab 30 m Tiefe.
Eine Verwechslung mit anderen Seefedern ist wegen der dünnen, zarten Beschaffenheit kaum möglich.

Pteroeides spinosum

Federförmige Kolonie mit fleischigem, ziemlich derb aussehendem Achsenstab, bis 15 cm hoch, die Polypenregion nimmt $2/3$ der Gesamtlänge ein; Polypen in Querreihen auf lappigen, dornigen Seitenzweigen. Farbe: Polypen weißlich, Seitenäste grau-gelblich bis braun, Stamm braun bis orange. Vorkommen: Auf Schlammböden, von 30–250 m Tiefe.

Pennatula phosphorea Seefeder

Federförmige Kolonie mit relativ dünnem Achsenstab, 20 cm hoch, gelegentlich höher, die Polypenregion ist etwas länger als die polypenfreie Zone; die 1 mm großen Polypen sitzen an relativ nahen Seitenzweigen aufgereiht; Farbe: Rot-braun mit weißen Polypen. Vorkommen: Gedeiht auf Sand- und Tonböden in 20–100 m Tiefe.

Funiculina quadrangularis Seepeitsche

Langer, dünner Achsenstab, bis 40 cm lang; die Polypenregion ist relativ elastisch und etwas länger als die halbe Gesamtlänge; die untere Region, von der ein Teil im Substrat eingebettet ist, ist relativ hart und starr und etwas dicker, abgesehen vom lanzenförmig zugespitzten Ende; der oberen Region entspringen 2 Polypenformen. Farbe: Rosa. Vorkommen: Auf Schlammböden von 40–400 m Tiefe.

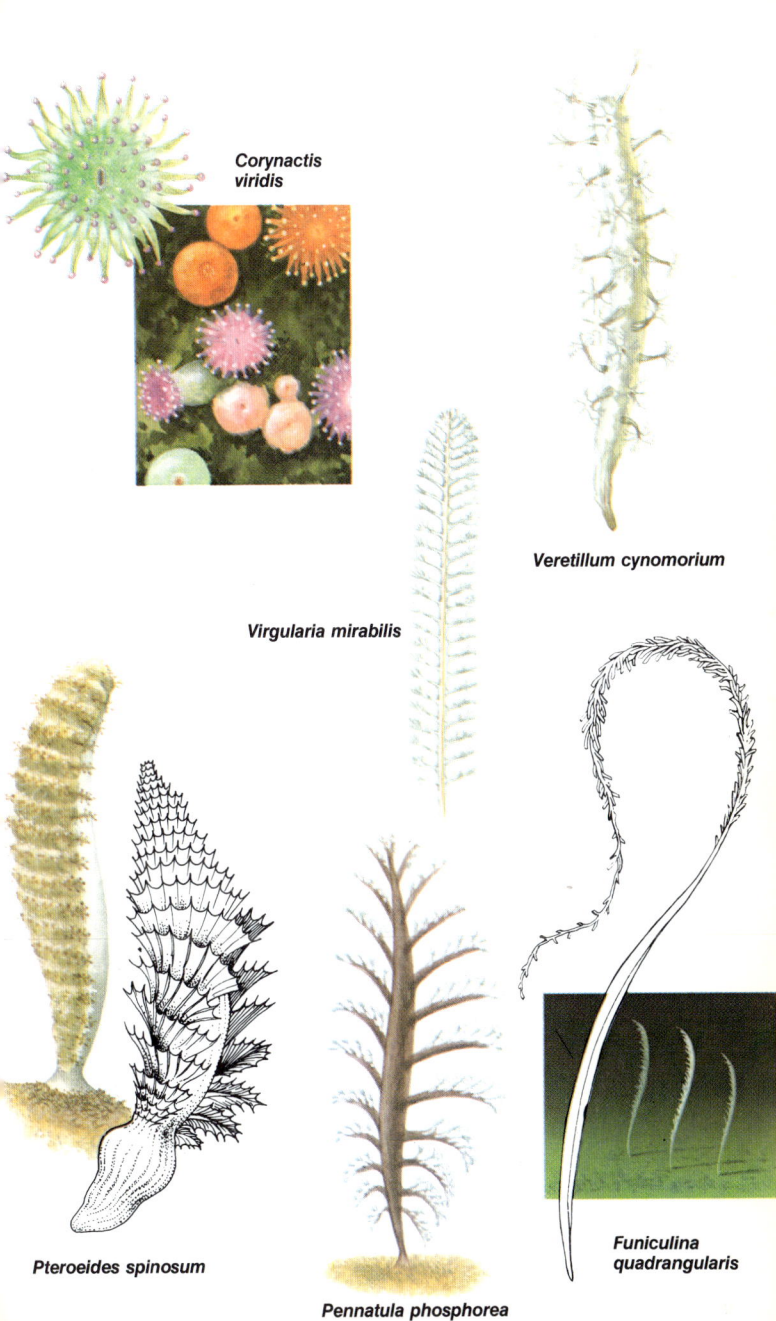

Corynactis viridis

Veretillum cynomorium

Virgularia mirabilis

Pteroeides spinosum

Pennatula phosphorea

Funiculina quadrangularis

Weichkorallen (Alcyonacea)

Koloniebildende Anthozoen, deren rückziehbare Polypen 8 gefiederte Tentakel tragen; die Polypen sind in der fleischigen Körpermasse eingebettet, in der eine große Zahl einzelner Kalknadeln liegt, so daß die Kolonien weich und elastisch bleiben. Im allgemeinen wachsen sie auf Fels oder Steinen. Im Mittelmeer kommen 5 Arten vor.

Alcyonium palmatum Meerhand
Aufrecht, verzweigte, gedrungene Kolonien, bis 50 cm hoch; Tentakel an jeder Seite 11–13 Fiederchen. Farbe: Kolonien weiß, rosa, braun oder rot mit durchsichtigen weißen Polypen. Vorkommen: Auf Steinen oder Schalen oder frei im Flachwasser stehend, bis in 20 m Tiefe. Ähnlich: *A. glomeratum*, doch diese Art hat undurchsichtige Polypen.

Cornularia cornucopiae
Kleinwüchsige Polypen, die nicht in eine Körpermasse eingebettet liegen, sondern durch Ausläufer miteinander verbunden sind; die Polypen werden 25 mm lang. Farbe: Ausläufer und unterer Polypenabschnitt gelb-braun, oberer Abschnitt und Tentakel terracotta bis weiß. Vorkommen: Auf Steinen und Felsen von der Küste abwärts.

Parerythropodium coralloides Falsche Edelkoralle
Krustenbildende, rote Kolonien, die Schalen und Geröll überziehen und dann lappenförmig wachsen oder die abgestorbene Gorgonien überziehen; nie größer, als es die Situation erfordert. Farbe: Variiert von rot bis gelb, rosa oder weiß, Tentakel weiß. Vorkommen: An geschützten Standorten auf felsigem Untergrund, wo sich eine geeignete Unterlage findet. Könnte mit *Alcyonium* spp. verwechselt werden.

Hornkorallen (Gorgonacea)

Koloniebildende Anthozoen, deren Polypen 8 gefiederte Tentakel haben. Die Polypen können sich zurückziehen, sie sind in eine Körpermasse eingebettet, die von einem verzweigten Achsenskelett gestützt wird. Dieses besteht aus Kalziumkarbonat und einer hornigen Substanz, dem Gorgonin. Hornkorallen sind an der Basis fest verankert. Aus dem Mittelmeer sind 20 Arten bekannt.

Corallium rubrum Edelkoralle
Koloniebildend, Stöckchen nach allen Richtungen verzweigt, bis 50 cm hoch; Oberfläche des Achsenskeletts gefurcht; kleine Polypen mit weißen Tentakeln bedecken die ganze Kolonie. Farbe: Rindenschicht rot, rosa oder weiß, selten braun oder schwarz. Vorkommen: Auf hartem Substrat, an schattigen Standorten, in 50–200 m Tiefe.

Eunicella verrucosa Seefächer
Koloniebildend, mit Haftscheibe verankert, Stöckchenverzweigungen in ganzer Höhe, bis 30 cm hoch, an den terminalen Zweigen sind die Polypenkelche in 2 Reihen angeordnet (biserial). Farbe: Gewöhnlich weiß, kann auch rötlich sein. Vorkommen: An Felsen verankert, von 35–200 m Tiefe.

Eunicella cavolinii
Koloniebildend, mit Haftscheibe verankert, Verzweigungen in ganzer Höhe, bis 30 cm hoch, an den zylindrischen Zweigenden sind die Polypenkelche rundherum angeordnet. Farbe: Dunkel gelb-orange bis rot. Vorkommen: Neigt zu Wachstum an senkrechten Felsflächen in 10–30 m Tiefe, oft mit Korallen vergesellschaftet.

Eunicella singularis (= *E. stricta*)
Koloniebildend, mit Haftscheibe verankert, Verzweigungen hauptsächlich an der Basis des Stöckchens, so daß die terminalen Äste lang und aufrecht sind, bis 50 cm hoch, die Polypenkelche erheben sich kaum aus der Rindenschicht. Farbe: Grau-weiß oder grünlich-weiß (in Gegenwart von kommensalischen Zooxanthellen). Vorkommen: Auf horizontalen Felsblöcken, bis 50 m tief, oft mit Korallen vergesellschaftet.

Paramuricea clavata (= *P. chamaeleon*)
Starre Kolonien, nur in einer Ebene verzweigt, von buschigem Aussehen, bis zu 1 m hoch. Farbe: Karminrot oder violett, manchmal an den Spitzen braun oder gelb. Vorkommen: An Felsabstürzen in 15–100 m Tiefe.

Parerythropodium coralloides

Alcyonium palmatum

Eunicella cavolinii

Eunicella verrucosa

Eunicella singularis

Paramuricea clavata

Cornularia cornucopiae

Corallium rubrum

Rippenquallen (Ctenophora)

Diese Tiere unterscheiden sich in mehrfacher Hinsicht von den Nesseltieren (Cnidaria) und werden daher diesen als eigener Stamm gegenübergestellt. Der Körper ist unterschiedlich gestaltet und besteht aus zwei dünnen Zellschichten, die durch eine durchscheinende, irisierende oder leuchtende Gallertmasse, die den Hauptteil des Tieres ausmacht, getrennt sind. Die Mundöffnung liegt an der Unterseite des Körpers und führt zu einer Reihe von Verdauungskanälen, die mit 1–2 Poren am Scheitel des Tieres ausmünden. Vom Scheitel aus verlaufen über die Körperoberfläche 8 Reihen von bewimperten Strukturen, die sog. Rippen. Jede Rippe besteht aus einer Anzahl von Plättchen. die ihrerseits aus verschmolzenen Wimpern bestehen. Ihr rhythmisches Schlagen bewegt das Tier durch das Wasser. Rippenquallen sind räuberisch und ernähren sich von anderen Planktontieren. Viele haben Tentakel, die sie aus Taschen, die auf beiden Körperseiten liegen, ausschleudern und wie Angelleinen nachziehen können. Die Tentakel vermögen die Beute nicht zu lähmen, aber mit besonderen Lassozellen so lange zu fesseln, bis sie zum Mund transportiert sind. Im Mittelmeer kommen 13 Arten vor.

Kranzfühler (Tentaculata)

Ctenophoren mit einziehbaren Tentakeln.

Pleurobrachia pileus Seestachelbeere
Kugeliger Körper, bis 30 mm lang, mit auffälligen Rippen, die vom Scheitel ausgehen und kurz vor dem gegenüberliegenden Pol enden, relativ lange, verzweigte Tentakel. Farbe: Weiß-orange durchscheinender Verdauungstrakt. Vorkommen: Im allgemeinen im offenen Meer, selten im küstennahen Flachwasser, oft in Schwärmen auftretend.

Bolinopsis infundibulum Glas-Lappenqualle (nicht abgebildet)
Körper eiförmig, bis 15 cm lang, beiderseitig des Mundes 2 deutliche Rippen, die halb so lang sind wie der übrige Körper, verzweigte Tentakel. Vorkommen: Im offenen Meer.

Hormiphora plumosa
Ähnlich wie Pleurobrachia pileus; Körper birnenförmig, mit auffälligen Rippen. Farbe: Verdauungstrakt braun, Tentakel mit braunen und gelben Verzweigungen. Vorkommen: Im offenen Meer.

Callianira bialata
Körper von oben betrachtet rechteckig, 2 nach außen gedrehte flügelartige Strukturen am Scheitel, der transparente Körper erscheint gerippt oder geadert, 8 Rippen, Tentakel verzweigt, rosagefärbt. Vorkommen: Im offenen Meer.

Deiopea kaloktenota
Körper kompakt, durchsichtig, bis zu 40 mm groß; Wimperelemente der Rippen relativ groß; 6 Rippen; 2 spitze Auswüchse an den Körperseiten. Vorkommen: Im offenen Meer.

Eucharis multicornis
Körper kompakt, meist durchsichtig, im allgemeinen 10 cm groß, mit 2 auffälligen Lappen; mit den Tentakeln stehen 2 wurmförmige Fortsätze, die von der Körpermitte bis zum Ende verlaufen, in Verbindung; Außenschicht am Scheitel mit einer Reihe kleiner warzenartiger Auswüchse. Farbe: Manchmal mit bräunlich-rosa Anflug. Vorkommen: Im offenen Meer.

Cestus veneris Venusgürtel
Bandförmiger Körper, 80 mm lang, 15 mm hoch, 4 durchsichtige Rippen, Haupttentakel rückgebildet, Sekundärtentakel in 2 Furchen nahe der Mundöffnung. Farbe: Durchscheinend, manchmal grün-violett schimmernd. Vorkommen: Im offenen Meer.

Nuda

Ctenophoren ohne Tentakel

Beroë cucumis Melonenqualle
Körper mitraförmig, bis zu 10 cm lang oder länger; Rippen verlaufen vom Scheitel bis zur Basis. Farbe: Durchscheinend. Vorkommen: Offenes Wasser.

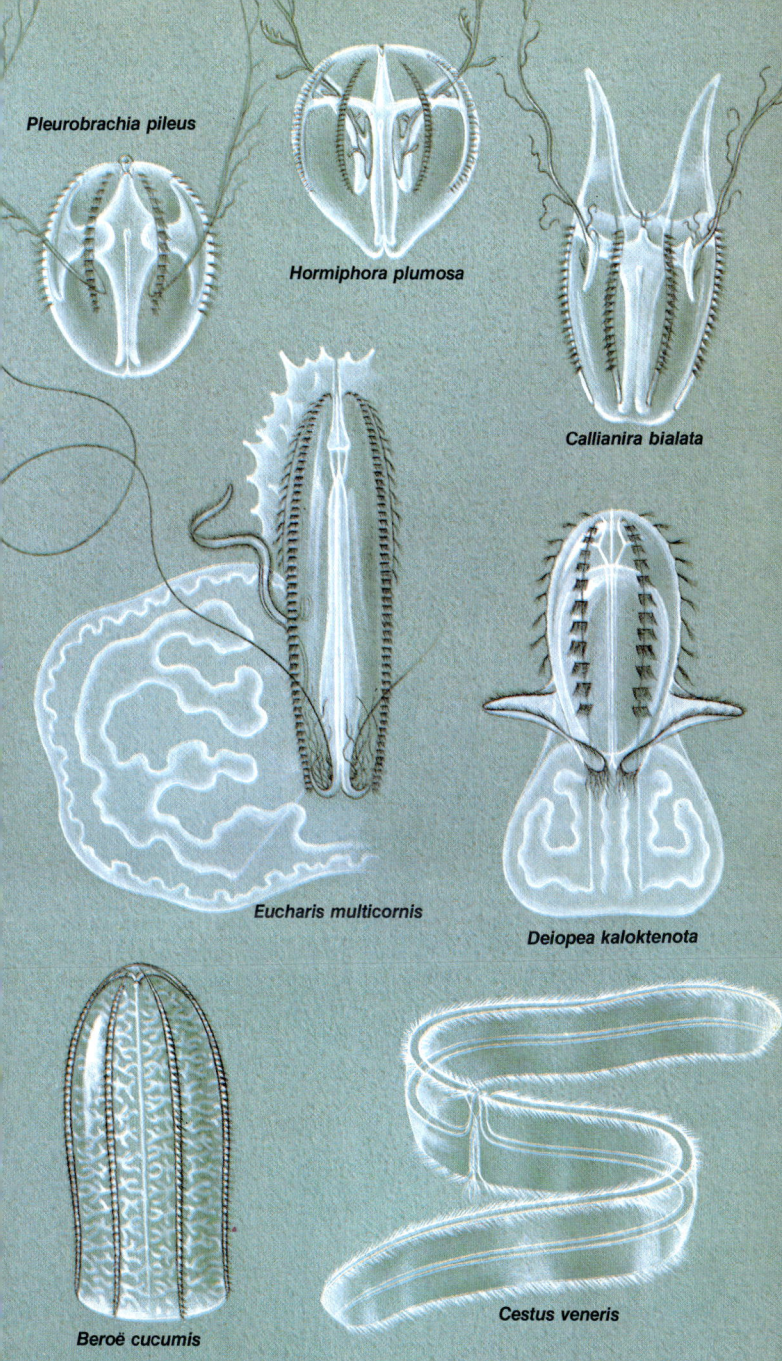

Pleurobrachia pileus

Hormiphora plumosa

Callianira bialata

Eucharis multicornis

Deiopea kaloktenota

Beroë cucumis

Cestus veneris

Marine Würmer

Unter dem Sammelbegriff „Würmer" werden recht verschiedene Tiergruppen vereint, die sich jedoch in ihrem Bauplan und in ihrer Lebensweise oft grundlegend voneinander unterscheiden. Sie werden in folgende Stämme unterteilt: Plattwürmer (Plathelminthes), Schnurwürmer (Nemertini), Rundwürmer (Nematoda), Ringelwürmer (Annelida). Daneben gibt es noch folgende drei kleine Stämme: Igelwürmer (Echiuroidea), Spritzwürmer (Sipunculoidea) und Priapswürmer (Priapuloidea).

Abgesehen von ihrer bilateralen Symmetrie, dem Aufbau des Körpers aus 3 Gewebsschichten und dem Umstand, daß sie alle einen feuchten Lebensraum benötigen oder überhaupt wasserlebend sind, haben diese verschiedenartigen Gruppen nur wenig gemeinsam. Lage und Verteilung der Körperanhänge, Vorhandensein oder Fehlen einer Segmentierung, Anzahl der Körperöffnungen sowie Gestalt und Art der Fortbewegung tragen dazu bei, die Stämme voneinander zu unterscheiden.

Plattwürmer (Plathelminthes)

Strudelwürmer (Turbellaria)

Im allgemeinen freilebende, blattförmige Würmer, denen eine Körperhöhle zwischen Darmtrakt und Außengewebe fehlt. Die Mundöffnung liegt meist auf der Unterseite, der Schlund (Pharynx) kann zur Nahrungsaufnahme ausgestülpt werden. Der Darm ist einfach oder verzweigt und manchmal von außen durch die Haut sichtbar, eine Afteröffnung fehlt. Am Vorderende befinden sich einfache Sinnesorgane: Augenflecke und Tentakel. Die Fortbewegung erfolgt durch eine charakteristische Gleitbewegung, die durch das Zusammenwirken von einer Unzahl von Wimpern auf der Bauchseite zustande kommt, außerdem können die Tiere ihre Gestalt durch Muskelkontraktion verändern. Bisher sind 15 Arten aus dem Mittelmeer beschrieben worden.

Convoluta convoluta Algenplanarie
Bis 6 mm lang, Kopf breiter als das Hinterende, ohne ausgeprägte Tentakel, Körper flach und blattförmig, häufig an den Rändern aufgewölbt, chitinöser Pharynx auf der Unterseite, ohne Darm. Farbe: Infolge symbiontischer Algen leuchtendgrün. Vorkommen: Zwischen Algen und Sand bis in 15 m Tiefe.

Prostheceraeus vittatus Bandplanarie
30 mm lang oder länger; Körper abgeflacht, blattförmig, hellbraun gestreift und häufig gewellt, das Vorderende trägt ausgeprägte Tentakel, Hinterende zugespitzt. Farbe: Cremefarben bis rötlich mit brauner Streifung. Vorkommen: Unter Steinen im Schlamm. Ähnlich: *P. giesbrechti*, die manchmal „weidend" an Seescheiden anzutreffen ist.

Stylochus pilidium
Bis zu 35 mm lang, Vorderende etwas breiter als Hinterende und mit 2 Tentakeln ausgestattet, Augen am Körperrand und auf den Tentakeln, erscheint deshalb getüpfelt. Farbe: Braun mit schwarzem Zeichnungsmuster. Vorkommen: Unter Steinen und Gehäuseschalen im flachen Wasser, oft in Scharen.

Leptoplana alcinoi
Bis 14 mm lang, Körper länger als breit, Körperrand gefältelt, Vorderende abgerundet, ohne Tentakel, aber mit 2 deutlichen dunklen Augen nahe der Mittellinie. Hinterende spitz zulaufend, gut sichtbarer Darm in der Körpermitte; lebhaft und aktiv, Körper zart. Farbe: Durchscheinend grau. Vorkommen: Oft in Schwärmen zwischen Algen.

Monocelis lineata Fadenplanarie
Bis 2 mm lang, Kopf nicht vom Körper abgesetzt und ohne ausgeprägte Tentakel, Vorderende etwas zulaufend. Farbe: Undurchsichtig, der weiße Darm ist durch die Haut sichtbar. Vorkommen: Zwischen Algen (besonders *Ulva*), von der Küste an abwärts.

Thysanozoon brocchii Zottenplanarie
Bis 50 mm lang, Körper kräftig, an den Rändern gefältelt, Papillen auf der Oberseite, die dem Tier ein behaartes Aussehen geben; Kopf mit 2 Tentakeln; Hinterende abgerundet. Farbe: Bräunlich bis rosa. Vorkommen: Zwischen Algen und auf Muschelbänken.

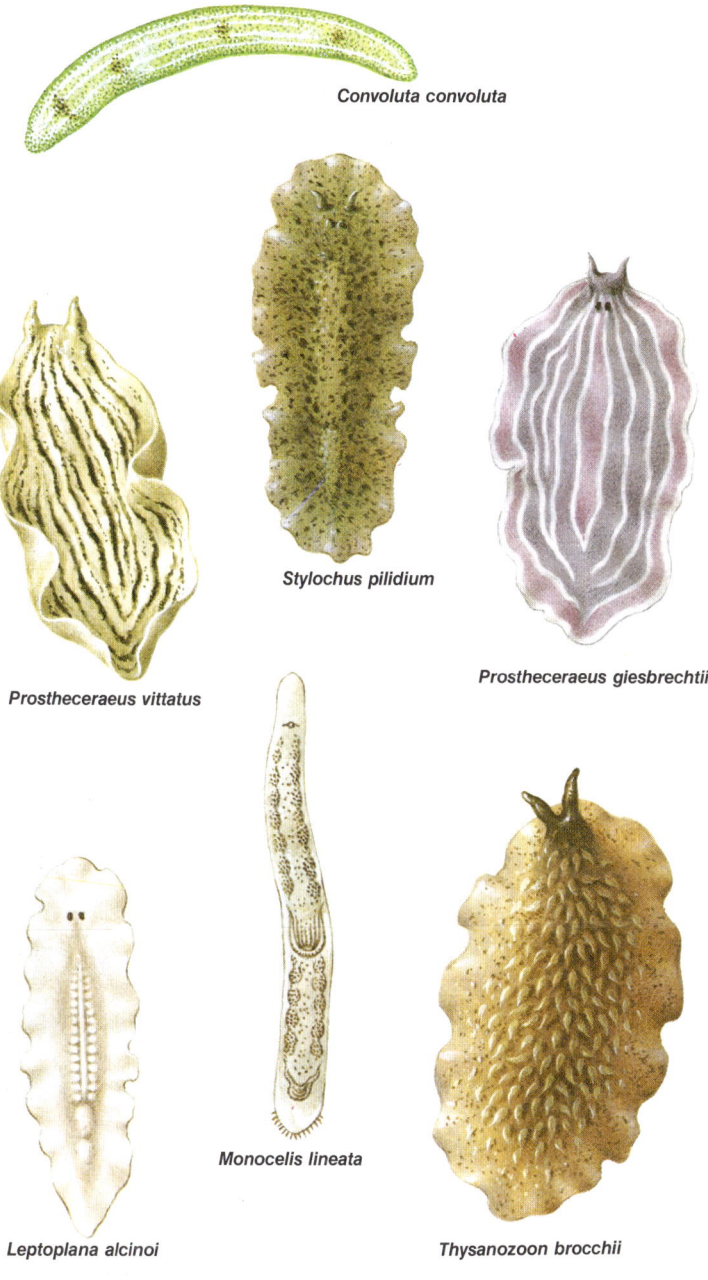

Convoluta convoluta

Stylochus pilidium

Prostheceraeus giesbrechtii

Prostheceraeus vittatus

Monocelis lineata

Leptoplana alcinoi

Thysanozoon brocchii

Schnurwürmer (Nemertini)

Band- bis schnurförmige Würmer von oft enormer Länge. Der ungegliederte Körper besteht aus 3 Gewebsschichten, jedoch ist zwischen Darm und den anderen Geweben keine echte Leibeshöhle (Coelom) ausgebildet. Mund und After sind endständig; charakteristisch ist ein Rüssel (Proboscis), der über die Mundöffnung – gelegentlich auch getrennt davon – nach außen führt und dem Fang und Einverleiben der Beute dient. Einfache Sinnesorgane einschließlich Augenflecken sind vorhanden.

Nemertinen sind weitverbreitete Tiere, die aber wegen ihres zerbrechlichen Baues und ihrer im Sand oder Schlamm eingegrabenen Lebensweise leicht übersehen werden. Kopfform, Ausbildung und Anordnung der Längsspalten an beiden Seiten des Kopfes und Form und Lage der Augen sind wichtige Bestimmungsmerkmale, zu deren Beurteilung jedoch eine Lupe notwendig ist. Aus diesem Grund sind die Köpfe der im folgenden beschriebenen Tiere auf das 1½-fache des Körpers vergrößert dargestellt.

Tubulanus annulatus Ringel-Nemertine
Bis 25 cm lang, gelegentlich sogar 70 cm, Körper unten flach, oben gewölbt, hinter dem Kopf verengt und gegen das Hinterende allmählich spitz zulaufend; ohne Augen, einfache, grubenförmige Kopfschlitze, münden unmittelbar hinter dem Rüssel. Farbe: Rot-braun mit weißen Längs- und Querbinden, Kopf heller. Vorkommen: Im Sand unter Steinen, in Felsspalten oder in leeren Polychaetenröhren, vom flachen Wasser bis in 10 m Tiefe oder tiefer.

Tubulanus nothus (nicht abgebildet)
Bis 12 cm lang, keine so schlanken Körpermaße wie *T. annulatus*, Kopf rundlich und dikker als der Körper. Farbe: Rot-braun mit unregelmäßig verteilten helleren Ringen, manchmal einzeln, manchmal in Gruppen von 3–4. Vorkommen: Im Schlick, zwischen Schalen und Algen, bis in 20 m Tiefe.

Lineus bilineatus Zweistreifige Nemertine
Bis 30 cm lang, Kopf breit, ohne Augen, aber mit tiefen Kopfspalten, Körper verjüngt sich dem Hinterende zu. Farbe: Bräunlich mit 2 schmalen weißen Linien am Rücken. Vorkommen: In tiefem Wasser zwischen Kalkrotalgen und Schalen, seltener in flachem Wasser.

Cephalothrix linearis
Bis 10 cm lang, langer, dünner Körper, Kopf nicht abgesetzt. Farbe: Hellgelb. Vorkommen: Im Schlamm unter Steinen, an der Küste und im flachen Wasser.

Micrura aurantiaca Ziegelrote Nemertine
Bis 10 cm lang, Kopf breit mit kurzem, weißem Schild, ohne Augen, Kopfspalten lang und auffallend: Körper unten flach, oben gewölbt. Farbe: Ziegelrot mit weißem Rüssel. Vorkommen: Unter Steinen in Felsnischen und in tiefem Wasser.

Cerebratulus fuscus Braune Nemertine
Bis 10 cm lang; Kopf mit 4–8 Augen und tiefen Längsspalten, Körper flach, wird nach hinten dünner und trägt ein „Schwänzchen". Farbe: Hautfarben bis grau. Vorkommen: Zwischen Corallinaceen, Schalen, Geröll und Wurzelwerk von Algen, bis in 100 m Tiefe. Mehrere Arten, die schwierig zu bestimmen sind. Mikroskopische Untersuchungen sind unbedingt erforderlich. Die Gültigkeit der Artnamen ist umstritten.

Lineus ruber Roter Schnurwurm
Bis 16 cm lang; Kopf spatelförmig, zum Teil breiter als die anschließende Körperpartie, mit flachen Kopfspalten, beiderseits je eine Reihe von 3–4 Augen. Körper flach, im hinteren Abschnitt verjüngt. Farbe: Rot-braun, Bauchseite heller als der Rücken. Vorkommen: Steine und schlammiger Schill, vom flachen Wasser abwärts.

Lineus geniculatus
Bis 40 cm lang, Kopf abgeflacht und stumpf, kaum breiter als der Rumpf, im Aussehen *L. ruber* ähnlich. Der flache Körper kann verdreht und aufgewickelt sein, ohne Schwanzanhang. Farbe: Grün-braun-schwarze Grundfarbe mit weißen Ringen. Vorkommen: Unter Steinen und auf Hartböden, von der Küste abwärts.

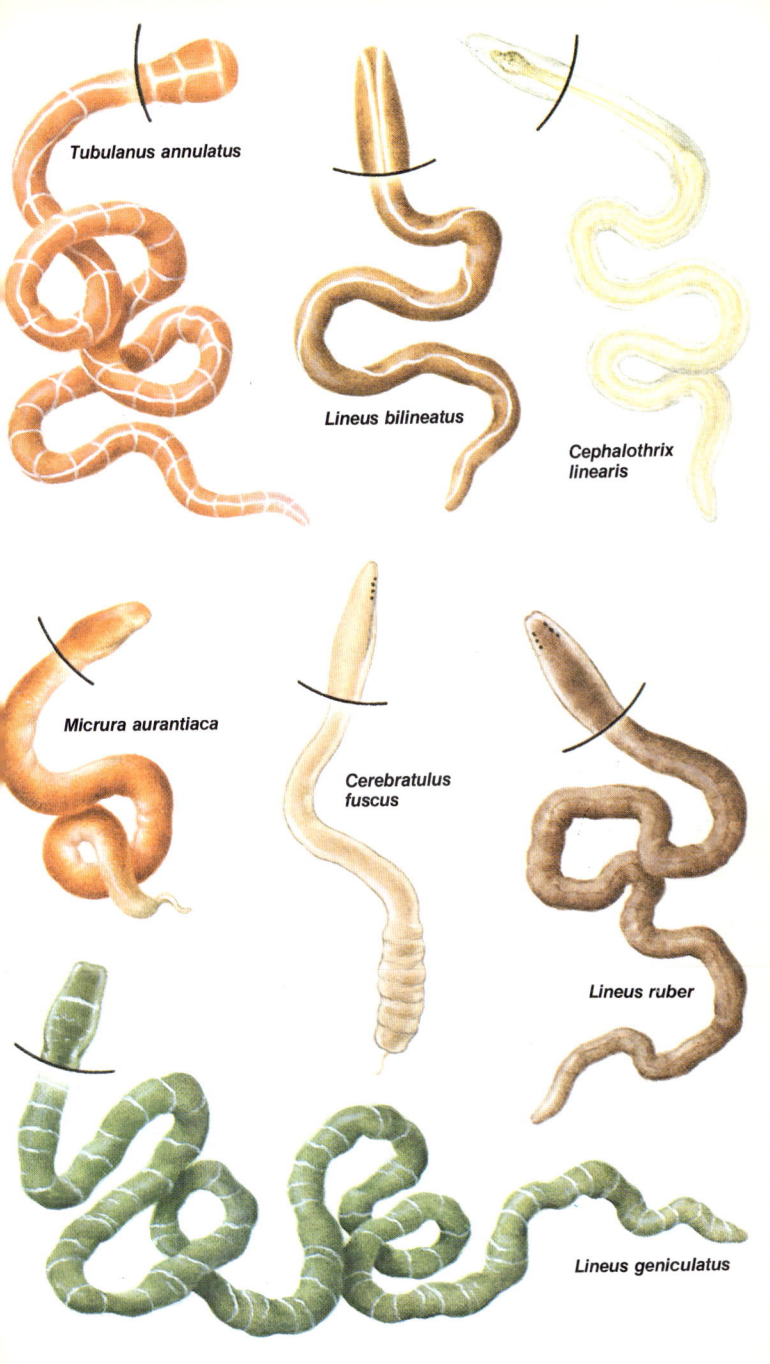

Tubulanus annulatus

Lineus bilineatus

Cephalothrix
linearis

Micrura aurantiaca

Cerebratulus
fuscus

Lineus ruber

Lineus geniculatus

Drepanophorus spectabilis Längsgebänderte Nemertine
Bis 80 mm lang, Kopf konisch oder rautenförmig, mit vielen dorsalen und lateralen Augen, schräge Kopfspalten mit zusätzlichen Furchen. Körper abgeflacht, unmittelbar hinter dem Kopf verdickt. Farbe: Oberseite rot-gelb mit 5 auffälligen elfenbeinfarbenen Längsstreifen, Unterseite heller. Vorkommen: Unter Steinen, in Felsspalten zwischen Schalenstücken, bis in 40 m Tiefe.

Drepanophorus crassus (nicht abgebildet)
Bis 14 cm lang, gestaltlich *D. spectabilis* ähnlich, der Körper verjüngt sich jedoch am Kopf und am Schwanzende, Körper breiter und viel länger. Farbe: Oberseite rot-braun-gelb-orange, nicht gestreift, Unterseite hellrosa. Vorkommen: Unter Steinen, in Felsspalten, zwischen Schalenstücken – jedoch bis in 200 m Tiefe.

Prosorhochmus claparèdii Lebendgebärende Nemertine
Bis 35 mm lang, Kopf breit, spatelförmig, oft kaum breiter als der Körper, mit einer deutlichen Einkerbung in der Mitte, von der ein heller Streifen über die grauen Ganglien hinaus zieht; 4 Augen liegen weit hinten und bilden ein quergestelltes Rechteck, wobei das vordere Augenpaar größer ist als das hintere; 1 Paar Kopfspalten. Körper flach mit einer leichten Einschnürung hinter dem Kopf, zum Schwanzende hin verjüngt. Farbe: Hellgelb, gelegentlich auch orange. Vorkommen: In Felsspalten an der Küste.

Amphiphorus lactifloreus Helle Nemertine
Bis 80 mm lang, meist jedoch kürzer, Kopf flach und spatelförmig, mehrere Augengruppen, die zusammen eine Dreiecksfigur bilden, davon liegt je 1 Reihe seitlich am Kopf und eine Gruppe nahe den rosa durchscheinenden Ganglien. 2 Paar schräge Kopfspalten. Körper ventral abgeflacht, dorsal gewölbt, verjüngt sich nicht gegen das stumpfe Hinterende. Farbe: Verschiedene Schattierungen von Rosa bis Weiß, rosa überwiegt jedoch; der durchscheinende Streifen in der Rückenmitte zeigt die Lage des eingezogenen Rüssels. Vorkommen: Unter Steinen und auf Algen, vom seichten Wasser bis in die Tiefe.

Oerstedia dorsalis Braunrückige Nemertine
Bis 25 mm lang, häufig jedoch kürzer, Kopf vorne nur leicht eingekerbt; 4 im Quadrat angeordnete Augen; 1 Paar Kopfspalten; Körper im Querschnitt rund, verjüngt sich an beiden Enden. Farbe: Dorsal braun-rot, entweder mit gelber Körnelung oder einem gelben Streifen, ventral heller, oder aber grün-braun mit braunen Binden und einem weißen Streifen. Vorkommen: Zwischen Algen und anderen Pflanzen, vom seichten Wasser bis in 20 m Tiefe oder tiefer.

Tetrastemma melanocephalum Schwarzkopf-Nemertine
Bis 35 mm lang, Kopf abgeflacht und meist breiter als Körper, vorne mit einer auffälligen Einkerbung; 4 Augen, das vordere Paar liegt in einem schwarzen Pigmentfleck, so daß es nur schwer zu erkennen ist, das hintere Paar tritt deutlich hervor; 1 Paar schräger Kopfspalten. Körper im ausgestreckten Zustand abgeflacht, sonst rundlich, hinter dem Kopf etwas eingeschnürt, erst unmittelbar am Hinterende verjüngt. Farbe: Matt gelb-grün mit einem viereckigen schwarzen Fleck am Kopf. Vorkommen: Auf Algen und unter Steinen, im seichten Wasser und bis 60 m Tiefe.

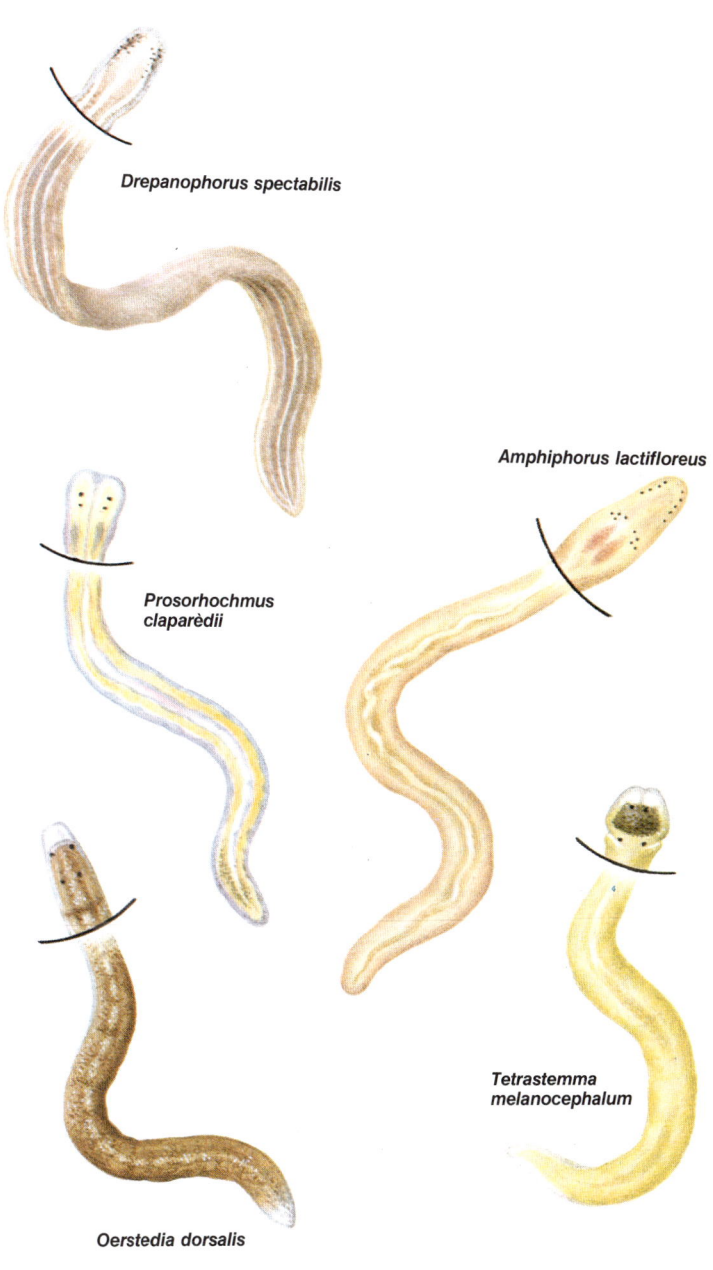

Drepanophorus spectabilis

Amphiphorus lactifloreus

Prosorhochmus claparèdii

Tetrastemma melanocephalum

Oerstedia dorsalis

Ringel- oder Gliederwürmer (Annelida)

Dieser Stamm umfaßt 7000–8000 Arten. Der Körper besteht aus 3 Gewebeschichten, wobei die mittlere Schicht eine für diese Gruppe sehr typische, gegliederte, flüssigkeitsgefüllte Leibeshöhle (Coelom) ausbildet. Der Körper ist der Länge nach in meist auch äußerlich erkennbare Segmente gegliedert, die in der Regel verschiedene Strukturen, z. B. Borsten (Chaetae), tragen. Der Kopf ist wohlausgebildet, trägt Sinnesorgane und besitzt ein Gehirn; die Mundöffnung liegt im ersten Segment (Peristomium), das sich an den vor dem Mund gelegenen Kopflappen (Prostomium), der kein echtes Segment ist, anschließt. Die Afteröffnung liegt am Hinterende im letzten Körperglied (Pygidium), das ebenfalls kein echtes Segment darstellt. Eine gut entwickelte Längs-, Diagonal- und Ringmuskulatur der Körperwand ermöglicht das Strecken und Zusammenziehen des Körpers; sie steht oft in Verbindung mit segmentalen Anhängen, die der Fortbewegung dienen.

Die Ringelwürmer gliedern sich in 3 große Klassen:

> Vielborster (Polychaeta)
> Wenigborster (Oligochaeta)
> Blutegel (Hirudinea)

Die Polychaeten findet man in nahezu allen marinen Lebensräumen, seltener im Süßwasser und nur ausnahmsweise in feuchter Erde. Die beiden anderen Klassen sind im Meer nur mit wenigen Arten vertreten, haben dafür aber viele süßwasser- und landbewohnende Formen. Dieser kurze Abriß kann beileibe nicht der stammesgeschichtlichen und ökologischen Bedeutung der Anneliden gerecht werden. Die bedeutsame Stellung der Polychaeten werden diejenigen Leser erahnen können, die Küste und Meer erforschen, denn durch die Mannigfaltigkeit, ihren Artenreichtum und ihre weite geographische Verbreitung fallen die Polychaeten besonders auf.

Abkürzungen zu den nachfolgenden Bildern:
ac = Stützborste des Parapodiums (Aciculum), an = Antenne, c = Cirrus (Fühlerartiger Fortsatz am Parapodium bzw Kopf), ch = Borste (Chaeta), d = dorsal, a = Auge, fz = freier Zahn, k = Kieme, lo = Lateralorgan (Struktur am Parapodium), ki = Kiefer, ms = Marginalmembran des Prostomiums mit Einschnitten am Rand, mz = Marginalmembran des Prostomiums mit Zacken am Rand, p = Palpus (fühlerartiger Anhang am Prostomium), pr = Vorderende (Prostomium), pro = Rüssel (Proboscis), s = Rückenschuppe (Elythrum), tc = Tentakelcirrus des Kopfes, v = ventral, z = Zahn.

Vielborster (Polychaeta)

Anneliden mit einem vor dem Mundsegment gelegenen Kopflappen (Prostomium). Der Kopf setzt sich aus diesem und einigen verschmolzenen Segmenten, die hochspezialisiert sind und Antennen, Augen, Palpen, Kiefer und Tentakelcirren tragen, zusammen (siehe Bild 5). Der übrige Körper besteht – zumindest bei den freilebenden und räuberischen Formen – aus einer relativ großen Zahl gleichartiger Segmente, von denen die meisten ein Paar der Fortbewegung dienende Anhänge (Parapodien oder Ruder) tragen; mitunter kommt ihnen die Atemfunktion zu. Die Parapodien bestehen aus mehreren Teilen, die für die Bestimmung wichtig sind (Bild 6).

Die Tiere sind im allgemeinen getrenntgeschlechtlich, die Befruchtung findet im Wasser statt, meist tritt eine freischwimmende Larve auf. Gestalt und Vorkommen sind variabel.

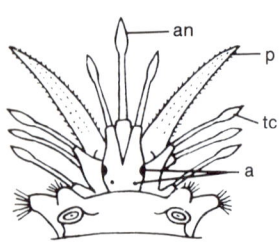

Bild 5. Kopf von **Lepidonotus clava**

Diese mannigfaltige Wurmgruppe läßt sich kaum zufriedenstellend in Ordnungen einteilen, recht gut aber in eine große Zahl von Familien auflösen, von denen 26 in diesem Buch behandelt werden. Der Grundbauplan wurde schon dargestellt, er ist jedoch in den einzelnen Gruppen vielfältig abgewandelt. Oberflächlich können die Polychaeten in freilebende und räuberische (errante) Formen und in grabende und röhrenbewohnende (sedentäre) Arten eingeteilt werden; innerhalb dieser Gruppierung kommt es jedoch zu großen Gestaltunterschieden. 3 Merkmale helfen im wesentlichen, die Würmer korrekt einzuordnen:
1. Vorhandensein oder Fehlen einer Röhre sowie deren Gestalt. So kommt z. B. bei den

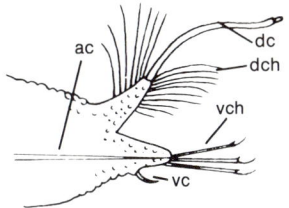 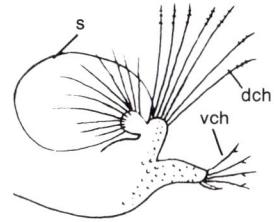

Bild 6. Cirrentragendes (links) und schuppentragendes (rechts) Parapodium von **Hermione hystrix**

Serpuliden eine harte, kalkige Röhre vor, bei den Amphictenidae und den Terebellidae besteht sie aus Sandkörnchen, die in eine organische Grundsubstanz eingekittet sind, bei den Sabellidae ist diese Röhre mit Schlamm verkleistert. Handelt es sich bei dem Wurm dagegen um eine grabende Art, müssen Form und Verlauf der Gänge berücksichtigt werden.

2. Kopfform und Lage seiner Anhänge (siehe u. a. Bild 5).
3. Ausbildung der Parapodien. Zur Untersuchung der Parapodien ist zumindest eine Lupe nötig, meist hilft jedoch nur ein mikroskopisches Präparat weiter. Bild 7 zeigt die Anordnung der Borsten, die Lage der dorsalen und der ventralen Parapodialcirren und andere Strukturen eines typischen Polychaetenparapodiums.

Bei der Untersuchung eines unbekannten Wurmes sollte man stets daran denken, daß freilebende Vielborster normalerweise gut entwickelte Augen und Tentakel besitzen, um sich in ihrer Umgebung zurechtzufinden und ihre Beute auszumachen. Sie besitzen oft einen ausstülpbaren, mit kräftigen Kiefern bewehrten Rüssel; ihre kräftig gebauten Parapodien dienen dem Laufen oder Schwimmen. Im allgemeinen kann man die Rüsselform nur im ausgestülpten Zustand beurteilen; durch Druck auf die Pharyngealregion des lebenden oder betäubten Tieres kann man

ein Ausstrecken des Rüssels erreichen. Manchmal läßt sich der Umriß dieses Organs durch die relativ durchsichtige Körperdecke ausmachen.

Bild 8 zeigt die typischen Merkmale des Vorderendes eines freilebenden Polychaeten.

Die grabenden oder in Röhren lebenden Polychaeten verfügen gewöhnlich nur über reduzierte Sinnesorgane und Parapodien, nur ihre Kiemen sind meist groß und auffällig; das Vorderende bei den Serpulidae und den Sabellidae trägt eine Tentakelkrone, die sowohl dem Abfiltrieren der Nahrung aus dem Wasser als auch der Atmung dient.

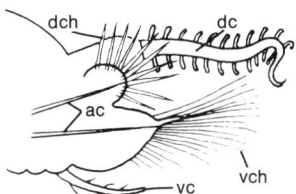

Bild 7. Parapodium von **Harmothoë impar**

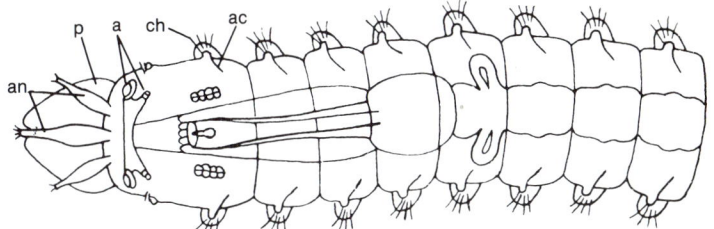

Bild 8. Vorderende eines Männchens von **Exogone gemmifera**

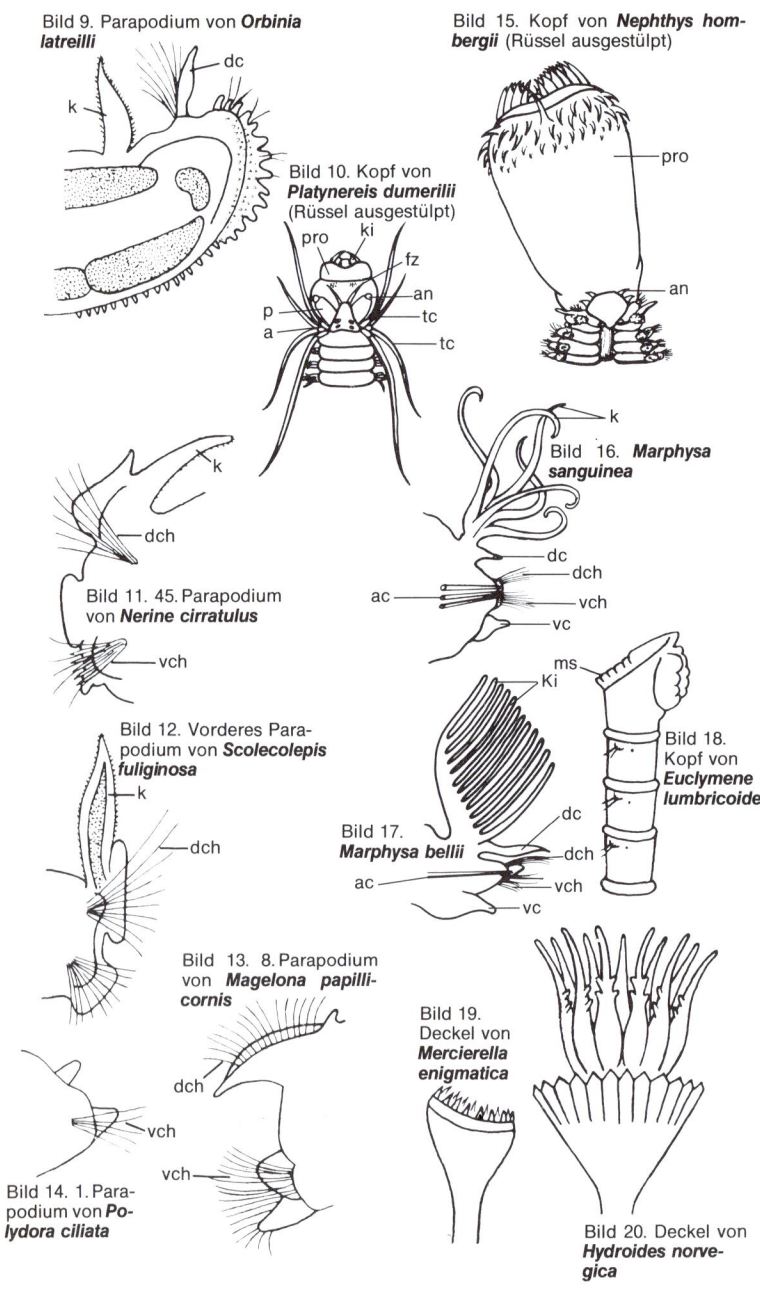

Bild 9. Parapodium von *Orbinia latreilli*

dc

k

Bild 10. Kopf von *Platynereis dumerilii* (Rüssel ausgestülpt)

pro
ki
fz
an
p
tc
a
tc

Bild 15. Kopf von *Nephthys hombergii* (Rüssel ausgestülpt)

pro

an

k

Bild 16. *Marphysa sanguinea*

dc
dch
ac
vch
vc

k

dch

Bild 11. 45. Parapodium von *Nerine cirratulus*

vch

ms
Ki

Bild 18. Kopf von *Euclymene lumbricoides*

Bild 12. Vorderes Parapodium von *Scolecolepis fuliginosa*

k

dch

Bild 17. *Marphysa bellii*

dc
dch
ac
vch
vc

Bild 13. 8. Parapodium von *Magelona papillicornis*

dch

Bild 19. Deckel von *Mercierella enigmatica*

vch

vch

Bild 14. 1. Parapodium von *Polydora ciliata*

Bild 20. Deckel von *Hydroides norvegica*

Bild 21. 16. Parapodium von *Nereis diversicolor*

Bild 22. Kopf von *Nereis pelagica* (Rüssel ausgestülpt)

Bild 23. Kopf von *Nereis diversicolor* (Rüssel ausgestülpt)

Bild 24. 25. Parapodium von *Eunice harassi*

Bild 25. Kopf von *Perinereis cultifera* (Rüssel ausgestülpt)

Bild 26. Parapodium von *Phyllodoce paretti*

Bild 27. Kopf von *Phyllodoce lamelligera*

Bild 28. Kopf von *Glycera convoluta* (Rüssel ausgestülpt)

Bild 29. Kopf von *Eunice harassii*

Schuppenwürmer (Aphroditidae)

Freilebende Polychaeten, deren Rücken ganz oder teilweise von einwärts geneigten Schuppen (Elythren) bedeckt ist, die von oben betrachtet den ganzen Kopf verbergen; mit einstülpbarem, papillentragendem Rüssel; Parapodien mit dorsalen und ventralen Ästen. Im Mittelmeer kommen 30 Arten vor.

Aphrodite aculeata Seemaus
Bis 20 cm lang; Körper gedrungen und eiförmig, oben gewölbt und unten flach; etwa 40 Segmente tragen auffallende Borsten. Farbe: Schmutzigbraun, Borsten irisierend grün, braun oder gelb. Vorkommen: Auf Weichböden im flachen und tiefen Wasser.

Hermione hystrix Hermione
Bis 60 mm lang; Körper oval, flach, oben mit Schuppen bedeckt, 34 borstentragende Segmente, abwechselnd cirrus- und schuppentragende Parapodien. Farbe: Rötlichbraun. Vorkommen: Zwischen Muscheln auf Weichböden, bis in 100 m Tiefe.

Lepidonotus clava Keuliger Schuppenwurm
Bis 30 mm lang; Körper flach mit runden Schuppen, 24 borstentragende Segmente; abwechselnd cirrus- und schuppentragende Segmente. Farbe: Bräunlich. Vorkommen: Unter Felsen und Steinen an der Küste.

Harmothoë imbricata
Bis 50 mm lang, oft weniger; Körper flach, verjüngt sich zum Hinterende, bedeckt von 15 Paar Schuppen mit Papillen an den Seiten, 37 borstentragende Segmente, abwechselnd cirrus- und schuppentragende Segmente. Farbe: Variabel, blau-grau bis braungrau mit einem helleren Tupfen in der Mitte der Schuppen. Vorkommen: Im flachen Wasser, unter Steinen und Felsen.

Harmothoë impar (= *Evarne impar*) Gefranster Schuppenwurm
Bis 25 mm lang; Körper sehr zerbrechlich, flach, von 15 Paar dachziegelartig überlappenden und an den Seitenrändern mit Papillen besetzten Schuppen bedeckt, 30–40 borstentragende Segmente, abwechselnd schuppen- und cirrustragende Segmente. Farbe: Bräunlich-grün, Schuppen mit einem zentralen, gelblichen Fleck. Vorkommen: Unter Steinen, Schalen und Algen an der Flachküste und im Flachwasser.

Polynoë scolopendrina Borstiger Schuppenwurm
Bis 12 cm lang, Körper etwa zur Hälfte mit überlappenden Schuppen bedeckt; 80–100 Segmente tragen Borsten, vom 2.–32. Segment abwechselnd schuppen- und cirrustragende Parapodien. Farbe: Variabel, oft rot mit metallisch glänzenden Schuppen. Vorkommen: In leeren Wurmröhren, Felsspalten und im Sand.

Sthenelais boa
Bis 20 cm lang; Körper an den Enden verjüngt, oben gewölbt, mit vielen nierenförmigen Schuppen, die am Außenrand mit Papillen verziert sind; 150–200 borstentragende Segmente. Farbe: Sehr variabel, rot, gelb oder bräunlich mit dunklen Querbinden. Vorkommen: Auf Sand- und Schlammböden, unter Steinen und in Seegraswiesen.

Amphinomidae

Aktive, freilebende Polychaeten mit ausstülpbarem Rüssel, unbewehrt, im allgemeinen mit einem fleischigen Auswuchs am Kopf (Karunkel); die Parapodien sind in einen dorsalen und einen ventralen Ast geteilt und tragen Kiemen; 1–2 Dorsalcirren, 1 Ventralcirrus, 2 Borstenbündel je Parapodium. Im Mittelmeer kommen 5 Arten vor.

Hermodice carunculata
6–30 cm lang, Kopf mit ovalen Auswüchsen, die bis zum 4. borstentragenden Segment nach hinten reichen, 2 kleine Palpen, 1 mittlere Antenne, die etwas kürzer, und 2 seitliche Antennen, die so lang wie die Palpen sind. Körper ohne Schuppen, bis zu 150 borstentragende Segmente, recht auffällige Kiemen, die vom 1. Segment an nach hinten reichen und auf der Dorsalseite jedes Parapodiums in 2 Büscheln angeordnet sind. Farbe: Oben bräunlich mit roten Kiemen und weißen Tupfern. Vorkommen: Auf Felsen und auf Treibgut mit *Lepas* vergesellschaftet.

Lepidonotus clava

Hermione hystrix

Aphrodite aculeata

Harmothoë impar

Harmothoë imbricata

Sthenelais boa

Polynoë scolopendrina

Hermodice carunculata

Ruderwürmer (Phyllodocidae)

Freilebende Polychaeten, deren zahlreiche Segmente charakteristische Parapodien mit auffälligen blatt- oder paddelförmigen Rückencirren tragen, auch die Bauchcirren sind ähnlich gestaltet, aber kleiner und nicht so auffällig, im allgemeinen nur ein Borstenbündel je Parapodium, mit 2 Aftercirren. Im Mittelmeer kommen 35 Arten vor.

Phyllodoce lamelligera Gesäumter Ruderwurm
6–60 cm lang, Kopf verjüngt sich nach vorne, 4 kurze Antennen, 2 schwarze Augen, 4 Paar lange Tentakelcirren; Körper mit 300–400 Segmenten, Parapodien mit auffallenden, lanzenförmigen, olivgrünen Rückencirren. Farbe: Blau-braun. Vorkommen: Unter Felsen, Steinen und Algen von der Küste an abwärts.

Phyllodoce mucosa (nicht abgebildet)
5–10 cm lang, Kopf verjüngt sich nach vorne, 4 sehr kurze Antennen, 2 schwarze Augen, 4 Paar Tentakelcirren, die hintersten drei die längsten und reichen bis zum 8. oder 10. Segment nach hinten. Körper mit 100–200 borstentragenden, am Hinterende dünneren Segmenten, Parapodien mit Dorsalcirren, die vorn oval, in der Körpermitte etwas viereckig, am Ende lanzenförmig sind, 2 zylindrische Analcirren. Farbe: Schmutzigweiß mit bräunlichen Flecken. Vorkommen: Auf Sand und Schlammböden in niedrigem Wasser.

Phyllodoce paretti Ruderwurm, Paddelwurm
15–30 cm lang, Kopf rund, 4 kurze Antennen, 2 große Augen, 4 Paar von oben nicht gleich sichtbare Tentakelcirren. Körper lang, verjüngt sich nach beiden Enden, 200 Segmente, Parapodien vorne mit großen blatt-, hinten mit lanzettförmigen Dorsalcirren. Farbe: Variabel, oft bläulich mit schwarzen, grünen oder gelben Zeichnungen auf den Parapodien. Vorkommen: Tagsüber unter Felsen und Steinen in niedrigem Wasser.

Eulalia viridis Grüner Blattwurm
5–15 cm lang, Kopf klein, rund, 1 kleine mittlere Antenne, 2 Paar seitliche Antennen, 2 Augen, 4 Paar Tentakelcirren, die beiden letzten reichen bis zum 10. oder 12. borstentragenden Segment nach hinten; ausgestülpter Rüssel sehr lang. Körper bis zu 200 Segmente, Parapodien mit recht auffälligen Dorsalcirren. Farbe: Grau-grün. Vorkommen: In Felsspalten, kriecht bei Ebbe manchmal über Steine.

Eulalia sanguinea Bluteulalia
Bis 60 mm lang, Kopf ähnlich wie *E. viridis;* Körper relativ kurz und aufgedunsen, 60–140 Segmente, Parapodien mit etwas zugespitzten Dorsalcirren. Farbe: Variabel, weiß bis hellgrün oder braun, manchmal mit einer helleren Rückenlinie. Vorkommen: Zwischen Algen und Steinen an der Küste.

Alciopidae

Aktive, freischwimmende Polychaeten, Kopf mit unbewehrtem, einstülpbarem Rüssel, große, rote Augen; 5 kurze, einfache Antennen, Körper durchscheinend, glashell, Bauch- und Rückencirren blattförmig. Im Mittelmeer sind 11 Arten nachgewiesen.

Alciopa cantrainii
Bis 11 cm lang, Kopf klein mit deutlichen Augen, die anderen Anhänge sind familientypisch. Körper am Ende spitz zulaufend, Parapodien mit langen, dem Schwimmen angepaßten Borsten. Farbe: Kristallklar, Augen rot. Vorkommen: Freischwimmend, gelangt möglicherweise in Planktonproben.

Tomopteridae

Aktive, freilebende, planktische Polychaeten mit durchscheinenden Körpern mit großen Parapodien, ohne Borsten. Im Mittelmeer sind 6 Arten nachgewiesen.

Tomopteris helgolandica Helgoländisches Farnblatt
Bis 17 mm lang, Kopf mit 2 auffälligen Palpen, dahinter 1 Paar sehr kurzer, borstentragender Anhänge sowie ein weiteres Paar, das ²/₃ der Körperlänge einnimmt. Farbe: Durchscheinend, farblos. Vorkommen: Freischwimmend, kommt in Planktonproben vor.

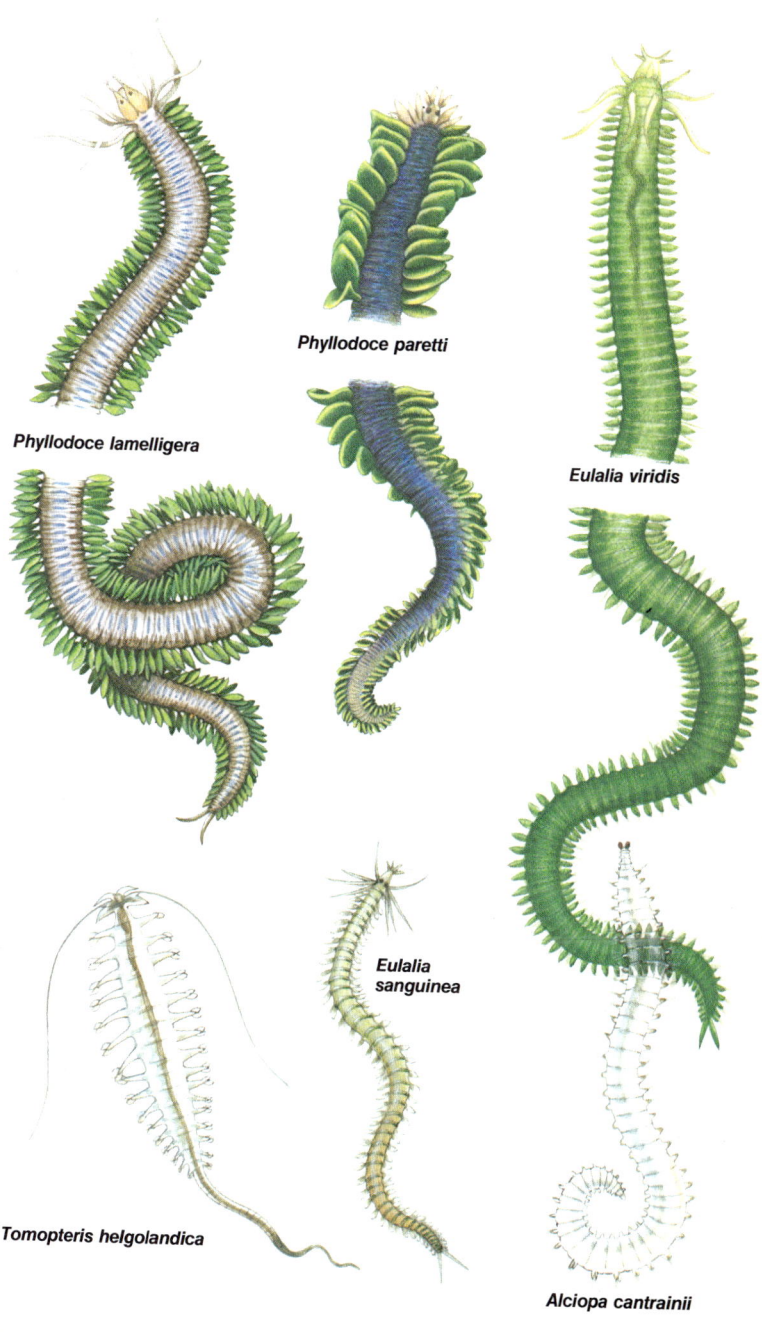

Phyllodoce paretti

Phyllodoce lamelligera

Eulalia viridis

Eulalia sanguinea

Tomopteris helgolandica

Alciopa cantrainii

Hesionidae

Aktive, freilebende Polychaeten, Körper kurz, mit wenigen Segmenten; Kopf relativ klein, Rüssel ausstülpbar, meist kurz. Im Mittelmeer rund 10 Arten.

Hesione pantherina
Bis 60 mm lang, Kopf klein, 2 kleine Antennen, 2 große, vordere Augen und 2 kleine dahinter, 8 Paar Tentakelcirren, zylinderförmiger Rüssel ohne Kiefer, mit großer Öffnung; Körper zylindrisch, hinterer Teil verjüngt, 16 borstentragende Segmente, Parapodien mit langen Rückencirren, Borsten in einem Bündel. Farbe: Bräunlich mit weißer Musterung. Vorkommen: Unter Steinen und Geröll im flachen Wasser, gelegentlich schwimmend.

Kefersteinia cirrata Kefersteinie
Bis 75 cm lang, häufig kürzer; Kopf mit 2 kleinen Antennen, die zwischen 2 dickeren, etwas größeren Palpen liegen, 2 Paar Augen, von denen die vorderen größer sind; 8 Paar Tentakelcirren, mit kurzem, kieferlosem, papillentragendem Rüssel (auf der Zeichnung ist er ausgestülpt). Körper zerbrechlich, 36—65 Segmente tragen Borsten, die am Parapodium gebündelt sind, lange Dorsalcirren. Farbe: Grün-braun-gelb, je nach Geschlecht und Reifezustand. Vorkommen: Zwischen Algen, Schalen und Wurmröhren, an der Küste und im Flachwasser.

Syllidae

Umfangreiche Familie kleiner, zarter, freilebender Polychaeten, die meist wunderschön gefärbt sind; Kopf trägt im allgemeinen 2 Palpen, 3 Antennen, 4 Augen und 2 Paar Tentakelcirren; Rüssel ausstreckbar, zweigeteilt, vorne zylindrisch, chitinös und mit 1 oder mehreren Kiefern bewehrt, hinten muskulös; Körper normalerweise ziemlich dünn, manchmal kurz; Parapodien mit meist sehr langen, perlschnurartig gegliederten Rückencirren, 2 Aftercirren; Fortpflanzung manchmal durch mehrmalige Knospung, so daß man mehrere in einer Kette, die auch verzweigt sein kann, angeordnete Individuen finden kann.
Von dieser großen Familie können hier nur wenige Arten vorgestellt werden. Im Mittelmeer kommen 55 Arten vor, die Bestimmung ist meist schwierig.

Syllis prolifera Gelbe Syllide
10—25 mm lang, Kopf mit kleinen dreikantigen Tastern, 1 mittleren Antenne, 2 kürzeren seitlichen Antennen, 4 Augen und 2 Ocellen; Körper aus vielen Segmenten aufgebaut; Parapodien mit langen, gegliederten Rückencirren aus 20—40 „Gliedern" bestehend, nur 1 Borstenbündel. Farbe: Sehr variabel, grau-rot, manchmal mit braunem, rosafarbenem oder orangem Zeichnungsmuster. Vorkommen: An der Küste und im flachen Wasser zwischen Algen und Steinen.

Autolytus pictus Gefleckte Syllide
Bis 25 mm lang, Kopf mit kaum sichtbaren Tastern, 1 mittlere Antenne, etwas länger und breiter als die beiden seitlichen, 4 große Augen, Tentakelcirren fast so lang wie die seitlichen Antennen, ausstülpbarer Rüssel mit 10 großen Zähnen, die mit 10 kleineren alternieren. Körper rundlich, 16—100 borstentragende Segmente, Form der Parapodien variiert: Das erste borstentragende Segment hat lange Rückencirren, das kürzere zweite 2 dicke Aftercirren. Farbe: Veränderlich, unten rötlich, oben mit violetter Zeichnung.

Nephtydidae

Aktive, mittelgroße bis große, freilebende Polychaeten mit flachen Körpern; kleine Köpfe, ausstreckbarer Rüssel mit hornigen Kiefern; schwimmen in charakteristischen Schlängelbewegungen. Im Mittelmeer 6 Arten.

Nephtys hombergii
Bis 20 cm lang, Kopf mit 4 kurzen Antennen und 2 kleinen braunen Augen; langer, zylindrischer Rüssel mit mehreren Papillenreihen (nur ausgestülpt sichtbar) und einer auffälligen, langen Dorsalpapille; Körper flach, muskulös, 90—200 borstentragende Segmente, die ziemlich kurzen Borsten stehen dicht in 2 Reihen, Farbe: Glänzend rosa und blau-weiß. Vorkommen: In Sand und Schlick grabend an der Küste und im flachen Wasser.

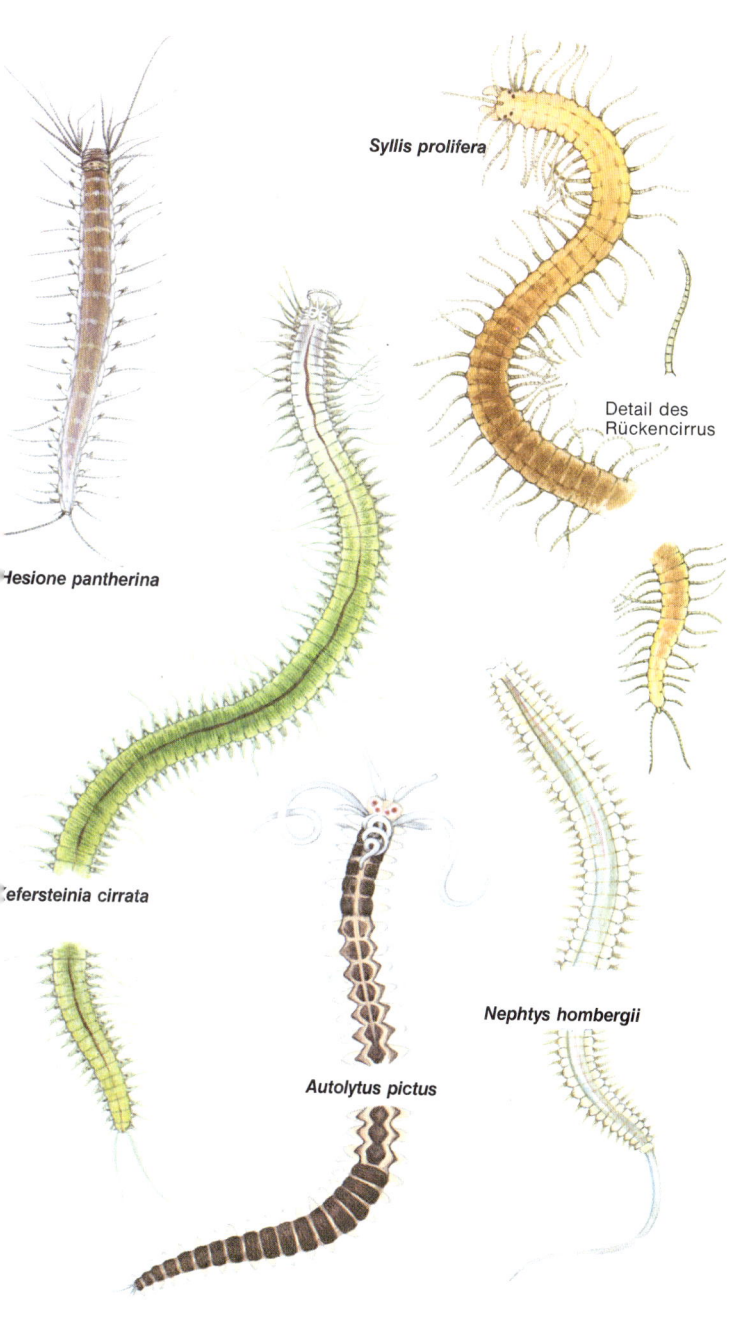

Syllis prolifera

Detail des
Rückencirrus

Hesione pantherina

Lefersteinia cirrata

Autolytus pictus

Nephtys hombergii

Seeringelwürmer (Nereidae)

Oftmals große, aktiv schwimmende, freilebende Polychaeten; Kopf mit 2 eiförmigen Palpen, die in einem kleinen Köpfchen enden, 2 kurze Antennen, 4 Augen und 4 Paar Tentakelcirren; ausstülpbarer Rüssel mit großen chitinigen Kiefern und zusätzlichen freien Zähnen; runder muskulöser Rumpf mit je 2 Borstenbündeln an den gut entwickelten Parapodien; 2 Analcirren.

Nereis pelagica Brauner Seeringelwurm

Bis 12 cm lang, Kopf familientypisch ausgebildet, am ausgestreckten Rüssel sind 2 kräftige Kiefer mit 5–7 Zähnen sichtbar. Körper rundlich, verjüngt sich am Hinterende, 80–100 borstentragende Segmente, Rückencirrus der Parapodien lang und recht auffallend. Farbe: Erwachsene Tiere normalerweise rot, braun oder gelb, mit deutlichem rotem Rückengefäß. Vorkommen: Zwischen Felsen, Schill und Algen an der Küste und im flachen Wasser.
In der Fortpflanzungszeit treten freischwimmende Geschlechtstiere (Heteronereis-Form) auf, deren hintere Segmente (sog. epitoke Region) zu Schwimmorganen umgebildete Parapodien tragen.

Nereis fucata Gefärbter Seeringelwurm

Bis 20 cm lang, Kopf familientypisch ausgebildet, die hinteren Tentakelcirren reichen bis zum 3. oder 5. borstentragenden Segment. Körper mit 90–120 borstentragenden Segmenten. Farbe: Gewöhnlich braun-gelb mit weißer Zeichnung in der Mitte jedes Segmentes. Vorkommen: Erwachsene Tiere leben in Gehäusen von Wellhornschnecken, die von Einsiedlerkrebsen bewohnt sind.

Nereis diversicolor Seeringelwurm

Bis 12 cm lang, typischer Nereidenkopf, am ausgestreckten Rüssel sind 2 kräftige Kiefer mit je 5–7 Zähnen und zusätzlichen freien Zähnen sichtbar; die hinteren Tentakelcirren reichen bis zum 5. oder 7. borstentragenden Segment. Körper rundlich, 90–120 beborstete Segmente. Farbe: Variabel, grün-gelb mit orangen Schattierungen; ein rotes Rückengefäß verläuft deutlich über den Rücken. Vorkommen: Im flachen Wasser im Sand grabend.

Perinereis cultrifera (= *Nereis cultrifera*) Braungrüner Seeringelwurm

Bis 25 cm lang, Kopf ziemlich familientypisch, die letzten Tentakelcirren reichen bis zum 5. oder 6. beborsteten Segment. Körper leicht abgeflacht und zum Hinterende hin verjüngt, 100–125 borstentragende Segmente. Farbe: Erwachsene Tiere braun-grün, Oberseite der Parapodien rötlich. Vorkommen: Auf Kies, Sand oder Schlamm an der Küste und im flachen Wasser.
Freischwimmende Geschlechtstiere (Heteronereis) treten auf.

Platynereis dumerilii

Bis 60 mm lang, Kopf familientypisch ausgebildet, der ausgestülpte Rüssel besitzt neben freien Zähnen Kiefer mit 5–20 Zähnen; lange Tentakelcirren, der letzte reicht bis zum 10. oder 15. beborsteten Segment nach hinten. Körper mit 70–90 borstentragenden Segmenten. Farbe: Variabel, grünlich-gelblich oder rosarot. Vorkommen: Zwischen Algen und Felsen in einer membranösen Röhre steckend.

Glyceridae

Freilebende, kleine bis mittelgroße Polychaeten, Kopf mit 4 dünnen Antennen, wird nach vorne schmäler, Rüssel ausstülpbar, mit Papillen bedeckt; Körper verjüngt sich zum Schwanz hin, 2 Aftercirren. Im Mittelmeer kommen 8 Arten vor.

Glycera convoluta Geringelte Glyceride

60–100 mm lang, kleiner Kopf mit 4 winzigen Antennen, Rüssel mit 4 Kiefern und vielen Papillen, ausgestülpt keulenförmig; Körper mit 120–180 Segmenten, jedes mit 2 sekundären Ringelungen; rundlich, etwas regenwurmartig, Parapodien nicht groß. Farbe: Durchscheinend rosa-rot. Vorkommen: In Sand und Schlamm, oftmals zwischen Algen und seichtem Wasser.

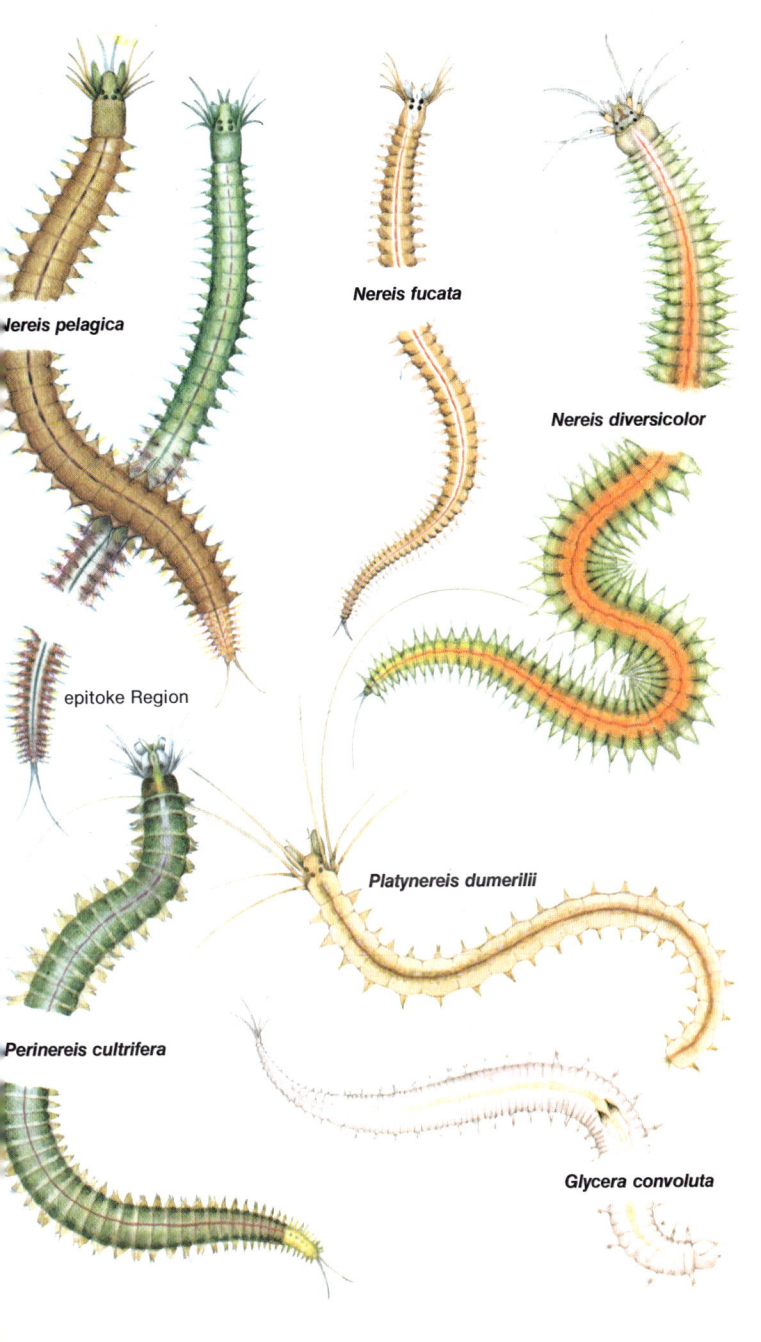

Nereis pelagica

Nereis fucata

Nereis diversicolor

epitoke Region

Platynereis dumerilii

Perinereis cultrifera

Glycera convoluta

Kieferwürmer (Eunicidae)

Aktiv schwimmende, große freilebende Polychaeten. Kopf mit 2 zweilappigen Tastern, 5 Antennen, 2 Augen, 1 Paar Tentakelcirren; Rüssel mit 1 Paar kräftiger Kiefer; die beiden ersten sichtbaren Körpersegmente ohne Parapodien und Borsten, große Kiemen.

Eunice harassii Kieferwurm
Bis 25 cm lang, Kopf charakteristisch ausgebildet, das einzige Paar Tentakelcirren sitzt genau in Verlängerung der Rückenmittellinien, mittlere Antennen größer und doppelt so lang wie Kopfbreite. Körper rund, Parapodien mit kammartigen Kiemen ab dem 4. Segment; 2 lange Aftercirren. Farbe: Violett, braun oder rot mit helleren Kopfzeichnungen, Kiemen blutrot, Antennen hellgelb und geringelt. Vorkommen: Unter Steinen von der Küste abwärts.

Eunice vittata (nicht abgebildet)
Bis 10 cm lang, Kopf ähnlich wie *E. harassii,* Anhänge jedoch länger und spitz zulaufend, mittlere Antenne 3mal länger als Kopfbreite. Farbe: Bauchseite vorn braun, nach hinten heller werdend, auf dem Rücken hat jedes Segment 3 querverlaufende rote Streifen. Vorkommen: Unter Felsen und Geröll, von der Küste abwärts.

Marphysa sanguinea Blutkieferwurm
30−60 cm lang, Kopf zweilappig, 5 Antennen, 2 Augen, keine Tentakelcirren. Körper mit etwa 300 borstentragenden Segmenten, zerbrechlich, abgeflacht, vom 16. bis 30. Segment mit Kiemenbündeln, die aus 4- bis 7fädigen Elementen bestehen. Farbe: Gräulich, grün oder braun, rotgeflammt, mit grün schimmernder Rückenlinie. Vorkommen: In Felsnischen und zwischen Pflanzen der Küste abwärts.

Marphysa bellii Schlamm-Kieferwurm
Bis 20 cm lang, Kopf rund, 5 schwach geringelte Antennen, 2 Augen, keine Tentakelcirren; Körper lang, fadenförmig, bis zu 300 beborstete Segmente, vom 12. bis 35. Segment mit kammförmigen Kiemen. Im vorderen und hinteren Körperabschnitt fehlen die Kiemen. Farbe: Vorn rot, dem Hinterende zu bräunlich schimmernd. Vorkommen: Im Sand, in der Nähe von Seegraswiesen.

Diopatra neapolitana
15−50 cm langer, aktiv schwimmender Polychaet, Kopf unten mit 2 kugeligen Tastern, 2 kleinen vorderen Antennen und 5 langen, zugespitzten hinteren Antennen, die mittlere zwischen dem letzten Paar reicht nach hinten bis zum 5. bis 8. borstentragenden Segment. Keine Tentakelcirren. Körper rund, zerbrechlich, 200−300 borstentragende Segmente, vom 5. Segment ab Kiemen, die aus einem zentralen Faden mit vielen rundherum abgehenden seitlichen Fäden bestehen. Farbe: Gelblich mit blau-grünem Schimmer, Parapodien weißgetüpfelt, Kiemen rot mit grünen Linien. Vorkommen: In membranöser Röhre im Sand versteckt lebend, im Flachwasser.

Halla parthenopeia
50−80 cm lang, Kopf kurz, rund, 3 kleine Antennen, zwischen den 2 vorderen und den beiden hinteren Augen deutliche Kiefer. Körper nach vorn verjüngt, am Rücken abgeflacht, 700−800 borstentragende Segmente, Parapodien ohne Kiemen, Dorsalcirren groß und rot. Farbe: Orange mit schimmernder Oberseite. Vorkommen: In Küstennähe.

Hyalinoecia tubicola
60−120 mm lang, Kopf mit 2 dicken Tastern, 2 ovale vordere Antennen und 5 lange, zugespitzte hintere Antennen, von denen die längste bis zum 10. beborsteten Segment reicht. Körper nicht lang, nur bis zu 130 borstentragende Segmente, die in einer freien hornigen Röhre stecken. Farbe: Rosa. Vorkommen: In tiefem Wasser auf Sand und Kies.

Ophryotrocha puerilis Einfacher Haarwurm
Bis 10 mm lang, Kopf mit 2 kleinen Tastern, 2 kleinen Antennen und 2 Augen. Körper kurz, nach hinten verjüngt, 20−30 Segmente, zweilappige Parapodien, keine Kiemen, Borsten in 2 Gruppen gebündelt. Farbe: Cremeweiß, durchscheinend, so daß man die Kiefer sehen kann.
Vorkommen: Auf anderen Wirbellosen, z. B. Bryozoen, Stachelhäutern und Ascidien kriechend.

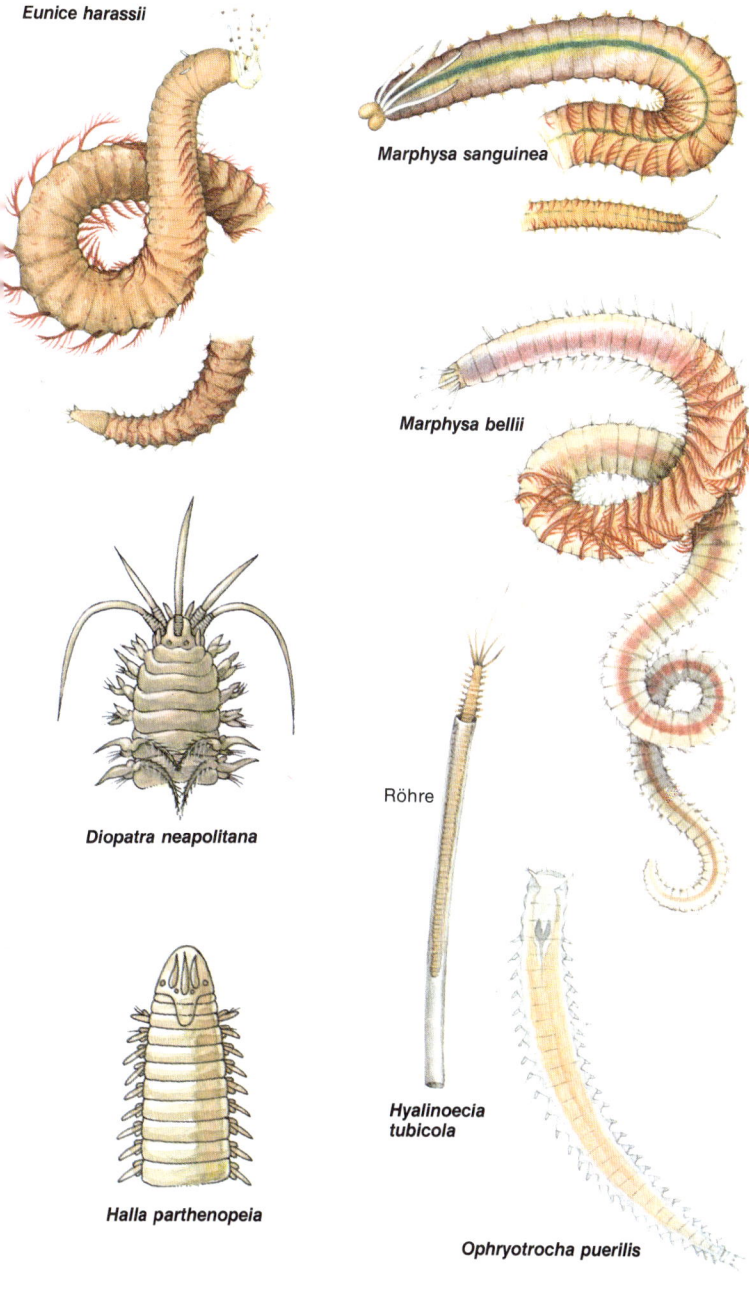

Eunice harassii

Marphysa sanguinea

Marphysa bellii

Diopatra neapolitana

Röhre

Halla parthenopeia

Hyalinoecia tubicola

Ophryotrocha puerilis

Orbiniidae (= Ariciidae)

Im Sand oder Schlamm grabende Polychaeten; nur mit 2 Augen, keine Anhänge, Pharynx unbewehrt; Parapodien mit einfachen Rückenkiemen, viele Segmente; Rumpf in flache Brustregion und halbzylindrische Bauchregion gegliedert.
Im Mittelmeer sind rund 9 Arten bekannt.

Orbinia latreilli Orbinia
Bis 40 cm lang, Kopf klein, konisch, ohne Anhänge und Augen. Körper lang, zerbrechlich, oberseits flach, unten gewölbt, 300–400 borstentragende Segmente, von denen 30–34 zur Brustregion gehören, Kiemen vom 5. borstentragenden Segment an, am Hinterende 2 lange Afterfäden. Farbe: Vorne rosa, nach hinten gelb werdend. Vorkommen: Im Küstensand und -schlamm.

Spionidae

Im Sand und Schlamm grabende Polychaeten ohne abgesetzte Körperregionen; Kopf mit 2 langen deutlichen Palpen, keine Antennen, 4 Augen, am Kopfende oft 2 Auswüchse (Frontalhörner); Parapodien mit lamellenförmigen Dorsal- und Ventralcirren, Kiemen auf der Oberseite einiger Parapodien. Im Mittelmeer sind 16 Arten nachgewiesen.

Scolecolepis fuliginosa Dunkler Pfahlwurm
Bis 60 mm lang, Kopf mit 2 kleinen Frontalhörnern und 2 geringelten Palpen, Körper zart, dünn, 100–150 Segmente, Kiemen ab dem 1. borstentragenden Segment, 6–8 gelappte Fortsätze am Hinterende. Farbe: Rötlich, Kopf dunkler als Körper. Vorkommen: Im Sand an der Küste und im seichten Wasser.

Nerine cirratulus Rankennerine
Bis 80 mm lang. Kopf spitz mit 4 kleinen, im Viereck stehenden Augen, 2 langen Tastern, die bis zum 24. borstentragenden Segment reichen können, Kiemen ab dem 2. Segment nach hinten entwickelt, können jedoch um das 10. Segment herum fehlen. Farbe: Veränderlich, blau-grün. Vorkommen: Im Sand und Schill grabend.

Polydora ciliata Polydora
Bis 30 mm lang, Kopf mit 4 Augen, die ein Viereck bilden, und 2 langen, dünnen Tastern. Körper dünn, bis zu 180 borstentragende Segmente, Kiemen vom 7. Segment an nach hinten bis zum 10. Segment vor dem Hinterende, mit fächerförmigem Schwanzanhang. Farbe: Braun-gelb. Vorkommen: In Austern- und Muschelschalen bohrend, so daß zunächst nur die fadenförmigen Taster sichtbar sind.

Magelonidae

Grabende Polychaeten mit ovalem, abgeflachtem Kopflappen, ohne Augen und Antennen, mit großem Rüssel, 2 langen, mit Papillen versehenen Tastern; Körper in 2 Regionen gegliedert; Kiemen fehlen; Parapodien zweilappig. Im Mittelmeer kommt 1 Art vor.

Magelona papillicornis Warzenmagelone
Bis 17 cm lang, Kopf familientypisch ausgebildet; Körper mit 150 borstentragenden Segmenten. Farbe: Taster und Vorderende rosa, hinten grau-weiß. Vorkommen: Im Sand grabend, in tieferem Wasser.

Chaetopteridae

Röhrenbewohnende Polychaeten. Körper aufgrund der Parapodiendifferenzierung in 3 Abschnitte gegliedert. Im Mittelmeer kommen 6 Arten vor.

Chaetopterus variopedatus Pergamentwurm
Bis 25 cm lang, Kopf breit, mit 2 Palpen und großem, endständigem Mund; etwa die ersten 9 Körpersegmente tragen Borsten, mittlerer Abschnitt mit Einschnürung und 3 lappenförmigen Parapodien, hinterer Teil mit borstenbesetzten Parapodien. Farbe: Grünlich-braun. Vorkommen: In pergamentartigen, U-förmigen Röhren, im Boden vergraben, bis in tiefes Wasser hinunter.

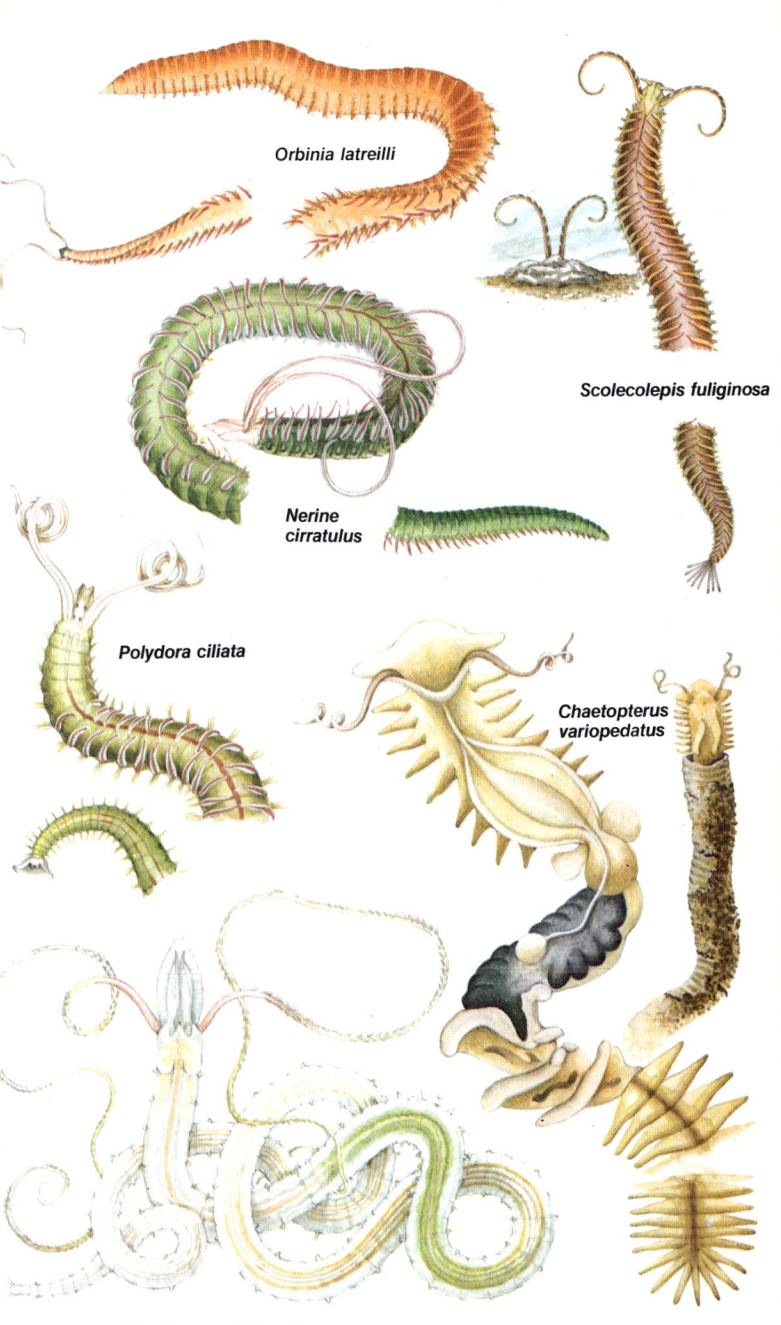

Orbinia latreilli

Scolecolepis fuliginosa

Nerine cirratulus

Polydora ciliata

Chaetopterus variopedatus

Magelona papillicornis

Chlorhaemidae

Grabende Polychaeten, die Borsten der vorderen Segmente umrahmen den Kopf, der einen rückziehbaren Mundtrichter, Augen, 2 große Palpen und zusammenziehbare Kiemen trägt; Parapodien zweilappig, Blut grün.
Im Mittelmeer kommen 5 Arten vor.

Flabelligera diplochaitos
Bis 10 cm lang, Kopf mit 4 Augenflecken, 2 Büscheln von je 40–50 grünen Kiemen, 2 langen Tastern, ein Borstenkranz schützt diese Anhänge; Körper mit 40–50 Segmenten, am Hinterende verjüngt. Farbe: Violett bis grünlich mit halbdurchsichtigem Körper. Vorkommen: Zwischen Detritus und Rotalgenkalken, bis 50 m tief.

Stylarioides eruca
40–60 mm lang, Kopf mit 2 relativ langen Tastern und einer wechselnden Zahl zylindrischer grüner Kiemen, die in 3 dorsalen und 2–4 ventralen Reihen stehen; die Borsten der ersten 3–4 Segmente stellen eine schützende Umhüllung für diese Anhänge dar; Körper verjüngt sich nach hinten, 60–80 Segmente. Vorkommen: Im Sand zwischen den Wurzeln von Seegräsern, in flachem Wasser.

Capitellidae

Grabende, regenwurmähnliche Polychaeten, mit einem konischen, kontraktilen Kopflappen, einem großen, unbewehrten Rüssel, ventral gelegener Mundöffnung und meist 2 Augen; Körper aus einem kürzeren, angeschwollenen vorderen Abschnitt und einem dünneren, längeren hinteren Teil, meist mit verdrillten Kiemen.
6 im Mittelmeer vorkommende Arten.

Capitella capitata Kopfwurm
Bis 10 cm lang, Kopf mit 2 kleinen ventralen Augen und kleinem Rüssel. Körper zerbrechlich, 90 oder mehr borstentragende Segmente, verjüngt sich gegen beide Enden hin; kein typischer Vertreter dieser Familie. Vorkommen: Oft grabend in verschmutztem Sand oder unter Kieseln an der Küste und im Flachwasser.

Sandwürmer (Arenicolidae)

Grabende oder röhrenbewohnende Polychaeten, Kopf ohne Palpen und Antennen, unbewehrter Rüssel, Körper 2 oder 3 deutliche Abschnitte mit vielen kurzen Segmenten; zweilappige Parapodien, mit kegelförmigem Rücken- und wulstförmigem Bauchast, Kiemen meist auffällig.
Im Mittelmeer sind 3 Arten nachgewiesen.

Arenicola marina Sand- oder Köderwurm
Bis 20 cm lang, Kopf klein und typisch ausgebildet, Rüssel ausstülpbar, papillentragend; Kopflappen mehr oder weniger gleichartig; Körper auf 6 vordere, angeschwollene Segmente ohne Kiemen folgen 13 ähnliche mit auffallenden roten Kiemen; Hinterende dünn. Farbe: Braun-grün. Vorkommen: In U-förmigen Grablöchern, von der Küste abwärts (relativ selten).

Arenicola claparedii
Bis 15 cm lang, ähnelt sehr A. marina. Kopf typisch ausgebildet, mit ausstreckbarem, papillenbesetztem Rüssel; Kopflappen mit 2 großen, seitlichen Ästen und einem kleineren, mittleren Ast; Körper drehrund, stark geringelt. Farbe: Grün, rötlich überhaucht, Kiemen rot. Vorkommen: In U-förmigen Röhren eingegraben von der Küste bis in 6 m Tiefe. Sehr schwer von A. marina zu unterscheiden.

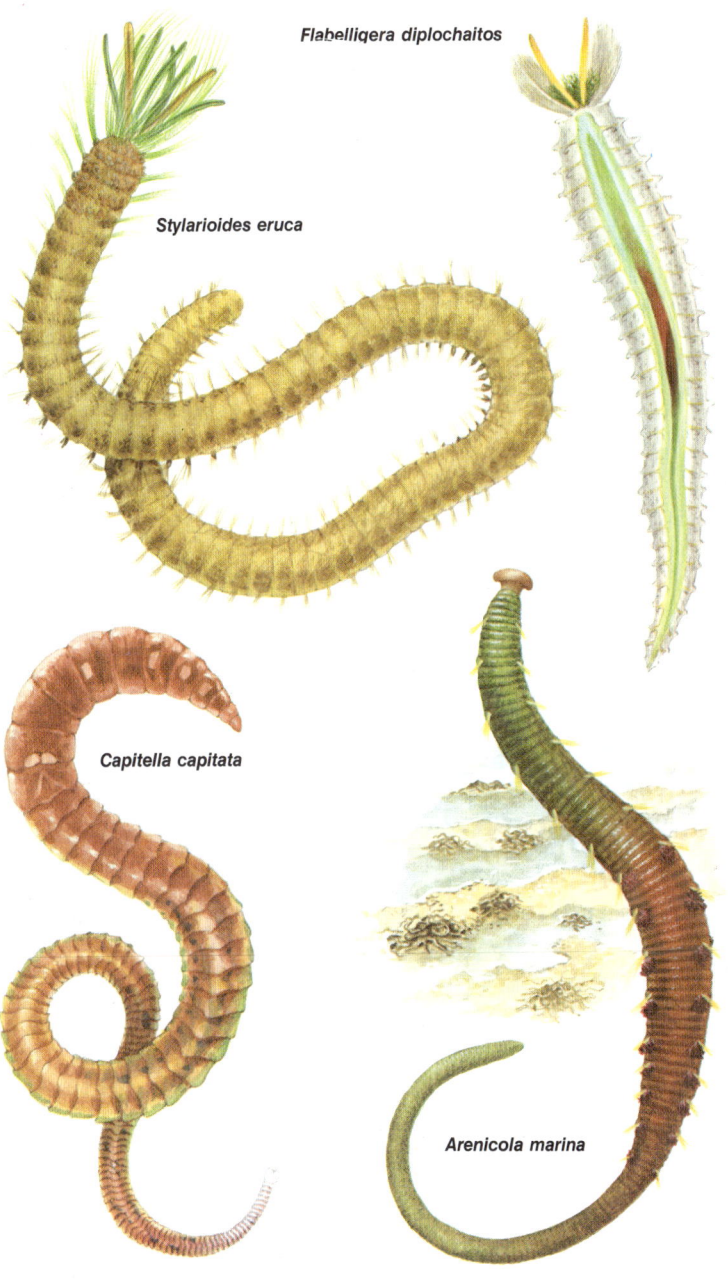

Flabelligera diplochaitos

Stylarioides eruca

Capitella capitata

Arenicola marina

Bambuswürmer (Maldanidae)

Grabende Polychaeten; Kopf ohne Anhänge, von der Seite betrachtet erscheint er am Ende schräg abgeschnitten, Körper zylindrisch, mit relativ wenigen, langen Segmenten, nicht in Abschnitte gegliedert. Im Mittelmeer kommen etwa 10 Arten vor.

Euclymene lumbricoides Bambuswurm
Bis 15 cm lang, Augen kaum sichtbar, konische Kopflappen; Körper schlank, 19 borstentragende Segmente, verjüngt sich nach dem 15. Segment allmählich. Farbe: Rosa bis braun, vorne mit rosa Querbinden. Vorkommen: In Sand und Schlamm grabend.

Oweniidae

Röhrenbewohnende Polychaeten; Kopf ohne Anhänge, von einer gefalteten Membran bedeckt, zylindrischer Körper mit nur wenigen Segmenten, von denen die vorderen länger als die hinteren sind; Oweniiden bauen Röhren aus Schalenstückchen. Im Mittelmeer 1 Art.

Owenia fusiformis Spindelförmige Owenie
Bis 10 cm lang, Kopf typisch gestaltet, mit 6 verzweigten Kiemen; Körper mit 20–30 Segmenten, auf den Kopf folgen unmittelbar 3 kurze Segmente, dann kommen 5–7 längere, die übrigen sind wieder kürzer. Farbe: Grün-gelb. Vorkommen: In einer membranösen Röhre, die mit Sandkörnchen oder Schalenstückchen verklebt ist, normalerweise schaut die Röhre aus dem Substrat heraus, von der Küste abwärts.

Sternaspididae

Röhrenbewohnende Polychaeten von abweichender Gestalt; Kopf rückgebildet, Körper dick, mit kurzen Segmenten, von denen die vorderen kurze, kräftige Borsten tragen, die hinteren einen chitinisierten Schild, der von Kiemenfäden und Borsten umgeben ist. Im Mittelmeer nur 1 Art.

Sternaspis scutata Schildwurm
30 mm lang, Kopf familientypisch, Mund bauchseitig; Körper mit 20–22 Segmenten, die ersten 3 tragen beidseitig in Bögen angeordnete Borsten; das 7. Segment trägt 2 auffällige, röhrenförmige Geschlechtspapillen. Farbe: Weiß-grau-gelb. Vorkommen: In Sand und Schlamm bis in recht tiefes Wasser.

Sabellariidae

Röhrenbewohnende Polychaeten, Körper in 3 Abschnitte gegliedert; Kopf trägt umgewandelte, in 3 konzentrischen Kreisen stehende Borsten, die einen Verschluß der Röhre bewirken; mittlerer Körperabschnitt aus 2 Segmenten mit reduzierten Borsten, danach 3–4 Segmente mit langen, kräftigen Rückenborsten, hintere (abdominale) Region aus rund 30 parapodienführenden Segmenten und einem dünnen Schwanz. Röhren aus groben Sandkörnern, bilden häufig Kolonien. Im Mittelmeer kommen 2 Arten vor.

Sabellaria alveolata Röhren-„Sandkoralle"
Bis 40 mm lang, Körper aus 32–37 Segmenten. Farbe: Weißlich-rot-violett. Vorkommen: In Röhren, die zu Kolonien vereinigt sind und Felsen oder andere Substrate überziehen.

Amphictenidae

Röhrenbewohnende Polychaeten mit kurzen, in 3 Regionen gegliederten Körpern, vordere und mittlere Region mit kammförmigen Kiemen, schließen die ersten 3 borstentragenden Segmente ein; Hinterleib mit zweilappigen Parapodien, kurze, rückseitig gebogene Schwanzregion; Röhren konisch, derb, an beiden Enden offen, aus Sandkörnchen, die in eine Grundmasse eingelagert sind. Im Mittelmeer 3 Arten.

Pectinaria koreni (= ***Lagis koreni***) Köcherwurm
Bis 50 mm lang, Kopf oben von Borsten schildartig bedeckt, mit keulenförmigen Papillen. Farbe: Weiß-rosa, Kiemen rot. Vorkommen: In aus mittelgroßen Sandkörnern erbauten Röhren, die schräg im Sand liegen, wobei der Kopf nach unten zeigt.

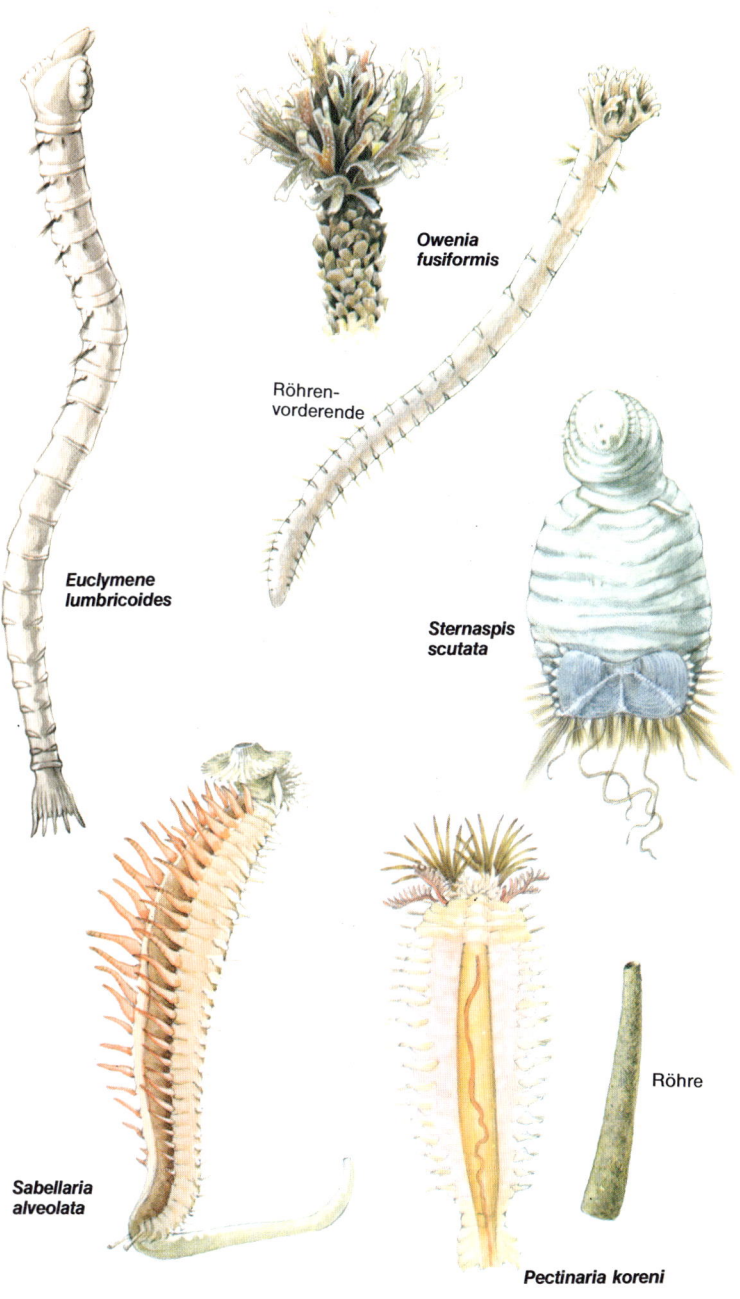

*Owenia
fusiformis*

Röhren-
vorderende

*Euclymene
lumbricoides*

*Sternaspis
scutata*

Röhre

*Sabellaria
alveolata*

Pectinaria koreni

Terebellidae

Röhrenbewohnende oder grabende Polychaeten, deren Körper in 2 Regionen gegliedert ist; die meist verdickte Vorderregion besteht aus dem reduzierten Kopf (mit Augen) und umgewandelten Segmenten mit zahlreichen Tentakeln und paarigen, blutroten, verzweigten Kiemen; Anhänge der sich allmählich verjüngenden Hinterregion reduziert; membranöse, mit Sand oder Schlamm bedeckte Röhren. Im Mittelmeer kommen 23 Arten vor.

Lanice conchilega Muschelsammlerin
25−30 cm lang, 3 Paar Kiemen, Augen, beiderseits des Mundes je ein dreieckiger Lappen, 2. Segment kurz, am 3. Segment 2 blattartige Lappen; Körper aus 150−300 Segmenten, verdickter Brustabschnitt aus 17 borstentragenden Segmenten, Hinterleib dünn und zerbrechlich. Röhre typisch, aus mittelgroßen Sandkörnern verklebt, mit freiem Röhrenende, das aus dem Sand ragt. Farbe: Rötlich-gelb-braun, Tentakel weiß, Kiemen blutrot. Vorkommen: An der Küste, im Flachwasser.

Amphitrite gracilis Zierliche Amphitrite
60−120 mm lang, Kopflappen ohne seitliche Fortsätze, 2 Paar verzweigte Kiemen; Körper mit 100−200 Segmenten, gelatinös, zerbrechlich. Farbe: Hell rot-gelb; Tentakel hell, Kiemen blutrot. Vorkommen: In gewundenen Röhren im Schlamm, .an der Küste, im Flachwasser.

Polymnia nebulosa
50−150 mm lang, Kopflappen verlängert, kleine Augen, zahlreiche Tentakeln, 3 Paar unregelmäßig verzweigte Kiemen. Körper verjüngt sich zum Schwanzende hin, rund, zerbrechlich, etwa 100 Segmente, Brustabschnitt aus 17 borstentragenden Segmenten. Farbe: Orange, rosa oder braun mit weißen Tüpfeln; Tentakel orange, rosa oder weiß; Kiemen blutrot, oft weiß getüpfelt. Schleimige Röhre, mit Schalenbruchstücken. Vorkommen: Steinen und alten Schalen angeheftet, im seichten Wasser.

Sabellidae

Röhrenbewohnende Polychaeten, Körper in 2 Abschnitte geteilt, reduzierter Kopf mit Augen und einer Tentakelkrone, die am Kopflappen entspringt und den Mund umgibt, kurzer Brustabschnitt, langer Rumpf. Röhren schleimig, mit Sand- und Schlammpartikeln verkleistert, kein Deckel zum Verschließen. Im Mittelmeer kommen 27 Arten vor.

Spirographis spalanzanii
20−30 cm lang, Kopf reduziert, mit 2 ungleichen Gruppen von Tentakelfäden, die zu einer spiraligen Krone gedreht sind, keine Augen. Körper mit 100−300 borstentragenden Segmenten, von denen 8 den Brustabschnitt bilden, zylinderförmig, Hinterende zugespitzt. Röhre zylindrisch, mit Einlagerungen. Farbe: Gelb-kastanienbraun oder braun, Tentakel weiß, violett, gelb oder braun, manchmal gemustert. Vorkommen: Vom seichten Wasser abwärts, in Felsspalten und an schlammigen Standorten.

Bispira volutacornis Fächerröhrenwurm
50−100 mm lang, Kopf reduziert, 2 kleine Palpen, 2 verdrehte Tentakelträger mit 8−15 Tentakeln, 2−3 Augen an jedem Tentakelfaden. Körper aus 100 borstentragenden Segmenten, von denen 8 die Brustregion bilden, rund, nur unten etwas abgeflacht. Röhre kurz, häutig, biegsam, an der Öffnung grau, ansonsten farblos. Farbe: Grün bis braunviolett, Tentakel oft weiß. Vorkommen: Oft in Scharen an der Unterseite von Steinen, vom Flachwasser an abwärts.

Sabella pavonina Pfauenwurm
Bis 25 cm lang, Kopf reduziert, 1 Paar Palpen, 2 halbkreisförmige Tentakelgruppen, jede aus 8−45 Tentakeln, bilden zusammen eine Krone; Körper oben gewölbt, unten flach, 100−600 Segmente, 6−12 borstentragende Segmente bilden die Brustregion; Röhre zylindrisch, aus feinen Partikeln, nicht senkrecht im Substrat, etwa 80 mm herausragend, Tier kann sich blitzschnell in die Röhre zurückziehen, dann schließt sich die Öffnung teilweise, unteres Röhrenende an größere Steine angeheftet. Farbe: Körper gelb-orange oder violett, Kiemen variabel, gebändert, oft herrlich gefärbt. Vorkommen: An der Flachküste, in seichtem Wasser, im Schlamm.

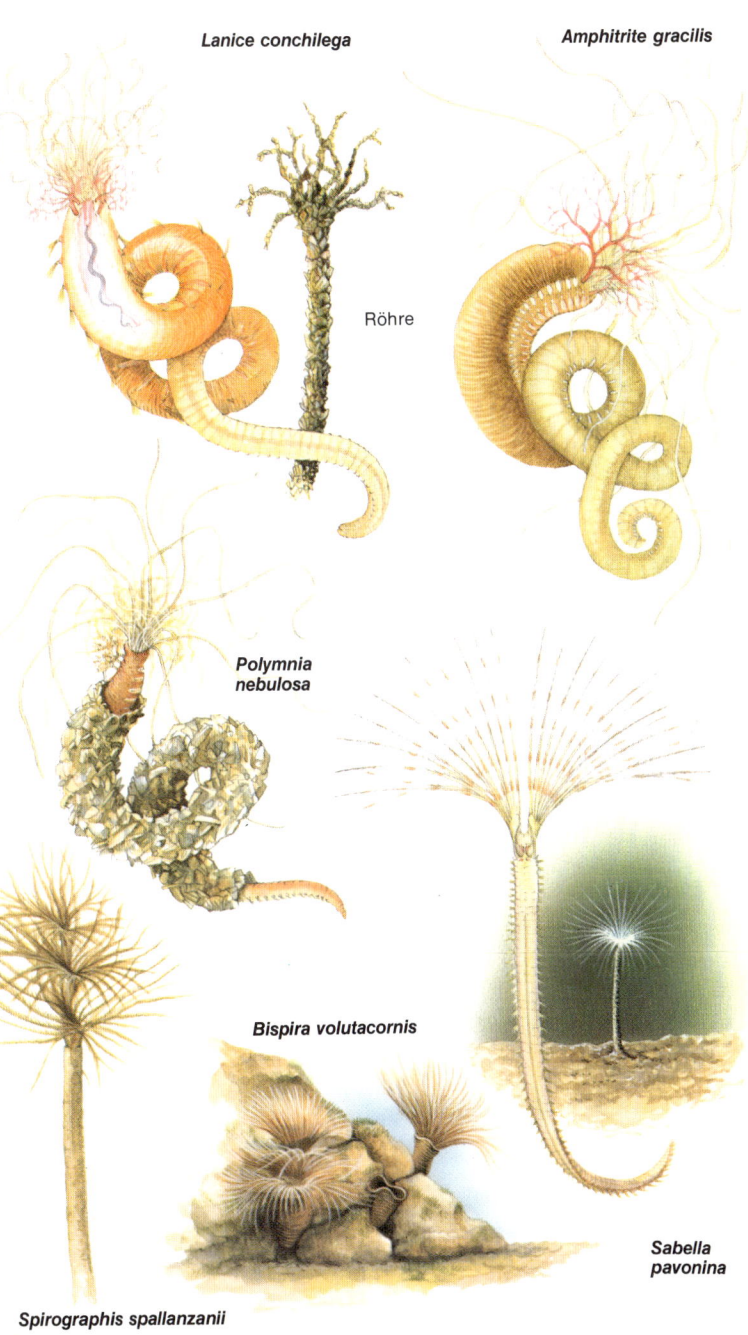

Lanice conchilega

Amphitrite gracilis

Röhre

Polymnia
nebulosa

Bispira volutacornis

Sabella
pavonina

Spirographis spallanzanii

Potamilla reniformis Nierenwurm
Bis 10 cm lang, Kopf reduziert, 2 spitz auslaufende Palpen, 2 Tentakelträger mit je 10–15
Tentakeln, die je bis zu 8 Augen tragen, 2 blattförmige Lappen an der Kiemenbasis auf
der Rückenseite. Körper aus 60–200 Segmenten, von denen 9–12 die Brustregion bilden. Röhre durchscheinend, hornartig und im allgemeinen schlammbedeckt. Farbe:
Orange bis ziegelrot, Tentakel weiß-rosa mit bräunlich-violetter Zeichnung. Vorkommen: Vom Niedrigwasser abwärts.

Branchiomma vesiculosum
10–15 cm lang, Kopf reduziert, mit 2 gleichen, halbkreisförmigen Kränzen aus etwa 40
Tentakelfäden, die eine vollständige Krone bilden, mit dunklen Augenflecken an den
Tentakelspitzen. Körper aus 100–200 borstentragenden Segmenten, von denen 8–9 die
Brustregion bilden. Röhre lederartig, mit eingelagerten Kieseln und Schalenstückchen,
25 mm hoch, Tier kann sich sehr rasch zurückziehen. Farbe: Variabel, gelb-braun oder
rot, manchmal weiß getüpfelt; Tentakel braun, grün, gelb oder violett. Vorkommen: Auf
Schlammböden, an der Küste und im niedrigen Wasser.

Myxicola infundibulum Schlicksabelle
Bis 20 cm lang, Kopf reduziert, mit 2 dunklen, halbmondförmigen Tastern, Tentakelträger halbkreisförmig, mit 20–40 lanzenähnlichen Tentakeln, bilden Krone; Körper abgeflacht, kann sich rasch zurückziehen; 130 doppeltgeringelte, borstentragende Segmente, Brustteil aus 7–8 Segmenten; Röhre aus durchscheinender Gallerte. Farbe: Tentakel
dunkelviolett, Körper braun-gelblich. Vorkommen: Im Sand oder Schlamm eingegraben,
im Flachwasser.

Dasychone lucullana (nicht abgebildet)
10-30 mm lang, Kopf reduziert, mit 2 gleichartigen Tentakelgruppen, jede mit maximal
18 Tentakeln, nicht spiralig, jeder Tentakelfaden trägt 7–15 Paar violette Augenflecke
rechts und links der Mittellinie. Körper aus 40–60 borstentragenden Segmenten, 8 bilden die Brustregion, kurz, dick, sich verjüngend. Röhre zylindrisch, elastisch, mit eingelagerten Sand- und Schlammpartikeln. Vorkommen: Zwischen Algen, bis in sehr tiefes
Wasser.

Kalkröhrenwürmer (Serpulidae)

Röhrenbewohnende Polychaeten, zylindrischer Körper, in aus wenigen Segmenten bestehende Brustregion und viele Segmente umfassende Hinterleibsregion gegliedert.
Kopf reduziert, mit aus 2 Teilen bestehender Tentakelkrone, an den Tentakeln einfach
gebaute Augen, Taster fehlen oder sind schwach entwickelt; mit deutlichem, rückseitig
nicht ganz geschlossenem Kragen und Thorakalmembran; 1–2 Tentakel sind häufig zu
einem trompetenförmigen Deckel (Operculum) umgewandelt, der die harte, kalkige
Röhre verschließen kann.

Serpula vermicularis Kleiner Kalkröhrenwurm
Bis 70 mm lang, Kopf mit 2 Tentakelträgern, jeder mit 30–40 Tentakeln, die an der Basis
verbunden sind, Deckel (Operculum) am Rand gezähnt; Körper aus 200 borstentragenden Segmenten, 7 bilden Brustbereich. Farbe: Variabel, hellgelb, gelbrot, ziegelrot, Tentakel blutrot bis rosa. Vorkommen: Röhre mit der Basis an Felsen und Schalen befestigt,
übriges Teil freistehend, im seichten Wasser.

Hydroides norvegica Norwegischer Kalkröhrenwurm
Bis 30 mm lang, Kopf mit 2 Tentakelträgern, jeder mit 15–20 an der Basis verbundenen
Tentakeln, Deckel kompliziert, erinnert an Distelkrone; Körper aus ca. 100 borstentra-
genden Segmenten, 7 bilden Brustbereich; Röhre zylindrisch, oft gewunden, bisweilen
spiralig, gekielt oder gefurcht. Farbe: Rot, Tentakel rot und weiß gestreift, Röhre weiß.
Vorkommen: An Steinen, Schell oder Bootswänden festgewachsen, im flachen Wasser.

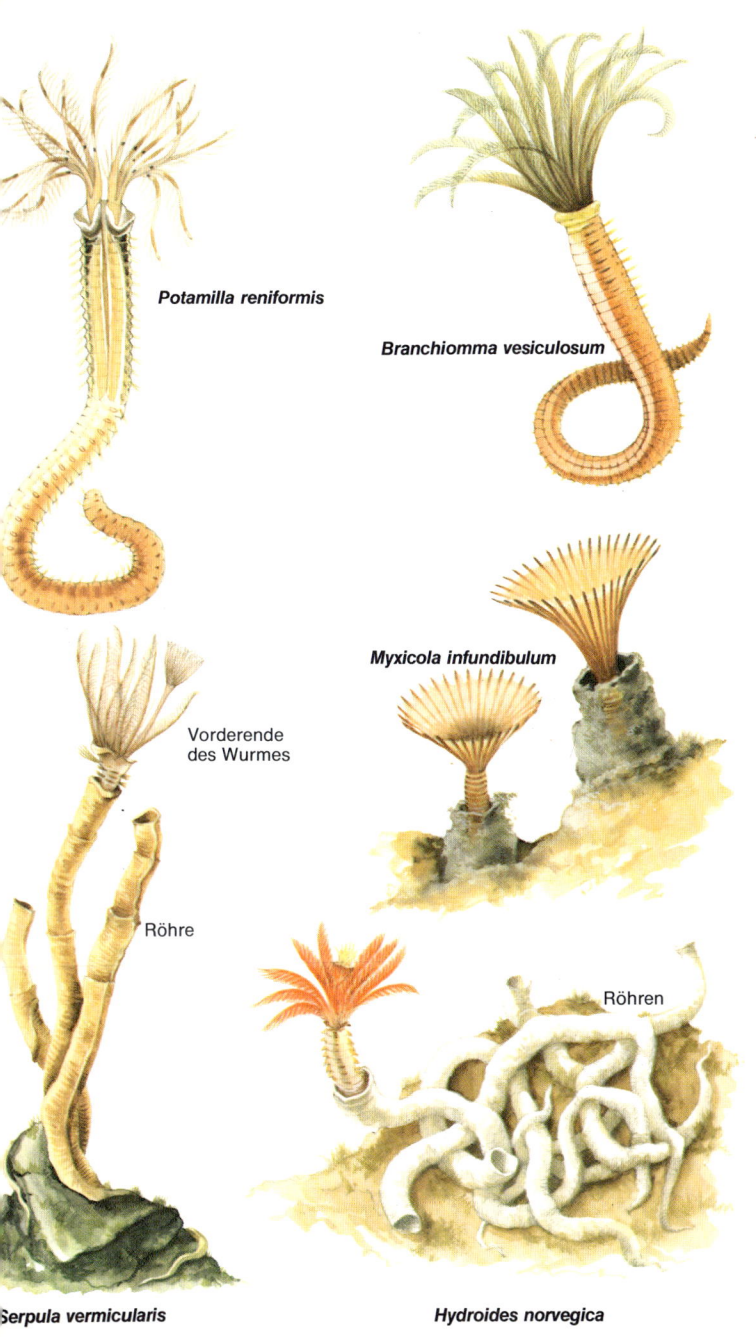

Potamilla reniformis

Branchiomma vesiculosum

Myxicola infundibulum

Vorderende
des Wurmes

Röhre

Röhren

Serpula vermicularis

Hydroides norvegica

Mercierella enigmatica Tüten-Kalkröhrenwurm

Bis 25 mm lang, Kopf mit 2 Tentakelträgern, jeder mit 6–10 dicken, kurzen Tentakeln, Deckel mit kleinen Stacheln, Körper aus 70–120 borstentragenden Segmenten, 7 bilden den Brustbereich. Röhre tütenartig, dünn, von aufeinanderfolgenden Wülsten geringelt, das Tier wohnt nur im endständigen Abschnitt. Farbe: Männchen grünlich, Weibchen rot-orange; Tentakel grünlich und braun gestreift. Röhre neugebildet weiß, später schmutzigweiß. Vorkommen: Wächst in großen Ansammlungen, bildet Riffe, überzieht häufig Felsen, Strand- und Treibgut, im Flachwasser, oft an brackigen Standorten.

Pomatoceros triqueter Dreikantwurm

Bis 25 mm lang, Kopf mit 2 Tentakelträgern, jeder mit 18–20 dicken, kurzen Tentakeln, die an der Basis mit einer Membran verbunden sind; Deckel verschiedenförmig, mit oder ohne kleine Stacheln; Körper aus 80–100 borstentragenden Segmenten, 7 bilden Brustbereich; Röhre charakteristisch gewunden, kalkig, im Querschnitt dreieckig, mit einem kleinen Fortsatz über der Mündung, verjüngt sich nach hinten. Farbe: Variabel, Körper rot, gelb, braun oder grün, Tentakel blau und weiß oder braun, rot, gelb und weiß. Röhre weiß. Vorkommen: Röhren überziehen Felsen oder Steine mit ihrer gesamten Länge, an der Küste und im flachen Wasser.

Filograna implexa Filigranwurm

3–5 mm lang, Kopf mit 2 Tentakelträgern, jeder mit 4 Tentakeln, Deckel durchscheinend, schaufelförmig, Körper deutlich in 2 Regionen getrennt, 25–35 borstentragende Segmente, 6–9 bilden Brustbereich. Röhre sehr zart, zylindrisch, häufig in Gruppen und Ketten bildend, die weggespült werden. Farbe: Durchscheinend mit von außen sichtbarem Darm. Röhre kalkig-weiß. Vorkommen: Küste und Flachwasser.

Protula tubularia Glatter Kalkröhrenwurm

Bis 50 mm lang, Kopf mit 2 leicht spiraligen Tentakelträgern, jeder mit 30–45 Tentakeln, Deckel fehlt; Körper aus 100–125 borstentragenden Segmenten, 7 bilden Brustbereich; Röhre zylindrisch, nahezu glattwandig, mit frei von der Unterlage abstehendem Endabschnitt. Farbe: Orange bis rot, Brustbereich grünlich, Tentakel weiß bis rosa, mit orange oder roten Streifen, Röhre weiß. Vorkommen: An Fels, Steinen und Schell bis in 10 m Tiefe.

Spirorbis borealis Posthörnchenwurm

3–3,5 mm lang, Kopf reduziert, mit 2 Tentakelträgern, jeder mit 4–5 Tentakeln, Deckel verkalkt; Körper unsymmetrisch, spiralig eingerollt, 21–25 borstentragende Segmente, 3 bilden Brustbereich; Röhre kalkig, spiralig, links gewunden. Farbe: Blau getönt, die braunen Eier können von außen sichtbar sein. Vorkommen: Auf Algen und Steinen, an der Küste und im Flachwasser.

Spirorbis pagenstecheri

Bis 2 mm lang, Kopf reduziert, mit 2 Tentakelträgern, jeder mit 4 Tentakeln, Deckel mit verkalktem Ende. Körper sitzt in einer rechtsgewundenen Röhre, 11–15 borstentragende Segmente, 3 bilden Brustregion. Röhre im Querschnitt etwas dreieckig, gekielt. Farbe: Brust farblos, Hinterleib rot. Röhre kalkig-weiß. Vorkommen: Röhren an Steinen und Algen angeheftet, an der Küste und im Flachwasser.

Anmerkung zur Gattung *Spirorbis:* Die Unterfamilie Spirorbinae enthält viele kleine Serpulidenarten. Die meisten gehören der Gattung *Spirorbis* an und sind durch eine winzige, spiralige Röhre, die Felsen, Steine, Algen und Hafenbauten überzieht, gekennzeichnet. Die genaue Bestimmung der Spirorbiden ist sehr schwierig. Im Mittelmeer sind 7 Arten bekannt geworden.

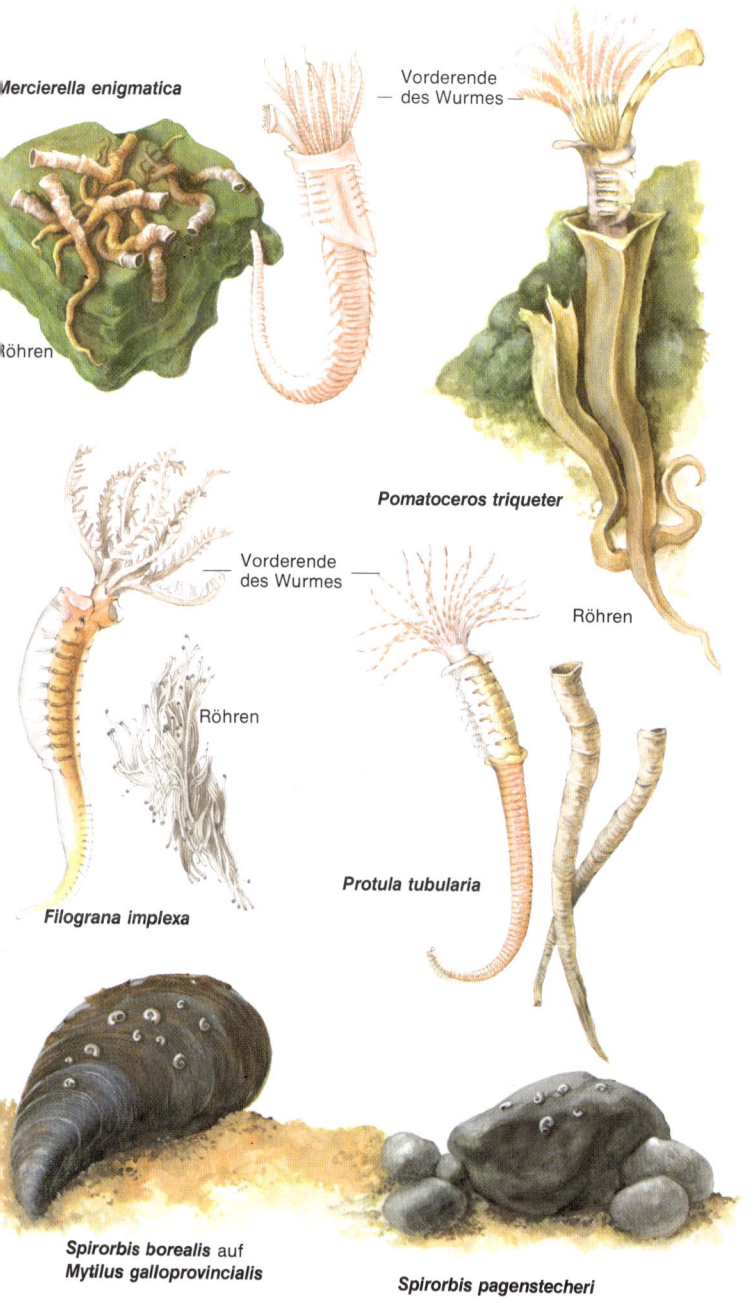

Mercierella enigmatica

Vorderende
des Wurmes

Röhren

Pomatoceros triqueter

Vorderende
des Wurmes

Röhren

Filograna implexa

Röhren

Protula tubularia

Spirorbis borealis auf
Mytilus galloprovincialis

Spirorbis pagenstecheri

Igelwürmer (Echiuroidea)

Kleine, wenig bekannte Gruppe mariner Würmer. Das sack- bis rübenförmige Weibchen trägt einen rüsselartigen, in der Länge stark veränderlichen Kopflappen. An seiner Basis liegt ventral der Mund, terminal die Afteröffnung. Der Körper besteht aus 3 Zellschichten; eine echte Leibeshöhle (Cölom) ist vorhanden. Die Nahrung des Weibchens besteht aus winzigen Organismen und organischen Sinkstoffen; das Männchen ist klein und lebt parasitisch am Weibchen (Zwergmännchen).

Die Entwicklung erfolgt über freischwimmende Larven, die durch das Substrat, auf das sie sich zur Metamorphose festsetzen, geschlechtlich bestimmt werden. Eine Larve, die auf einem erwachsenen Weibchen landet, wird männlich und zu einer parasitischen Zwergform, setzt sie sich woanders nieder, wird sie weiblich. Die Zahl der im Mittelmeer auftretenden Arten ist unsicher, vermutlich sind es weniger als 5.

Thalassema gigas
Männchen winzig, Weibchen bis zu 12 cm lang. Körper schleimig, wurstförmig, nach beiden Enden hin verjüngt, ohne Borsten, jedoch mit auffälligen Papillen bedeckt; riemenförmiger, ungegabelter Kopflappen, rumpfwärts zu einer Rinne gefaltet. Kopflappen und Körper sind etwas kontraktil. Farbe: Grünlich. Vorkommen: Unter Felsen und Steinen, zwischen Schlamm und Sand, von der Küste bis in 50 m Tiefe.

Bonellia viridis Bonellia
Männchen bis 2 mm, Weibchen bis 150 mm. Körper plump, birnenförmig, mit sehr langem Kopflappen (bis zu 1 m lang). Der Kopflappen schaut aus Höhlen oder Felsspalten hervor, gabelt sich am Ende und besitzt eine charakteristische Futterrinne, die zum Mund führt. Farbe: Smaragdgrün. Vorkommen: In Felslöchern, von 1–100 m Tiefe.

Spritzwürmer (Sipunculoidea)

Kleiner, wenig bekannter Tierstamm. Der Körper dieser nahezu zylindrischen Würmer gliedert sich in 2 Abschnitte, einen einziehbaren Vorderkörper (Introvert), der die von kleinen Tentakeln umstandene Mundöffnung trägt, und einen breiteren Rumpfabschnitt, der nahezu an seinem Vorderende die Afteröffnung aufweist. Eine einheitliche, echte Leibeshöhle ist vorhanden. Die getrenntgeschlechtlichen Tiere ernähren sich von Detritus und Kleinorganismen. Im Mittelmeer kommen 6 Arten vor.

Golfingia elongata Schlanker Spritzwurm
Bis 15 cm lang. Körper relativ schlank, gegen beide Enden verjüngt; Gestalt aufgrund des hohen Kontraktionsvermögens sehr variabel; Papillen fehlen; voll ausgestreckter Introvert bis 5 cm lang; Mund von etwa 24 kleinen Tentakeln umgeben. Farbe: Hell, strohfarben. Vorkommen: Im Schlamm vergraben, vom niedrigen Wasser abwärts.

Golfingia vulgaris
Bis 20 cm lang. Körper ähnlich wie G. elongata, Haut runzliger, mit deutlichen Papillen am Rumpf; Gestalt sehr variabel, komplexe Tentakelkrone um den Mund, junge Tiere haben etwa 20 Tentakel, erwachsene durchschnittlich 50–60. Farbe: Hell strohfarben bis grau, Hinterende dunkel grauschwärzlich, mit dunkler Musterung an der Basis des Vorderkörpers.

Sipunculus nudus Spritzwurm
Bis 35 cm lang. Körper zylindrisch, großer faltiger Mundlappen, ohne Haken; Haut mit Gitterstruktur. Farbe: Grau-gelb-braun. Vorkommen: Im Schlamm eingegraben.

Aspidosiphon mülleri
Bis 80 mm lang. Körper mit Schildchen an beiden Rumpfenden. Farbe: Grau-braunschwarz. Vorkommen: In leeren Schneckenhäusern, Felsspalten und Korallen.

Phascolosoma granulatum
Bis 10 cm lang. Körper breit, verjüngt sich allmählich; je nach Größe 12–60 Hakenringe oberhalb des Mundes (am Introvert); Oberfläche mit runden Warzen verschiedener Größe bedeckt. Vorkommen: In Schlamm und Kies bis 90 m tief.

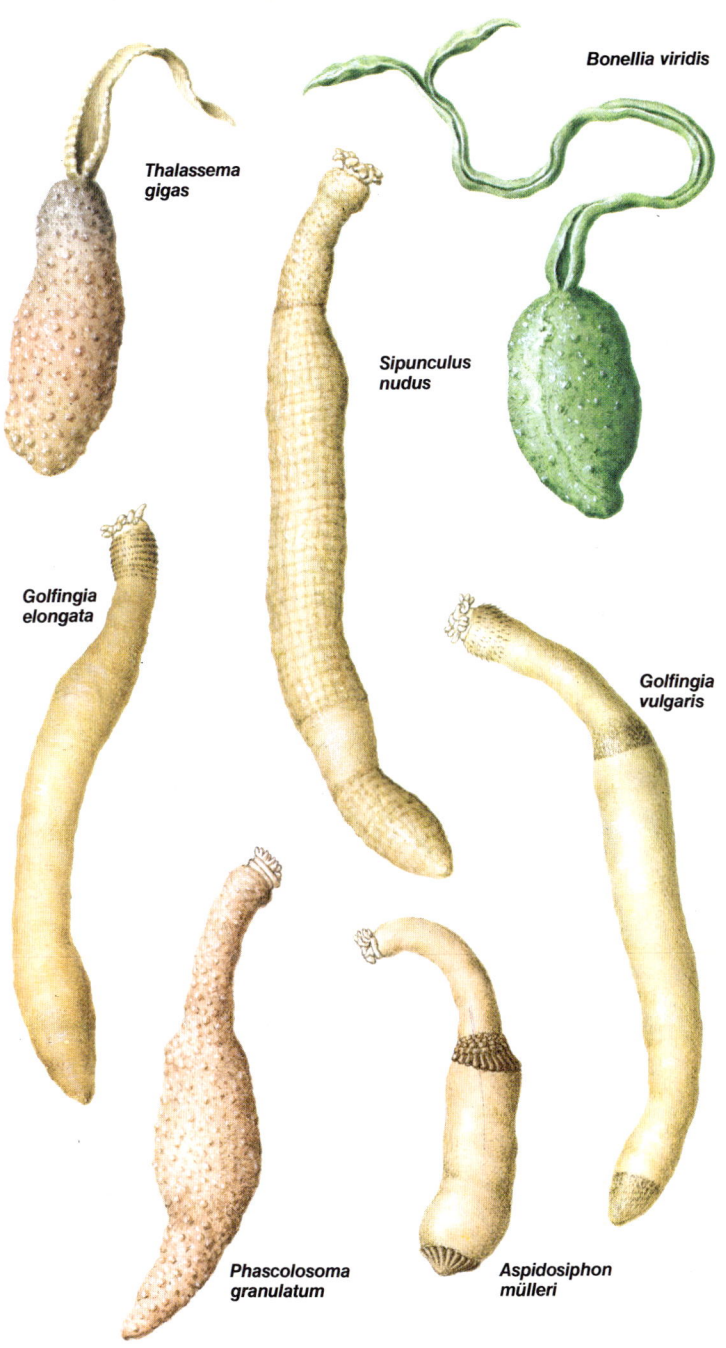

Thalassema gigas

Bonellia viridis

Sipunculus nudus

Golfingia elongata

Golfingia vulgaris

Phascolosoma granulatum

Aspidosiphon mülleri

Weichtiere (Mollusca)

Mollusken sind vorwiegend bilateral-symmetrische Tiere mit einem unsegmentierten, aus 3 Zellschichten bestehenden Körper, dessen echte Leibeshöhle stark reduziert ist. Der Kopf ist normalerweise gut entwickelt, desgleichen ein chitiniges, zähnchentragendes und im vorderen Schlundbereich gelegenes Organ, die Radula; sie dient zum Abschaben von Algen vom felsigen Untergrund, zum Anbohren der Schalen von Beutetieren etc. Der muskulöse Fuß kann vielerlei Funktionen ausüben. Eine Hautfalte, der Mantel, produziert einerseits eine Schale (so vorhanden), zum anderen schließt er zwischen sich und dem dorsalen Eingeweidesack die sog. Mantelhöhle ein, in der Kiemen und Enddarm liegen. Hier münden auch die Exkretionsorgane. Die Tiere sind vorwiegend zwittrig, selten getrenntgeschlechtlich; bei marinen Arten tritt häufig ein pelagisches Larvenstadium (Veliger-Larve) auf.

Diese Wirbellosengruppe ist nach den Gliederfüßern (Arthropoden) der zweitgrößte Stamm des Tierreiches. Die meisten Weichtiere leben im Wasser, viele davon im Meer, nur wenige Arten, wie die Schnecken, haben das Land erobert. Der Stamm zeigt an sich einen sehr typischen Grundbauplan, der jedoch in den 7 Klassen jeweils in besonderer Weise modifiziert erscheint, so daß die Gruppe als Ganzes eher uneinheitlich wirkt. 5 der insgesamt 7 Klassen werden in diesem Buch behandelt. Dies sind die Käferschnecken (Polyplacophora), die Schnecken (Gastropoda), die Elefantenzahnschnecken (Scaphopoda), die Muscheln (Bivalvia) und die Kopffüßer (Cephalopoda). Die beiden verbleibenden Klassen sind entwicklungsgeschichtlich zwar interessant, ihre Vertreter aber meist klein und verborgen lebend; eine der beiden Klassen ist in ihrer Verbreitung zudem sehr eingeschränkt.

Das Hauptmerkmal der Mollusken ist die Schale, wenn diese auch bei einigen Gruppen überwachsen sein oder gänzlich fehlen kann. Sie dient den weichen Körperteilen als Stütze und Schutz und übt darüber hinaus noch andere Funktionen aus; so reguliert sie z. B. bei schwebenden oder schwimmenden Arten den Auftrieb. Die Symmetrie der Schalen wird durch die eingeschlossenen Tieres bestimmt. Die meisten Weichtiere sind bilateralsymmetrisch, viele Schnecken (Gastropoden) aber asymmetrisch, wenn sie erwachsen sind. Dies beruht auf dem einzigartigen Phänomen der Torsion: Sie kommt durch unterschiedliche Entwicklung der rechten und linken Köperseite zustande und führt zu einer Drehung des Eingeweidesackes. In der Folge liegen dann Afteröffnung und Kiemen, die ursprünglich auf der Hinterseite des Eingeweidesackes entwickelt wurden, auf dessen Vorderseite. Die Torsion tritt erstmalig während der Entwicklung der Schnecken auf und spiegelt sich als entwicklungsgeschichtliche Reminiszenz in der Larvalentwicklung der meisten Gastropoden wider, wobei die Drehung bereits sehr früh zum Zeitpunkt der Metamorphose einsetzt. Torsion darf dabei nicht mit der spiraligen Aufrollung des Eingeweidesackes (das ist jener Körperteil, der die meisten inneren Organe umschließt) und der Schale (diese läßt eine Volumenvergrößerung der Eingeweideorgane zu) verwechselt werden. Die Molluskenschale ist gewöhnlich aus verschiedenen Schichten aufgebaut, wobei das hornige Periostracum die äußerste Lage bildet; in manchen Fällen kann es abgerieben sein. Darunter liegt die Prismenschicht (Ostracum). Sie besteht aus Calciumkarbonat, das in organisches Gerüstmaterial eingelagert ist; darauf folgt nach innen eine weitere Lage, die Perlmuttschicht, die für etwaige Perlbildung verantwortlich ist. Der Mantel bildet und erhält die Schale. Im Gegensatz zum Außenskelett der Gliederfüßer, das während der Wachstumsperiode des Tieres immer wieder erneuert werden muß, wächst die Molluskenschale am Rand kontinuierlich weiter. Der jüngste Teil der Schale liegt dem Mantel unmittelbar an. Die Schneckenschale entspricht einer spiralig aufgerollten Röhre. Hält man die Schale aufrecht, so daß die Mündung dem Betrachter zugewandt ist und die Spitze nach oben weist, so ist eine Schale dann rechts gewunden, wenn die Mündung rechts, und entsprechend links gewunden, wenn die Mündung links liegt. Wächst das Tier, so wird sein Gehäuse länger und weiter, so daß die jüngsten Teile immer der Mündung am nächsten liegen. Der Mantel bildet die Schale normalerweise über seinem freien Rand, d. h. nahe der Schalenmündung oder der Schalenperipherie. Muscheln verfügen über zwei gelenkig miteinander verbundene Schalenklappen. Diese können gleich gebaut, manchmal aber auch ungleichartig sein. Die Muschelschale wächst entsprechend der Mantelätigkeit an der Peripherie; die Anheftungsstelle des Mantels an der Schaleninnenseite wird als Mantellinie (Palliallinie) bezeichnet. Form- und Symmetrieverhältnisse der Schalen sind in den Bildern 34 und 35 dargestellt. Die verschiedenen Molluskenklassen varriieren oft beträchtlich in Form und Aussehen:

Die Käferschnecken (Polyplacophora) sind relativ unscheinbar und kriechen auf der

Suche nach Algen, die ihnen als Nahrung dienen, langsam über Felsen und Schill. Sie umfassen etwa 1000 Arten. Die Schnecken (Gastropoda) stellen die umfangreichste Klasse mit ungefähr 90000 bekannten Arten dar. Sie sind in 3 Unterklassen geteilt, die über einen mehr oder minder flachen, der Fortbewegung dienenden Fuß verfügen. Die erste Unterklasse bilden die Vorderkiemer (Prosobranchia), zu denen Napf-, Wellhorn-, Strandschnecken gehören. Im allgemeinen handelt es sich bei ihnen um Küstentiere, die trotz geringer Geschwindigkeit aktiv ihre Nahrung suchen, die sie mit Hilfe der Radula aufnehmen. Zur Unterklasse der Hinterkiemer (Opistobranchia) zählen viele schalenlose Meeresschnecken, wie die Nacktkiemer. Die erwachsenen Tiere weisen eine Detorsion des Körpers auf und sind oft sehr farbenprächtig und ansprechend. Sie sind hauptsächlich fleischfressend (karnivor) und viele unter ihnen ausgesprochene Nahrungsspezialisten. In der dritten Unterklasse, den Lungenschnecken (Pulmonata) hat sich das Dach der Mantelhöhle in eine Art Lunge zur Luftatmung umgewandelt. Nur wenige Pulmonaten leben im Meer, einige Süßwasserformen kommen jedoch auch im Brackwasser vor. Die Elefantenzahnschnecken (Scaphopoda) sind mit nur 350 Arten eine sehr kleine Klasse. Ihre Vertreter haben einen reduzierten Kopf. Die Tiere leben teilweise im Schlamm und Sand vergraben.

Die Klasse der Muscheln (Bivalvia) umfaßt rund 15000, vorwiegend marine Arten; viele leben im Substrat vergraben. Alle filtrieren mit Hilfe ihrer Kiemen Nahrungspartikel aus dem Wasser. Der Fuß stellt häufig ein leistungsfähiges Graborgan dar.

Innerhalb der Klasse der Kopffüßer (Cephalopoda) wurde der Fuß besonders stark umgewandelt und bildet hier 8 oder 10 saugnapfbewehrte Fangarme, die in den Kopf übergehen. Dieser birgt das hochentwickelte Gehirn und die leistungsfähigen Sinnesorgane. Die Tintenfische sind Räuber und gewandte Schwimmer. Etwa 750 Arten sind bekannt.

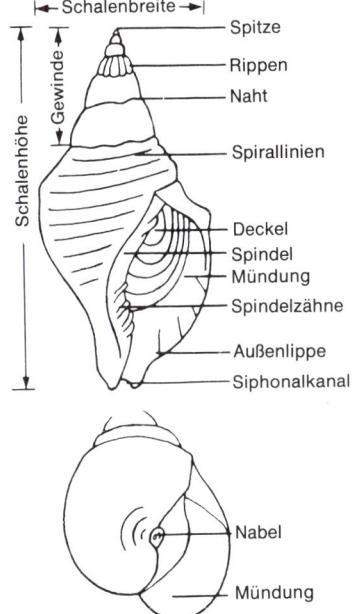

Bild 30. Äußere Merkmale eines Schneckengehäuses

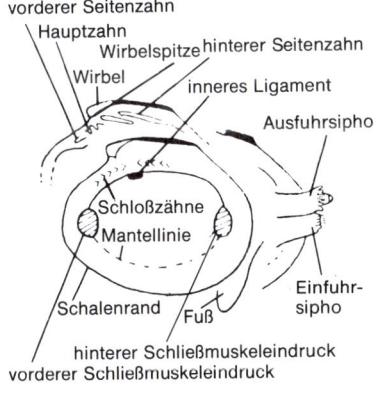

Bild 31. Innenseite einer Muschelschale

Käferschnecken (Polyplacophora)

Bilateralsymmetrische Mollusken, bei denen der Mantel 8 querliegende, häufig skulpturierte Kalkplatten ausbildet. Diese Platten werden von einem fleischigen Gürtel (Perinotum) umgeben. Die Bauchseite der Tiere wird fast vollständig vom Fuß eingenommen. Die Körperunterseite ist von einer Reihe von Kiemen eingesäumt, die in einer Mantelrinne liegen. Anmerkung: Die genaue Bestimmung der Käferschnecken ist oft schwierig. Man muß eine oder mehrere Rückenplatten entfernen und einzeln untersuchen. Die unten angeführten Werte sind jeweils das ungefähre Verhältnis von sichtbarer Schalenbreite zur Gesamtbreite des Tieres. Alle Chitonen sind ohne Lupe schwer zu bestimmen.

Chiton olivaceus
Bis 40 mm lang. Rückenplatten schwach gerippt, gelb-braun bis oliv, Verhältnis etwa 5:6; Gürtel mit abwechselnd hellen und dunklen Streifen, nicht stachelig; Kiemen in der bauchseitigen Mantelrinne. Vorkommen: Auf Felsen und Steinen, in der Spritzzone und im niedrigen Wasser.

Acanthochiton communis
Bis 50 mm lang. Rückenplatten getüpfelt, gräulich bis gelblich, Verhältnis 5:7; 7 deutliche Stachelbüschel entlang der Plattenränder. Gürtel getüpfelt und gefranst. Vorkommen: Auf hartem Untergrund im flachen Wasser.

Callochiton laevis
Bis 20 mm lang. Schalenplatten glatt, glänzend, schwarz getüpfelt, Untergrund rötlich bis oliv, Verhältnis etwa 3:5; Gürtel relativ breit, gebogene Stacheln am Rande. Vorkommen: Bis 10 m Tiefe, besonders auf Kalkrotalgen.

Lepidopleurus cancellatus
Bis 10 mm lang. Schalenplatten mit Pünktchen, braun-grau bis gelb-weiß; Verhältnis 4:5. Gürtel ziemlich schmal. Vorkommen: Auf Hartböden, bis 10 m Tiefe.

Lepidopleurus cajetanus
Bis 30 mm lang. Erste und letzte Rückenplatte mit konzentrischen Rippen, die übrigen seitlich auch stark gerippt, in der Mitte nur schwach. Verhältnis 4:5,5; Gürtel glatt. Farbe: Braun. Vorkommen: Auf Steinen und leeren Molluskenschalen bis in tieferes Wasser.

Chiton squamosus Schuppige Käferschnecke
Bis 25 mm lang. Rückenplatten schwach gerippt, grau mit braunen oder schwarzen Tupfen und unregelmäßigen braunen Linien; Verhältnis etwa 7:9. Gürtel mit hellen und dunklen Streifen. Vorkommen: Auf Felsen an der Küste und im Flachwasser.

Callochiton achatinus Glänzende Käferschnecke
Bis 20 mm lang. Schalenplatten glatt und glänzend; Verhältnis etwa 3:5. Gürtel breit mit abgerundeten Körnchen besetzt; charakteristische rot-braune Flecken auf der ersten und letzten, gelegentlich aber auch auf den anderen Platten; 20-25 Paar Kiemen. Vorkommen: Unter Felsen und Steinen an der Küste.

Ischnochiton albus Helle Käferschnecke
Etwa 1 cm lang. Rückseitige Schalenplatten oft glänzend, mit auffälligem mittlerem Kiel und feinen Rippen; Verhältnis ungefähr 2:3. Gürtel mit großen, glatten Schuppen bedeckt; am Rand mit kurzen Stacheln; leicht von den Schalenplatten abgesetzt; 12–16 Paar Kiemen. Vorkommen: Zwischen Felsen an der Küste und im Seichtwasser.

Lepidochiton cinereus Rändel-Käferschnecke
Bis 2 cm lang; weniger abgeflacht als viele andere Arten. Rückenplatten mit schwacher Körnelung; verschieden gefärbt, oliv-grau-dunkelrot; Verhältnis etwa 3:4. Gürtel rotbraun-grün, fein gekörnt. 16–19 Paar Kiemen. Vorkommen: Auf Fels- und Steinunterseiten, von der Gezeitenzone abwärts.

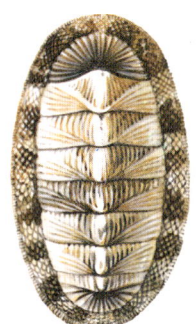

Chiton olivaceus

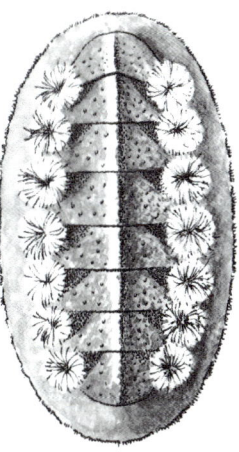

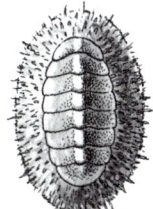

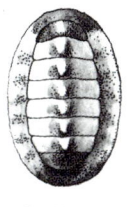

Lepidopleurus cancellatus

Acanthochiton communis

Callochiton laevis

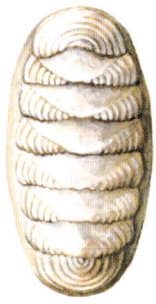

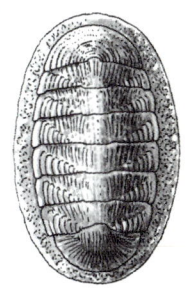

Lepidopleurus cajetanus

Chitona squamosus

Ischnochiton albus

Callochiton achatinus

Lepidochiton cinereus

Schnecken (Gastropoda)

Asymmetrische Mollusken mit wohlentwickeltem Kopf und breitem, sohligem Fuß. Normalerweise ist eine Schale ausgebildet, die spiralig aufgerollt ist; diese Aufrollung steht nicht mit der als Torsion bekannten Drehung des Eingeweidesackes in Zusammenhang. Die Larvalentwicklung wird bisweilen auch in der Eihülle durchlaufen.

Vorderkiemer (Prosobranchia)

Erwachsene Tiere mit Torsion des Eingeweidesackes. Vorderkiemer sind vorwiegend marine, kiemenatmende Mollusken. Bild 30 zeigt die wesentlichen Merkmale ihrer Schale. Diese ist aus einer Reihe von Windungen aufgebaut; die erste davon bildet die Spitze (Apex), die letzte ist die umfangreichste; die Linie, an der entlang sich benachbarte Umgänge berühren, heißt Naht oder Suturlinie. Die zentrale Spindel, um die die Umgänge gewunden sind, ist die Columella. Sie kann solid oder hohl sein; im letzteren Fall wird die entstehende Öffnung als Nabel (Umbilicus) bezeichnet. Die Larven der Prosobranchia sind meist freilebend und planktisch. Vorderkiemer sind getrenntgeschlechtlich.

Napfschnecken, Seeohren, Kreiselschnecken (Archaeogastropoda)

Algenfresser, denen in der Regel ein zum Verschluß der Schale dienender Deckel (Operculum) fehlt; eine Perlmuttschicht ist meist vorhanden.

Haliotis tuberculata Grünes Seeohr
Schale abgeflacht, bis 80 mm lang, mit einer riesigen Öffnung an der Unterseite und einer auffallenden Reihe von 6 Atemlöchern auf der Oberseite, weitere, noch verschlossene Löcher sind sichtbar. Farbe: Oberseite grün, braun oder rot, Innenseite mit wohlentwickelter Perlmuttschicht. Vorkommen: Fest an Felsen oder Steinen angeheftet.

Haliotis lamellosa Gemeines Seeohr
Schale abgeflacht, bis 70 mm lang, ähnlich wie *H. tuberculata,* Oberseite hat jedoch ein zerknittertes oder faltiges Aussehen und ist häufig mit Kalkalgen inkrustiert.

Emarginula reticulata Napfschnecke
Schale kegelförmig, bis 20 mm lang, mit charakteristischem Schlitz am Vorderrand; Spitze nach hinten gebogen. Farbe: Weiß-gelb. Vorkommen: Fest an Felsen oder Steine geheftet, am Strand, bis 60 m tief.

Emarginula elongata Schlitznapfschnecke
Schale bis 0,8 cm lang; kegelförmig, mit charakteristischem Schlitz am Vorderrand; Spitze nach hinten gebogen. Farbe: Weiß-gelb. Vorkommen: Auf Felsen und unter Steinen am Strand. Arten: 3.

Emarginula cancellata (nicht abgebildet)
Schale kegelförmig, bis 12 mm lang, hochgewölbt, zart und dünnwandig, mit deutlichem Schlitz am Vorderrand, Spitze nach hinten versetzt. Farbe: Gelblich-weiß mit engen, von der Spitze ausgehenden Tuberkelreihen. Vorkommen: Unter Steinen und Kieseln am Strand abwärts.

Diodora gibberula
Schale napf- oder schüsselförmig, bis 12 mm lang, glatter als bei *D. italica.* Farbe: Weiß bis gelb mit grauen radiären Streifen. Vorkommen: In niederem Wasser an Steinen.

Diodora apertura (= *D. graeca, Fisurella reticulata*) Lochnapfschnecke
Schale bis 4 cm lang, kegelförmig und gerippt, mit charakteristischer Öffnung an der Spitze, durch die im Leben eine kurze Atemröhre gestreckt wird; Windung nicht einmal angedeutet; Mantel des Tieres kann unter der Schalenbasis leicht vorragen. Farbe: Grau. Vorkommen: Auf Felsen bis 20 m Tiefe.

Diodora italica Italienische Napfschnecke
Schale kegelförmig, bis 45 mm lang, derb, mit klar hervortretenden radiären Rippen. Farbe: Weiß-grau mit grauvioletten Rippen. Vorkommen: In niederem Wasser an Felsen angeheftet.

Haliotis lamellosa

Haliotis tuberculata

Emarginula reticulata

Emarginula elongata

 **Diodora gibberula**

Diodora apertura

Diodora italica

Anmerkung zu den Napfschnecken (*Patella*): Im Mittelmeer sind 5 Arten nachgewiesen, ihr exakter Status ist aber nicht geklärt. Die Bestimmung von Napfschnecken ist meist sehr schwierig und erfordert fachmännisches Wissen.

Patella coerulea Blaue Napfschnecke
Schale schwach kegelförmig, bis 45 mm lang, Außenseite mit feinen, ungleichen Radiär-rippen und groben Riefen, die zu einem gewellten Rand führen. Farbe: Außen grau-braun-rot mit weißen Tupfen und Radiärstreifen; die konzentrischen Wachstumsringe kontrastieren farblich; Innenseite der frischen Schale mit dunklen Streifen und blauem Perlmuttüberzug. Vorkommen: Fest an Felsen verhaftet, meist in horizontaler Lage, am Strand. Anmerkung: Das Aussehen dieser Napfschnecke ist sehr variabel, sie verändert sich mit dem Alter und nach Einbruch der Dunkelheit.

Patella lusitanica Portugiesische Napfschnecke
Schale bis 4 cm lang; kürzer und schmäler, aber höher als *P. coerulea*. Farbe: Oberfläche schwarz gefleckt; Innenseite mit kurzen, dunklen Radiärstreifen. Abdruck des Weich-körpers hell. Vorkommen: An Felsen haftend; normalerweise in senkrechter Lage, am Strand.

Calliostoma papillosum (= *C. granulatus* = *Trochus granulatus*)
Schale bis 35 mm hoch und ebenso breit, deutlich kegelförmig, der vorigen Art sehr ähn-lich, jedoch mit körnigen Spirallinien auf den Umgängen, die weniger flach sind. Vor-kommen: Nicht an der Küste, gewöhnlich auf Sand- oder Schlammböden bis in 300 m Tiefe.

Calliostoma zizyphinum (= *C. conulus*) Bunte Kreiselschnecke
Schale etwa 2,5 cm hoch und ebenso breit; deutlich kegelförmig mit geradem Umriß; ungefähr 9 verhältnismäßig flache Umgänge, deren Nähte so unscheinbar sind, daß der konische Umriß ganz gerade ist, Umgänge mit Spirallinien. Farbe: Gelb bis rosa mit dunklen braunen oder roten Streifen (es gibt eine Abart, die fast weiß ist). Vorkommen: Auf Felsen und Steinbrocken, am Strand, bis 100 m tief absteigend.

Cantharidus montagui und **Cantharidus clelandi** (nicht abgebildet) sind sublitorale Kreiselschnecken, die im Mittelmeer bis in 200 m Tiefe vorkommen; nicht am Strand.

Cantharidus striatus (= **Jujubinus striatus** = **Trochus striatus**) Gestreifte Kreisel-schnecke
Schale etwa 1 cm hoch, jedoch schmäler; spitz kegelförmig mit fast geradem Umriß; letzter Umgang mit 6 Spiralrippen, von denen die unterste am stärksten entwickelt ist und der Schale ein gekieltes Aussehen verleiht; Nabel fehlt. Farbe: Grau-weiß, mit braun-roter Flammenzeichnung. Vorkommen: Auf Weichböden und Algen besonders in Seegraswiesen, von der Küste bis 100 m absteigend.

Cantharidus exasperatus (= **Jujubinus exasperatus** = **Trochus exasperatus**)
Schale bis 8 mm hoch, 7 mm weit, ähnlich *C. striatus,* aber spitzkegeliger, mit rauher Oberfläche und groben ornamentalen Riefen, bis zu 7 auf jedem Umgang. Nähte undeut-lich, 6–8 Umgänge. Farbe: Hellbraun bis tiefrot oder grün, mit dunklen Flecken, weiß an den Spiralkerben. Vorkommen: Auf Weichböden und Seegras, vom Strand bis in 200 m Tiefe.

Patella coerulea

Patella lusitanica

Calliostoma papillosum

Calliostoma zizyphinum

**Cantharidus
striatus**

**Cantharidus
exasperatus**

Cantharidus montagui

Monodonta turbinata (= **Gibbula turbinata**) Würfelturban
Schale ungefähr 2,5 cm hoch und ebenso breit; kegelförmig mit zumeist 6 Umgängen; Spindelbasis mit flachem, höckrigem „Zahn". Farbe: Weiß-gelb mit dunklen, mehr oder minder rechteckigen Flecken, die in parallelen Spiralbändern angeordnet sind; Mündung weit. Vorkommen: Auf Felsen an der Küste.

Monodonta articulata (nicht abgebildet)
Schale 25 mm hoch und ebenso weit, kegelförmig, im allgemeinen ähnlich wie M. turbinata, ziemlich dick mit einem schwachen Zahn auf der Mündungsinnenseite. Farbe: Grau bis rötlich mit rot-weißen Längsbändern. Vorkommen: Auf Felsen am Strand und im flachen Wasser.

Gibbula magus Zauberbuckel
Schale ungefähr 2 cm breit, aber niedriger; mit etwa 5, manchmal auch mehr (7) Umgängen; diese zeigen oberseits höckerige Struktur; Naht zwischen den Umgängen deutlich hervortretend; Nabel auffällig. Farbe: Gelb-weiß mit roter oder purpurner Zeichnung. Vorkommen: Auf Weichböden, bis 10 m Tiefe. Verbreitung: Mittelmeer, Atlantik und Ärmelkanal. Vorkommen: In Sand und Schlamm, bis 10 m tief.

Gibbula cineraria Graue Kreiselschnecke
Schale 1,25 cm hoch und ebenso breit; bis 7 Umgänge, die nur schwach gewölbt sind; Nabel klein. Farbe: Schale grau mit dunkler, grau-roter Zeichnung in Form schmaler, manchmal etwas verblaßter Bänder. Vorkommen: Unter Steinen und auf Algen bis etwa 20 m Tiefe.

Gibbula divaricata Gemeine Buckelschnecke
Schale bis 2,3 cm hoch, aber schmäler; häufig 6 gewölbte, nicht flache Umgänge, so daß das Gehäuse eher einer Spirale als einem Kegel gleicht; Nabel fehlt; Mündung weit. Farbe: Grau-grün mit roten Flecken. Vorkommen: Unter Steinen und in Algenbeständen im Sublitoral.

Gibbula adansoni Adansons Buckelschnecke
Schale bis 1,3 cm hoch, aber schmäler; spitz kegelförmig mit zumeist 6 deutlich erkennbaren Umgängen. Farbe: Rot-braun mit weißer Zeichnung. Vorkommen: Auf Felsen und Steinen am Strand.

Gibbula varia
Schale etwa 12 mm hoch und ebenso weit, bis zu 6 Umgänge. Farbe: Untergrund rot, schwarz, braun oder grau bis gelb mit variablen braunen radiären Bändern und Flecken. Vorkommen: Zwischen Felsen, Algen und Steinen bis in recht tiefes Wasser.

Clanculus corallinus Korallenvielzahn
Schale etwa 1 cm breit, nicht ganz so hoch; zumeist 6 Umgänge mit mehreren granulierten Spiralstreifen; Spindelrand mit 2 Zähnen. Farbe: Korallenrot-braun, bisweilen gemustert. Vorkommen: Auf Felsen bis etwa 10 m Tiefe.

Monodonta turbinata

Gibbula magus

Gibbula cineraria *Gibbula divaricata*

Gibbula adansoni

Clanculus corallinus *Gibbula varia*

Clanculus cruciatus (nicht abgebildet)
Schale schwach kegelig, in Struktur und Gestalt ähnlich wie *C. corallinus,* etwa 10 mm hoch, mit 5–6 Umgängen, jeder mit 5–6 Tuberkelreihen. Farbe: Rotbraun mit weißlichen Flecken und Streifen. Vorkommen: Unter Steinen und Felsen am Strand und im flachen Wasser.

Astraea rugosa Turbanschnecke
Schale bis 5 cm hoch, von ähnlicher Breite; dickwandig und schwer, mit meist 7 Umgängen, die oberseits dicke Höcker und an ihren Seiten stachelige Spiralstreifen tragen; der Fuß der Schnecke besitzt einen spiralig skulpturierten, orange-roten Deckel (dieser verschließt auf der Abbildung gerade die Schalenmündung). Farbe: Gewöhnlich rot-braun. Vorkommen: Auf Felsen des Sublitorals.

Leptothyra sanguinea Blutroter Rundmund
Schale etwa 7 mm hoch und breit; meist 5 Umgänge mit deutlich eingeschnittenen Spiralfurchen; Fuß der Schnecke trägt einen Kalkdeckel. Farbe: Blutrot. Vorkommen: Zwischen Algen und Felsen des Sublitorals, vorwiegend auf sekundären Hartböden.

Tricolia pullus Fasanschnecke
Schale etwa 0,8 cm hoch, aber schmäler; meist 4 Umgänge, von denen der letzte mehr als die Hälfte der Gesamthöhe einnimmt; auffällig weißer Kalkdeckel. Farbe: Weiß glänzend mit unregelmäßiger, braun-roter Zeichnung. Vorkommen: Besonders zwischen Rotalgen, bisweilen auch auf Sandböden; im Sublitoral.

Strandschnecken, Turmschnecken, Wurmschnecken etc. (Mesogastropoda)

Algenfresser, Detritusfresser, Saprophagen und Räuber. Schaleninnenseite ohne Perlmutterschicht; oft mit hornigem Deckel.

Littorina neritoides Kleine Strandschnecke
Schale etwa 5 mm hoch; kegelförmig mit deutlich vortretender Spitze (Apex); Oberfläche glatt, eher zerbrechlich wirkend, Mündungsrand fast spindelparallel. Farbe: Blauschwarz (nur juvenil, erwachsene Tiere erscheinen durch abgeschilfertes Periostracum weißlich). Vorkommen: An Felsen, vom Strand abwärts. Einzige Strandschnecke im Mittelmeer.

Hydrobia ventrosa
Schale bis 6 mm hoch, mit 6 wulstigen Umgängen, Mündungsrand gebogen und unter rechtem Winkel am Gehäuse ansetzend. Farbe: Bräunlich, mit V-förmigem Pigmentfleck am Kopf zwischen den Augen. Vorkommen: Zwischen Algen, Felsen, Steinblöcken, oft in Lagunen und Brackwasser.

Truncatella subzylindrica Glatte Stutzschnecke
Schale 5 mm hoch, auffällig, da bei erwachsenen Tieren die an der Spitze gelegenen Umgänge fehlen (diese brechen bei Erreichen der Geschlechtsreife ab); im erwachsenen Zustand bleiben nur 3 Windungen erhalten; Mündung ohrförmig. Farbe: Gelb-braun. Schalenoberfläche fein gerippt. Vorkommen: Häufig am Strand oberhalb der Spritzwasserzone unter Steinen oder im feuchten Sand.

Astraea rugosa

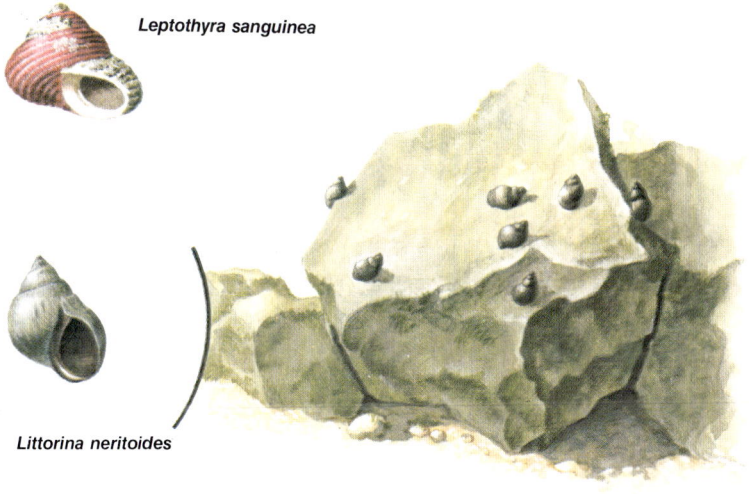

Leptothyra sanguinea

Littorina neritoides

Hydrobia ventrosa

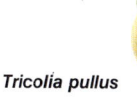

Tricolia pullus

*Truncatella
subcylindrica*

Rissoidae

Große Gruppe kleiner Schnecken mit möglicherweise mehr als 1500 Arten, die weltweit im Meer und im Süßwasser vorkommen. Die Rissoiden sind klein und folglich noch nicht so gut untersucht wie andere Schnecken. Taxonomisch und anatomisch muß noch einiges getan werden, auch ihre ökologische Bedeutung ist ungeklärt. Etwa 10 Arten der Gattungen *Rissoa, Alvania, Cingula* und *Barleeia* sind im Mittelmeer vertreten; eine detaillierte Darstellung dieser Schneckengruppe würde über den Rahmen dieses Buches hinausführen. Zur Untersuchung ist eine Lupenvergrößerung unerläßlich.

Rissoa parva Kleine Rissoa
Schale schmal, etwa 7 mm hoch, mit 8 kaum vorgewölbten Umgängen, der apikale davon zugespitzt; 8–12 Rippen pro Umgang verlaufen rechtwinklig zu den mäßig deutlichen Nähten, verlieren sich jedoch am Schalenrand. Farbe: Cremefarben, grau oder braun, dunkle, dommaförmige Zeichen auf dem letzten Umgang. Vorkommen: Am Strand und im niedrigen Wasser, vorwiegend auf verzweigten Algen wie *Lomentaria, Plumaria, Ceramium* und *Corallina,* gelegentlich auch auf *Fucus* und *Ulva.*

Rissoa ventricosa
Schale 8 mm hoch, ähnlich der von *R. parva;* 8 Umgänge, die weniger wulstig sind, keine tiefen Nähte, Rippen undeutlich, Spirallinien und Rillen fehlen. Farbe: Gelblich mit grünlich-grauer Zeichnung. Vorkommen: Unter Algen im Sublitoral.

Alvania cancellata
Schale 4 mm hoch, 6–7 mäßig wulstige Umgänge mit deutlichen, aber nicht tiefen Nähten, Oberfläche durch Spiral- und Radiärrippen gitterartig skulptiert, apikaler Umgang nicht zugespitzt, ohne Nabel. Farbe: Weiß, creme oder orange. Vorkommen: Unter Steinen und Felsen, normalerweise vom Flachwasser bis in 90 m Tiefe.

Alvania crassa (= **Rissoa crassa**)
Schale schmal, klein, 2 mm hoch, mit etwa 6 schwachwulstigen Umgängen mit tiefen Nähten, jeder Umgang mit ca. 10 Rippen, die nur auf den unteren Umgängen hervortreten und an der Spitze fehlen. Rippen selbst beträchtlich schmäler als der Raum zwischen ihnen; apikaler Umgang endet stumpf, Mündungsöffnung ziemlich dick. Farbe: Weiß, Schale hat ein glasiges Aussehen. Vorkommen: Unter Steinbrocken und zwischen Algen im Sublitoral bis 50 m tief, gewöhnlich an sandigen Orten.

Alvania lactaea (= **Rissoa lactaea**)
Schale mit ovalem Profil, 6 mm hoch, mit 5–6 mäßig wulstigen Umgängen, die durch tief eingefurchte Nähte getrennt sind. Oberfläche durch Spiral- und Radiärrippen gitterartig skulptiert, apikaler Umgang abgestumpft, ohne Nabel. Farbe: Weiß bis cremefarbig. Vorkommen: Unter Steinen und zwischen Algen am Strand und im Flachwasser.

Turritella communis Turmschnecke
Schale bis 6 cm hoch, relativ schmal; zahlreiche auffällige Umgänge mit Spiralstreifen; Mündung verhältnismäßig klein. Farbe: Variabel; rot-braun-gelb-weiß. Vorkommen: Teilweise eingegraben in Sanden und Schlamm; regelmäßig bis 80 m Tiefe.

Turritella triplicata Turmschnecke
(nicht abgebildet)
Ähnlich *T. communis.* Schale etwa 5 cm hoch; Seiten gerade, daher Umgänge wenig hervortretend. Farbe: Hell mit rot-brauner Zeichnung. Vorkommen: In Sand und Schlamm.

Vermetus gigas Wurmschnecke
Schale bis 20 cm lang; unregelmäßig aufgerollte Röhre. Farbe: Grau-weiß. Vorkommen: Auf Hart- und Weichböden, Steinen und Muschelschalen.

Vermetus triqueter (nicht abgebildet)
Ähnlich *V. gigas,* jedoch normalerweise nur 40 mm lang, mit einer deutlichen Rippe, die die Röhre entlangzieht.

Rissoa parva

Rissoa ventricosa

ania cancellata

Alvania crassa

Alvania lactaea

rritella communis

Vermetus gigas

Aporrhais pes-pelicani Pelikanfuß
Schale etwa 45 mm hoch; 9 Umgänge mit deutlichen Knoten; der letzte Umgang trägt eine weit ausgebreitete, gerippte, zumeist in 4 Spitzen ausgezogene Mündungsaußenlippe; bei Jugendformen kann diese Bildung noch fehlen; die rinnenartige ausgezogene Mündungsbasis (Siphonalrinne) verdeckt gewöhnlich den Kopf des Tieres. Farbe: Gräulich, weißlich-rosa. Vorkommen: Gräbt in Schlamm, Fein- und Grobsanden, bis 80 m Tiefe.

Bittium reticulatum Nadelschnecke
Schale bis 15 mm hoch, verhältnismäßig schlank, Umgänge mit feiner Gitterskulptur und winzigen Knoten. Farbe: Bräunlich. Vorkommen: Unter Steinen, zwischen Felsen und Algenbeständen im Flachwasser.

Cerithium vulgatum Hornschnecke
Schale bis 45 mm hoch mit zahlreichen, stark skulptierten Umgängen; Mündung oval mit leicht gefälteltem Außenrand. Farbe: Weiß-braun. Vorkommen: Unter Steinen auf Sand und Schlamm, bis etwa 10 m Tiefe.

Cerithium rupestre
Ähnelt *C vulgatum,* jedoch nur bis 25 mm hoch, Nähte nicht so tief versenkt. Farbe: Weißlich-gelb, grau oder grünlich mit bräunlichen Bändern und Flecken. Vorkommen: Auf Felsen und Steinen am Strand und im seichten Wasser.

Clathrus clathrus (= ***Scalaria communis***) Wendeltreppe
Schale bis 4 cm hoch, meist jedoch weniger; eine Reihe Windungen trägt auffällige, diagonale Radiärlamellen; Mündung rund; Deckel hornig. Farbe: Variiert zwischen farblos bis braun-rot. Vorkommen: Gewöhnlich im tiefen Wasser, bis 80 m; wandert zum Ablaichen in küstennahe Sand- und Schlammböden.

Epitonium lamellosum (= ***Schalaria lamellosum***)
Ähnelt etwas *Clathrus clathrus,* ist jedoch 30 mm hoch und hat 10 Umgänge, ohne Nabel. Farbe: Weiß mit braunen und purpurnen Flecken. Vorkommen: Sand und Schlamm bis in recht tiefes Wasser.

Ianthina communis Violette Schnecke
Schale dünnwandig, 15 mm hoch, mit 5 Umgängen. Farbe: Auffällig violett. Vorkommen: Freischwimmende, mit Hilfe eines Schaumfloßes treibende Schnecke, die sich von an der Oberfläche treibenden Tieren ernährt.

Dolium galea Riesentonnenschnecke
Schale bis 15 cm hoch, mit charakteristischen Spiralstreifen und -rippen; Gewinde schwach erhoben. Farbe: Weiß-braun-gelb. Vorkommen: Im tiefen Wasser.

Aporrhais pes-pelecani

Bittium reticulatum

Cerithium vulgatum

Cerithium rupestre

Clathrus clathrus

Epitonium lamellosum

Ianthina communis

Natica hebraea
Schale kugelig, etwa 45 mm hoch mit 4 Umgängen, große Mündungsöffnung, großer Nabel, der teilweise durch das Wachstum der Innenlippe verdeckt ist, Oberfläche mit dunklen Spiralbändern und feinen Tupfen gemustert. Farbe: Untergrund grau oder gelb bis rot-braun. Vorkommen: Im Sand und Schlamm eingegraben, bis in ziemlich tiefes Wasser.

Natica alderi (= **Natica pulchella** = **Polynices alderi**) Halsbandschnecke
Schale kugelig, bis 15 mm hoch mit 4 Umgängen, Nabel halb durch das Wachstum der Innenlippe verschlossen, Außenlippe am Anheftungspunkt mit dem Gewinde umgeschlagen. Farbe: Weißer bis gelber Grund mit hellroter bis brauner Flammung. Vorkommen: An extrem flachem Strand und seichtem Wasser, im Sand eingegraben.

Neverita josephina (= **Natica josephina**)
Schale kugelig bis 30 mm hoch mit 4 Windungen, Nabel vom knopfförmigen Wachstum der Innenlippe überdeckt; Außenlippe schlägt nach außen um und trifft auf das Gewinde. Farbe: Untergrund gelb-weiß bis grau, Mundöffnung gelblich. Vorkommen: Im Sand vergraben bis in größere Wassertiefen.

Calyptraea chinensis
Schale flachkugelig, 5 mm hoch und doppelt so weit oder weiter, deutliches Gewinde an der Spitze, Mundöffnung gerundet mit einem inneren Saum; im Profil betrachtet kann der niedrigere Schalenrand so geformt sein, daß er genau auf das Substrat paßt. Farbe: Weiß, gelb oder braun, glatt. Vorkommen: Auf Steinen und Schalen, am Strand und im Flachwasser.

Crepidula fornicata Pantoffelschnecke
Schale flach, oval mit einigen Windungen an der Spitze und mit Zuwachsstreifen, 16 mm lang, Mündung groß mit einem ausgedehnten inneren Saum. Lebt in Gruppen und bildet Tierketten, bei denen an der Basis die älteren Weibchen sitzen und an der Spitze die Männchen, die mit dem Älterwerden weiblich werden. Farbe: Gelb, weiß, grün-braun, manchmal mit roter Zeichnung. Innenseite normalerweise weiß. Vorkommen: Auf Felsen und Muschelschalen.
Anmerkung: *Crepidula* stellt in Austerbänken eine ernste Plage dar, da sie zum einen die Austern erstickt, zum andern mit ihnen in Nahrungskonkurrenz steht.

Capulus ungaricus Ungarische Hutschnecke
Schale etwa 5 cm breit; kappenförmig; Spitze zurückgebogen und leicht spiralig gewunden; das Periostracum bildet um die Mündung einen vorstehenden Saum. Farbe: Weiß-gelb; durch konzentrische und radiäre Rippen skulptiert; Schaleninnenseite weiß; Periostracum braun. Vorkommen: Überwiegend an Muschelschalen festgeheftet, denen sie mit Hilfe ihres langen Rüssels Nahrung wegnehmen; vorzugsweise im tiefen Wasser um 100 m.

Trivia monacha (= **Cypraea europaea**) Europäische Kauri
Schale etwa 12 mm, gemessen entlang der spaltförmigen Mündung; Gewinde nur wenig erhaben; Oberfläche porzellanartig, mit etwa 20 zarten Querrippen besetzt. Farbe: Oberseits rosa-purpur-braun, unterseits heller; im typischen Fall trägt die Oberseite zusätzlich 3 auffällige dunkelbraune Flecken; im Leben kann die Schale teilweise vom unterschiedlich gefärbten Mantel verdeckt sein. Vorkommen: Auf Hartböden und anderen Wirbellosen, besonders auf Ascidien; am Strand und im Flachwasser.

Trivia adriatica (= **T. mediterranea**)
Ähnlich *T. monacha,* jedoch 9 mm hoch. Farbe: Schale gräulich-weiß bis rosa. Vorkommen: Im Flachwasser auf Hartböden.

Cypraea lacrimalis
Schale mit vom letzten Umgang eingeschlossenem Gewinde und schlitzförmiger Mündung, bis 50 mm hoch, Oberfläche porzellanartig, glänzend, meist vom Mantel verdeckt; Mündung von feinen Rippen gesäumt; Farbe: Grau-violett-braun. Vorkommen: Unter Felsen und Steinen.

Natica hebraea

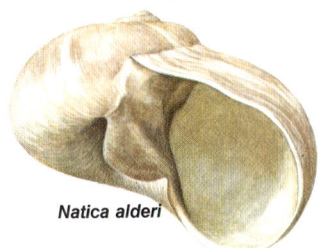

Natica alderi

Neverita josephina

Calyptraea chinensis

Crepidula fornicata

Capulus ungaricus

Trivia monacha

Trivia adriatica

Cypraea lacrimalis

Cassidaria echinophora Helmschnecke
Große, rundliche Schale, etwa 15 cm hoch mit 6 Umgängen, Nähte undeutlich, Umgänge mit Spirallinien und derben Höckern ausgestattet, horniger Deckel, große, olivförmige Mündung, Innenlippe über das Gewinde umgeschlagen, deutlich ausgebildete Siphoralrinne. Farbe: Rötlich-braun-gelb, Inneres weiß. Vorkommen: Auf Sand- und Hartböden in geringer Tiefe.

Cassidaria rugosa (= *C. tyrrhena*) Gerippte Helmschnecke
Ähnelt *C. echinophora*, wird 14 cm hoch, keine Höcker; Oberfläche mit spiraligen Rillen und Rippen versehen, die die Nähte verwischen; große ohrförmige Mündung mit zarten Rillen auf der Innenseite. Farbe: Braun-gelb, innen weiß. Vorkommen: Auf Weichböden von der Küste bis in die Tiefe.

Cassis suicosa Gefurchte Helmschnecke (nicht abgebildet)
Große, rundliche Schale, etwa 12 cm hoch, Umgänge mit breiten Spiralrippen, die durch klar abgesetzte Furchen voneinander getrennt sind, Nähte undeutlich, große ohrförmige Mündung, Innenlippe auf das Gewinde umgeschlagen, Außenlippe mit auffälligen Rippen auf der Innenseite, Schaleninneres mit spiraligen Rillen. Farbe: Gelb bis rot-braun, mit diagonaler Zeichnung, rotbraune Furchen. Vorkommen: Auf Sandböden.

Wellhornschnecken etc. (Neogastropoda)

Aasfresser und Räuber. Schalenmündung immer mit einem basalen Siphoralkanal, Deckel vorhanden, meist hornig.

Charonia nodifera (= *C. lampas*) Tritonschnecke
Riesige zugespitzte Schale, etwa 40 cm hoch, 9 Umgänge mit spiralig angeordneten Beulen oder Knoten, entlang des Gewindes periodisch auftretende Spuren früherer Mündungen, die mit nachfolgend gebildeten Umgängen verschmolzen sind. Farbe: Grau-gelber Untergrund mit braunroten Zeichnungen, manchmal bewachsen. Vorkommen: Auf weichen und harten Böden bis 50 m tief.

Charonia variegata
Schale bis 38 cm hoch, etwa 8 ungleichmäßige Umgänge; Außenlippe mit 10 Paar weißer, rippenähnlicher Zähne, die auf braungefärbten Flecken liegen. Vorkommen: Auf steinigem Substrat, im Flachwasser.

Murex trunculus Purpurschnecke
Schale etwa 7 cm hoch mit kürzerem Siphonalkanal, der bei dieser Art nur etwa ein Viertel der Gesamthöhe der Schale erreicht; sehr massiv; mit Reihen von Wülsten und Höckern, mit weniger auffälligen Stacheln wie M. brandaris besetzt. Farbe: Grau-weiß mit violetten Bändern. Vorkommen: Auf Weich- und Hartböden des Sublitorals. Auch diese Art diente einst der Purpurgewinnung.

Murex brandaris Brandhorn
Schale etwa 8 cm hoch, mit langem, geradem Siphonalkanal, der die Hälfte der Gesamthöhe der Schale ausmachen kann; massiv; trägt auffällige in Reihen angeordnete Stacheln; meist 6 Umgänge, wobei der letzte der weitaus größte ist. Deckel hornig. Farbe: Gelb-grau-braun. Diese Schnecke besitzt eine Drüse in der Mantelhöhle, die einen Stoff ausscheidet, der am Licht purpurn wird. Im Altertum wurde daraus der echte Purpur gewonnen, der zum Färben kostbarer Gewänder diente. Vorkommen: Auf Weichböden, in der Nähe von Seegrasbeständen, bis 20 m tief.

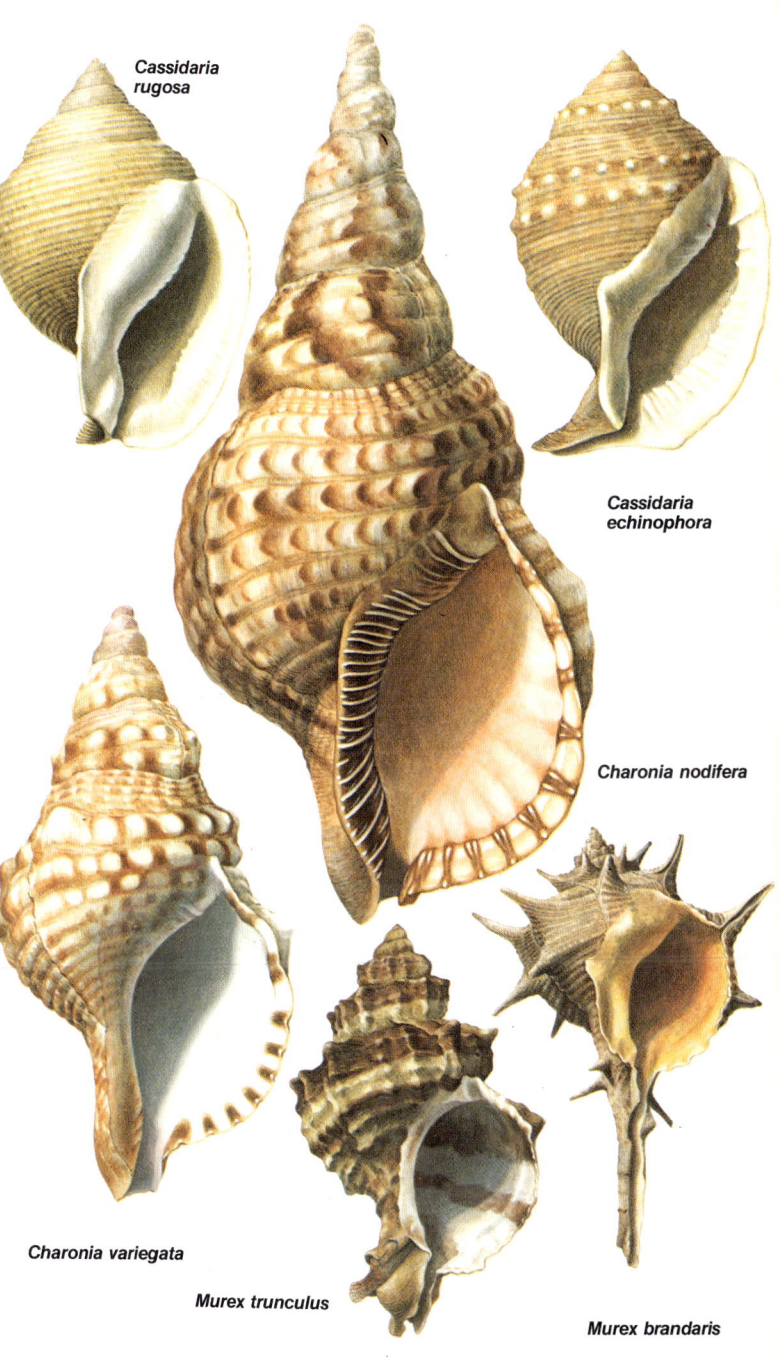

Cassidaria
rugosa

Cassidaria
echinophora

Charonia nodifera

Charonia variegata

Murex trunculus

Murex brandaris

Cymatium corrigatum
Schale 10 cm hoch, mit 8 Umgängen, die mit Spiralreihen aus Höckern und Knötchen verziert sind, Innenlippe stark gekerbt, langer Siphonalkanal. Farbe: Grau-gelb mit bräunlichem Periostracum. Vorkommen: Auf Hartböden, manchmal auf Sand, bis in tiefes Wasser hinab. Ähnlich: *C. cutaceum*, deren Windungen jedoch stärker skulptiert sind.

Thais haemastoma Felsenschnecke
Schale 80 mm hoch, mit 5 Umgängen, die mit spiralig angeordneten, niederen Höckern verziert sind, große Mündung, Außenlippe rundherum gerippt, kurzer Siphonalkanal. Farbe: Braun-grau, Schaleninneres rosa, der Lippe zu orange. Vorkommen: Auf Felsen und zwischen Muschelschalen.

Ocenebra erinacea Stachelschnecke, Austernbohrer
Schale stark skulptiert, 60 mm hoch, mit 5 gerippten Umgängen, Siphonalkanal bei Jungtieren offen, bei erwachsenen geschlossen. Farbe: Gelb-weiß mit brauner Musterung.

Columbella rustica
Kleine Schnecke, 20 mm hoch, mit 6 Umgängen, von denen der letzte größer ist als alle anderen zusammen, deutliche Nähte, Mündung langgezogen mit Zähnen auf der Innenseite der Außenlippe, sehr kurzer Siphonalkanal. Farbe: Weißlich mit rötlichen Tupfen und Strichen. Vorkommen: Auf felsigem Grund.

Pyrene scripta Schrifttäubchen
Schale bis 2 cm hoch; spitz kegelförmig, mit relativ geradem Umriß und zumeist 7 Umgängen; Außenlippe mit Zähnchen besetzt. Farbe: Weiß mit orange-brauner Zeichnung. Vorkommen: In Algenbeständen der Felsküste und auf Hartböden.

Euthria cornea
Schale lang, zugespitzt, 60 mm hoch, etwa 7 Umgänge mit deutlichen Nähten und Spirallinien, Mündung groß mit gebogenem, offenem Siphonalrohr. Farbe: Hellbraun mit dunkelbrauner Musterung. Vorkommen: Auf Weichböden.

Pisania maculosa
Schale lang, schmal, 25 mm, kaum zugespitzt, 5 Umgänge, langgezogene Mündung mit gezähnelter Außenlippe, Nähte nicht vertieft. Farbe: Braun bis weiß gesprenkelt auf grünem bis grauem Untergrund, Innenseite gefleckt. Vorkommen: Auf Felsböden.

Nassarius incrassatus
Schale kegelförmig, 15 mm hoch, 7 Umgänge mit Rippen und Spirallinien, Mündung oval mit kräftiger Außenlippe, die innen gezackt ist. Farbe: Weiß-gelb-grau mit braunen Streifen. Vorkommen: Auf Weichböden in tiefem Wasser.

Nassarius mutabilis
Schale 30 mm hoch, mit 6 Umgängen, von denen jeder breiter ist als der vorausgehende, schwach gerippt, Außenlippe fein gezähnelt. Farbe: Untergrund hellbraun, Nähte rotbraun, Musterung braun. Vorkommen: Auf Weichböden bis in recht tiefes Wasser.

Tritonalia aciculata Nadelspitz
Schale 20 mm hoch, 6 gerippte Umgänge, Außenlippe gezähnelt. Farbe: Bräunlich, Innenseite braun. Vorkommen: Auf Fels- und Sandböden, ab 10 m Tiefe.

Cymatium corrigatum

Thais haemastoma

Ocenebra erinacea

Columbella rustica

Pyrene scripta

Euthria cornea

Pisania maculosa

Nassarius mutabilis

Nassarius incrassatus

Tritonalia
aciculata

Fusus rostratus (= *Fusinus rostratus*)
Zierliche Spindel
Schale bis 4 cm hoch; Siphonalkanal auffällig, offen mit glatten Rändern, erreicht bis zu einem Drittel der Gesamthöhe der Schale; in einer scharfen Spitze endendes, hochgetürmtes Gewinde mit 9 Umgängen; gut ausgebildete Spiralrippen; Außenlippe mit schwachen Falten. Farbe: Rot-braun, innen heller. Vorkommen: Auf Weichböden.

Fusus syracusanus
Schale etwa 75 mm hoch, breiter als F. rostratus, 8 Umgänge, die mit spiraligen und vertikalen Furchen so verziert sind, daß die Oberfläche grob gerippt erscheint; Nähte deutlich. Vorkommen: Weichböden.

Fasciolaria tarentina
Schale 50 mm hoch mit 8 Umgängen, die spiralig aufgereihte Knötchen tragen und der Schale ein gezacktes Aussehen geben, deutliche Nähte, Mündung weit, große Innenlippe, die etwas über die Spindelbasis zurückgebogen ist. Farbe: Weiß, grün oder braun. Vorkommen: Weichböden, bis in tiefes Wasser.

Cancellaria cancellata
Schale bis 40 mm hoch, derb, kugelig, 5 Umgänge, die mit Rippen und Knötchen kräftig skulptiert sind. Farbe: Weiß bis bräunlich mit braunen Spiralstreifen. Vorkommen: Auf Weichböden bis in tieferes Wasser.

Mitra cornicula
Schale 20 mm hoch, mit 8 glatten Umgängen, alle leicht gewölbt, Mündung mit glatter Außenlippe, mehrere Rippen am Spindelrand. Farbe: Bräunlich, hornig erscheinend. Vorkommen: Auf Hartböden, oft unter Steinen.

Mitra ebenus Mitraschnecke
Schale etwa 2 cm hoch; Gewinde relativ hochgetürmt und spitz mit zumeist 9 skulptierten Umgängen, die ein schmales, weißes Spiralband tragen; Mündung eng, mit glatter Außenlippe und mehreren Falten am Spindelrand. Farbe: Dunkelbraun, glänzend. Vorkommen: Auf Hartböden, oft unter Steinen.

Persicula miliaris Hirsekorn
Schale bis 10 mm hoch, Gewinde kaum erhoben, stark gestaucht; lange, enge Mündung. Farbe: Weißlich bis gelb, meist mit roter Zeichnung. Vorkommen: Auf Hartböden.

Conus mediterraneus Mittelmeerkegelschnecke
Schale bis 5 cm hoch; Siphonalkanal kurz; Gewinde wenig erhaben; lange schlitzförmige Mündung mit glatten, scharfen Rändern. Farbe: Gelb-braun-grün. Vorkommen: In algenbestandenen Gebieten der Felsküste sowie auf Sand; Sublitoral und Seichtwasser. Anmerkung: Diese Art ist keinesfalls so giftig wie ihre tropischen Verwandten, verfügt aber wie diese über einen Giftzahn, der zum Einspritzen des Giftes in die Beute dient; kann beim Menschen unter Umständen Schmerzen und Entzündungen hervorrufen.

Philbertia purpurea
Schale bis 20 mm, schmal, mit 6 Umgängen, die spiralige Rippen und senkrechte Furchen und Rippen tragen, Mündungsrand gezähnelt, kein Deckel. Farbe: Braun bis purpurn, manchmal mit einem hellen spiraligen Streifen. Vorkommen: Auf Weichböden, in tiefem Wasser.

Fusus rostratus

Fusus syracusanus

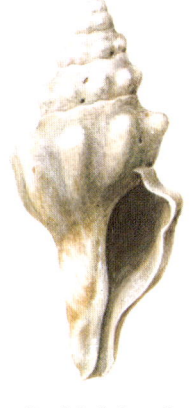

Fasciolaria tarentina

Cancellaria cancellata

Mitra cornicula

Persicula miliaris

Mitra ebenus

Conus mediterraneus

Philbertia purpurea

Hinterkiemer (Opisthobranchia)

Schnecken, bei denen auf die Torsion eine anschließende Detorsion folgt. Die Schale ist reduziert oder fehlt völlig. Die Tiere haben meist auffällige äußere Kiemen und sind oft leuchtend gefärbt.

Bullomorpha

Schale spiralig oder napfförmig, oft vom Mantel überwachsen, stark reduziert oder fehlend. Mantel ausgedehnt oder reduziert, innere Kiemen, Fuß mit Kriechsohle oder seitlichen Anhängen zum Schwimmen.

Actaeon tornatilis Drechselschnecke
Schale 20 mm hoch, 10 mm breit, mit 7 Umgängen, Nähte deutlich; erinnert im Aussehen an einen Vorderkiemer. Farbe: Schale rosa-grau-gelb mit gelb-weißer Bänderung, Körper cremefarben. Anmerkung: Beim Kriechen bedeckt der Mantel den Kopf und die Schale; Körper kann vollständig in die Schale zurückgezogen werden. Vorkommen: Im Sand, kriechend oder grabend, Sublitoral und Flachwasser.

Bulla striata (= **Bullaria striata**)
Gestreifte Blasenschnecke
Schale bis 60 mm lang, etwas mehr als halb so breit, Gewinde reduziert, Mündung lang und zur Spitze schlitzförmig. Körper kann nicht mehr vollständig in die Schale zurückgezogen werden. Farbe: Schale bräunlich mit unregelmäßiger Zeichnung. Vorkommen: Auf Sand- und Schlammböden, zwischen Algen und Seegräsern des Küstengebietes.

Philine aperta Offene Blasenschnecke
Schale reduziert, dünn, weiß, vom Körper überwachsen; Körper bis 25 mm lang, etwa halb so breit, flach, gewellt. Farbe: Grau-weiß, durchscheinend. Vorkommen: Auf Sandböden in verschiedener Tiefe.

Haminea hydatis
Schale 15 mm hoch, nicht ganz so weit, zerbrechlich, Mündung länger als Gewinde, groß und aalförmig. Körper bis 30 mm lang, kann nicht vollständig in die Schale zurückgezogen werden; der schildförmige Kopf trägt flache Flügelfortsätze, die den Vorderteil der Schale verdecken, der Rest wird vom hinteren Lappen des Mantels verborgen; beidseitig des Kopfes kammförmige Fühler mit bis zu 12 Lamellenpaaren. Farbe: Schale durchscheinend gelb-weiß, Körper bräunlich. Vorkommen: Auf schlammigem Sand und Algen kriechend, manchmal schwimmend, im Sublitoral.

Pleurobranchomorpha

Schale überwachsen, manchmal äußerlich oder ganz fehlend. Kopf mit 2 Fühlerpaaren, Mantelhöhle rechtsseitig offen mit kammförmiger Kieme, Körper von einem häutigen Rückenschild bedeckt, Fuß gut entwickelt, oftmals ans Schwimmen adaptiert.

Pleurobranchus membranaceus (= **Oscanius tuberculatus**) Mittelmeer-Warzenschnecke
Schale überwachsen, bis 50 mm lang, zart, durchscheinend, mit weiter Mündung. Körper bis 12 cm lang, mit rundem, warzenbedecktem Rückenschild; Kopf mit 2 Fühlerpaaren, oberes eingerollt oder röhrenförmig, breiter Fuß, Kiemen rechtsseitig. Farbe: Körper orange-gelb, Fuß rot. Vorkommen: Auf Schlamm, Sand und Geröll, bis 70 m tief.

Pleurobranchus meckeli (nicht abgebildet)
Ähnelt P. membranaceus, jedoch nur 10 cm lang, Mantelschild mehr oval, mit deutlicher Kieme auf der rechten Seite und einer Warze am Hinterende. Farbe: Weißlich mit dunklen Flecken. Vorkommen: Auf Sand- und Schlammböden.

Umbraculum mediterranea
Schale als schirmförmige Struktur auf dem Rücken vorhanden, nur halb so lang wie der Körper, der sich nicht zurückziehen kann; Körper 15 cm lang, etwas nacktschneckenähnlich. Farbe: Schale weiß mit konzentrischem Zeichnungsmuster, Körper warzig, rot-braun oder gelblich. Vorkommen: Auf Schlamm und Sand, bis 200 m tief.

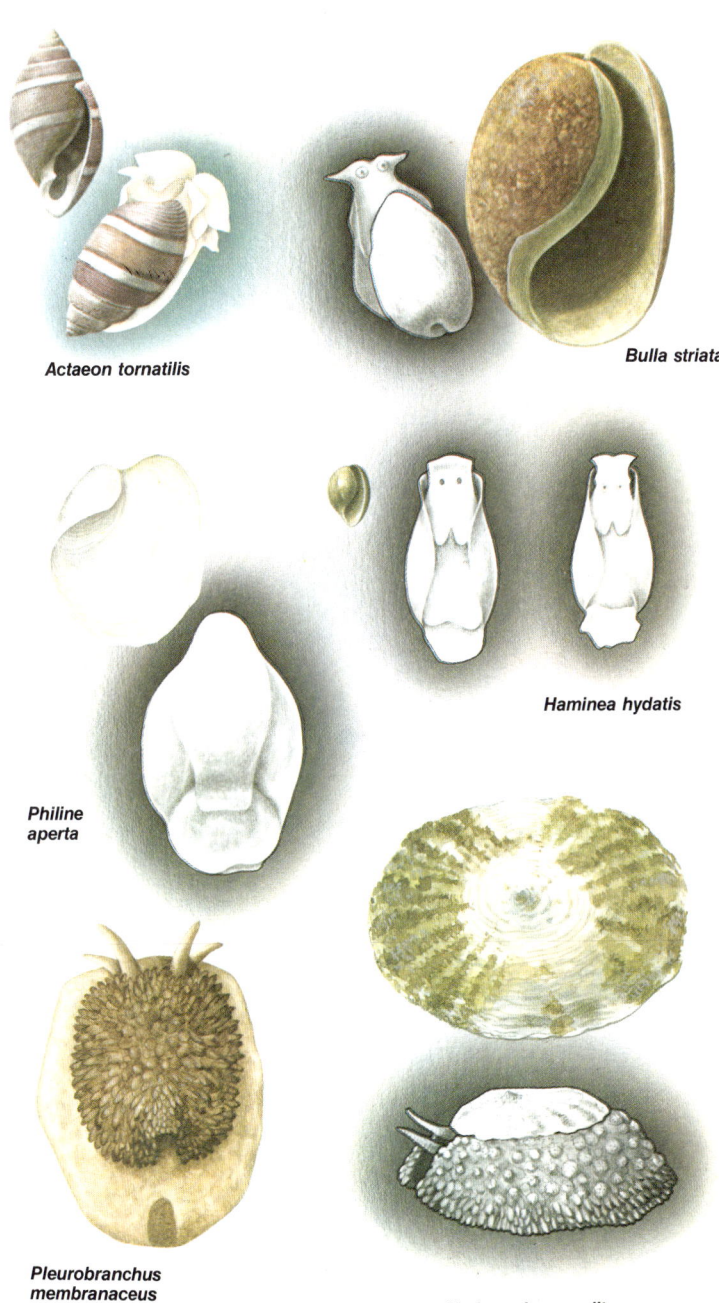

Actaeon tornatilis

Bulla striata

Haminea hydatis

Philine aperta

Pleurobranchus membranaceus

Umbraculum mediterranea

Berthellina citrina
Schale vom Mantel verborgen, bis 7 mm groß, zart, durchscheinend, mit weiter Mündung, klein im Vergleich zum Körper. Tier bis 30 mm lang, etwa 15 mm breit, Manteloberfläche schildförmig glatt, unter dem rechten Mantelrand liegt eine große Kieme. Kopf mit 2 Fühlerpaaren, unteres etwas platt, oberes eingerollt oder röhrenförmig. Farbe: Gelblich. Vorkommen: Oft im niederen Wasser, auf Seescheidenkolonien kriechend, von denen sie sich ernährt.

Berthella plumula
Ähnelt *B. citrina*. Schale bis 30 mm, Körper bis 60 mm, Schale im Vergleich zum Körper größer. Farbe: Hellgelb oder orange, manchmal mit Flecken auf dem schildförmigen Mantel. Vorkommen: In Spritzwassertümpeln an der Küste und im seichten Wasser, bis 10 m tief, frißt an Seescheidenkolonien.

Aplysiomorpha
Schale im Innern oder fehlend, Tier nacktschneckenartig; Kopf lang mit vorderen (oralen) und hinteren Fühlerpaaren; Körper mit reduziertem Mantel, Mantelhöhle offen, Parapodiallappen, großer Fuß. Genaue Bestimmung schwierig.

Aplysia punctata Seehase
Schale vom Mantel überwachsen, bis 40 mm lang, sehr zart, Mündung weit; Körper bis 20 cm lang, an den Seiten zu zwei Flügeln oder Parapodien ausgeweitet, die über dem Hinterende zusammenstoßen, Kopf mit 2 Fühlerpaaren, zweites eingerollt oder röhrenförmig, erstes mit blattförmigen Rändern. Farbe: Schale gelb-amber, Körper purpurbraun oder oliv-grün. Vorkommen: In flachem Wasser, besonders im Frühjahr und Sommer. Anmerkung: Bei Störung stößt das Tier eine purpurrote Farbwolke aus.

Aplysia depilans
Ähnelt sehr *A. punctata,* die flügelartigen Gebilde vereinigen sich jedoch oben, die Sohle des Kriechfußes erweckt einen saugerartigen Eindruck; Körper bis 30 mm lang. Farbe: Variabel, oft braun bis grün mit dunkler Marmorierung. Vorkommen: Im Flachwasser, manchmal schwimmend.

Aplysia fasciata
Ähnelt den beiden vorigen Arten, die Parapodien vereinigen sich jedoch nicht über dem Hinterende und erscheinen vorn und hinten voneinander getrennt; Körper bis 40 cm. Farbe: Veränderlich, oft dunkelbraun-schwarz-marmoriert, Parapodien orangerot gesäumt. Vorkommen: Im Flachwasser, oft schwimmend.

Saccoglossa
Den meist buntgefärbten Tieren fehlt vielfach eine Schale, sie kann aber auch äußerlich oder überwachsen vorhanden sein. Kopf mit kleinen oralen Fühlern, die einigen Arten fehlen, ebenso die Fühlerpaare, die Körperseiten sind oft zu flügelartigen Parapodien ausgebildet.

Elysia viridis Grüne Samtschnecke
Ohne Schale; Körper bis 45 mm lang, etwas lanzenförmig, abgeflacht, Körperflanken bilden Parapodiallappen, die ausgebreitet oder über dem restlichen Körper gefaltet sein können, die Fühler sind eingerollt oder röhrig. Farbe: Veränderlich, grün bis rot. Vorkommen: Gewöhnlich auf Grünalgen (z. B. *Codium,* die als Nahrung dient).

Elysia hopei (= *Thuridilla hopei*)
Körper bis zu 15 mm lang, ähnlich *E. viridis,* Fühler jedoch länger und etwas keulenförmig, große Parapodialfalten. Farbe: Körperoberseite dunkelviolett mit gelber und blauweißer Streifung.

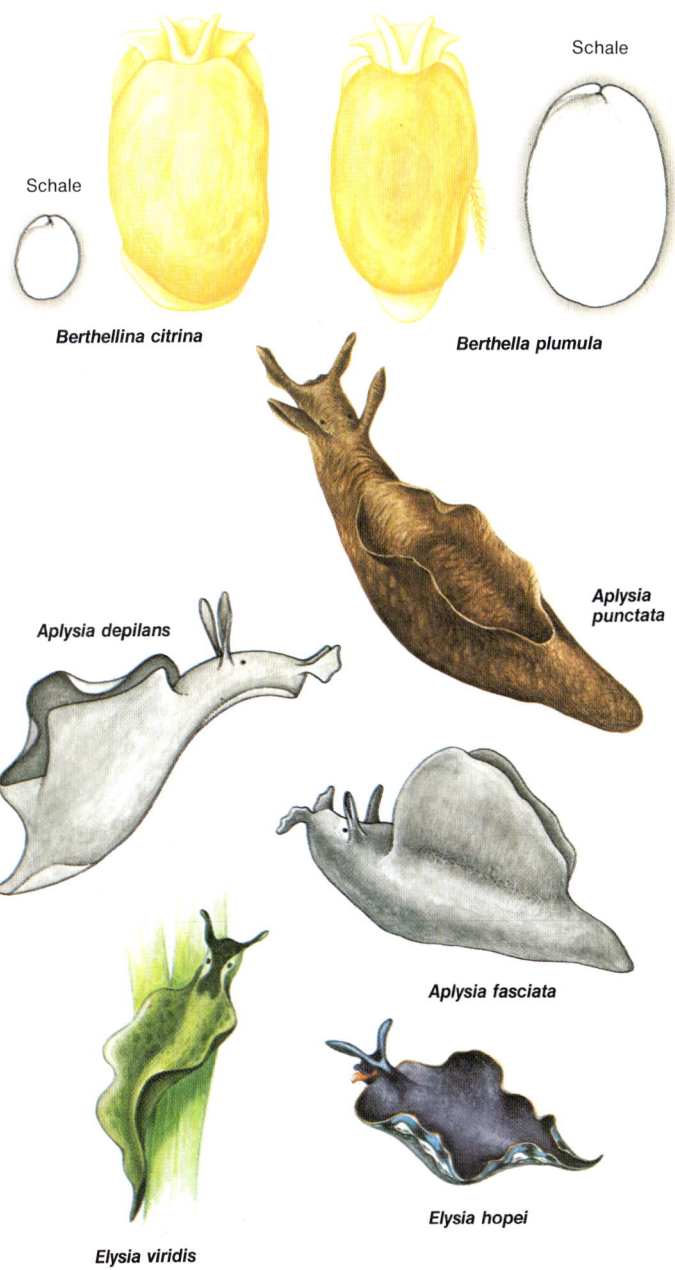

Schale

Schale

Schale

Berthellina citrina

Berthella plumula

Aplysia punctata

Aplysia depilans

Aplysia fasciata

Elysia viridis

Elysia hopei

Nacktkiemer (Nudibranchia)

Oft leuchtend gefärbte Hinterkiemer (Opisthobranchia) ohne Schale. Federförmige Kiemenanhänge auf dem Rücken in Anusnähe. Körperflanken tragen manchmal tentakelartige Rückenanhänge (Cerata). Kopf gut sichtbar, trägt glatt Oralfühler und herausragende Kopftentakel, die zum Ende hin federartig gespalten sind. Fuß kann vorne Parapodialtentakel haben. Zahlreiche im Mittelmeer vorkommende Arten.

Doto splendida (= D. pinnatifida)

Körper bis 30 mm lang, ziemlich schmal, Kopf flach mit schwach entwickelten Frontallappen, auffälliger, von braun getüpfelten Scheiden eingeschlossene Kopftentakel; mit 9 Paar Rückenanhängen, die ringförmig angeordnete Verzweigungen tragen, deren Spitzen dunkelbraun oder schwarz gesprenkelt sind, an den Körperflanken Warzen mit schwarzen Spitzen. Farbe: Hell- bis dunkelbraun. Vorkommen: In flachem Wasser.

Doto coronata

Körper bis 15 mm lang; vorne am Kopf auffällige Seitenlappen, Rhinophorenscheide offen; 8 Paar Rückenanhänge mit in Ringen angeordneten Verzweigungen mit rotgetüpfelten Enden. Farbe: Weiß bis gelb oder rosa mit roter oder purpurner Tüpfelung am Grund der Rückenanhänge. Vorkommen: Im flachen Wasser auf Hydroiden weidend.

Acanthodoris pilosa

Körper bis 60 mm lang, etwa 30 mm breit, Kopf abgerundet, 1 Paar Kopftentakel mit fedrigen Enden, Manteloberfläche mit weichen Knötchen übersät, Kranz aus 9 großen, verzweigten Kiemen um den Anus. Farbe: Weißlich-grau-bräunlich, sogar purpurn. Vorkommen: Im Flachwasser, bis 80 m tief.

Crimora papillata

Körper bis 35 mm lang, etwa 15 mm breit, verjüngt sich nach hinten; Kopf abgerundet, vordere und seitliche Ränder tragen kompliziert geteilte gelb-orange Knötchen; Kopftentakel orange, 3–5 verzweigte Kiemen um den Anus. Farbe: Körper weiß bis hellgelb. Vorkommen: Im flachen Wasser, bis 80 m tief, auf Bryozoen weidend.

Polycera quadrilineata

Körper bis 30 mm lang, ziemlich schlank, Kopf trägt 2 Paar glatte, schmale Fortsätze mit orangen Spitzen und 1 Paar dicke Kopftentakel mit orange-gelben Enden; um den Anus bis zu 11 verzweigte Kiemen mit gelben Spitzen, sie liegen zwischen einem weiteren Paar glatter Tentakel mit orangen Spitzen. Farbe: Weiß mit gelben oder manchmal schwarzen Flecken. Vorkommen: Flachwasser.

Palio dubia

Körper bis 30 mm lang, ziemlich schlank, ein zartes Tentakelpaar unten am Kopf, relativ kurze Fühler, Mantelvorderrand mit vielen runden, gelben Knötchen, Körperseiten warzig, weitere Knötchen hinten beidseitig des Kiemenkranzes, 3–5 verzweigte Kiemen. Farbe: Gelb bis grün. Vorkommen: In Spritzwassertümpeln und bis in 100 m Tiefe.

Greilada elegans

Körper bis 40 mm lang, ziemlich schlank, deutliche Kopftentakel, Mantelvorderrand mit zahlreichen kleinen erhabenen Fortsätzen, die hinten fehlen, 5–7 verzweigte Kiemen direkt vor dem After. Farbe: Orange-gelb mit blauen Flecken auf dem Mantel und den Körperseiten. Vorkommen: In flachem Wasser bis 25 m tief, oft mit Bryozoen zusammen.

Thecacera pennigera

Körper bis 30 mm lang, schlank, Vorderende des Fußes mit einem Paar flacher Parapodialtentakel, Kopf mit Tentakeln, deren Scheiden hinten zu einem Knötchen verdickt sind, um den After 3–5 verzweigte Kiemen, hinter denen ein Paar auffällige keulenförmige Tentakel liegen. Farbe: Weiß mit kleinen blauen und größeren orangefarbenen Tupfen, meist hervorragend getarnt. Vorkommen: In flachem Wasser, bis 20 m tief.

Limacia clavigera Keulenschnecke

Körper bis 2 cm lang; flach mit über 20 unterschiedlich großen Anhängen; 3 gefiederte Kiemen, die den After umstehen. Farbe: Körper weiß; Anhänge mit orangeroten Spitzen. Vorkommen: Im Flachwasser.

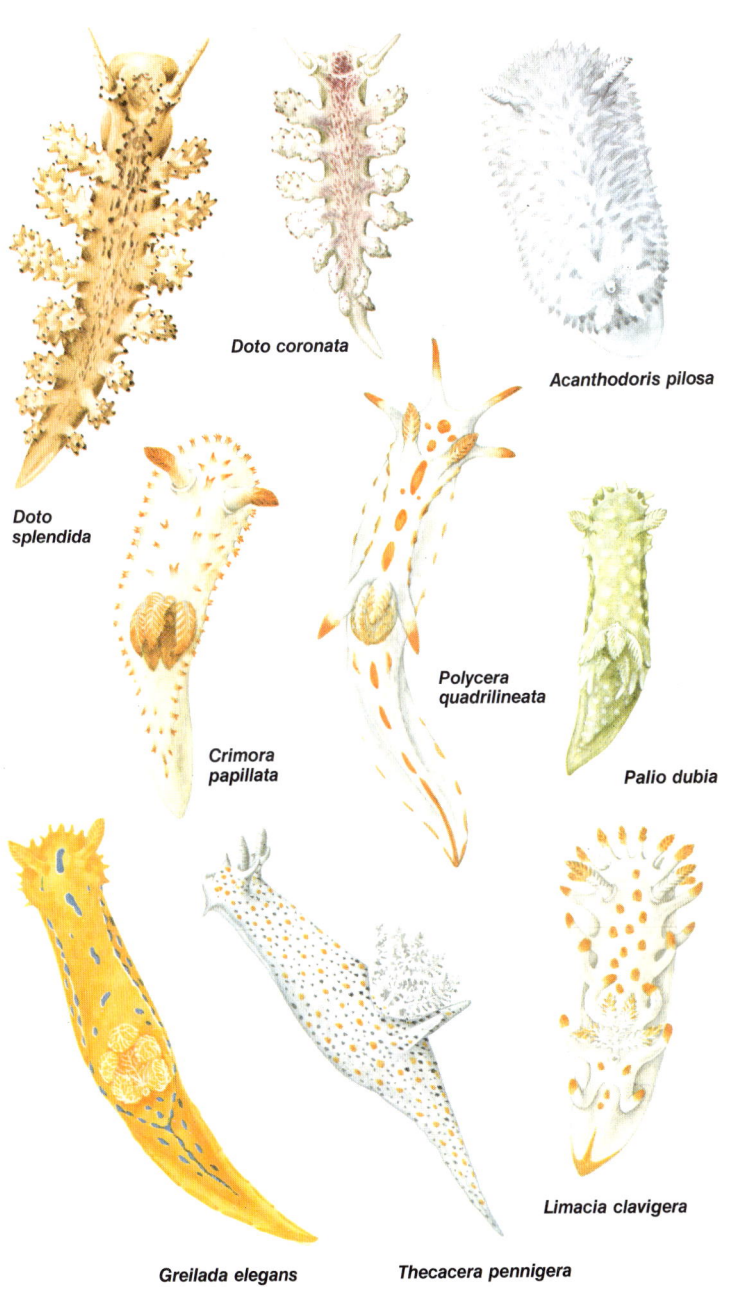

Doto coronata

Acanthodoris pilosa

Doto splendida

Crimora papillata

Polycera quadrilineata

Palio dubia

Greilada elegans

Thecacera pennigera

Limacia clavigera

Rostranga rubra (= *R. rufescens*)
Körper bis 15 mm lang, bis 7 mm breit, Vorderende stumpf, Kopf mit fingerförmigen Oraltentakeln (nicht von oben sichtbar), gelbe Kopftentakel, jeweils mit 12 Paar plattenförmigen Seitenzweigen, Mantel mit kurzen, stummeligen Knötchen, 10 verzweigte Kiemen um den After. Farbe: Scharlachrot, gelegentlich gelb mit verstreuten schwarzen Tupfen. Vorkommen: Zwischen Schwämmen, deren Farbe sie sich im flachen Wasser meist anpassen.

Archidoris pseudoargus (= *A. brittanica*, = *A. tuberculata*) Meerzitrone
Körper bis 12 cm lang, bis 6 cm breit, Kopf vom Mantel verborgen, Oraltentakel reduziert, auffällige Kopftentakel, Mantel von Warzen bedeckt, 8–9 verzweigte Kiemen um den After. Farbe: Veränderlich, doch meist gelblich mit braun-grün-rosa Zeichnung. Vorkommen: Im allgemeinen zwischen Schwämmen im seichten Küstenwasser.

Peltodoris atromaculata Leopardenschnecke
Körper bis 6 cm lang; 2 unverzweigte Kopftentakel und 9 in einem Kranz am Rücken stehende, gefiederte Kiemen. Farbe: Weiß mit dunkelbrauner Fleckenzeichnung. Vorkommen: Im Sommer zwischen Felsblöcken des Sublitorals, sonst in tieferem Wasser.

Jorunna tomentosa Graue Sternschnecke
Körper bis 4 cm lang; Rücken mit kleinen Warzen; 2 bräunliche, unverzweigte Kopftentakel und 15 weißliche, gefiederte Kiemen, die in einem Kranz am Hinterende des Rückens stehen. Farbe: Gelblich mit brauner Zeichnung. Vorkommen: Bis 400 m tief.

Arminia neapolitana
Körper bis 50 mm lang, verjüngt sich allmählich bis zum zugespitzten Ende, weniger als 25 mm breit, Kopf ziemlich groß mit einem Paar großer, glatter, sich verjüngender Oraltentakel, die gerade noch von oben sichtbar sind, Kopftentakel stummelig, eng beieinander vor einer Unterbrechung des Mantels gelegen; Manteloberfläche in zahlreiche Längsfalten gerafft. Farbe: Gelb-braun mit hellen Streifen. Vorkommen: Auf Sandböden, bis 40 m tief, im allgemeinen mit Seefedern vergesellschaftet.

Antiopella cristata
Körper 75 mm lang, zum Ende hin allmählich schmäler werdend; Kopf von oben nicht leicht auszumachen, mit 2 Oraltentakeln, Kopftentakel gut entwickelt, am Grunde miteinander vereinigt; Mantel mit vielen auffälligen Rückenanhängen, die am Ende weiß getupft sind. Farbe: Gelb, hellbraun oder cremig. Vorkommen: Im Flachwasser, im allgemeinen mit Bryozoen vergesellschaftet.

Coryphella lineata
Körper bis 40 mm lang, sehr schlank, Kopf deutlich sichtbar, mit auffälligen, spitz zulaufenden Oraltentakeln und ebenfalls spitz zulaufenden Kopftentakeln; beide Mantelseiten in zahlreiche Rückenanhänge erweitert, die in Büscheln bis zu 5 Stück stehen. Farbe: Durchscheinend weiß mit undurchsichtigen Längslinien auf Rückenmitte, Fühlern, Kopftentakeln und Anhängen, letztere haben außerdem undurchsichtige Spitzen und eine rote Zeichnung. Vorkommen: Zwischen Hydroiden bis in tieferes Wasser.

Coryphella pedata
Körper bis 40 mm lang, schmal und nach hinten verjüngt, Kopf gut sichtbar, mit deutlichen Oral- und Kopftentakeln. Mantel trägt rückseitig auf den Flanken Anhänge, die in Gruppen von 6 gebündelt sind. Farbe: Jeder Anhang mit leuchtend orangem Fleck und weißer Spitze, Körper violett. Vorkommen: Zwischen Hydroiden, bis 40 m tief.

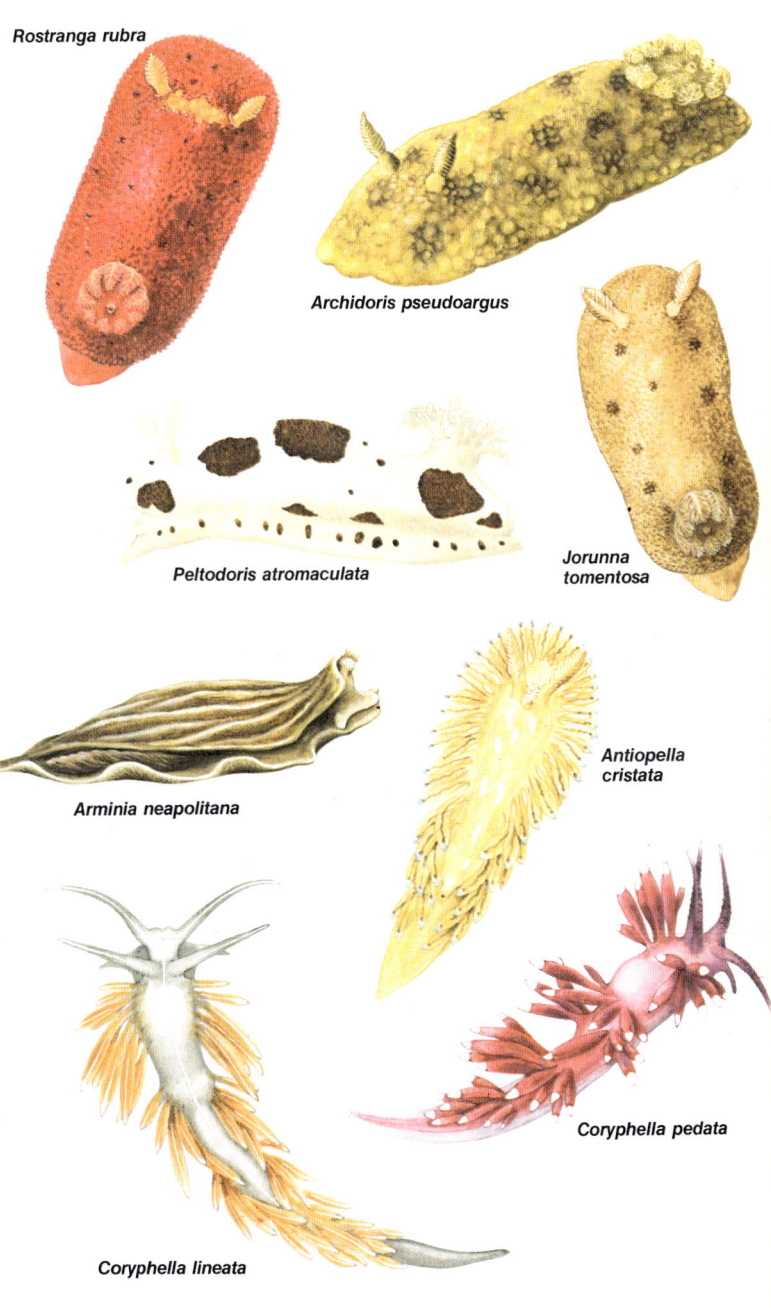

Rostranga rubra

Archidoris pseudoargus

Peltodoris atromaculata

Jorunna tomentosa

Arminia neapolitana

Antiopella cristata

Coryphella pedata

Coryphella lineata

Facelina bostonensis (früher mit *F. auriculata* vereinigt)
Körper bis 50 mm lang, ziemlich schlank, Kopf mit langen, schmalen Oraltentakeln, etwas kürzeren Rhinophoren und abgeflachten Parapodialfortsätzen; zahlreiche Rückenanhänge an beiden Körperseiten, die zu je 8 gebündelt sind und alle einen braunen oder grünen Farbstrich und weißgebänderte Spitzen haben, ohne irisierenden Glanz. Farbe: Körper weiß mit rosa Spuren. Vorkommen: Zwischen Felsen am Strand und im flachen Wasser, häufig mit Hydroiden vergesellschaftet.

Facelina coronata

Körper bis 38 mm lang, ähnelt sehr *F. bostonensis,* jedoch etwas schmäler. Farbe: Weiß mit rosa Anflug und irisierenden blauen Anhängen mit rosarotem Streifen. Vorkommen: Zwischen Felsen am Strand und im flachen Wasser, häufig mit Hydroiden vergesellschaftet.

Caloria elegans

Körper 35 mm lang, ziemlich schmal, mit vielen Rückenanhängen, die im Kern orangerot sind, zum Ende hin einen braunen Streifen und eine weiße Spitze haben; Kopf mit deutlichen Oraltentakeln mit weißem Strich und einem Paar Rhinophoren. Farbe: Grundfärbung grau-braun. Vorkommen: In flachem Wasser.

Spurilla neapolitana Neapolitanische Schnecke

Körper bis 60 mm lang, bis 25 mm breit, zum Ende hin schmäler werdend, mit verzweigten, paarigen Anhängen; auffälliger Kopf mit Oraltentakeln und Rhinophoren. Farbe: Braun. Vorkommen: Im flachen Wasser.

Flabellina affinis

Körper bis 50 mm lang, schmal, Anhänge in Gruppen längs beider Körperseiten; auffälliger Kopf mit schlanken Oraltentakeln und langen Rhinophoren mit feinen ringförmigen Rillen, kleine Parapodialtentakel. Farbe: Rosa-purpurrot. Vorkommen: Im flachen Wasser, oft in Algennähe.

Cuthona caerulea

Körper bis 18 mm lang, mit bis zu 10 Reihen Rückenanhänge; Kopf gut sichtbar, mit langen, glatten Oraltentakeln und Rhinophoren. Farbe: Körper weiß, manchmal leicht grünlich, Anhänge mit blauem Band und oranger Spitze. Vorkommen: Im flachen Wasser zwischen Hydroiden.

Calmella cavolini

Körper bis 10 mm lang, entlang der Flanken Büschel kurzer, abgestumpfter Rückenanhänge; Kopf gut sichtbar, mit langen, schlanken Oraltentakeln und etwas längeren, glatten, zugespitzten Rhinophoren, unmittelbar hinter der Ursprungsstelle der Rhinophoren befinden sich 2 Pigmentflecke. Farbe: Weißlich mit rötlicher Zeichnung. Vorkommen: Im Flachwasser, oft zwischen Algen.

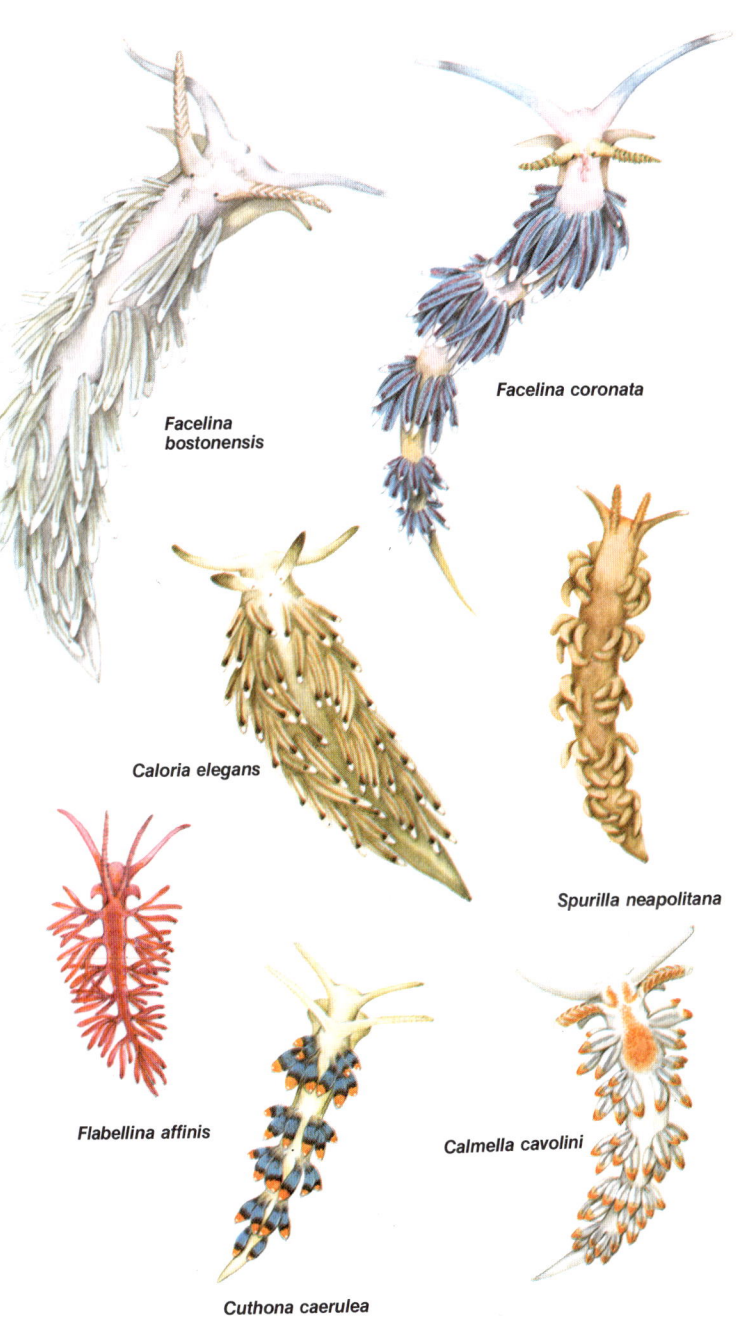

Facelina bostonensis

Facelina coronata

Caloria elegans

Spurilla neapolitana

Flabellina affinis

Calmella cavolini

Cuthona caerulea

Fimbria fimbria (= *Tethys leponina*)
Körper bis 30 cm lang, meist kürzer, von ungewöhnlichem Aussehen; Ränder des Rükkens mit wohlentwickelten Anhängen, die leicht abfallen, versehen; sehr flacher, verbreiterter Kopf, dessen Vorderrand Zirren trägt. Farbe: Weißlich mit purpurroten Flecken. Vorkommen: Normalerweise auf Weichböden, bis 200 m tief, gelegentlich an der Seeoberfläche treibend.

Lungenschnecken (Pulmonata)

Schnecken, die eine Torsion des Eingeweidesackes aufweisen; mit Gehäuse, jedoch ohne Deckel. Mantelhöhle sehr gefäßreich, fungiert als Lunge, die sekundär an das Atmen unter Wasser angepaßt sein kann. Im allgemeinen sind die Pulmonaten Land- oder Süßwasserformen, nur ganz wenige Arten leben am Meeresstrand.

Gadinia garnoti
Schale bis 5 mm hoch, 10 mm breit, ähnelt einer Napfschnecke; Spitze nach hinten gebogen, Schule mit radiären und konzentrischen Streifen (Gitterstruktur). Farbe: Weißgelb. Vorkommen: Auf Hartböden und in Felsspalten von der Gezeitenzone abwärts.

Ovatella myosotis (= *Phytia myosotis*)
Schale 9 mm hoch, 4,5 mm breit, 7 Umgänge, Nähte mäßig deutlich, Mündung mit 3 Rippen auf der Innenlippe und einer auf der Außenlippe. Farbe: Graubraun. Vorkommen: In trichterförmigen Flußmündungen, Salzsümpfen und unter Steinen am Strand.

Elefantenzahnschnecken (Scaphopoda)

Bilateralsymmetrische Mollusken mit etwas reduziertem, dreilappigem Fuß, der aus der weiteren Schalenöffnung vorgestreckt werden kann und zum Graben dient. Die Schale ist röhrenförmig und verjüngt sich etwas gegen das eine Ende.

Dentalium corneum
Schale bis 20 mm lang, Schalenkrümmung nicht eben. Farbe: Gräulich-weiß. Vorkommen: In Sand bzw. Schlamm eingegraben, bis in größere Tiefen.

Dentalium vulgare Elefantenzahn
Schale bis 60 mm lang, längs- und quergerippt, Schalenkrümmung eben. Farbe: Gräulich-weiß, beige. Vorkommen: Gewöhnlich im Sand oder Schlamm vergraben, vom Flachwasser bis in die Tiefe.

Fimbria fimbria

Gadinia garnoti

Ovatella myosotis

Dentalium corneum

Dentalium vulgare

Arca tetragona

Muscheln (Bivalvia, Lamellibranchia)

Bilateralsymmetrische Mollusken, deren seitlich zusammengedrückter Weichkörper von 2 Schalenklappen eingeschlossen wird, die dorsal durch ein starkes Band (Ligament) und ein Schloß miteinander verbunden sind. Kopf fehlt (ausgenommen Mundöffnung und Mundlappen), ebenso Tentakel und Radula. Bauchseitiger Fuß ohne Kriechsohle, er wird zum Graben in Schlamm und Sand verwendet, produziert aber auch klebrige Fäden (Byssus), mit denen sich die Tiere an der Unterlage festheften. Muscheln sind Filtrierer und Sinkstofffresser, meist getrenntgeschlechtlich, selten zwittrig und haben eine freilebende, planktonische Larve. Sie leben vorwiegend am Meeresboden, nur einige Arten kommen im Süß- oder Brackwasser vor. – Einige wesentliche Merkmale der Muschelschale sind in Bild 35 dargestellt. Die beiden Schalenklappen können massiv und festwandig, aber auch zart und zerbrechlich sein. Das elastische Band kann innerhalb, außerhalb oder inner- und außerhalb der Schalen ansetzen. Es verursacht das Klaffen der Schalen, dem beim lebenden Exemplar die Schließmuskeln entgegenwirken; ihre Ansatzstellen sind auf der Schaleninnenseite oft deutlich zu erkennen. Das scharnierartige Gelenk verhindert das Abgleiten der beiden Schalenklappen, gestattet aber ein Öffnen und Schließen; dieses Schloß kann glatt oder mit Lamellen und Zähnchen versehen sein. Das Wachstum der Schalenklappen geht von den meist zentral gelegenen Wirbeln aus. Der freie Schalenrand kann glatt, gezackt oder gezahnt sein, ebenso ist die äußere Oberfläche der Schale sehr verschiedenartig skulptiert. Bisweilen können Teile des Periostracums erhalten bleiben. Bei vielen grabenden Arten ist der Mantel an seinem Hinterrand zu 2 Siphonen ausgezogen, die durch Ausbuchtungen der Schale gestreckt werden können; sie erlauben einem selbst im Sand vergrabenen Tier, ungestört frisches Seewasser anzusaugen. Im Mittelmeer kommen mindestens 130 Arten vor.

Nucula nucleus Nußmuschel
Schale bis 1,25 cm lang; gleichklappig; Schalenrand fein gezähnelt; Schloß jederseits mit gleichartigen Zähnchen; Schließmuskelabdrücke gleich groß. Farbe: Periostracum braun-grün-gelb; inneres Schloßband dunkelbraun. Vorkommen: In Ton, Schlamm und Sand bis 150 m Tiefe.

Leda fragilis (= Nuculana fragilis)
Schale bis 10 mm lang, hinten schnabelartig verlängert, Schalenklappen gleich, Schloßband äußerlich, dunkel. Farbe: Periostracum braun, Schalenoberfläche weiß, Schaleninneres perlmutterig. Vorkommen: In Sand und Schlamm eingegraben.

Arca noae Arche Noah
Schale bis 8 cm lang; gleichklappig; Schalenrand mit Ausnahme einer feinen Zähnelung am Hinterrand glatt; Schloß gerade, mit vielen kleinen, gleichartigen Zähnen; äußeres Schloßband; Schließmuskelabdrücke gleichartig; die Rückenansicht zeigt die weit voneinander entfernten Wirbel; Oberfläche gerippt, stellenweise von einem kurze Borsten tragenden Periostracum bräunlich. Vorkommen: Bis in größere Tiefen, festgeheftet.

Arca tetragona Eckige Archenmuschel (Abbildung s. Seite 157)
Schale bis 5 cm lang, ähnlich A. noae, aber mit rechteckigen, fein skulptierten Schalenklappen; diese sind häufig von krustenbildenden Organismen überwachsen. Farbe: Periostracum braun, Außenseite weiß-gelb, Innenseite weiß mit dunkleren Flecken. Vorkommen: Mit grünem Byssus festgeheftet, bis etwa 100 m Tiefe.

Arca barbata
Schale bis 50 mm lang, ähnelt A. noae, jedoch mit haarigem, schwarzem Periostracum und hellbrauner, rotgestreifter Schale.

Glycymeris glycymeris Meermandel
Schale bis 8 cm, annähernd kreisrund; gleichklappig; Schalenrand gezähnt; jede Schloßhälfte mit 2 Reihen von zumeist 12 Zähnen; äußeres Ligament; Wirbel entfernt, aber nicht so weit auseinanderstehend wie bei den oben besprochenen Archenmuscheln, Schalenoberfläche fein skulptiert. Farbe: Außenseite mit charakteristischer brauner Zeichnung, Innenseite weiß oder braun. Vorkommen: In Sedimentböden grabend, bis 80 m Tiefe.

Glycymeris violascens (= Petunculus violascens)
Ähnelt G. glycymeris, Periostracum dunkel. Farbe: Grauviolett mit helleren Flecken.

Nucula nucleus

Leda fragilis

Arca noae

Glycymeris violascens

Glycymeris glycymeris

Arca barbata

Modiolus adriatica
Schale bis 60 mm, meist kleiner, ähnelt *M. barbatus,* dem Periostracum fehlen jedoch die Borstenhaare.

Modiolus barbatus Bärtige Pferdemuschel
Schale bis 60 mm, meist kleiner, Umriß keilförmig, gleichklappig, äußeres Schloßband, Schloß zahnlos, Wirbelspitzen hinten, nicht ganz endständig, Ränder glatt, hinterer Schließmuskelabdruck klein, vorderer größer, Mantelrand nicht gefältelt; horniges Periostracum im hinteren Schalenteil erhalten, besteht aus halbkreisförmigen Reihen zerzauster Borstenbündel. Farbe: Schalenäußeres braun-purpurrot, Innenseite heller. Vorkommen: Auf Felsen und Schalenstücken haftend, bis 100 m tief.

Mytilus galloprovincialis Miesmuschel
Wurde lange Zeit hindurch für eine eigene Art gehalten, ist aber sehr wahrscheinlich nur eine Rasse von *M. edulis,* der sie mit Ausnahme folgender Merkmale völlig gleicht: Wirbel spitzer und mehr nach abwärts gekrümmt, Schale breiter und auf dem Rücken nicht so eckig. Farbe: Mantelrand dunkel. Vorkommen: Nicht in Flußmündungen, häufig in der Gezeitenzone der Felsküste, Hafenmolen.

Mytilus edulis Gewöhnliche Miesmuschel
Schale variiert in der Länge von 1–10 cm, gleiche Schalenklappen, Ränder glatt, Schloß ohne auffällige Zähne, aber mit bis zu 12 Zähnchen in der Nähe der Wirbel, die endständig liegen; äußeres Schloßband; vorderer Schließmuskelabdruck klein, hinterer Abdruck groß. Farbe: Außen braun-blau-schwarz, bisweilen mit brauner Zeichnung, Periostracum dünn und dunkelbraun, Mantelrand weiß-gelblich gesäumt. Innenseite perlmutterartig mit dunklem Rand. Vorkommen: Auf Steinen und Felsen in Flußmündungen und auf Felsen stärker exponierter Küsten, häufig in dichten Bänken und zusammen mit Seepocken, vom Eulitoral abwärts.

Pinna nobilis Steckmuschel
Schale bis 45 cm lang, fächerförmig, gleichklappig, äußeres Schloßband, Schloß zahnlos, Schalenoberfläche mit vorragenden, einander übergreifenden Schuppen, Ränder glatt, vorderer Schließmuskelabdruck klein, hinterer größer. Farbe: Äußerlich rot-braun, innen grau mit Perlmutterglanz. Vorkommen: Aufrecht in feinem oder grobem Sand stehend, an verschütteten Steinen mittels Byssusfäden verankert, gewöhnlich in relativ tiefem Wasser.

Pinna squamosa
Wie *P. nobilis,* jedoch bis zu 90 cm lang; Farbe: Außenseite der Schale rot-braun mit Wachstumsstreifen skulptiert.

Pinna rudis Stachelige Steckmuschel
Wie *P. nobilis,* jedoch nur 25 cm lang; Schalenaußenseite gelb-braun, mit divergierenden Reihen kräftiger U-förmiger Zähne.

Lithophaga lithophaga Meerdattel
Schale bis 7 cm lang; Schalenränder glatt; zigarrenförmig mit feinskulpierten Linien; Schloß ohne Zähne. Farbe: Außenseite braun-bläulich; Innenseite weiß-bläulich. Vorkommen: Im Kalkgestein, in Korallenstöcken etc. bohrend; zumeist in geringer Tiefe.

Pteria hirundo Vogelmuschel, Flügelauster
Schale bis 7,5 cm lang, außerordentlich asymmetrisch; ungleichklappig; Schalenrand glatt; Rückseiten der Schalen zu 2 Ohren ausgezogen, wobei der hintere Fortsatz bis zu 6mal länger als der vordere ist. Farbe: Periostracum braun; Außenseite grau-braun; Innenseite perlartig weiß. Vorkommen: Festgeheftet an Steinen auf verschiedenen Weichböden; bisweilen im ziemlich tiefen Wasser.

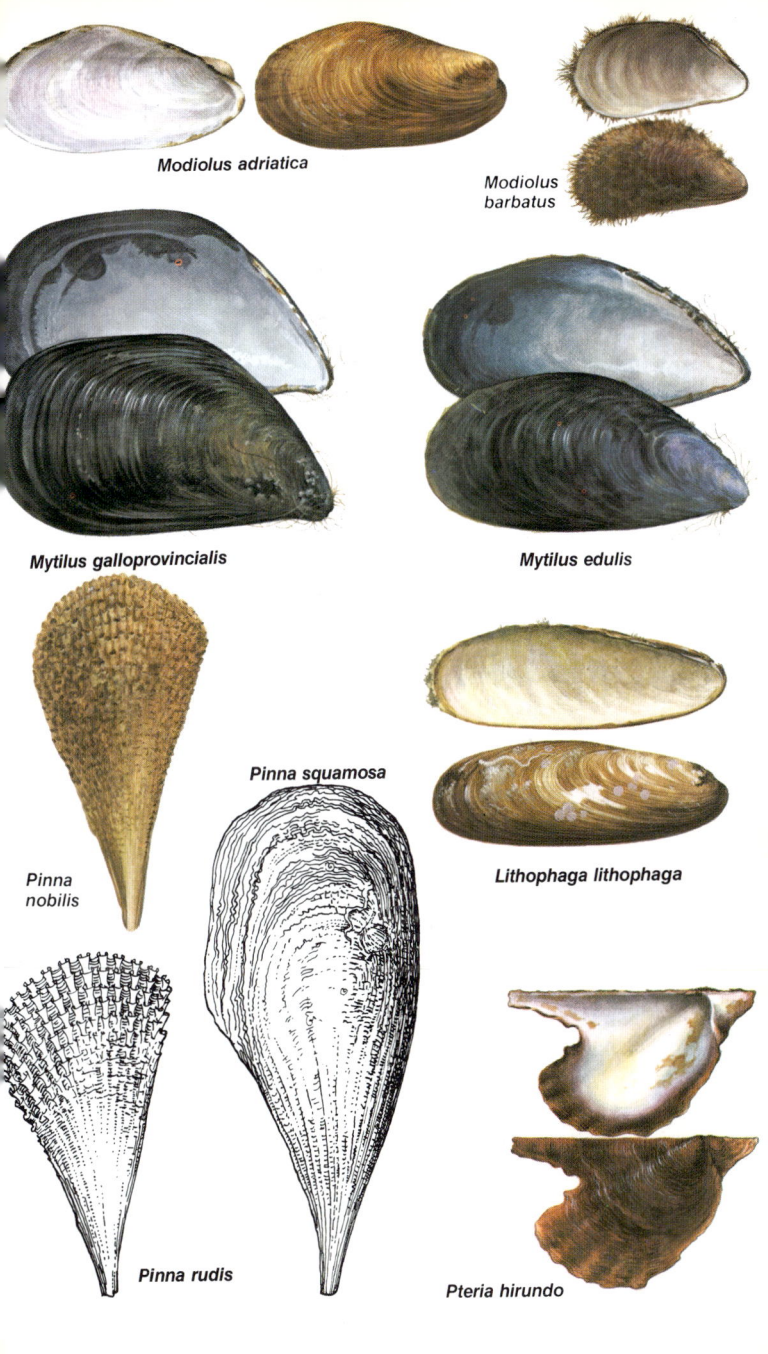

Modiolus adriatica

Modiolus
barbatus

Mytilus galloprovincialis

Mytilus edulis

Pinna squamosa

Pinna
nobilis

Lithophaga lithophaga

Pinna rudis

Pteria hirundo

Chlamys opercularis Kleine Pilgermuschel
Schale bis 9 cm lang, Schalenklappen ungleich, die untere rechte Klappe ist weniger stark gewölbt als die obere linke; vorderes „Ohr" etwas länger als das hintere; Schalenoberfläche mit 20 Rippen. Farbe: Variabel, manchmal gefleckt oder gestreift. Vorkommen: Junge Tiere mit Byssusfäden am Substrat befestigt, adulte freilebend, auf Sedimentböden bis 200 m tief. Anmerkung: Diese Kammuschel kann durch Zusammenschlagen der Klappen schwimmen.

Chlamys varia Bunte Kammuschel
Schale bis 6 cm lang, geringfügig breiter; beide Klappen konvex, aber nicht völlig gleichartig; bis 28 Rippen, die schuppenartige Zähnchen tragen, die gewöhnlich nahe der Wirbel, aber auch auf weiten Teilen der Schalenfläche abgerieben sein können; Schalenränder auf Grund der Rippen gekerbt; Schloß im Erwachsenenzustand ohne Zähne, Schloßlänge entspricht etwa der halben Schalenbreite; 1 Schließmuskeleindruck etwas nach hinten verschoben; hinteres Ohr nur $1/2$ bis $1/3$ so lang wie vorderes. Farbe: Sehr variabel; purpur-rot-weiß-gelb-braun, manchmal auch gemustert. Vorkommen: Freilebend oder mit Byssusfäden am Substrat befestigt; auf allen Sedimentböden bis 80 m Tiefe.

Chlamys flexuosa
Schale bis 30 mm lang, geringfügig breiter, Umriß rund, Schalenklappen ungleich; beide Ohren etwa gleich groß; Schloß gerade; Oberfläche mit 5–6 Rippen; ein Schließmuskeleindruck. Farbe: Außenseite weiß bis hellbraun mit braun-roten Flecken. Vorkommen: Auf Weichböden bis in größere Tiefen.

Chlamys distortata
Schale bis 40 mm lang, geringfügig breiter, Umriß oval, Ohren nicht ganz gleich, Oberfläche mit rund 70 feinen Rippen skulptiert. Vorkommen: Junge Tiere mit Byssus angeheftet, später mit rechter Schalenhälfte auf Hartsubstraten angekittet, von der Gezeitenzone bis in 100 m Tiefe.

Pecten jacobaeus Jakobs-Pilgermuschel
Schale bis 15 cm lang, nicht ganz so breit, Klappen sehr ungleich: Obere linke flach und deckelförmig, untere rechte tief gewölbt; Ohren meist gleichgroß; Schloß gerade, Schalenhälften mit Radialrippen skulptiert, die im Querschnitt quadratisch und nicht abgerundet sind; ein Schließmuskeleindruck. Farbe: Obere linke Klappe außen rot-braun, untere rechte rosa. Vorkommen: Auf Sand und Weichböden, bis in größere Tiefe. Anmerkung: Diese Art kann durch Zusammenschlagen der Schalen schwimmen.

Lima lima Feilenmuschel
Schale bis 5 cm lang, etwas breiter; Schalen asymmetrisch, gleichklappig; Schalenrand auf Grund der Rippen gekerbt; 20 Rippen tragen Schuppen, die mit zunehmender Entfernung von den Wirbeln auffälliger werden; Schloß im Erwachsenenzustand ohne Zähne; inneres Schloßband in einer Grube; nur ein Schließmuskelabdruck; vorderes Ohr größer. Farbe: Weiß. Vorkommen: In Spalten und unter Steinen, zumeist in geringer Tiefe, häufig mit Byssus verankert, gelegentlich von Sandkörnchen umgeben.

Lima hians Klaffende Feilenmuschel
Schale bis 2,5 cm; asymmetrisch; ähnelt *L. lima*, aber mit bis zu 50 bestachelten Rippen; in der Vorderansicht fällt ein deutlicher Spalt zwischen den beiden Schalenklappen auf. Farbe: Weiß, bei älteren Exemplaren schmutziger, zum Teil eher bräunlich. Vorkommen: Unter Steinen und Felsen, bisweilen in einem aus Steinen und Algen mit Hilfe der Byssusfäden zusammengekitteten „Nest".

Spondylus gaederopus Stachelauster
Schale bis 10 cm lang; oval; untere Schalenklappe gewölbt, mit unterschiedlich breiten Stacheln, obere Klappe flacher mit spitzeren Stacheln und zahlreichen zarten Rippen; Schalenoberfläche häufig von inkrustierenden Organismen bedeckt. Farbe: Außenseite bräunlich oder violett, Innenseite weiß. Vorkommen: Festgewachsen auf Felsen und Hartböden.

Chlamys opercularis

Pecten jacobaeus

Chlamys varia

Chlamys flexuosa

Chlamys distortata

Lima lima

Lima hians

Spondylus gaederopus

Anomia ephippium Sattelmuschel
Schale bis 6 cm; dünne, flache untere (rechte) Schalenklappe mit einer Öffnung; dickere, gewölbte obere (linke) Schalenklappe; obere Schale mit je 1 Schließmuskel- und 1 Byssusabdruck (hervorgerufen durch verkalkten Byssus); 1 Schließmuskelabdruck auf der unteren Schale; obere Schalenklappe mit schuppiger Außenfläche, häufig von anderen Organismen bewachsen. Farbe: Weiß-hell-braun. Vorkommen: Angeheftet an Steinen und anderen Schalen, deren Formen sie sich oft anpaßt, vom Eulitoral abwärts.

Ostrea edulis Europäische oder Eßbare Auster
Schale bis 10 cm lang; zumeist abgerundet, sonst aber in der Form sehr variabel; ungleichklappig; untere (linke) Schalenklappe napfförmig, stark skulptiert und an Felsen oder Steinen festgewachsen; obere (rechte) Schalenklappe flach und ebenfalls deutlich skulptiert; Schalenrand häufig eingekerbt und gefältelt; Schloß ohne Zähne; inneres Schloßband; nur ein einziger Schließmuskelabdruck; Periostracum sehr dünn. Farbe: Grau-braun. Vorkommen: An geeigneten Stellen festgewachsen, besonders an gut beströmten Felsküsten in verschiedener Tiefe und auf kommerziell genützten Bänken meist in Stillwasserbereichen. 3 Varietäten: Var. *adriatica,* var. *lamellosa,* var. *tarentina.*

Cardita trapezia Kleines Trapez
Schale bis 6 mm lang, trapezförmig, gleichklappig; Schalenrand glatt, nicht durch Rippen eingekerbt; Schloß mit 2 Hauptzähnen auf der linken Klappe und 1 auf der rechten; Wirbel vor der Mitte; Schalenoberfläche mit 12 Radiärrippen. Farbe: Außen weißbraun, innen weiß. Vorkommen: Auf verschiedenen, auch tief liegenden Hartböden festgeheftet.

Cardita sulcata (= **Venericardia sulcata**)
Schale bis 30 mm lang, dreieckig, gleichklappig; Außenseite mit wohlentwickelten, buckeligen Diagonalrippen, Schalenränder abgerundet, Innenseite gefurcht. Farbe: Außen hell- bis dunkelbraun, manchmal weiß bis rot getüpfelt, selten ganz weiß, innen hell. Vorkommen: Auf Sandböden. Anmerkung: Nicht mit Byssus angeheftet.

Cardita squamigera (= **C. aculeata**)
Schale bis 7 mm lang, dreieckig, gleichklappig, Schloß an der Spitze, Außenseite mit Radialrippen, die mit auffälligen Dornen versehen sind. Farbe: Außenseite weiß bis braun, Innenseite hell. Vorkommen: Auf Hartböden, unter Steinen oder an Felsen angeheftet.

Astarte fusca (nicht abgebildet)
Schale bis 25 mm lang, nicht so breit, dreieckig, seitlich zusammengepreßt, gleichklappig, äußeres Schloßband, Schloß mit 3 Zähnen unter jedem Wirbel, Wirbelspitzen vor der Mittellinie, Wirbel nach vorn gerichtet; Außenseite mit konzentrischen Rippen und Rillen, vorderer und hinterer Schließmuskelabdruck gleich. Farbe: Außen braun bis gelb, innen gelb. Vorkommen: Auf Sandböden.

Anomia ephippium

Ostrea edulis
var. *lamellosa*

var. *tarentina*

var. *adria*

Cardita trapezia

Cardita sulcata

Cardita squamigera

Glossus humanus (= **Isocardia cor**) Herzmuschel
Schale bis 10 cm, plump, dickschalig; annähernd kreisförmig, leicht an den spiralig ein-
gerollten, nach vorne, vom Schloß weg weisenden Wirbeln zu erkennen; gleichklappig;
äußeres Schloßband. Farbe: Periostracum dunkelbraun. Vorkommen: Im Sand und
Schlamm eingegraben, unter 10 m Tiefe.

Loripes lacteus (nicht abgebildet)
Schale bis 25 mm lang, 25 mm breit, rundlich, gleichklappig, äußeres Schloßband,
Schloß mit 2 kleinen Hauptzähnen und 2 winzigen Nebenzähnen pro Schalenhälfte; Wirbel annähernd zentral und nach vorne weisend, hinterer Schließmuskelabdruck kleiner
und rundlicher als vorderer. Farbe: Weiß. Vorkommen: In Weichböden grabend, bis in
größere Tiefe.

Loripes lucinalis Leuchtende Mondmuschel
Schale bis 2 cm lang; abgerundet, ziemlich dünnwandig, gleichklappig; Schalenrand
glatt; Schloß mit kleinen Hauptzähnen und 2 winzigen Seitenzähnen pro Schalenklappe;
Wirbel annähernd zentral, nach vorne weisend; äußeres Schloßband; hinterer Schließmuskeleindruck kleiner als vorderer; Periostracum reduziert; Oberfläche mit 5 konzentrischen Streifen. Farbe: Außen gelb-weiß, innen weiß. Vorkommen: In Ton, Schlamm
und Sand grabend, in verschiedener Tiefe, bis maximal 150 m.

Lucina squamosa
Schale bis 12 cm lang, 12 cm breit, rundlich, gleichklappig, fest, Schloß hinter dem zentral gelegenen Wirbel. Farbe: Außen auf weißem bis gelbem Untergrund feine konzentrische Zeichnungen und radiäre Flecken, innen heller. Vorkommen: Flachwasser abwärts.

Myrtea spinifera Stachelige Mondmuschel
Schale bis 2,5 cm lang, schmäler; gleichklappig, Schalenrand glatt; linke Schalenklappe
mit 2 Haupt- und 2 Seitenzähnen (einer auf jeder Seite), rechte Schalenklappe mit 1
Hauptzahn und ähnlichen Seitenzähnen; Wirbelspitzen etwas vor dem Zentrum stehend,
hinterer Schließmuskelabdruck kleiner als vorderer; Periostracum reduziert; Schalenaußenseite mit feinen, konzentrischen Streifen. Farbe: Außen weißcreme, innen weiß.
Vorkommen: Auf Schlamm- und Sandböden, von 10–100 m Tiefe.

Montacuta ferruginosa Rostrote Mondmuschel
Schale bis 8 mm lang, aber merklich schmäler, längsoval, gleichklappig; Schalenrand
glatt. Farbe: Periostracum dünn und rötlich, Innenseite weiß-purpurn. Vorkommen:
Häufiger Kommensale von *Echinocardium cordatum,* gräbt im Sand in verschiedenen
Tiefen.

Chama gryphoides Mittelmeer-Hufmuschel
Schale bis 4 cm, ungleichklappig, linke Schalenklappe becherartig und am Substrat befestigt, rechte Klappe frei beweglich, fungiert als Deckel; die Wachstumsgrenzen geben
der Schale ein geschichtetes Aussehen. Farbe: Außen weißlich, innen braun-violett. Vorkommen: Auf Steinen festgewachsen, im seichten wie im tieferen Wasser. Anmerkung:
Nicht zu verwechseln mit *Spondylus gaederopus.*

Laevicardium crassum
Schale bis 60 mm lang, 60 mm breit, gleichklappig, Oberseite mit etwa 40 sehr schwachen Rippen, erscheint meist glatt. Farbe: Außen weiß bis braun, innen hell, Vorkommen: In Sand und Schill grabend.

Laevicardium oblongum
Schale 5 cm lang, beträchtlich höher, gleichklappig, etwas asymmetrisch, Oberfläche
fein gerippt; Ränder gefurcht. Farbe: Außen weiß bis gelb. Vorkommen: In Weichböden
grabend, in recht seichtem Wasser.

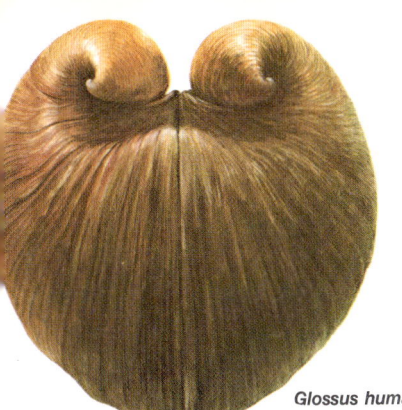

Loripes lucinalis

Glossus humanus

Myrtea spinifera

Montacuta ferruginosa

Lucina squamosa

Chama gryphoides

Laevicardium crassum

Laevicardium oblongum

Acanthocardium aculeata (= **Cardium aculeatus**) Stachelige Herzmuschel
Schale bis 10 cm, plump, gleichklappig; Schalenrand entsprechend den auffälligen Furchen auf der Schaleninnen- und -außenseite stark gezähnt; Schloß mit 2 Hauptzähnen pro Klappe; 1 hinterer und 1 vorderer Seitenzahn auf der linken Schalenklappe, wobei der vordere Zahn größer als der hintere ist; rechte Klappe mit 1 hinteren und 2 vorderen Seitenzähnen; Wirbel vor der Schalenmitte; äußeres Ligament; 2 Schließmuskeleindrücke; jede Schalenklappe mit etwa 22 Rippen, die jeweils eine Reihe von Stacheln tragen; die Stacheln sind im hinteren wie auch im ventralen Schalenabschnitt stärker ausgebildet, vorne hingegen sind sie stumpfer und neigen sich nach hinten; Oberfläche der Schale mit feiner, konzentrischer Skulpturierung. Farbe: Außen gelb-weiß, innen weiß.
Vorkommen: Im Sand, häufig in der Nähe von *Zostera*-Beständen.

Acanthocardium echinata Igel-Herzmuschel
Schale bis 7,5 cm; ähnelt *A. aculeata,* linke Schalenklappe aber mit gleichgroßen Hauptzähnen; Rippenstacheln der Schalenoberfläche mit breiten Basen ansitzend und untereinander in Verbindung stehend. Farbe: Außen gelb-weiß, innen weiß. Vorkommen: Im Sand, unter 10 m.

Cerastoderma edule (= **Cardium edule**) Eßbare Herzmuschel
Schale bis 5 cm, oval, gleichklappig; Schalenrand gekerbt; äußeres Schloßband, das in seiner Länge etwa $1/3$ der Schalenhöhe entspricht; rechte Schalenklappe mit 2 Hauptzähnen, 2 vorderen und 2 hinteren Seitenzähnen; Periostracum reduziert. Farbe: Außen bräunlich, innen weiß mit brauner Zeichnung. Vorkommen: In Schlamm, Sand und Grobsand unterschiedlicher Tiefe.

Cerastoderma lamarcki (= **Cardium glaucum**) Lagunenherzmuschel
Schale 3–5 cm lang; eher dreieckig; gleichklappig; Schalenrand vorne gekerbt, hinten glatt, innen mit tiefen Furchen, die fast zu den Wirbeln reichen; Länge des äußeren Schloßbandes etwa $1/4$ der Schalenhöhe; Wirbel etwas vor der Schalenmitte gelegen; Periostracum wohlentwickelt. Farbe: Außen hellbraun-grau, innen dunkel-hellbraun. Vorkommen: Normalerweise im Brackwasser und in Lagunen, gräbt im lockeren Sand und Schlamm.

Parvicardium papillosum Warzen-Herzmuschel
Schale bis 1,25 cm lang, rundlich, gleichklappig, Wirbelspitzen unmittelbar vor der Mitte, 25 mit Knötchen versehene Rippen auf jeder Schalenhälfte; Rand eingekerbt. Farbe: Außen weiß, grau bis gelb mit rot-brauner Zeichnung, innen glatt, rosa bis weiß. Vorkommen: Auf Weichböden verschiedener Tiefe.

Parvicardium exiguum Kleine Herzmuschel
Schale bis 1,25 cm lang, etwas dreieckig, gleichklappig, Wirbelspitzen vorne gelegen, Oberseiten mit je 20 Rippen, vordere mit Knötchen, Ränder gezähnelt. Farbe: Außen bräunlich. Vorkommen: Gewöhnlich in flachem Wasser, im Sand grabend.

Cardium tuberculatum (= **C. nodosum**) Rauhe Herzmuschel
Schale bis 6 cm lang, gleichklappig, schwer, kräftige Rippen mit Warzen, die nach hinten schwächer werden. Farbe: Außen braun mit dunkler Bänderung. Vorkommen: Auf Weichböden, im Schlamm grabend, unter 10 m tief, die leeren Schalen werden häufig angespült.

Cardium pauciostracum
Schale bis 3 cm lang, gleichklappig, 16–17 kräftige Rippen mit stumpfen Warzen. Farbe: Außen bräunlich mit hellerer Bänderung. Vorkommen: An der Küste, in Weichböden.

Acanthocardium aculeata

Acanthocardium echinata

Cerastoderma edule

Cerastoderma lamarcki

Parvicardium papillosum

Cardium tuberculatum

Cardium pauciostracum

Parvicardium exiguum

Dosinia lupinus Dosinia
Schale bis 37,5 mm lang, 37,5 mm breit, abgerundet; gleichklappig, Schalenränder glatt;
Schloß mit 3 Hauptzähnen auf beiden Klappen, linke Klappe mit zusätzlichem Zahn; Wirbel vor der Mitte, Spitzen weisen nach vorne und grenzen an eine herzförmige Vertiefung
(Lunula); äußeres Schloßband; Schließmuskeleindrücke annähernd gleich; auf der
Schalenaußenseite feine, konzentrische Streifen. Siphone ohne hornige Umhüllung,
können die dreifache Schalenlänge erreichen und sind, abgesehen von ihren Spitzen,
miteinander verwachsen. Farbe: Periostracum gelblich, Innenseite weiß. Vorkommen:
Im Sand und Schill, bis etwa 125 m Tiefe.

Venus verrucosa Warzige Venusmuschel
Schale bis 62,5 mm lang; schwer, abgerundet; gleichklappig; Schalenrand nur im hinteren Abschnitt nicht gekerbt, außen manchmal gezähnt; Schloß mit je 3 Hauptzähnen pro
Schalenklappe; Wirbel vor den Zentren, ihre Spitzen grenzen an die Lunula; äußeres
Schloßband; Schließmuskeleindrücke gleich; braunes Periostracum kann erhalten sein;
äußere Schalenoberflächen stark durch konzentrische Rippen, die sich im hinteren
Schalenbereich in kleine Höcker auflösen, skulptiert. Siphone ohne hornige Umhüllung,
mit Ausnahme ihrer Spitzen miteinander vereinigt. Farbe: Außen gelb-weiß-grau mit
brauner Zeichnung, innen weiß. Vorkommen: Im Sand oder Grobsand grabend, bis 55 m
Tiefe.

Venus striatula Gestreifte Venusmuschel
Schale bis 45 mm lang; etwa dreieckig mit abgerundeten Ecken; ähnlich *V. fasciata,* aber
ohne breite konzentrische, sondern mit vielen feinen Rippen, die auf der Bauchseite der
Schale enger zusammenstehen; hinterer Schalenbereich etwas verlängert. Siphone vereinigt. Farbe: Außen schmutzigweiß, creme oder gelb mit brauner Zeichnung. Vorkommen: Im Sand grabend, bis 55 m Tiefe.

Venus ovata Ovale Venusmuschel
Schale bis 2 cm lang; dreieckig; gleichklappig; Schalenrand nur gegenüber dem außergewöhnlichen, recht versteckt gelegenen Schloßband nicht gekerbt; Schloß mit 3
Hauptzähnen auf beiden Klappen, keine Seitenzähne; Wirbel vor der Mitte, ihre Spitzen
weisen nach vorne und begrenzen die Lunula; Schließmuskeleindrücke annähernd
gleich; etwa 50 Radialrippen auf der Schale, sie werden von konzentrischen Streifen
unterbrochen. Siphone vereinigt. Farbe: Außen weiß-hellbraun, innen weiß-orange-
purpur. Vorkommen: Im Sand und Grobsand grabend, zwischen 3–180 m Tiefe.

Venerupis rhomboides Gebänderte Teppichmuschel
Schale bis 6 cm lang, meist langgestreckter als die Schale der Gattung *Venus;* gleichklappig; Schalenrand glatt; Wirbel und Wirbelspitzen deutlich vor der Mitte; Lunula fehlt;
äußeres Schloßband; Schalenaußenseite mit vielen konzentrischen, aber ohne radiäre
Streifen. Farbe: Pigment in 4 radiären Zonen angeordnet; außen rosa-braun mit rotbrauner Zeichnung, innen glänzend weiß. Vorkommen: In Sand und Grobsand grabend,
bis 180 m Tiefe.

Venerupis pullastra Getupfte Teppichmuschel
Schale bis 5 cm lang; ähnlich *V. rhomboides;* Schalenoberfläche mit konzentrischen
Streifen, die von feinen Radiärlinien gekreuzt werden, die im hinteren Schalenbereich
ausgeprägter sind. Farbe: Außen creme-grau, unterschiedlich gezeichnet; innen glänzend weiß, manchmal mit purpurnen Flecken. Vorkommen: In Sand und Schlamm grabend, manchmal mit Byssus festgeheftet.

Tapes decussatus (= **Venerupis decussata**)
Schale bis 6 cm lang, ähnlich *V. rhomboides,* jedoch etwas breiter und rundlicher; Schalenklappen gleich, schwer; Oberfläche mit auffälligen konzentrischen Linien und Radialrippen skulptiert. Farbe: Außen variabel grün, gelb, rot oder schwärzlich mit radialer
purpurroter Bänderung, innen hell. Vorkommen: In Sand und Schlamm grabend.

Cythera chione (= **Pitaria chione**) Braune Venusmuschel
Schale bis 8 cm lang, leicht dreieckig, Oberfläche mit konzentrischen Linien. Farbe:
Außen mit konzentrischen gelben bis rot-braunen Streifen, die mit helleren und Radialstreifen abwechseln, innen hell. Vorkommen: In Sand und Schlamm grabend, bis in
größere Tiefen.

Dosinia lupinus

Venus verrucosa

enus striatula

Venerupis rhomboides

Venus ovata

Tapes decussatus

Venerupis pullastra

Cythera chione

Notirus irus (= **Irus irus**) Irusmuschel
Schale bis 25 mm lang, aber schmäler; gleichklappig; Schalenrand glatt; Wirbel deutlich
vor der Mitte; Lunula fehlt; äußeres Schloßband; Periostracum dünn; Schalenoberfläche
mit etwa 15 konzentrischen Rippen mit feiner radiärer Zeichnung. Farbe: Außen schmutzigweiß, innen weiß-gelb. Vorkommen: In Felsspalten und Höhlen.

Petricola lithophaga Steinbohrender Engelsflügel
Schale bis 3 cm lang, aber schmäler; gleichklappig; Außenrand der Schale durch auffällige Radialrippen skulptiert, Innenrand glatt; Schloß mit 2 Hauptzähnen auf jeder Klappe;
Wirbel deutlich vor der Mitte; Rippen im vorderen Schalenbereich kräftiger entwickelt,
von feinen, konzentrischen Linien unterbrochen. Farbe: Grau-weiß. Vorkommen: Im
weichen Gestein, im Holz und in Schalen bohrend; im nicht zu tiefen Wasser.

Mactra corallina Bunte Trogmuschel
Schale bis 5 cm lang, dreieckig, zartwandig; gleichklappig; Schalenrand glatt; Schloß
kompliziert; Wirbel annähernd zentral; dünnes äußeres Schloßband, hinter den Wirbeln
ansetzend; inneres Schloßband dreieckig, etwas hinter und unter den Wirbelspitzen ansetzend; 2 ungefähr gleichgroße Schließmuskelabdrücke; Periostracum zart; Schalenoberfläche mit feinen, konzentrischen Bändern. Siphone kurz und in hornige Hülle eingeschlossen. Fuß weiß und spitz. Farbe: Periostracum braun-grün; bräunliche Strahlen
von den Wirbeln zu den Schalenrändern; Innenseite purpur-weiß. Vorkommen: In Sand
und Grobsand grabend, im Sublitoral bis 100 m Tiefe.

Mactra glauca Graue Trogmuschel
Schale bis 9 cm lang, nicht so breit, oval, gleichklappig, äußeres, dünnes Schloßband,
Wirbel annähernd zentral, Schalenränder glatt, Siphone kurz, Periostracum gelblich.
Farbe: Außen grau mit grau-blauer konzentrischer Zeichnung, innen violett bis blau-
grau. Vorkommen: In Sediment oder Sand grabend.

Spisula subtruncata (= **Mactra subtruncata**)
Schale bis 3 cm lang, etwas dreieckig, gleichklappig, Wirbel vor der Mitte, Schalenränder glatt, Periostracum bräunlich. Farbe: Außen weiß, grau oder bläulich-braun mit konzentrischen braunen oder braunroten Bändern, innen hell. Vorkommen: In Sand oder
Schlamm eingegraben, bis in größere Tiefen.

Lutraria lutraria Ottermuschel
Schale groß, bis 125 mm lang, 60 mm breit, eiförmig, gleichklappig, äußeres und inneres
Schloßband, Schloß kompliziert, Schalenränder glatt, die Schalenhälften klaffen an beiden Enden, wenn sie geschlossen sind; Periostracum braun-grün. Farbe: Außen bräunlich mit konzentrischen Linien, innen weiß. Vorkommen: In Sand und Schlamm grabend,
vom Sublitoral bis in 100 m Tiefe.

Donax vittatus Gebänderte Dreiecksmuschel, Sägezähnchen
Schale bis 37,5 mm lang, 18 mm breit; gleichklappig; Schalenrand stark gezähnelt; Wirbel deutlich hinter der Mitte; äußeres Schloßband; glänzendes, poliert wirkendes Periostracum; sehr feine, von den Wirbeln ausgehende Radiärstreifen. Siphone kurz. Farbe:
Außen weiß-gelb-braun-purpur; Schalenoberfläche mit konzentrischen Pigmentbändern, innen weiß-violett. Vorkommen: Im Sand grabend, bis 20 m Tiefe.

Donax trunculus
Schale bis 40 mm lang, 20 mm breit, dreieckig, gleichklappig, äußeres Schloßband,
Schloß mit 2 Hauptzähnen unterhalb jedes Wirbels und 2 Nebenzähnen auf jeder Klappe,
Wirbel deutlich hinter der Mitte, Schalenränder gezähnelt; Siphone getrennt und kurz.
Farbe: Außen weiß, gelb oder braun, gelegentlich mit violettem Anflug, meist mit kontra-
stierenden Reihen, innen violett mit weißem Rand. Vorkommen: Im Sand grabend, bis in
tiefes Wasser.

Notirus irus

Petricola lithophaga

Mactra glauca

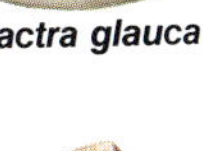

Spisula subtruncata

Mactra corallina

Lutraria lutraria

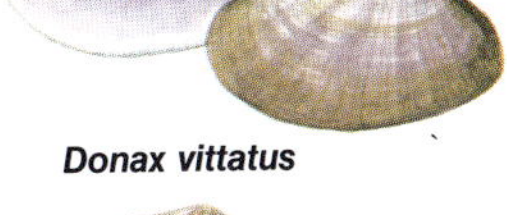

Donax vittatus

Donax trunculus

Tellina distorta Gestreifte Plattmuschel
Schale bis 20 mm lang, zart, abgeflacht, Schalenklappen nicht ganz gleich; äußeres Schloßband, Wirbelspitzen und Wirbel hinter der Mitte, 2 Siphone. Farbe: Weiß bis grau mit rosa Streifen. Vorkommen: In Sand und Schlamm grabend, vom flachen Wasser abwärts.
Ähnlich: *T. solidula,* Wirbel etwa in der Mitte. Farbe: Weiß bis rosa mit konzentrischen braunen und gelblichen Bändern.

Tellina planata
Schale bis 40 mm lang, zart, abgeflacht, oval, Klappen nicht ganz gleich; äußeres Schloßband, Wirbelspitzen und Wirbel in der Mitte, Ränder glatt; 2 Siphone. Farbe: Außen gelb, weiß oder rosa, mit brauner Lippe, innen hellrosa. Vorkommen: In Sand grabend.

Tellina tenuis Dünne Plattmuschel
Schale bis 30 mm lang, abgeflacht, zart, oval, Klappen beinahe gleich, äußeres Schloßband, Schloß mit 2 Hauptzähnen auf jeder Klappe, rechte Klappe mit auffälligen Nebenzähnen; Schalenoberfläche mit feinen konzentrischen Bändern; Schalenränder glatt, 2 lange, getrennte Siphone, Periostracum glänzend. Farbe: Gelb, orange, rosa oder weiß, häufig mit kontrastierenden Pigmentbändern. Vorkommen: Im Sand grabend, von der Küste bis in niederes Wasser.

Tellina incarnata
Schale bis 30 mm lang, dünn, abgeflacht, eiförmig, zum Hinterende verlängert, Schalenhälften nicht ganz gleich, äußeres Schloßband, Wirbel und Wirbelspitzen ungefähr in der Mitte. Farbe: Rötlich, mit Streifen auf der rechten Schalenklappe. Vorkommen: In Sand und Schlamm grabend, vom Flachwasser abwärts.

Tellina crassa Plumpe Tellmuschel
Schale bis 50 mm lang, fast 50 mm breit, oval, nahezu gleichklappig, äußeres Schloßband, Wirbel in der Mitte; Oberfläche schwach skulptiert. Farbe: Weißgrau mit rosa Streifen, Wirbel rötlich, innen gelb-rot. Vorkommen: Im Sand grabend.

Arcopagia balaustina (nicht abgebildet)
Schale bis 15 mm lang, 10 mm breit, schwach dreieckig, nahezu gleichklappig, äußeres Schloßband, Wirbel und Wirbelspitzen in der Mitte, Oberfläche mit konzentrischen Linien skulptiert. Farbe: Weiß mit rosa Radialbändern. Vorkommen: Im Sand und Schlamm grabend, vom flachen Wasser abwärts.

Gastrana fragilis Zerbrechliche Tellmuschel
Schale bis 45 mm lang; gleichklappig; Schalenrand glatt; 2 Hauptzähne auf beiden Schalenklappen; Seitenzähne fehlen; Wirbel vor der Mitte; Schalenoberfläche mit unregelmäßigen, konzentrischen Linien. Farbe: Weiß bis graugelb; Periostracum hellbraun. Vorkommen: In Schlamm, Ton und Sand grabend, im nicht zu tiefen Wasser.

Scrobicularia plana Große Pfeffermuschel
Schale bis 62,5 mm lang; oval, abgeflacht; gleichklappig; Schloß mit 2 Hauptzähnen auf der linken und 1 auf der rechten Klappe; hinterer Schließmuskeleindruck kürzer als der vordere; Periostracum nur an der Schalenperipherie erhalten; Schalenoberfläche mit konzentrischen Streifen. Siphone sehr lang. Farbe: Periostracum braun; außen grauhellgelb; innen weiß. Vorkommen: In Schlamm und Sand grabend, zwischen den Gezeitenmarken.

Abra alba
Schale bis 20 mm lang, bis 20 mm breit, dünn, oval, gleichklappig, Vorderende abgerundet, Hinterende ausgezogen, Schloß mit schwachen Zähnen, Wirbel unmittelbar hinter der Mitte. Farbe: Weiß. Vorkommen: Im Schlamm grabend, vom flachen Wasser abwärts.

Abra tenuis (nicht abgebildet)
Schale bis 15 mm lang, 10 mm breit, dünn, zerbrechlich, oval, Vorderende abgerundet, Hinterende ausgezogen, Schloß mit schwachen Zähnen, Wirbel in der Mitte. Farbe: Schmutzigweiß mit glänzendem hellgrauem oder hellbraunem Periostracum. Vorkommen: Verschlammte flache Stellen und Flußmündungen, manchmal in Brackwasser.

Tellina distorta

Tellina tenuis

Tellina planata

Gastrana fragilis

Tellina incarnata

Abra alba

Tellina crassa

Scrobicularia plana

Gari depressa (= *Prammobia vespertina*)
Große Sandmuschel
Schale bis 62,5 mm lang, weniger breit, vorne und hinten abgerundet, jedoch mit geradem oberem Rand, Klappen fast gleich, leicht, äußeres Schloßband; Wirbel etwas hinter der Mitte gelegen, Periostracum braun-grün. Farbe: Außen rötlich, innen purpurrotweiß. Vorkommen: Von der Gezeitenzone bis in 50 m Tiefe.

Gari fervensis (= *Prammobia fervensis*)
Schale bis 45 mm lang, nicht so breit, Hinterrand rundlich, Vorderrand eckig mit stumpfer Spitze; Klappen nahezu gleich, klaffen etwas; äußeres Schloßband; Wirbel hinter der Mitte; Periostracum bräunlich. Farbe: Außen rosa bis weiß mit schwachen dunkleren Streifen, innen hell bläulich-rot. Vorkommen: Im Sand grabend, ab 10 m Tiefe

Solenocurtus strigillatus (= *Solecurtus strigillatus*) Rosige Sonnenmuschel
Schale bis 8 cm lang; langgestreckt mit abgerundeten Enden; gleichklappig; 1 Hauptzahn auf der linken und 2 Hauptzähne auf der rechten Schalenklappe; Wirbel und Wirbelspitzen etwas vor der Mitte; äußeres Schloßband. Farbe: Außen rosa mit 2 auffälligen, hellen Strahlenbändern; Periostracum gelb-grün. Vorkommen: In Sand und Grobsand grabend, in verschiedenen Tiefen.

Pharus legumen Taschenmessermuschel
Schale bis 12,5 cm lang; langgestreckt, schlank; gleichklappig; rückenseitiger und bauchseitiger Rand nicht parallel; Wirbel und Wirbelspitzen reduziert, liegen etwas vor der Schalenmitte und vor dem auffälligen, schwarzen äußeren Schloßband. Farbe: Außen weißlich mit feiner konzentrischer Zeichnung; Periostracum gelb-grün-braun. Vorkommen: Im Sand grabend, im seichten Wasser.

Solen marginatus Gefurchte Scheidenmuschel
Schale bis 12,5 cm lang; langgestreckt, schlank; mit auffälliger, nahezu vertikaler Furche oder Einschnürung unmittelbar hinter dem Schalenvorderrand und vor den reduzierten Wirbeln und Wirbelspitzen. Farbe: Außen hellgelb mit feinen Linien; Periostracum hellbraun. Vorkommen: Im Sand grabend, von der Gezeitenzone bis 35 m tief.

Ensis ensis Schwertmuschel
Schale bis 12,5 cm lang; langgestreckt, schlank, gebogen; gleichklappig; Wirbel und Wirbelspitzen reduziert, nahe dem Vorderrand gelegen; Schale verjüngt sich gegen das Hinterende; dunkles äußeres Schloßband. Siphone kurz und mit Ausnahme der freien Enden vereinigt. Farbe: Außen weißlich, mit roter und brauner Zeichnung; Periostracum gelbgrün. Vorkommen: Im Sand grabend, im seichten Wasser.

Ensis siliqua Scheidenmuschel, Messerscheide
Schale langgestreckt, bis 20 cm lang, schlank; gleichklappig; rücken- und bauchseitiger Rand annähernd parallel; Wirbel und Wirbelspitzen reduziert, nahe dem Vorderrand gelegen; Schale verjüngt sich nicht gegen das Hinterende; dunkles äußeres Schloßband. Siphone ähnlich *E. ensis*. Farbe: Außen weißlich, vertikal und horizontal gestreift, mit roter Zeichnung; Periostracum glänzend gelb-grün. Vorkommen: Im Sand grabend, bis 35 m Tiefe.

Gari depressa

Solenocurtus strigillatus

Gari fervensis

arus legumen

Solen marginatus

Ensis ensis

Ensis siliqua

Hiatella arctica Nordischer Steinbohrer
Schale bis 37,5 mm lang, sehr unregelmäßig in der Form; glattrandig; Schloßzähne bei erwachsenen Tieren zumeist abgenützt; Wirbel und Wirbelspitzen deutlich vor der Mitte; äußeres Schloßband; runder vorderer Schließmuskeleindruck geringfügig kleiner als hinterer, Schale mit unterschiedlich breiten, konzentrischen Streifen. Farbe: Außen weiß-gelb, innen weiß; Periostracum gelb-braun. Vorkommen: In weichem Gestein bohrend, zum Teil auch in vorhandenen Löchern lebend, mit Byssusfäden verankert, häufig auf schlammigen Sedimentböden, vom Ufer bis in größere Tiefe.

Corbula gibba
Schale bis 15 mm lang, 7 mm breit, asymmetrisch, Klappen dick, ungleich, rechte Klappe gewölbt, größer als linke; Schloßband in einer Rinne der linken Klappe untergebracht; Schloß kurz; Periostracum bräunlich. Farbe: Außen weiß mit roter Zeichnung. Vorkommen: Gewöhnlich in Sedimentböden grabend, häufig in der Nähe von Algen.

Gastrochaena dubia Flaschenmuschel
Schale bis 25 mm lang, glattwandig; gleichklappig; Schloß ohne Zähne; Wirbel und Wirbelspitzen nahe dem Schalenvorderende; äußeres Schloßband; hinterer Schließmuskeleindruck länger als vorderer; auffälliger Spalt zwischen den Schalenvorderrändern. Siphone vereinigt und wie das gesamte Tier von Kalkröhre umgeben. Farbe: Außen weißhellbraun, innen weiß. Vorkommen: In weichem Gestein und sogar in verfestigtem Sand bohrend, am Ufer und im seichten Wasser.

Pholas dactylus Gewöhnliche Bohrmuschel
Schale bis 15 cm lang; leicht; gleichklappig; Schalenrand glatt; Wirbel dem Vorderende genähert, aber nach hinten über die Schale gebogen; 4 zusätzliche Kalkplatten in der Wirbelgegend; weit klaffende Spalte zwischen den Schalenvorderenden; skulptierte Schalenoberfläche; diese sind vorne am kräftigsten und unterstützen die Bohrtätigkeit; Innenseite der Schale mit 2 freien Zähnen (1 pro Klappe); Siphone lang, miteinander verwachsen, von horniger Scheide umgeben. Farbe: Periostracum hellgelb; außen weiß-grau, innen weiß. Vorkommen: In weichem Gestein, Holz, verfestigtem Sand und Torf bohrend; Sublitoral und Flachwasser.

Barnea candida
Schale bis 70 mm lang; gleichklappig; ohne Schloßband, Schalen durch Muskeln verbunden; Schalenoberfläche mit „Zähnchenreihen"; Periostracum braun. Farbe: Weißgrau. Vorkommen: Bohrt in Kalkstein, Lehm oder Holz, gewöhnlich in seichtem Wasser.

Teredo navalis Schiffsbohrwurm
Schale reduziert; jede Schalenklappe mit innerem Zahn (Hypophysis); Schale fungiert als Bohrwerkzeug, umschließt den wurmartigen Weichkörper nur zum Teil; Mantel scheidet harte, kalkige, bis zu 20 cm lange Röhre ab, die dem Verlauf des Ganges folgt, den das Tier durch das Holz bohrt; spezielles Klappenpaar kann nach Zurückziehen der Siphone das offene Röhrenende verschließen; diese Klappen etwa 0,5 cm lang. Farbe: Weiß. Vorkommen: Bohrt in untergetauchten Holzbauten, z. B. in Pfeilern und Schiffsrümpfen.

Pandora albida Pandoramuschel
Schale bis 3,75 cm lang; Schalenklappen asymmetrisch, ungleichklappig, linke Klappe trogartig, rechte Klappe flach; Wirbel und Wirbelspitzen dem Vorderende genähert; inneres Schloßband; Schließmuskeleindrücke ungefähr gleich groß. Farbe: Periostracum hellbraun, außen weiß mit feinen konzentrischen Linien. Vorkommen: Auf Weichböden, meist im Flachwasser.

Thracia papyracea Büchsenmuschel
Schale bis 35 mm lang; zerbrechlich; linke Schalenklappe kleiner als rechte; Wirbel und Wirbelspitzen hinter der Mitte; Schloß ohne Zähne; inneres und äußeres Schloßband; Schalenoberfläche mit konzentrischen Streifen. Farbe: Weiß. Vorkommen: Auf Weichböden, häufig in der Nähe von Algen.

Hiatella arctica

Corbula gibba

Pholas dactylus

Gastrochaena dubia

Rückenansicht

Barnea candida

Teredo navalis

Pandora albida

Thracia papyracea

Kopffüßer (Cephalopoda)

Mollusken mit einem zylindrischen oder sackförmigen Körper. Kopf mit saugnapfbewehrten Fangarmen. Augen hochentwickelt. Der Körper bildet manchmal eine innere, nur in den seltensten Fällen eine äußere Schale aus; bisweilen fehlt diese überhaupt. Die Mundbewaffnung besteht aus einem Paar kräftiger, papageienschnabelähnlicher Kiefer und der dahinterliegenden Radula. Getrenntgeschlechtlich.

Zehnarmige Tintenfische (Decabrachia)

Kopffüßer mit zylindrischen, flossentragenden Körpern und einer inneren Schale. Die Mundöffnung ist von 10 Fangarmen umstellt, von denen gewöhnlich 2 wesentlich länger als die übrigen 8 sind und in Taschen zurückgezogen werden können. Im Mittelmeer sind 5 Arten nachgewiesen.

Sepia elegans Kleine Sepia (nicht abgebildet)
Bis 12 cm lang. Körper ziemlich schlank und etwas abgeflacht, am Rücken in einen schildförmigen Fortsatz verlängert; auffälliger Trichter auf der Kopfunterseite, paarige Flossensäume vom Kopf bis zum Körperende; 8 kurze Fangarme um den Mund; 2 längere, rückziehbare Fangarme mit Saugnäpfen an den verbreiterten Enden. Farbe: Variabel. Vorkommen: Über sandigen Böden und in Seegraswiesen.

Sepia officinalis Sepia
Bis 30 cm lang, ähnlich *S. elegans;* Kopfarme tragen Saugnäpfe in 4 Reihen, 2 lange rückziehbare Fangarme mit bis zu 6 Saugnäpfen, die merklich größer sind als die übrigen. Farbe: Oben grau-braun marmoriert, wechselt je nach Stimmung und Umgebung.

Sepiola rondeleti Zwergsepia
Mit Flossen, die rundliche, seitliche, bis zum Hinterende reichende Flügel bilden. Farbe: Oben braun, rascher Farbwechsel.

Loligo vulgaris Gemeiner Kalmar
Bis 50 cm lang. Körper torpedoförmig, mit paarigen Flossen, die etwa die Hälfte der Rumpflänge einnehmen und sich an ihrem Ende zu einer Spitze vereinigen; kleiner schildförmiger Körperfortsatz überragt den Hinterrand des Kopfes; Schale hornig und federförmig. Farbe: Variabel. Vorkommen: Hochseeform, nur selten in Küstennähe.

Ptodarodes sagittatus
Bis zu 60 cm lang, Körper torpedoförmig, mit paarigen Flossen, die etwa ein Drittel der Rumpflänge einnehmen und sich am Ende zu einer Spitze vereinigen; kein schildförmiger Körperfortsatz über dem Kopf; Schale hornig, federförmig; die beiden langen Fangarme sind nicht rückziehbar. Farbe: Oben violett bis dunkelbraun mit dunkelroten Flecken. Vorkommen: An der Meeresoberfläche, häufig bei Nacht.

Achtarmige Tintenfische (Octobrachia)

Kopffüßer mit sackförmigem Körper, ohne innere Schale, selten mit äußerer Schale. Flossen fehlen. Im Mittelmeer 4 Arten.

Argonauta argo Papierboot
Weibchen bis 20 cm lang, Männchen bis 1 cm. Weibchen mit weißer, papierdünner, runzliger Sekundarschale als Brutbehälter, die von 2 der 8 Kopfarme erzeugt und gehalten wird; Männchen zwergwüchsig, ohne Schale. Farbe: Wechselnd, silbrig bis grün-violett schimmernd, gefleckt oder ungefleckt. Vorkommen: Hochseeform.

Octopus vulgaris Gewöhnliche Krake
Bis 1 m lang, meist kleiner. Körper kräftig, mit auffälligem Trichter, kräftige Arme mit 2 Reihen von Saugnäpfen. Farbe: Je nach Stimmung und Umgebung, grau-gelb-grün marmoriert. Vorkommen: Zwischen Felsen und Steinblöcken.

Eledone moschata Moschuspolyp
Bis 40 cm lang. Körper mit auffälligem Trichter. Arme schlank mit einer Reihe von Saugnäpfen. Farbe: Braun schattiert mit Fleckenzeichnung. Vorkommen: Zwischen Felsen.

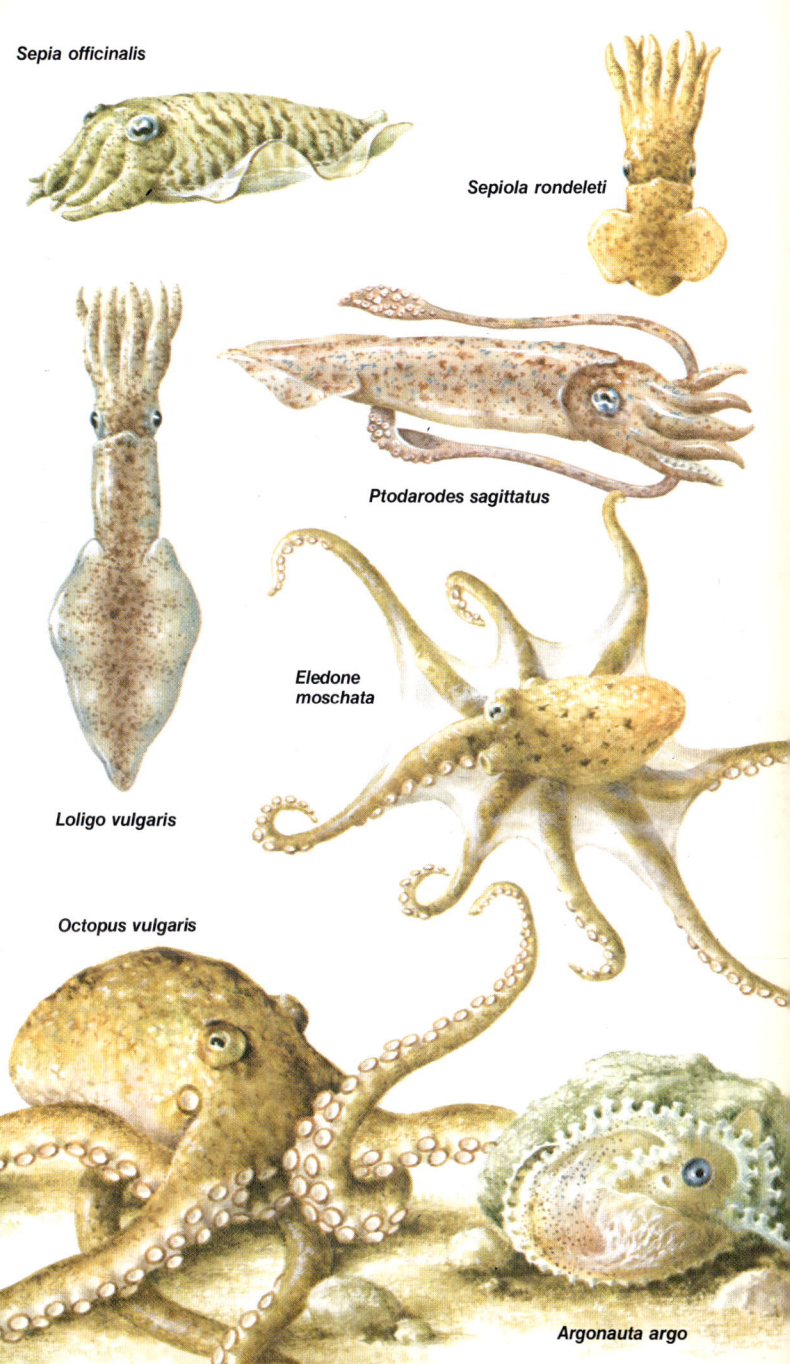

Sepia officinalis

Sepiola rondeleti

Ptodarodes sagittatus

Eledone moschata

Loligo vulgaris

Octopus vulgaris

Argonauta argo

Gliederfüßer (Arthropoda)

Bilateralsymmetrische, ungleichwertig segmentierte Tiere, deren Körper sich im allgemeinen in 3 Abschnitte gliedert: Kopf (Caput) – Brust (Thorax) – Hinterleib (Abdomen). Zumindest an den Brustsegmenten sind paarige Gliedmaßen vorhanden; die des Kopfes sind zu Mundwerkzeugen umgebildet, von denen mindestens 1 Paar vorhanden ist. Ein weiteres Merkmal der Arthropoden ist das Außenskelett, das aus vielen gegeneinander beweglichen Elementen zusammengesetzt ist und im wesentlichen aus Chitin besteht (Kalk kann eingelagert sein).

Der innere Bau des Körpers besteht aus 3 Gewebeschichten: Eine sekundäre Leibeshöhle ist nur in Resten vorhanden, sie verschmilzt größtenteils mit der Körperhöhle zum geräumigen Mixocoel, das mit Blutflüssigkeit (Hämolymphe) erfüllt ist.

Das Blutgefäßsystem ist offen, nur am Rücken ist ein großes Gefäß ausgebildet. Nervensystem und Gehirn sind hochentwickelt. Die Exkretionsorgane sind stark eingeschränkt oder fehlen gänzlich. Im allgemeinen sind die Tiere getrenntgeschlechtlich.

Die Gliederfüßer bilden den artenreichsten Tierstamm des gesamten Tierreiches. Ihren Erfolg verdankt diese Gruppe einerseits der Entwicklung eines Außenskeletts, das Schutz vor Austrocknung bietet und eine schnelle Fortbewegung ermöglicht (z. B. den Flug der Insekten), und andererseits der Leistungsfähigkeit ihres Stoffwechselsystems, das sich auch extremen Umweltbedingungen anpaßt. Infolgedessen haben die Arthropoden fast alle Lebensräume der Erde besiedelt. Einige Gruppen, wie z. B. die Insekten (Insecta), sind fast ausschließlich landlebend, sie bleiben daher in diesem Buch unberücksichtigt. Unter den marinen Arthropoden bilden die Krebstiere (Crustacea) die größte Klasse, sie kommen in nahezu allen marinen Lebensräumen vor. Ihr Grundbauplan (siehe Bild 33) ist in mannigfacher Weise abgewandelt, was systematisch in der Vielzahl der Unterklassen und Ordnungen zum Ausdruck kommt.

Bild 32. Planktonische Crustaceen-Larven

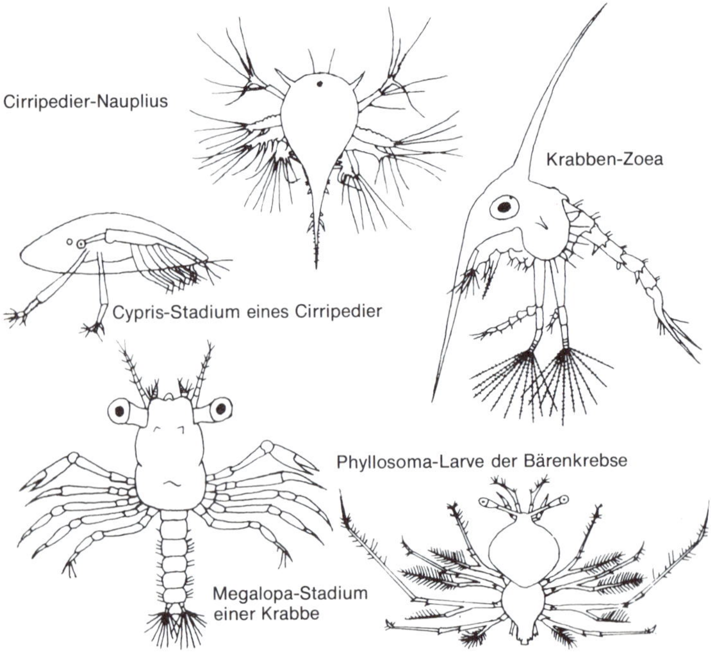

Cirripedier-Nauplius

Krabben-Zoea

Cypris-Stadium eines Cirripedier

Phyllosoma-Larve der Bärenkrebse

Megalopa-Stadium einer Krabbe

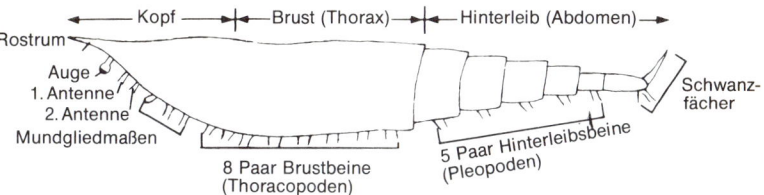

Bild 33. Grundbauplan eines Decapoden

Als Beispiele seien hier nur die mikroskopisch kleinen, planktonischen Formen auf der einen Seite sowie die schweren, großen, bodenlebenden zehnfüßigen Krebse (Decapoden) auf der anderen Seite erwähnt. Der Grundbauplan des Krebstierkörpers wurde in verschiedenster Weise abgewandelt. So gleichen bei den Rankenfüßern (Cirripedia) die erwachsenen Tiere nicht den übrigen Krebstieren (Crustacea) und wurden daher auch lange Zeit im tierischen System an anderer Stelle eingereiht. Ihre Larvenentwicklung folgt jedoch dem üblichen Krebsschema, und die winzige, freischwimmende Larve macht zwei charakteristische Entwicklungsstadien (Nauplius und Cypris) durch, bevor sie das Planktonleben aufgibt, um sich auf einer geeigneten Unterlage niederzulassen und in die erwachsene Form zu verwandeln (Metamorphose). Bild 32 zeigt eine Reihe verschiedener, bei den Krebstieren auftretender Larven, die man zu verschiedenen Jahreszeiten im Plankton antreffen kann; sind sie auch eindeutig als Krebstiere anzusprechen, so ähneln sie doch noch kaum der Erwachsenenform, in die sie sich durch eine Metamorphose umwandeln. Die Rankenfüßer (Cirripedia) sind zu einer festsitzenden Lebensweise übergegangen, wobei ihr Körper von einer Anzahl fester, zu einem Gehäuse zusammengefaßter Kalkplatten umgeben und geschützt wird. Die Gehäusebasis, mit der die Tiere auf der Unterlage befestigt sind, ist ein Bestimmungsmerkmal; sie kann verkalkt oder membranös sein und wird bei der Entfernung des Tieres vom Untergrund sichtbar. Die Verankerung am Substrat erfolgt mit dem Kopf; die Brustbeine sind zu rankenartigen Seihorganen umgestaltet, die aus dem Gehäuse vorgeschoben, durch ihr Vor- und Zurückschlagen Nahrungspartikel aus dem Wasser filtrieren.
Die Unterklasse Höhere Krebse (Malacostraca) umfaßt eine große Vielfalt verschiedener Krebsformen, deren Grundbauplan in Bild 33 wiedergegeben ist. Die ursprüngliche, zweiästige Krebstierextremität, der sog. Spaltfuß, ist bei dieser Gruppe auf bestimmte Körperregionen beschränkt (z. B. Abdomen), während die Beine der Brustregion oft sog. Stabbeine darstellen, die zum Laufen verwendet werden und deren Außenast reduziert ist. Die in dieser Region häufig ausgebildeten Kiemen lassen sich jedoch nicht von diesem reduzierten Ast ableiten, sondern stellen zusätzliche Bildungen der Beinbasis vor. Die Vertreter der Höheren Krebse sind üblicherweise freilebend und suchen aktiv nach Nahrung, wozu sie ihre wohlentwickelten Augen und Chemorezeptoren einsetzen. Dies gilt insbesondere für viele Arten der Ordnung Zehnfüßige Krebse (Decapoda), wie z. B. Krabben und Hummer, die oft ein Leben am Meeresboden als Abfallbeseitiger oder Räuber führen (sie sind in der Unterordnung Peptantia zusammengefaßt). Zur gleichen Ordnung gehören die Garnelenartigen, die sich aber insofern von diesen unterscheiden, als sie sich genausogut schwimmend wie schreitend fortbewegen können; einige Vertreter dieser in der Unterordnung Natantia zusammengefaßten Arten sind ausschließlich Hochseebewohner, ohne je den Meeresboden aufzusuchen. Eine schwimmende Lebensweise ist hingegen allen Larven dieser Gruppe eigen. Bei vielen Arten betreiben die Weibchen Brutpflege und tragen die befruchteten Eier eine bestimmte Zeit am Körper festgeheftet; die heranwachsenden Embryonen werden dabei ausreichend mit Sauerstoff versorgt. Haben die Larven die Eihülle verlassen, so beginnt ihr Leben im Plankton. Während dieses Lebensabschnittes wachsen sie heran und ändern vielfach mehrmals ihre Körpergestalt, ehe sie sich endgültig verwandeln und als Jungtiere auf dem Meeresboden oder sonstwo ihr Erwachsenendasein beginnen.

Krebse (Crustacea)
Rankenfüßer (Cirripedia)

Krebse, die im erwachsenen Zustand festsitzend sind und ein aus mehreren Kalkplatten zusammengesetztes Gehäuse und zu einem Seihapparat umgestaltete Beine besitzen. Eine Ausnahme bilden die parasitischen Formen. Im Mittelmeer sind ca. 18 Arten vertreten.

Lepas anatifera Entenmuschel
Gehäuse etwa 50 mm lang, mit 5 glatten, durchscheinenden, bläulich-weißen Kalkplatten; Stiel 10–20 cm lang, etwas rückziehbar, mit braun-grauer Haut bedeckt. Vorkommen: Pelagisch, normalerweise an Booten oder Treibholz.

Scalpellum scalepellum Samtige Entenmuschel
Gehäuse bis 20 mm lang, aus 14 grau-weißen Platten bestehend; Stiel mit Härchen bedeckt. Vorkommen: An Hydroid- und Bryozoenstöckchen und Wurmröhren, von 30–100 m Tiefe.

Verruca stroemia Meerwarze
Stiellos, Schale bis etwa 5 mm Durchmesser; asymmetrisch, aus 4 ungleichen, stark gerippten Platten von grauer, weißer oder brauner Farbe; Gehäusebasis membranös. Vorkommen: Unter Steinen und Felsblöcken, im Sublitoral bis 70 m Tiefe.

Chthamalus montagui
Stiellos. Gehäuse bis 12 mm Durchmesser, leicht asymmetrisch, aus 6 gefurchten, einen Kegelstumpf bildenden Platten, Seitenplatten überlappen die Endplatten, so daß diese schmal erscheinen (bei älteren Individuen kann das Verschmelzen der Platten ihre genaue Begrenzung erschweren); die drachenförmige Öffnung wird von 4 Opercularplatten eingefaßt, deren horizontale Nähte die Mittellinie vor dem ersten Drittel ihrer Gesamtlänge kreuzen, Gehäusebasis membranös. Vorkommen: Auf Felsen am Ufer.

Chthamalus stellatus Sternseepocke
Stiellos; ähnelt *C. montagui* und kommt mit ihr zusammen, jedoch tiefer an Felsküsten, vor, an wellenexponierten Stellen, jedoch auch höher, so daß sich beide Arten in ihrem Vorkommen überschneiden und nicht immer leicht zu unterscheiden sind. Bei C. stellatus ist die Öffnung oval, und die horizontalen Nähte kreuzen die Mittellinie erst nach $1/3$ der Gesamtlänge; Gehäusebasis membranös.

Euraphia depressa (= *Chthamalus depressus*)
Stiellos. Gehäuse bis 15 mm Durchmesser, relativ flach, weniger kegelförmig als *C. montagui;* Öffnung groß und annähernd sechseckig, die „horizontalen" Nähte bilden einen spitzen Winkel mit der Mittellinie, Gehäusebasis membranös, Rand der beweglichen Innenplatten bräunlich. Vorkommen: An Felsen in der Spritzzone und in Felsnischen.

Balanus perforatus Durchlöcherte Seepocke
Stiellos. Gehäuse annähernd symmetrisch, bis 3 cm Durchmesser, relativ groß, konisch, mit 6 grau-purpur-braunen, glatten oder schwach gestreiften Platten, an der Spitze häufig getrennt und eine gezackte Kontur freilassend; Öffnung exzentrisch; Gehäusebasis verkalkt. Vorkommen: Am Ufer.

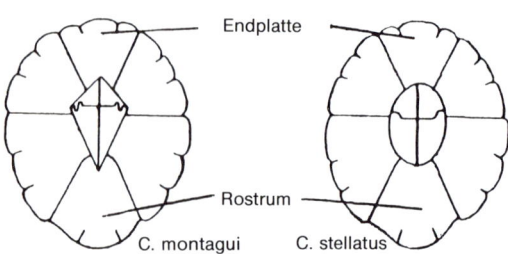

Endplatte

Rostrum

C. montagui   C. stellatus

Bild 34.
Form der Mauerkrone

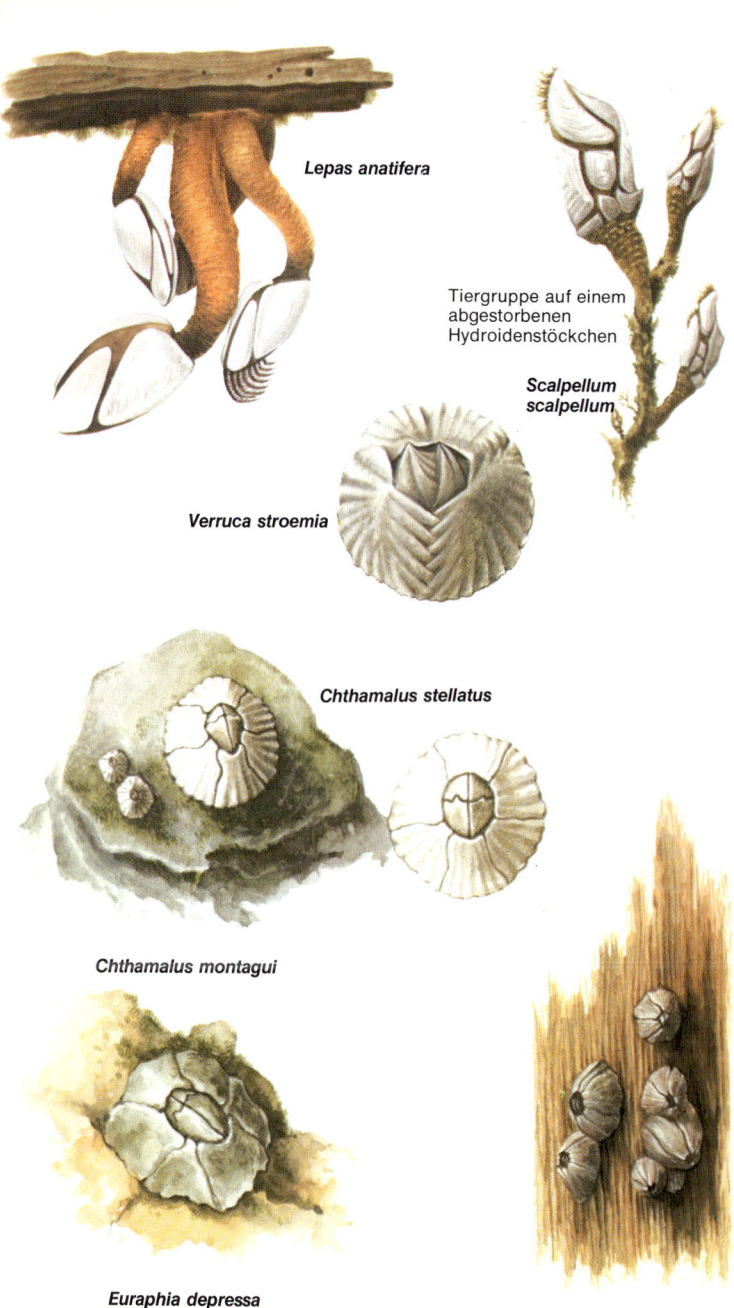

Lepas anatifera

Tiergruppe auf einem abgestorbenen Hydroidenstöckchen

Scalpellum scalpellum

Verruca stroemia

Chthamalus stellatus

Chthamalus montagui

Euraphia depressa

Balanus perforatus

Balanus improvisus Brackwasser-Seepocke
Stiellos. Gehäuse bis 15 cm Durchmesser, symmetrisch; Rand der beweglichen Innenplatten weiß mit purpurnen Bändern; Gehäusebasis verkalkt. Vorkommen: Im Brackwasser, z. B. in Flußmündungen und Lagunen.

Balanus eburneus
Stiellos. Gehäuse kegelförmig, bis 30 mm Durchmesser, Platten glatt und creme- oder elfenbeinfarben mit gezähnelten Enden, Rand der beweglichen Innenplatten braun gebändert und gesprenkelt auf weißem oder cremigem Untergrund; Gehäusebasis verkalkt. Vorkommen: Auf Schiffen, Küstenfelsen, Muschelschalen, Kalkrotalgen, im Brackwasser, in Flußmündungen und Häfen.

Acasta spongites Schwamm-Seepocke
Stiellos. Gehäuse bis 12 mm Durchmesser; leicht zu identifizieren, da stets ganz oder zumindest teilweise in einem Schwamm eingebettet; Gehäusebasis nach außen gewölbt. Vorkommen: Mit einem Schwamm vergesellschaftet, Sublitoral.

Pyrgoma anglicum Englische Seepocke
(abgebildet auf Seite 99, auf *Caryophyllia smithi* sitzend).
Gehäuse bis 3 mm Durchmesser; leicht zu erkennen, da immer auf einer Koralle befestigt. Farbe: grün-grau-braun. Vorkommen: Hauptsächlich auf *Caryophyllia smithi*.

Conchoderma virgatum
Gehäuse aus 5 kleinen Skelettplatten in einer dicken Haut. Gesamtlänge bis 50 mm, purpurrot bis dunkel rot-braun mit Streifen, lederartig. Stiel erweitert sich von der Anheftungsstelle bis zum Rumpf. Vorkommen: Auf verschiedenen schwimmenden Gegenständen.

Chelonibia testudinaria Schild-Seepocke
Stiellos. Gehäuse flach, oval, bis 25 mm Durchmesser; Mauerkrone aus 6 dickwandigen, glatten, weißen Platten aufgebaut, wobei nur die Plattenspitzen die Öffnung erreichen, Zwischenräume zwischen den Platten membranös. Vorkommen: Auf den Panzern von Seeschildkröten.

Sacculina carcini Parasitischer Wurzelkrebs
Im erwachsenen Zustand von den übrigen Rankenfüßern völlig abweichend; sitzt in Form eines hellen, von einer gelb-braunen Haut umhüllten Klumpens unter dem eingeschlagenen Hinterleib der Krabbe *Carcinus maenas,* manchmal aber auch auf anderen Krabbenarten. Dadurch kann der Hinterleib nicht mehr vollständig unter den Carapax eingeklappt werden. Von den Eiern der Krabben, die das Weibchen in ähnlicher Position trägt, dadurch zu unterscheiden, daß die Eier körnig erscheinen, während *S. Carcini* glatt wirkt.

Peltogaster paguri
Parasit, erscheint als glatter, langgestreckter Auswuchs an der Seite des Abdomens bei Einsiedlerkrebsen; nicht sichtbar, wenn der Einsiedler in seinem Schneckenhaus sitzt; kommt bei *Pagurus bernhardus* und *P. cuanensis* (siehe Seite 210) vor.

Balanus improvisus

Balanus eburneus

Acasta spongites

Conchoderma virgatum

Chelonibia testudinaria

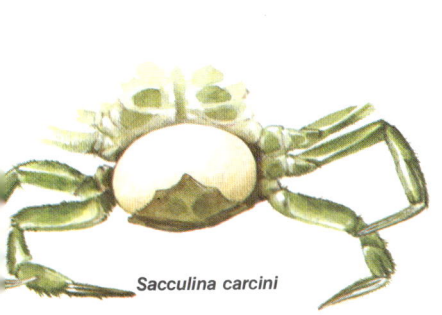

Sacculina carcini

Peltogaster paguri

Höhere Krebse (Malacostraca)

Krebstiere mit zusammengesetzten Augen, 2 Paar Antennen und mit einem Kopfbrust-schild, entstanden durch Verschmelzung von Kopf und Brust; dieser wird normalerweise von einem mehr oder minder ausgedehnten Carapax bedeckt. Die Brust umfaßt 8 Segmente mit je 1 Paar Beinen, die teils der Nahrungsaufnahme, teils als Stabbeine der Fortbewegung dienen. Hinterleib besteht aus 6 (selten 7) Segmenten, die jeweils 1 Paar Anhänge tragen, die in verschiedener Art und Weise umgewandelt sind.

Leptostraca/Nebaliacea

Kleine Krebse mit gestielten Augen und beweglichem Rostrum. Der große Carapax umhüllt die Brustbeine und noch 4 Hinterleibs-Beinpaare. Im Mittelmeer nur 1 Art.

Nebalia bipes Nebalia
Bis 1 cm lang. Oberes (1.) Antennenpaar kürzer, unteres (2.) Paar länger, erreicht fast die ganze Körperlänge. Vorkommen: Eu- und Sublitoral, bis 30 m tief, oft auf Detritus.

Heuschreckenkrebse (Stomatopoda)

Mittelgroße Höhere Krebse mit kurzem, schildartigem Carapax. Das letzte Glied des 2. Brustbeinpaares bildet eine bestachelte Klaue (Rauhbein).

Meiosquilla desmaresti (= **Squilla desmaresti**) Kleiner Heuschreckenkrebs
Bis 12 cm lang. Letztes Glied des 2. Brustbeinpaares trägt 4 auffällige Zinken und endet in einer scharfen Spitze. Vorkommen: Auf Weichböden.

Squilla mantis Großer Heuschreckenkrebs
Bis 12 cm lang. Ähnlich *M. desmaresti,* das letzte Glied des 2. Brustbeinpaares aber mit 5 auffälligen Zinken; Schwanzfächer mit 2 dunklen Augenflecken.

Platysquilla eusebia (nicht abgebildet)
Bis 6 cm lang, wie *M. desmaresti,* das letzte Glied des 2. Brustbeinpaares jedoch mit etwa 9 auffälligen Zinken.

Cumacea

Kleine Höhere Krebse mit breit aufgetriebenem, nur zum Teil vom Carapax bedeckten Kopfbrustschild, der sich scharf gegen den dünnen, langen Hinterleib absetzt. Im Mittelmeer etwa 10 Arten.

Pseudocuma longicornis Langhorn
Bis 5 mm lang. Vorderer Carapaxteil deutlich gefurcht. Vorkommen: In Sand und Schlamm grabend; bisweilen Schwärme im Oberflächenwasser.

Scherenasseln (Tanaidacea)

Kleine Krebse mit dorsoventral abgeflachtem Körper. Carapax bedeckt nur die ersten beiden Brustsegmente; das 2. Brustbeinpaar trägt kleine Scheren; die folgenden 6 Beinpaare sind scherenlos. Hinterleibsbeine als Schwimmbeine ausgebildet; Schwanzfächer fehlt, das letzte Segment trägt jedoch 2 dünne Anhänge. Im Mittelmeer 5 Arten.

Apseudes latreillei Scherenassel
Bis 6 mm lang. Antennen und Terminalanhänge verzweigt. Vorkommen: Im Schlamm wühlend, bisweilen unter Steinen und zwischen Algen; Sublitoral und Flachwasser.

Leuchtgarnelen (Euphausiacea)

Kleine pelagische Höhere Krebse mit auffälligen Augen, deren Carapax sämtliche Brustsegmente überdeckt, seitlich aber so kurz ist, daß die Kiemenanhänge der Beine deutlich sichtbar sind. Brustbeinpaare scherenlos. Im Mittelmeer 5 Arten.

Meganyctiphanes norvegica Krill
Bis 15 mm lang. Carapax mit Rostrum, entspricht ca. $^1/_3$ der Körperlänge; untere Ränder glatt, nicht wie bei anderen Arten gezähnt oder bedornt; charakteristischer Fortsatz des Carapaxvorderrandes hinter den Augen. Vorkommen: Pelagisch.

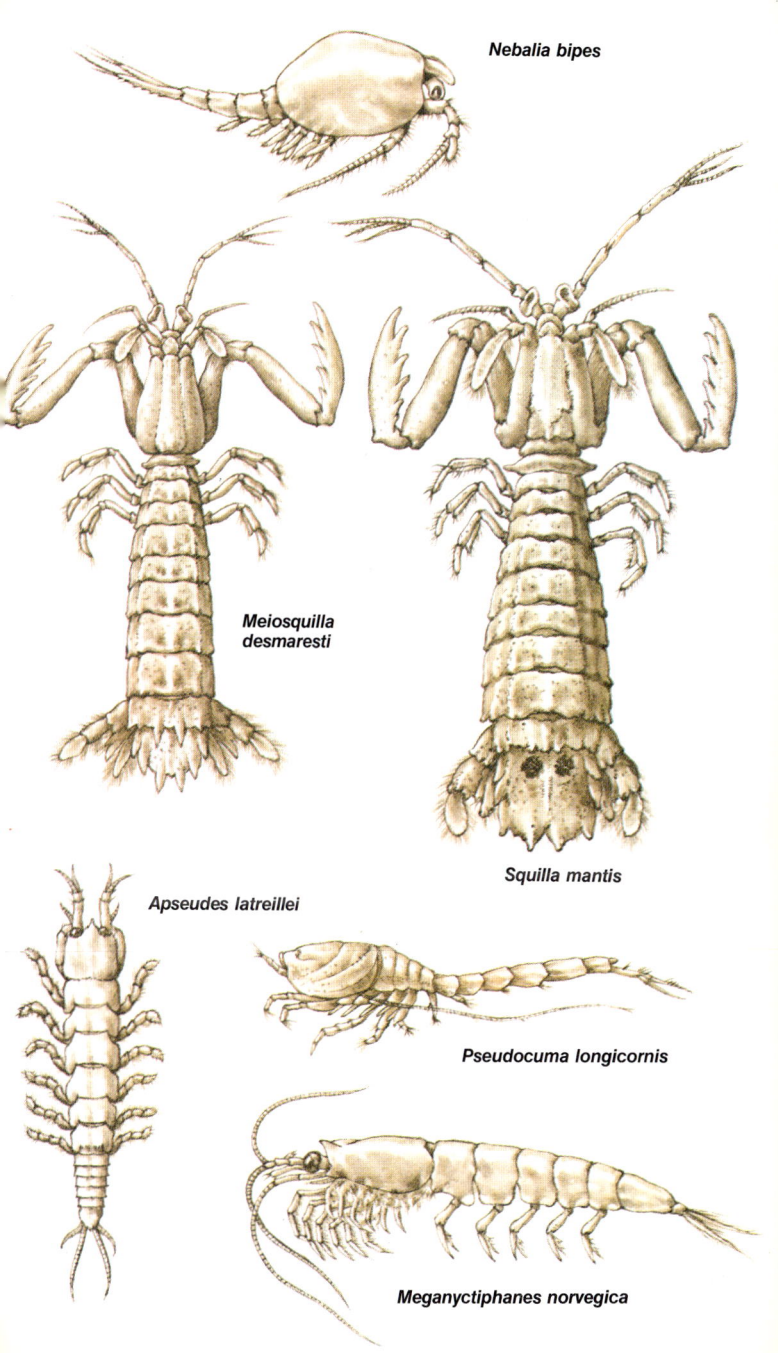

Nebalia bipes

Meiosquilla desmaresti

Squilla mantis

Apseudes latreillei

Pseudocuma longicornis

Meganyctiphanes norvegica

Schwebgarnelen (Mysidacea)

Kleine, schwimmende Höhere Krebse, die selten länger als 3 cm werden; ihr Carapax ist kurz und zart, der Hinterleib lang und schmal. Die Brustbeinpaare (Thoracopoden) sind scherenlos und verfügen über lange Außenäste; die abdominalen Beinpaare (Pleopoden) sind zumeist kurz; der Schwanzfächer (Lupe!) ist für die Bestimmung wichtig, seine genaue Ausbildung und Form werden daher bei Seitenansichten gesondert ausgeführt. Auffällige Augen sitzen auf beweglichen Augenstielen. Die Tiere sind meist durchsichtig und können aufgrund ihrer Schwimmbewegung im Wasser schweben. Die Weibchen tragen auf ihrer Unterseite einen aus großen Platten der Brustbeinpaare gebildeten Brutbeutel. Im Mittelmeer kommen mindestens 32 Arten vor.

Lophogaster typicus
Bis 22 mm lang. Carapax relativ groß, bedeckt die Brustregion an den Seiten ganz, oben mit Einkerbung, so daß die beiden letzten Brustsegmente sichtbar sind; Körperoberfläche vor allem in der Bauchmitte mit winzigen Warzen bedeckt (Lupe!). Vorkommen: Vom Flachwasser bis in 100 m Tiefe oder mehr, meist auf Schlammböden.

Leptomysis gracilis Zierliche Schwebgarnele
Bis 13 mm lang. Carapax kurz, bedeckt nicht den gesamten Brustabschnitt, nur wenig breiter als der Hinterleib; gesamte Körperoberfläche mit kleinen Schuppen bedeckt (nur mit einer starken Lupe zu erkennen). Farbe: Durchsichtig und fast farblos; Hinterleib schwach gelb-rot gefärbt. Vorkommen: In Felsspalten des Sublitorals und im Flachwasser in Bodennähe. Zu bestimmten Jahreszeiten im Plankton anzutreffen. Ähnlich: *L. mediterranea* (Mittelmeer-Schwebgarnele), 10 mm lang, ohne feine Schuppen auf der Körperoberfläche; tritt manchmal in großen Schwärmen in Küstennähe auf.

Siriella clausii
Bis 11 mm lang. Carapax sehr kurz, erreicht höchstens die halbe Länge des Hinterleibs. Vorkommen: In Flachwasser, Spritzwassertümpeln und zwischen Algen, gewöhnlich auf Geröll oder Sand, bis 35 m tief.

Anchialina agilis Bewegliche Schwebgarnele
Bis 9 mm lang. Carapax relativ groß; bedeckt außer der gesamten Brustregion auch noch einen Teil des Hinterleibs. Körperoberfläche mit winzigen Borsten oder Stacheln bedeckt, die besonders am Endsegment gut sichtbar sind. Vorkommen: Tagsüber am Meeresboden vom flachen Wasser bis zu einer Tiefe von 60 m und mehr; steigt in der Nacht in relativ kurzer Zeit rasch zur Oberfläche auf.

Mysidopsis gibbosa
Bis 7 mm lang. Carapax kurz, bedeckt das 5. und 6. Brustsegment nicht völlig, so daß sie von oben sichtbar sind, in der Seitenansicht treten 2 Warzen in der Rückenmitte des Carapax deutlich hervor. Farbe: Variabel, dunkelgrau bis undurchsichtig mit zusätzlicher Bänderung aus winzigen Tupfen. Vorkommen: Im Flachwasser, am Grund, gewöhnlich in 1–20 m Tiefe, manchmal tiefer.

Paramysis helleri Hellers Schwebgarnele
Bis 11 mm lang. Carapax bedeckt das letzte Brustsegment nur unvollständig, erreicht nicht ganz die halbe Länge des Hinterleibs. Farbe: Durchsichtig, mit stark verzweigter, gelber, brauner und rosafarbener Zeichnung. Vorkommen: In Schwärmen, oft über Phytalbeständen, zumeist in geringer Tiefe und in unmittelbarer Küstennähe; zum Teil auch in Flußmündungen.

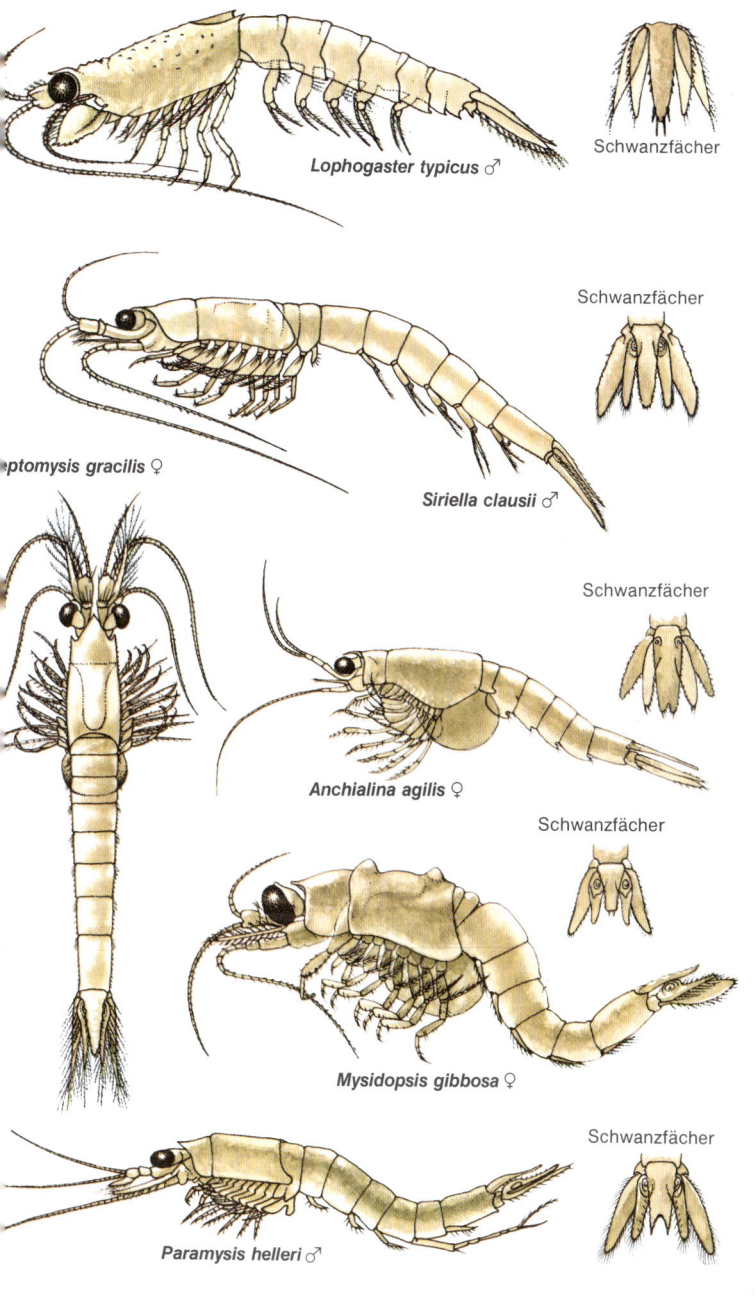

Lophogaster typicus ♂

Schwanzfächer

ptomysis gracilis ♀

Schwanzfächer

Siriella clausii ♂

Schwanzfächer

Anchialina agilis ♀

Schwanzfächer

Mysidopsis gibbosa ♀

Schwanzfächer

Paramysis helleri ♂

Schwanzfächer

Asseln (Isopoda)

Asseln sind kleine, dorsoventral abgeflachte, carapaxlose Höhere Krebse, deren innere (1.) Antennen klein, die äußeren (2.) auffällig und die Augen nicht gestielt sind. Das 1. Brustbeinpaar steht als Kieferfuß im Dienste der Nahrungsaufnahme, die übrigen 7 sind Stabbeine zur Fortbewegung. Die ersten 5 Hinterleibsbeinpaare sind blattförmig und fungieren als Kiemen, das 6. Segment trägt verzweigte Schwimmanhänge, die zum Teil mit dem Telson verwachsen können. Die meisten Arten sind freilebend, einige jedoch leben parasitisch auf anderen Krebsen oder Fischen. Mindestens 28 Arten im Mittelmeer.

Gnathia maxillaris
Bis 6 mm lang. 1. Antenne länger als 2.; Geschlechter sehr verschieden. Männchen trägt am Kopf große Kieferklauen zwischen den Antennen, mit charakteristischem Stirnband (siehe Bild); Körper zwischen den Augen am breitesten, Brust ebenfalls breit, Hinterleib winzig, zugespitzt. Weibchen mit kleinem Kopf ohne Kiefer, Brust tonnenförmig aufgetrieben, Hinterleib klein. Vorkommen: In Felsspalten und Algenverstecken freilebend, in der Jugend blutsaugend an Küstenfischen.
Ähnlich: G. oxyuraea.

Limnoria tripunctata
Bis 4 mm lang, beide Antennen kurz; Brust etwas länger und breiter als der von parallelen Rändern begrenzte Hinterleib, 6. Hinterleibspaar entspringt unmittelbar am Rand des Telson, Telsonende mit 3 kleinen Warzen (Lupe!). Vorkommen: Im Holz bohrend.

Anthura gracilis   Zierliche Assel
Männchen bis 4 mm, Weibchen bis 11 mm lang. 2. Antenne beim Männchen lang und geborstet, beim Weibchen kurz und ohne Borsten, Augen groß und auffällig; langgestreckter Brustteil, 1. Beinpaar zangenartig, Hinterleib kurz, mit deutlichem Schwanzfächer. Vorkommen: In Felsspalten und zwischen Algen im flachen Wasser.

Eurydice affinis
Bis 6 mm lang. 1. Antenne kurz, 2. beinahe so lang wie Kopf und Brust zusammen; Brust oval, Hinterleib schmäler und nur $2/3$ so lang; 6. Hinterleibsbeinpaar kurz und nicht dem Telson genähert, Telsonende konvex (Lupe!); schwarze Tüpfelchen auf dem Rücken. Vorkommen: Im Sand, am Ufer und im Flachwasser.

Dynamene bidentata
Geschlechter verschieden. Männchen bis 7 mm lang, Kopf rundlich, gewölbt, deutlich; 6. Thorakalsegment mit 2 seitlichen Fortsätzen, die über das 7. Segment und die ersten beiden Abdominalsegmente nach hinten reichen, Telson rauh (Lupe!), 6. Hinterleibsbeinpaar mit deutlichem, nach außen gerichteten Seitenast. Weibchen bis 6 mm lang, 6. Thorakalsegment ohne nach hinten gerichtete Fortsätze. Vorkommen: Felsspalten und leere Seepockengehäuse, in der Jugend zwischen Algen.

Anilocra physodes
Bis 24 mm lang, Kopf in der Mitte nach hinten verlängert, 1. Antenne länger als die 2.; Brust oval, mit Klammerbeinen zum Festhalten am Wirtstier, Hinterleib verjüngt sich, Telson quadratisch, Hinterrand abgerundet; 6. Hinterleibsbeinpaar deutlich. Vorkommen: Parasit an Fischen, besonders an Lippfischen.

Sphaeroma serratum   Kugelassel
Bis 12 mm lang, 1. Antenne etwa halb so lang wie die 2., die etwa $1/3$ der Körperlänge ausmachen, Körper oval; 6. Hinterleibsbeinpaar mit auffälligen ovalen, abgeflachten, an den Außenrändern gesägten Endgliedern, Telson mit glatter Oberfläche. Vorkommen: In Spalten und unter Steinen der Gezeitenzone.

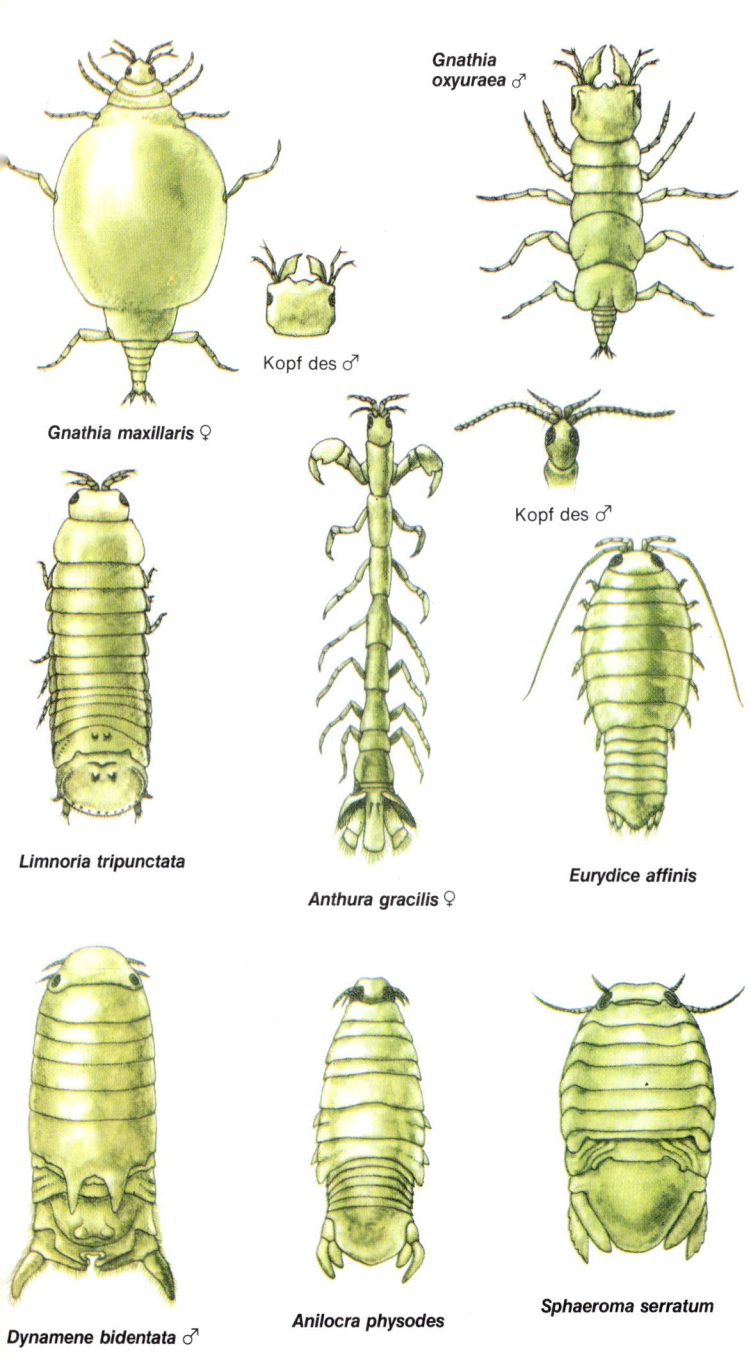

Gnathia oxyuraea ♂

Kopf des ♂

Gnathia maxillaris ♀

Kopf des ♂

Limnoria tripunctata

Anthura gracilis ♀

Eurydice affinis

Dynamene bidentata ♂

Anilocra physodes

Sphaeroma serratum

Idotea baltica Baltische Klippenassel
Weibchen bis 17 mm, Männchen bis 3 cm lang. 1. Antennen kurz, 2. Antennen erreichen
etwa ¹/₄ der Körperlänge. Körper langgestreckt, mit leicht vorgewölbten Seiten; Hinterleib schmäler als die Brust, endet mit einem langen Telson mit geraden Rändern und ge-
kielter Oberseite; Hinterrand des Telson in 3 Zähne ausgezogen. Vorkommen: In Algenbeständen im seichten Wasser.

Idotea linearis
Männchen bis 40 mm lang, Weibchen kleiner. 1. Antennen reichen gerade bis zum
2. Glied der 2. Antennen, die halb so lang wie der langgestreckte Körper sind; Hinterrand
des Telson konkav. Vorkommen: Im seichten Wasser am Ufer.

Jaera nordmanni
Männchen bis 4,5 mm, Weibchen bis 3,5 mm lang. Augen klein. 1. Antennen sehr kurz,
2. Antennen etwa halb so lang wie der Körper. Körper oval, flach, Ränder mit Stacheln
gesäumt, tiefe Einschnitte zwischen den Thorakalsegmenten; Hinterleib rundlich, letztes Hinterleibsbeinpaar ragt etwas unter einem Einschnitt des Telson hervor. Vorkommen: Gewöhnlich unter Steinen in der Gezeitenzone. Ähnlich: *J. hopeana,* aber das
letzte Beinpaar sitzt nicht in einem Telsoneinschnitt, lebt auch als Kommensale an
Sphaeroma serratum (siehe Seite 192).

Ligia italica
Bis 12 mm lang. Die 2. Antennen erreichen etwa ²/₃ der Körperlänge, 1. Antennen winzig,
Körper flach, oval, 6. Hinterleibsbeinpaar lang, weit unter dem Telson vorragend,
Außenast kürzer als Innenast, Basipodit ziemlich schlank. Vorkommen: Auf Felsen ober-
halb der Gezeitenzone, tagsüber in Spalten.
Ähnlich: *L. oceanica* Meeres-Klippenassel. 6. Abdominalbeinpaar erstreckt sich jedoch
nicht so weit nach hinten.

Tylos sardous
Bis 15 mm lang. 2. Antennen etwa ¹/₄ der Körperlänge einnehmend, Kopf selbst klein und
fast ganz vom 1. Brustsegment umhüllt. Körper flach, oval; Hinterleib klein, Extremitäten kaum von oben sichtbar. Vorkommen: Gewöhnlich über der Gezeitenzone, in der Nähe
von Muschelschalen, Steinen oder Grobsand.

Flohkrebse (Amphipoda)

Flohkrebse sind kleine, carapaxlose, seitlich zusammengedrückte Höhere Krebse, deren
Antennen verschiedenartig ausgebildet sind und deren Augen nicht auf Stielen sitzen.
Das 1. Brustbeinpaar steht als sogenannter Kieferfuß (Maxilliped) im Dienste der Nah-
rungsaufnahme, während die übrigen 7 Beinpaare unterschiedlich entwickelt sind und
zum Teil Scheren bzw. Klauen tragen. Der Hinterleib verfügt über 3 Paar Spring- und 3
Paar Schwimmbeine sowie über ein Telson, in manchen Fällen kann es aber als Ganzes
stark reduziert sein. Brust- und Hinterleibssegmente lassen sich im Gegensatz zu den
Asseln viel schwerer unterscheiden. Im Mittelmeer mehr als 5 Arten.

Talitrus saltator Strandfloh
Bis 16 mm lang; obere (1.) Antenne kürzer als der großgliedrige Teil der unteren (2.) Antenne und ohne jegliche Verzweigung; untere Antenne läuft in einer Reihe kleiner Glieder aus, die unter der Lupe rauh und gezähnt aussehen; 2. Brustbeinpaar (Gnathopoden)
mit klauenartigem Endglied. Vorkommen: Im Supralitoral, besonders im Angespül.

Orchestia gammarella Sandhüpfer
Bis 2 cm lang. Obere Antenne kürzer als der großgliedrige Teil der unteren Antenne,
ohne jede Verzweigung; untere Antenne endet in einer Anzahl kleiner Glieder, die unter
der Lupe glatt erscheinen. 2. Brustbeinpaar endet mit einer kleinen Klaue, die scheren-
artig gegen das vorhergehende Glied bewegt werden kann (Subchela); 3. Brustbeinpaar
endet mit einer großen Klaue, wobei das vorletzte Beinglied groß, oval und sehr auffällig
ist. Vorkommen: Zwischen Steinen und Algen, im Angespül, vom Supralitoral bis ins Eulitoral.

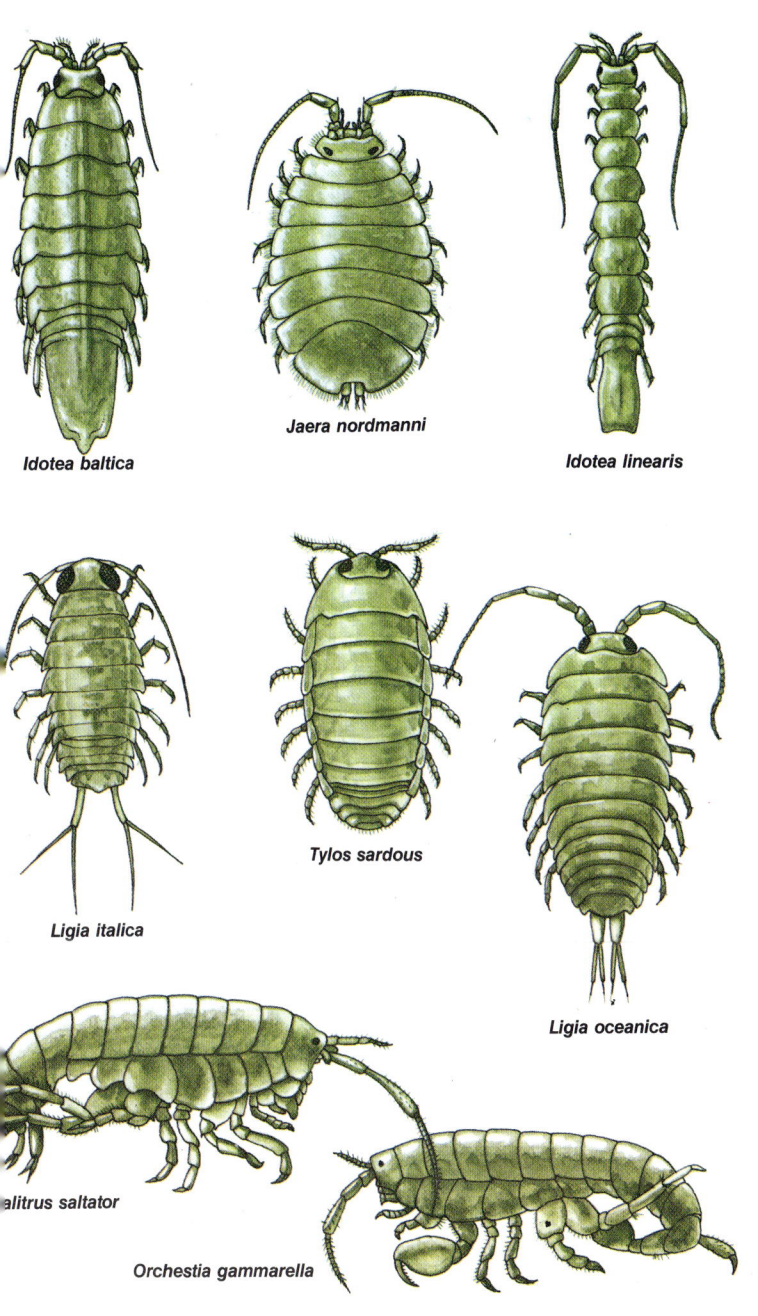

Idotea baltica

Jaera nordmanni

Idotea linearis

Ligia italica

Tylos sardous

Ligia oceanica

alitrus saltator

Orchestia gammarella

Lysianassa ceratina
Bis 10 mm lang. Obere (1.) Antenne sitzt auf einem dicken Basisglied, untere (2.) Antenne
beim Weibchen kaum länger als die obere, beim Männchen fast doppelt so lang; das
1. Thorakalbein endet in einer schlanken, kurzen Spitze, das 2. ist breiter, stumpf und
flach. Vorkommen: Zwischen Algen im seichten Wasser.

Hyale schmidti
Geschlechter verschieden. Männchen bis 6 mm, Weibchen 5 mm lang. Obere (1.) An-
tennen unverzweigt, mit 15 Gliedern auslaufend und nur halb so lang wie die untere (2.)
Antenne, die im Endstück 31 Glieder zählt; beim Männchen enden das 1. und 2. Thora-
kalbein mit krallenartigen Gliedern, wobei das 2. Bein doppelt so lang ist wie das 1. Beim
Weibchen sind die entsprechenden Beine gleich groß, die Krallen sind auf das vorletzte
Glied zurückgekrümmt; das 6. Hinterleibsbein trägt bei beiden Geschlechtern auf dem
Endglied 6, auf dem vorletzten Glied 3 stachelige Borsten. Farbe: Weiß-braun-orange;
Augen rosa. Vorkommen: In der Gezeitenzone und im seichten Wasser.

Leucothoë spinicarpa
Bis 18 mm lang. Untere (2.) Antenne beträchtlich kürzer als obere (1.); 1. und 2. Thorakalbein bilden je eine Zange; Telson dreimal so lang wie breit. Vorkommen: Vom Ufer bis in
600 m Tiefe, zwischen Algen, Schwämmen und Seescheiden.

Dexamine spiniventris
Geschlechter verschieden. Männchen bis 7 mm, Weibchen 5 mm lang. 2 Paar Antennen,
beim Männchen obere (1.) ein bißchen kürzer als untere (2.), beim Weibchen obere (1.)
länger als untere (2.); beim Männchen ist die untere Antenne so lang wie der Körper,
beim Weibchen hingegen erreicht die obere Antenne nur $^2/_3$ der Körperlänge; mit großen
rosa Augen. Körper derb; 1. und 2. Thorakalbein enden in winzigen Krallen, 1. Thorakalbein kleiner als 2.; 3. Abdominalsegment trägt am Rücken 3 Zähnchen. Farbe: Durchscheinend weiß, manchmal mit brauner Zeichnung. Vorkommen: Zwischen Algen auf
dem Meeresboden.

Tritaeta gibbosa
Bis 6 mm lang. Mit etwa gleich großen oberen und unteren Antennen im weiblichen Geschlecht, beim Männchen sind die oberen etwas kürzer; die Endglieder der 1. und 2. Thorakalbeine bilden mit den vorletzten Gliedern eine feine Zange. Vorkommen: In der Gezeitenzone und bis 150 m tief, oft mit Schwämmen und Seescheiden vergesellschaftet.

Gammarus locusta Flohkrebs
Weibchen bis 14 mm, Männchen bis 2 cm lang. Obere Antennen mit einem kleinen, unter
Wasser sichtbaren Seitenast, länger als die unteren Antennen. Körper seitlich zusammengedrückt und leicht gekrümmt; Hinterränder der 3 letzten Hinterleibssegmente tragen ähnlich wie das Telson kleine Stacheln; Hinterleib verfügt über 3 längere Schwimm-
beinpaare und 3 kürzere Springbeinpaare; Innenast des letzten Beinpaares mehr als
halb so lang wie Außenast. Vorkommen: In Massen unter Steinen etc., von der Gezeitenzone abwärts.

Elasmopus rapax
Bis 10 mm lang. Die oberen (1.) Antennen sind von halber Körperlänge, die unteren (2.)
kürzer, 1. Thorakalbein endet in einer feinen, zangenförmigen Kralle, das 2. ist ähnlich,
aber viel größer, beide sind am Hinterrand beborstet, 5., 6. und 7. Thorakalbeine mit star-
kem Basalglied, die übrigen Glieder sind schlanker. Vorkommen: Von der Gezeitenzone
abwärts bis in 100 m Tiefe, häufig zwischen Algen.

Maera inaequipes
Bis 8 mm lang. Obere Antenne mit Seitenast, untere kürzer. 2. Thorakalbein mit stark abgeflachtem, paddelförmigem vorletztem Glied, das mit dem krallenförmigen Endglied
eine Zange bildet, deren Innenkante am subterminalen Teil beim Weibchen fein gezackt
ist. Vorkommen: Im seichten Wasser zwischen Sand und Algen. Einige ähnliche Arten.

Lysianassa ceratina

Hyale schmidti

Leucothoë spinicarpa

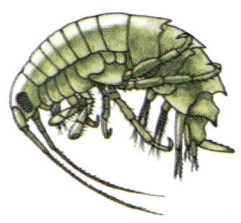

Dexamine spiniventris

Tritaeta gibbosa

Gammarus locusta

Elasmopus rapax

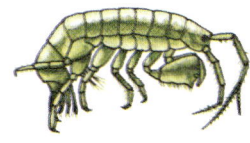

Maera inaequipes

Aora typica
Bis 9 mm lang. Obere (1.) Antennen mit kurzem Seitenast (mit Lupe sichtbar, wenn Tier untertaucht!), untere (2.) Antennen kürzer und robuster; beim Männchen 3. Glied des 1. Thorakalbeins zu einem spitzen Fortsatz ausgezogen, bildet einen Sporn, der bis zum vorletzten Glied reicht, Endglied krallenartig; dem Weibchen fehlen diese Bildungen. Körper in beiden Geschlechtern relativ flach. Vorkommen: Von der Gezeitenzone bis in 50 m Tiefe, zwischen Algen und Hydroidstöckchen.

Lembos websteri (nicht abgebildet)
Bis 6 mm lang. Obere (1.) Antennen länger als untere (2.), mit einem Seitenast; beim Männchen 1. Thorakalbein abgeflacht, breit am 4. und 5. Glied beborstet, 5. spornartig, 6. klein und krallenförmig; 2. Thorakalbein ähnlich. Beim Weibchen ist das 1. Thorakalbein nicht so kräftig und am 4. und 5. Glied weniger beborstet, 5. Glied trägt einen Sporn; beim 2. Bein ist am 5. Glied ein großer Sporn und eine Vertiefung unmittelbar vor der Gelenkung mit dem 6. krallenförmigen Glied ausgebildet. Bei beiden Geschlechtern 7. Thorakalbein stark verlängert. Vorkommen: Am Ufer und im seichten Wasser.

Gammaropis maculata (nicht abgebildet)
Bis 10 mm lang. 2 Paar annähernd gleiche Antennen, 1. und 2. Thorakalbein mit borstigen, abgeflachten, vergrößerten 4. und 5. Gliedern, die krallenförmige (6) Endglieder tragen. Beim Weibchen hat das 5. Glied des 2. Beines 2 Zähne, die mit dem 6. Glied eine Schere bilden, das Männchen hat an entsprechender Stelle 3 Zähne. Vorkommen: Vom Ufer bis in 250 m Tiefe.

Jassa falcata Sichel-Strandfloh
Bis 8 mm lang. Obere Antenne ohne Seitenast, etwa $^3/_4$ so lang wie untere Antenne; diese merklich dicker. 2. Brustbeinpaar endet in einem nach hinten gebogenen Glied, das als Schere verwendet wird (Subchela); gleiches gilt für das 3. Brustbeinpaar, dessen Subchela jedoch größer und je nach Geschlecht verschieden geformt ist. Vorkommen: Im Angespül zwischen Steinen und Algen, in tieferem Wasser auf Wrackteilen oder Molen.

Ericthonius brasiliensis
Bis 10 mm lang. Kopf flach, obere und untere Antennen fast gleich groß. Körper flach, 1. Thorakalbeine enden bei beiden Geschlechtern in kleinen Krallen, die als Schere arbeiten; 2. Thorakalbein beim Weibchen am 4. Glied ein größeres 5. Glied und eine Endkralle, beim Männchen ist es sehr groß und trägt 2 Zähne, Endkralle vorhanden. Vorkommen: Zwischen Algen und Hydroidstöcken.

Chelura terebrans Scherenschwanz
Bis 6 mm lang. Obere Antenne mit winziger Nebengeißel; untere Antenne etwa doppelt so lang, aus leicht abgeflachten, beborsteten Gliedern bestehend. Körper seitlich nicht zusammengedrückt; 3. Hinterleibsegment mit großem, spitz endendem Rückenfortsatz; mittleres der letzten 3 Abdominalbeinpaare stark verlängert, endet beim Weibchen in einer ovalen Platte, beim Männchen in einem großen Dorn. Vorkommen: In Bohrlöchern im Holz.

Hyperia hydrocephala
Bis 4 mm lang. Mit großen Augen, Weibchen mit winzigen Antennen. Körper breit und kurz, verjüngt sich stark am Schwanz, Thorakalbeine einfach gestaltet. Vorkommen: Freilebend am Meeresboden oder im Plankton.

Phtisica marina
Bis 15 mm lang. Obere Antenne etwa doppelt so lang wie untere. Körper lang, dünn, Hinterleib reduziert, nur als Schwanz vorhanden. Vorkommen: Im seichten Wasser.

Caprella acanthifera
Bis 9 mm lang. Obere Antennen beträchtlich länger als untere, Antennen beim Männchen doppelt so lang wie beim Weibchen. Körper lang, schlank, 1. Thorakalbein scherenförmig, beim Männchen lang, beim Weibchen kurz; Weibchen mit Bruttasche; die Thorakalsegmente tragen Rückendornen (Kopf nicht bedornt), Hinterleib rudimentär. Vorkommen: Auf Hydroiden, Bryozoen etc.

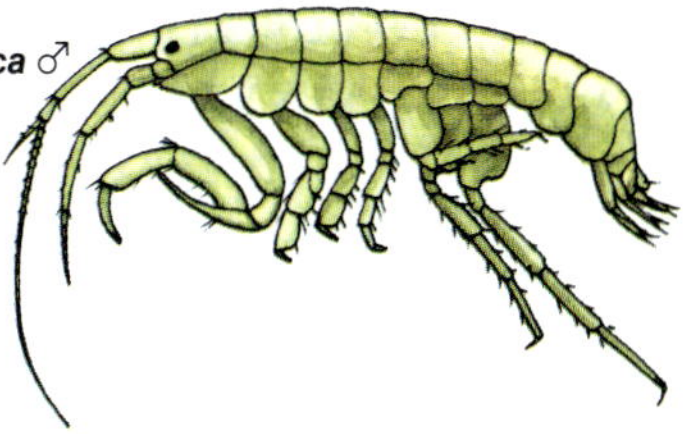

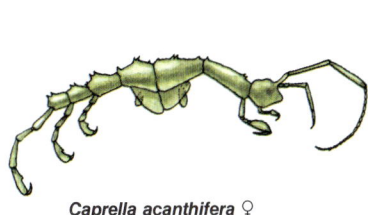

Aora typica ♂

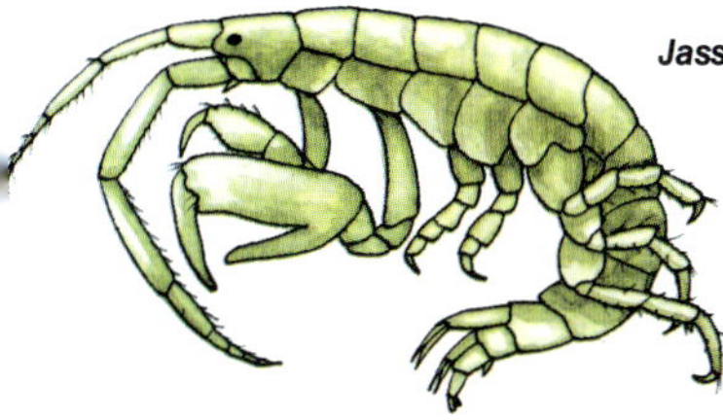

Jassa falcata ♂

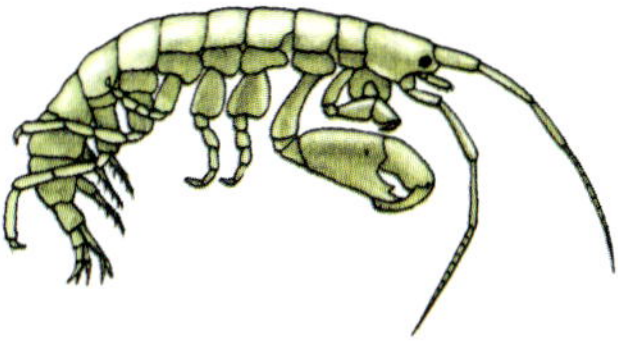

Ericthonius brasiliensis ♂

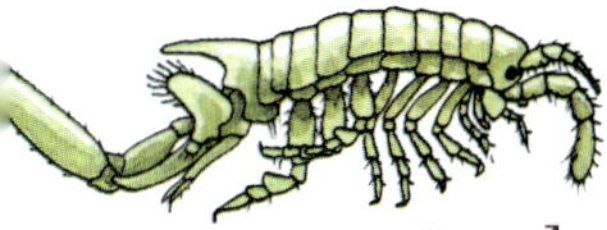

Chelura terebrans ♂

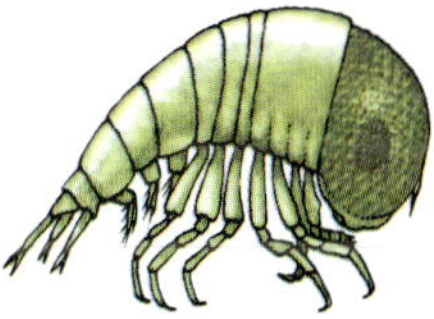

Hyperia hydrocephala ♀

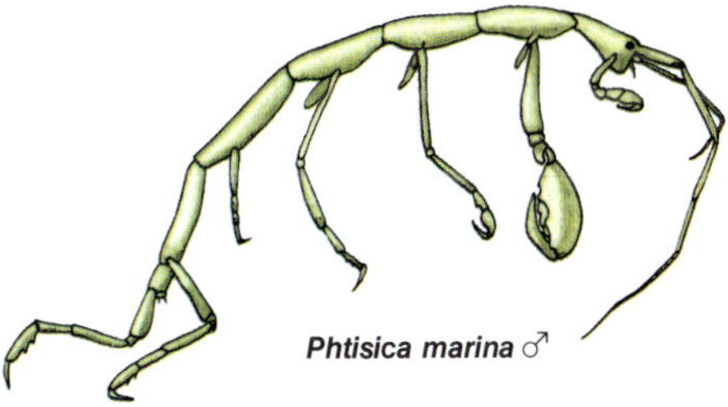

Phtisica marina ♂

Caprella acanthifera ♀

Zehnfüßige Krebse (Decapoda)

Bei diesen Krebsen sind Kopf und Brust zu einem Kopfbrustschild (Cephalothorax) verschmolzen, der vom Carapax bedeckt ist; dieser bildet an seinem Vorderende ein Rostrum aus; der Hinterleib ist deutlich erkennbar. Von den 8 Brustbeinpaaren sind 3 zu sog. Kieferfüßen (Maxillipeden) umgewandelt, die restlichen 5 dienen als Stabbeine der Fortbewegung und können mit Scheren oder Klauen ausgestattet sein. 5 Hinterleibbeinpaare sind oft zweiästig und üben verschiedene Funktionen aus; das letzte Paar ist zu sog. Uropoden verbreitert und bildet zusammen mit dem Telson den Schwanzfächer.

Geißelgarnelen und Garnelen (Natantia)

Gut schwimmende Zehnfüßige Krebse, die über ein zartes Außenskelett verfügen; Körper langgestreckt und seitlich etwas zusammengedrückt. Ein Antennenpaar ist deutlich länger als das andere, das an seiner Basis auffällig verzweigt ist. Das Rostrum kann weit zwischen den Augen vorragen, kann aber bei anderen Gruppen auch stark reduziert sein. Im Mittelmeer mehr als 33 Arten. Beachte: Auf den nebenstehenden Abbildungen sind nur die Extremitäten und Körperanhänge einer Körperseite abgebildet.

Lucifer acestra Geißelgarnele
Bis 1 cm lang. Hauptantenne (= 2. Antenne) kürzer als Körper; Augenstiele auffallend lang; Körper seitlich zusammengedrückt; Carapax klein; Brustbeine zart; Schwimmbeine am Hinterleib etwa halb so lang wie Brustbeine. Farbe: Durchsichtig. Vorkommen: Hochseebewohner.

Pennaeus trisulcatus (= **P. kerathurus**)
Bis 20 mm lang, meist kürzer; Carapax relativ klein mit deutlichem Rostrum; 1. Antennen sehr kurz, 2. Antennen länger als Körper, mit breitem, flachem, basalem Fortsatz; Carapax oben auf beiden Seiten durch den Rostrumkamm gefurcht. Farbe: Gelb-braun mit rotem Anflug. Vorkommen: In Flußmündungen und auf Schlammböden, unter 40 m.

Pandalina brevirostris Kurzrüsselige Garnele
Bis 33 mm lang; Hauptantenne kürzer als Körper; Rostrum gerade und etwa $1/3$–$1/2$ so lang wie Carapax; Rostrumoberkante mit 5, Unterkante mit 4 Zähnen; 2. Schreitbeinpaar trägt Scheren und ist am längsten. Farbe: Glänzend und durchschimmernd rötlich. Vorkommen: Im Flachmeer von 10–100 m Tiefe, auf reinen, groben Sanden, bisweilen auf Bryozoenböden.

Hippolyte varians Chamaeleongarnele
Bis 25 mm lang; Hauptantenne halb so lang wie Körper; Rostrum gerade, etwa carapaxlang, endet in einer einfachen Spitze; Rostrumoberkante mit 2 weit getrennten Zähnen, Unterkante mit 2 nahe zusammenstehenden; 3. Schreitbeinpaar am längsten. Farbe: Carapax variabel, abhängig vom Untergrund – tagsüber grün, rot oder braun; nachts durchscheinend blau. Vorkommen: Im Sublitoral zwischen Felsen und Algen bis 50 m Tiefe. Ähnlich: H. inermis (= H. prideauxiana) Seegrasgarnele (nur Rostrum abgebildet). Bis 42 mm lang. Rostrum länger als Carapax. Farbe: Grün-braun bis karminrot, manchmal mit weißer Rückenlinie. Vorkommen: Im Sublitoral bis 50 m Tiefe.

Alpheus glaber (= **A. ruber**) Knallkrebs
Bis 35 mm lang. Hauptantenne etwa körperlang; Rostrum klein, ohne Zähne; 1. Schreitbeinpaar mit großen, ungleichen Scheren; 2. Schreitbeinpaar mit kleinen Scheren; die folgenden Beine nunmehr mit Klauen. Farbe: Rosa-rot oben, an den Flanken heller. Vorkommen: Auf Weichböden von 30–100 m Tiefe, häufig durch das laute von den Scheren erzeugte Klicken zu orten, mit diesem Geräusch werden Beutetiere überrumpelt und Feinde abgewehrt.
Ähnlich: A. dentipes. Bis 22 mm lang. Vorkommen: Auf Hartböden von 2–40 m Tiefe.

Synalpheus laevimanus Pistolenkrebs
Bis 2 cm lang. Augen auf verhältnismäßig kurzen Augenstielen; Rostrum kurz, ohne Zähne auf der Ober- oder Unterkante, mit je einem großen seitlichen Zahn, der fast so lang wie das Rostrum selbst ist; erstes Schreitbeinpaar extrem ungleich, links stark vergrößert und mit einer riesigen Schere versehen; 2. Schreitbeinpaar trägt winzige Scheren. Vorkommen: 15–30 m tief, häufig zusammen mit Pflanzen und anderen Tieren.

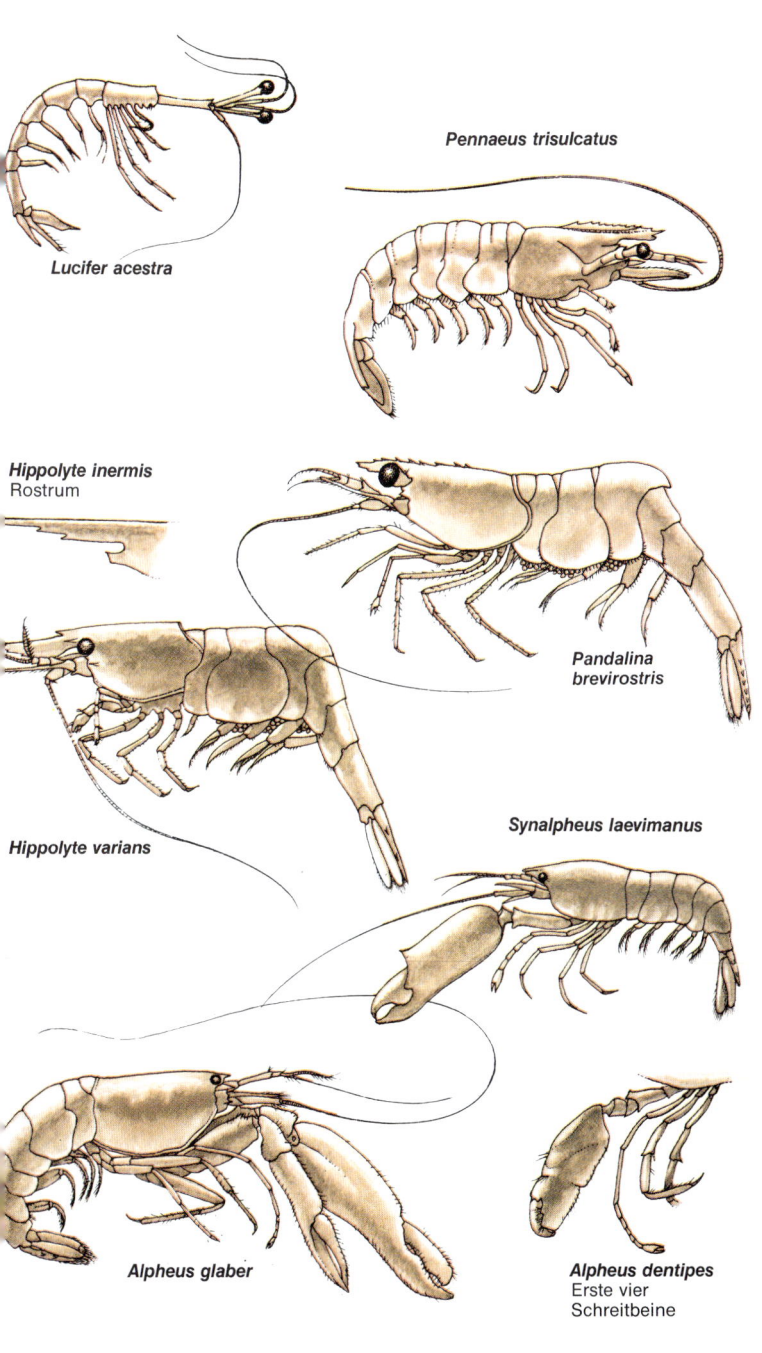

Lucifer acestra

Pennaeus trisulcatus

Hippolyte inermis
Rostrum

**Pandalina
brevirostris**

Hippolyte varians

Synalpheus laevimanus

Alpheus glaber

Alpheus dentipes
Erste vier
Schreitbeine

Athanas nitescens Haubengarnele
Bis 20 mm lang. Carapax etwa $^1/_3$ der Körperlänge, neben den Augen kleine, nach vorn gerichtete Dornen, die teilweise von den überhängenden Carapaxrändern verdeckt werden; ungezähntes Rostrum, endet in einer scharfen Spitze, 2. Antennen körperlang, 1. und 2. Schreitbeinpaar gleich lang; Scheren des 1. Beinpaares wesentlich größer, rechtes oft größer als linkes. Farbe: Variabel, rot, braun, grün oder blau, oft mit weißem Rückenstrich. Vorkommen: Zwischen Felsen und Algen in der Gezeitenzone.

Palaemon elegans (= **Leander squilla**) Große Felsgarnele
Bis 5 cm lang; Hauptantenne 1$^1/_2$mal so lang wie Körper; Rostrum leicht nach oben gebogen, endet mit einem scharfen Zahn, zwischen 7–10 Zähne über den gesamten Oberrand verteilt, während die 3 Zähne des Rostrumunterrandes nahe zusammen an der Spitze stehen; Carapaxvorderrand beiderseits 2 Zähne; 2. Schreitbeinpaare 2, 3 und 4 sind am längsten. Vorkommen: Zwischen Felsen und in Felsspalten des Sublitorals.
Ähnlich: *P. serratus* (nur Rostrum abgebildet). Bis 11 cm lang; Rostrum deutlich nach oben gekrümmt, mit 2 Zähnen endend, die 6–7 Zähne am Oberrand erreichen nicht das distale Drittel, 2 hinter dem Auge, 4–5 Zähne am Rostrumrand. Vorkommen: In Spritzwassertümpeln und bis in 40 m Tiefe.
P. adspersus: Bis 70 mm lang, Rostrum gerade, die 5–6 Zähne am Rostrumoberrand reichen bis zum distalen Drittel, 3 (selten 2 oder 4) Zähne am Unterrand. Vorkommen: Im seichten Wasser, häufig in Flußmündungen.
Leander xiphas: Bis 60 mm lang, Rostrum leicht nach oben gelegen mit 6–8 Zähnen am Oberrand an den proximalen 2 Dritteln, 4–5 Zähne am Unterrand. Vorkommen: Im seichten Wasser.

Pontonia pinnophylax
Bis 40 mm lang. Carapax etwa Körperlänge; Rostrum kurz, ähnelt einem gebogenen Dorn ohne Zähne; 1. Schreitbeinpaar mit kleinen Scheren, 2. Paar mit größeren, meist ungleichen Scheren. Farbe: Rosa bis durchscheinend. Vorkommen: Zwischen Schwämmen und Muscheln, tiefer als 5 m.

Pontophilus fasciatus Gestreifte Sandgarnele
Bis 19 mm lang. Carapax weniger als $^1/_3$ der Körperlänge; kurzes, breites Rostrum, gestielte Augen, dahinter auf dem Carapax ein Stachel, 1. Antennen kurz, 2. Antennen von halber Körperlänge. Farbe: Carapax und Schwanzfächer braun, restlicher Körper hell, hinter dem Carapax 2 blaue Flecken. Vorkommen: Im seichten Wasser, bis 60 m tief.

Pontocaris cataphracta (= **Aegeon cataphractus**) Stachelige Sandgarnele
Bis 35 mm lang; Hauptantenne etwa $^1/_2$ Körperlänge; Carapax skulptiert, mit mehreren Stachelreihen; auch einige Hinterleibsegmente mit Stacheln; 1. Schreitbeinpaar mit größeren Scheren; 2. Schreitbeinpaar kurz, mit kleineren Scheren; Beinpaare 4 und 5 sind am längsten. Farbe: Blaßrosa mit roten Tupfen. Vorkommen: Auf Sandböden von 10–50 m Tiefe.

Processa canaliculata
Bis 74 mm lang. Carapax etwa $^1/_3$ der Körperlänge; Rostrum kurz, gerade oder leicht nach unten gebogen mit 2 Endzähnen, oberer kürzer als unterer; riesige Augen; 2. Antennen länger als Körper; ungleiche Ausbildung des 1. und 2. Schreitbeinpaares. Farbe: Rosa mit orangeroten Flecken, Rostrum orange.

Crangon crangon (= **C. vulgaris**) Sandgarnele
Bis 5 cm lang, manchmal auch größer; Hauptantenne fast körperlang; Rostrum bis auf einen kleinen Zahn reduziert; Carapax mit einem zentralen und je einem seitlichen Stachel; 1. Schreitbeinpaar mit großen Scheren, 2. Beinpaar mit winzigen Scheren, Beinpaare 3 und 4 am längsten. Farbe: Sandbraun bis durchscheinend. Vorkommen: In der Gezeitenzone, sowohl im seichten Wasser als auch in Flußmündungen.

Anmerkung: Besucher des westlichen Mittelmeergebietes werden sicherlich große rote Garnelen auf Fischmärkten sehen. Diese werden im allgemeinen in großen Tiefen gefangen und sind daher im Rahmen dieses Buches nicht berücksichtigt.

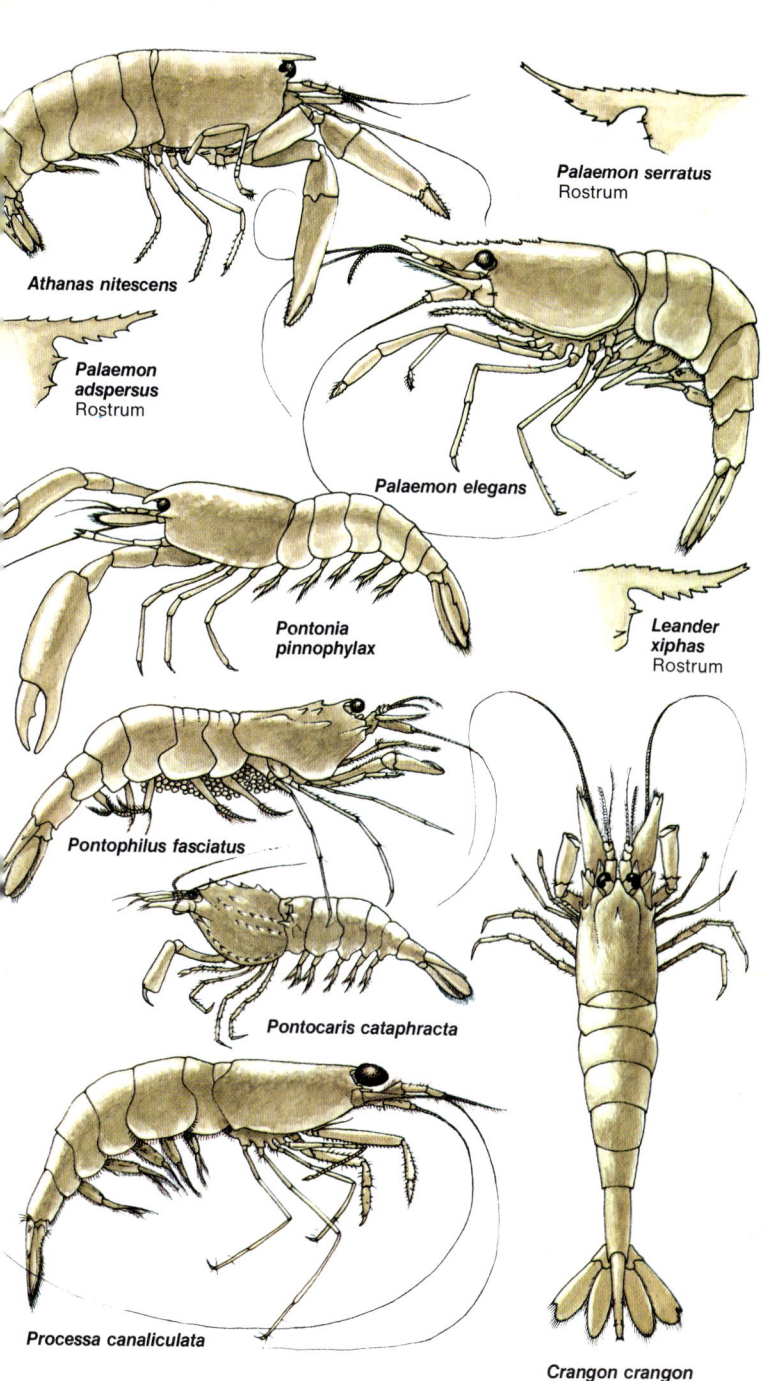

Athanas nitescens

Palaemon serratus
Rostrum

Palaemon adspersus
Rostrum

Palaemon elegans

Pontonia pinnophylax

Leander xiphas
Rostrum

Pontophilus fasciatus

Pontocaris cataphracta

Processa canaliculata

Crangon crangon

Langschwanzkrebse (Reptantia)
Langusten- und Hummerartige (Macrura)

Schreitende Krebse, die am Seeboden leben. Derb und kräftig gebaut, meist mit einem schweren, seitlich nicht zusammengedrückten Panzer. Rostrum reduziert; 1. Schreitbeinpaar häufig mit großen, auffälligen Scheren, seltener mit einer Klaue endend, übrige 4 Brustbeinpaare zumeist kräftige Stabbeine, die mit Scheren oder Klauen versehen sind. Letztes Hinterleibspaar oftmals verbreitert, bildet zusammen mit dem Telson den Schwanzfächer. Im Mittelmeer 5 Arten.

Palinurus vulgaris Europäische Languste, Stachelhummer
30–50 cm lang. Leicht am Fehlen der Scheren an allen Schreitbeinen zu erkennen (nur das 5. Schreitbeinpaar des Weibchens trägt Scheren); Hinterleibsegmente mit scharfen Dornen besetzt, die beim unvorsichtigen Angreifen böse Wunden schlagen können. Farbe: Rot, braun oder mit tiefblauen Schattierungen. Vorkommen: Zwischen Felsen und in Felsspalten, gewöhnlich auf steinigem Untergrund; vom Flachwasser bis in 70 m Tiefe und mehr.

Scyllarides latus Großer Bärenkrebs
35 cm und mehr lang. 2. Antennenpaar zu schildförmigen Bildungen beiderseits des Kopfes umgewandelt; die verhältnismäßig kurzen Brustbeine wie auch die geringe Länge der anderen Körperanhänge geben dem Tier ein sehr gedrungenes Aussehen; alle Schreitbeinpaare scherenlos (Ausnahme 5. Beinpaar des Weibchens); Hinterleibsegmente scharf bedornt, können unangenehme Wunden verursachen. Farbe: Braun bis rot. Vorkommen: Auf Felsen, Steinen und Sand von 3 m abwärts.

Scyllarus arctus Kleiner Bärenkrebs
Ähnlich *Scyllarides latus*. Bis 15 cm lang. 2. Antenne relativ breiter, am Vorderrand in 5 deutliche Lappen auslaufend; Schreitbeine scherenlos (Ausnahme 5. Paar beim Weibchen); Hinterleibsegmente an den Rändern abgerundeter als bei den vorhergehenden Arten. Vorkommen: In verschlammten Felsnischen und auf steinigem Untergrund von 3 m abwärts.

Nephrops norvegicus Kaiserhummer, Scampi
Bis 15 cm und mehr lang. Im Vergleich zu den hier angeführten Arten verhältnismäßig lang, schlank und zart; 1. Schreitbeinpaar langgestreckt mit schlanken, nur geringfügig ungleichen Scheren; 2. und 3. Beinpaar ebenfalls scherentragend. Vorkommen: Vorwiegend auf Weichböden unter 50 m Tiefe.

Homarus gammarus Europäischer Hummer
Bis 45 cm lang, gelegentlich aber auch wesentlich mehr. 1. Schreitbeinpaar trägt große, gedrungene, ungleiche Scheren, die unangenehm, unter Umständen sogar gefährlich werden können. Farbe: Schwarzblau auf orangefarbenem Untergrund; wird beim Kochen rot. Vorkommen: Im Felslitoral in Spalten, Nischen und Kleinhöhlen.

Scyllarides latus

Scyllarus arctus

Palinurus vulgaris

Nephrops norvegicus

Homarus gammarus

Spring-, Einsiedler- und Porzellankrebse (Anomura)

Schreitende Krebse, die am Seeboden meist in Küstennähe leben. Hinterleib nicht extrem reduziert, häufig aber asymmetrisch und spiralig aufgerollt (Einsiedlerkrebse) oder unter der Brust eingeschlagen (Spring- und Porzellankrebse). Der Carapax läßt das letzte Brustsegment unbedeckt. Im Mittelmeer mindestens 23 Arten.

Galathea intermedia Mittelkrebs
Bis 1 cm lang. Rostrumspitze leicht abgestumpft, länger als die 4 kleinen Seitenzähne; 1. Schreitbeinpaar mit Scheren, etwa doppelt so lang wie der Körper. Farbe: Leuchtend rot mit blauen Flecken. Vorkommen: Zwischen Steinen und Felsblöcken bis in 80 m Tiefe.

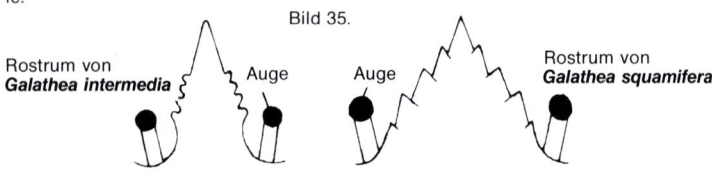

Bild 35.

Rostrum von **Galathea intermedia** Auge

Auge Rostrum von **Galathea squamifera**

Galathea squamifera Schuppiger Furchenkrebs
Bis 45 mm lang. Rostrum mit 4 Paar Randzähnchen, letztes Paar am kleinsten; 1. Schreitbeinpaar mit Scheren, ungefähr 1 1/2mal so lang wie Körper; Scherenglieder an den Außenkanten mit Stacheln und Schuppen, körpernahe Gelenke mit ähnlichen Strukturen auf der Innenkante. Farbe: Grünbraun, mit rötlichem Anflug. Vorkommen: Unter Steinen und Felsblöcken bis 80 m Tiefe.
Ähnlich: *G. dispersa* (Haariger Furchenkrebs), Farbe: Orangerot, rotweiß getüpfelt.

Galathea nexa
Bis 20 mm lang. Rostrum mit 4 Paar Seitenzähnen, davon das hinterste sehr klein; 1. Schreitbeinpaar mit Scheren, beborstet, körperlang. Farbe: Einheitlich rot-braun. Vorkommen: Häufig auf Weichböden bis in 30 m Tiefe.

Galathea strigosa Bunter Furchenkrebs
Bis 12 cm lang. Rostrum spitz, mit 3 Paar Seitenzähnen; 1. Schreitbeinpaar mit Scheren, etwa 1 1/2mal so lang wie Körper; Scheren erste 3 Brustbeinpaare mit Stacheln und Dornen besetzt. Farbe: Rot mit blauen Querbinden. Vorkommen: Unter Steinen und Felsblöcken des Sublitorals bis 35 m Tiefe. Anmerkung: Nur mit Vorsicht anfassen!

Munida bamffica (= *M. rugosa*) Runzliger Furchenkrebs
Bis 6 cm lang. Antennen kürzer als Scherenbeine; nur das 1. Schreitbeinpaar scherentragend, kann doppelte Körperlänge erreichen; Scheren selbst sehr lang und zart. Vorkommen: Vorwiegend auf Weichböden zwischen 50 und 150 m Tiefe.

Anmerkung: Abgesehen von den Springkrebsen gehören zu den Anomura mehrere andere Gruppen, die den Vertretern anderer Abteilungen wie den Hummerartigen oder echten Krabben ähnlich sind; ihre Verwandtschaft mit den Spring- bzw. Einsiedlerkrebsen zeigt sich aber in ihren langen, auffälligen Antennen und in den kleinen 5. Schreitbeinpaaren, die ein wesentliches Bestimmungsmerkmal für die Porzellankrebse sind.

Porcellana platycheles Grauer Porzellankrebs
Ähnelt oberflächlich einer Krabbe. Bis 12 mm lang, Carapax abgerundet, gedrungen; 1. Schreitbeinpaar etwa 2 cm lang mit auffallend breiten, an den Außenrändern behaarten Scheren; übrige Brustbeine ebenfalls haarig; Hinterleib stark eingeschlagen, von oben nicht sichtbar. Farbe: Gelb-braun mit schmutziggrauem oder rötlichem Anflug. Vorkommen: Unter Steinen sowie auf sand- und schotterführenden Stellen; von der Gezeitenzone bis ins seichte Wasser.

Porcellana longicornis Schwarzer Porzellankrebs
Ähnlich *P. platycheles*. Bis 6 mm lang; 1. Schreitbeinpaar mit schlanken, langen, unbeborsteten Scheren, Carapax unbehaart, daher „sauber" wirkend. Farbe: Rot-braun. Vorkommen: Unter Steinen und in den Haftorganen der Laminarien im Sublitoral.

Galathea squamifera

Galathea intermedia

Porcellana platycheles

Porcellana longicornis

Munida bamffica

Galathea strigosa

Galathea nexa

Upogebia deltaura Strandkrebs
Habitus garnelenähnlich. Bis 10 cm lang, Kopf klein; Rostrum behaart; Augen reduziert;
1. Schreitbeinpaar mit ungewöhnlichen Scheren, deren beweglicher Scherenfinger wesentlich länger als der unbewegliche ist; andere Schreitbeine ohne Scheren, aber durchweg behaart; der relativ breite, kräftige Hinterleib (Abdomen) kann besonders beim Graben eingeschlagen werden. Farbe: Weiß-grau-gelb-grün. Vorkommen: In selbstgegrabenen Gängen in Schlamm- und Schlickböden; vom seichtesten Wasser abwärts.

Axius stirhynchus
Oberflächlich felsgarnelenähnlich. 72 mm lang, Carapax mit kurzem dreieckigem Rostrum, seitlich merklich zusammengedrückt, in der Mitte am breitesten, verjüngt sich nach vorn und hinten; Augen klein; äußere Antennen mehr als doppelt so lang wie innere; 1. Schreitbeinpaar mit kräftigen, ungleichen Scheren, 2. Beinpaar mit kleinen, abgeflachten Scheren; Hinterleib schlank mit weitem Schwanzfächer. Farbe: Hell rot-braun. Vorkommen: Im seichten Wasser und sogar in der Gezeitenzone, gräbt im Schlamm.

Calocaris macandreae (nicht abgebildet)
Oberflächlich felsgarnelenähnlich. Bis 50 mm lang, Carapax mit leicht aufwärts gebogenem Rostrum, das beinahe bis zum Basisgliedende der äußeren Antenne reicht, auf beiden Seiten des Rostrums zieht eine stachelbewehrte Rinne nach hinten; Carapax seitlich zusammengedrückt; Hinterleib verjüngt sich; Augen groß, nicht pigmentiert, ohne Augenstiele, äußere Antennen länger als Körper, innere Antennen länger als Carapax, Schreitbeine 1, 3, 4 und 5 ohne Scheren, 2 mit Scheren. Farbe: Zart rosenrot. Vorkommen: Auf Weichböden, bis in größere Tiefen.

Jaxea nocturna Nächtlicher Sandkrebs
Habitus garnelenähnlich. Etwa 5 cm lang. Augen nicht sichtbar; Rostrum spitz zulaufend. 1. Schreitbeinpaar trägt lange, behaarte Scheren; übrige Brustbeine schlank, zart und nur schwach behaart; 2. Beinpaar mit kleinen, unvollständigen Scheren; Hinterleib kann unter der Brust eingeschlagen werden, endet mit einem Schwanzfächer. Farbe: Weiß, rosa oder braun. Vorkommen: Im Schlamm in selbstgegrabenen Röhren; bis etwa 15 m Tiefe.

Callianassa subterranea Sandkrebs
Habitus garnelenähnlich. Etwa 4 cm lang. Augen und Rostrum reduziert; 1. Schreitbeinpaar trägt ungleich große, behaarte Scheren; übrige Schreitbeinpaare schlank, ebenfalls behaart, verfügen über spatelförmig verbreiterte Endglieder; der zarte und zerbrechlich wirkende Hinterleib wird häufig unter die Brust eingeschlagen. Farbe: Weiß bis hellrot oder bläulich. Vorkommen: In Sand und Schlamm grabend; im Seichtwasser.

Einsiedlerkrebse
Zu den Anomura zählen auch die Einsiedlerkrebse, die weitverbreitete Küstenbewohner sind. Sie bergen und schützen ihren zarten, weichhäutigen Hinterleib in einem leeren Schneckengehäuse, das wiederum häufig von Schwämmen, Hydroiden und Seeanemonen bewachsen ist. Aufgrund dieses Verhaltens sind sie leicht zu erkennen. Im Mittelmeer mehr als 12 Arten.

Paguristes oculatus Augenfleck-Einsiedler
Bis 4 cm lang, Carapax bis 2 cm. 1. Schreitbeinpaar trägt fast gleich große Scheren; 2. und 3. Schreitbeinpaar mit Klauen; 4. und 5. Paar weitgehend reduziert. Farbe: Augenstiele gelb-orange; Antennen rot; Augen hellblau; Carapax rot-braun; am 2. Glied des 1. Beinpaares ein auffälliger, dunkelvioletter Augenfleck. Vorkommen: Bevorzugt werden die Gehäuse von *Cerithium, Turbo* oder *Murex*, die ihrerseits von einem Schwamm *(Suberites domuncula)*, von Hydroiden (z. B. *Podocoryne)* oder der Seeanemone *Calliactis parasitica* überzogen sein können.

Diogenes pugilator Kleiner Einsiedler
Bis 2,5 cm lang, Carapax etwa 1 cm. Antennen behaart; linke Schere größer; 2. und 3. Beinpaar mit Klauen; 4. und 5. Paar reduziert. Farbe: Augen schwarz; Scheren mit weißen Scherenfingern. Vorkommen: In Schneckenhäusern, gewöhnlich im seichten Wasser, auf Sand und zwischen Seegras.

Axius stirhynchus

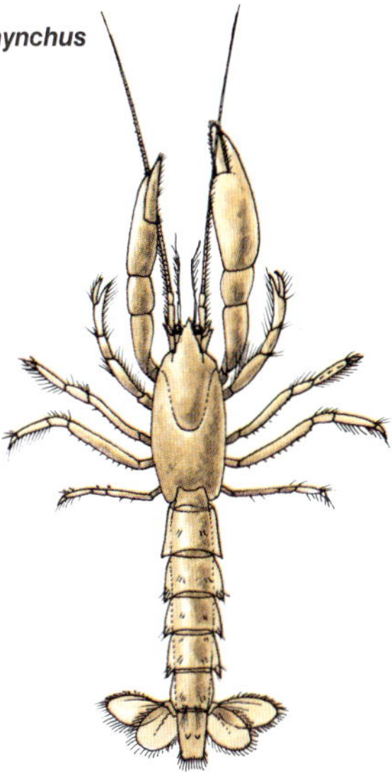

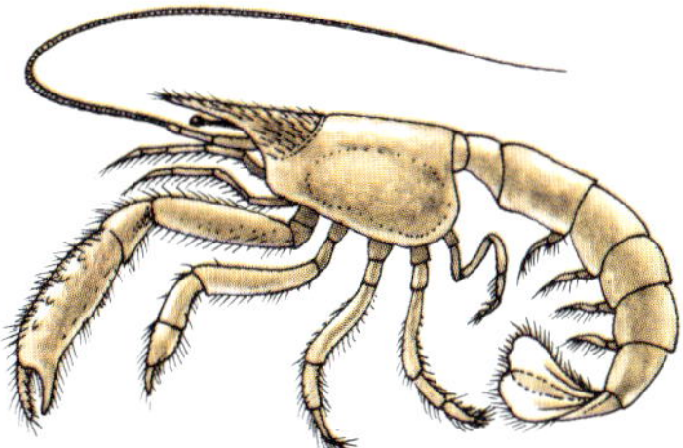

Upogebia deltaura

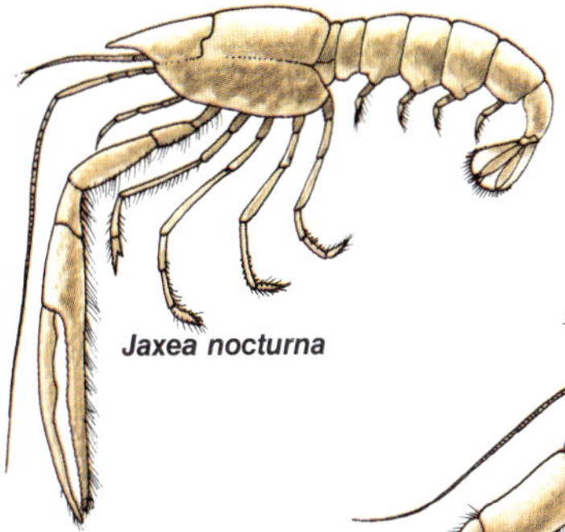

Jaxea nocturna

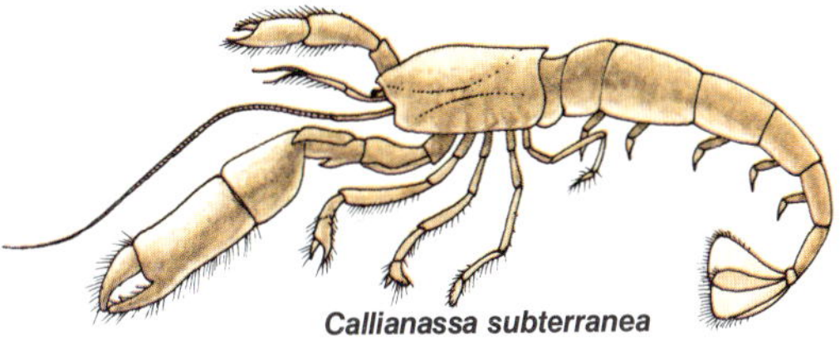

Callianassa subterranea

Paguristes oculatus

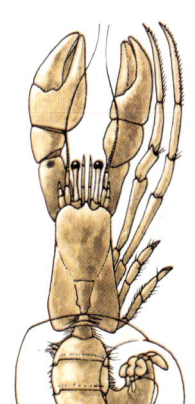

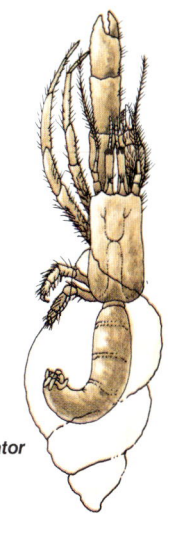

Diogenes pugilator

Clibanarius erythropus
Bis 20 mm lang; Carapax 5 mm, meist weniger, Antennen ohne Borsten; 1. Schreitbeinpaar mit annähernd gleich großen Scheren. Farbe: Spitzen der Schreitbeine und Scheren schwarz, Rest der Beine hellblau oder rot getüpfelt oder gestreift; Augenstiele rot, Körper rot-braun-grün. Vorkommen: Im seichten Wasser unter Steinen und auf Grobsand, oftmals weit verbreitet.

Dardanus arrosor (= **Pagurus arrosor**) Großer Einsiedler
Bis 10 cm lang, Carapax etwa 5 cm. 1. Schreitbeinpaar trägt ungleiche Scheren, linke größer; 2. und 3. Paar enden mit Klauen, 4. und 5. Paar stark reduziert. Farbe: Carapax gelblich; Augen braun-schwarz; Scheren rot mit dunkelbraunen Fingerspitzen; 2. und 3. Beinpaar rot mit schwarzbraunen Klauen. Vorkommen: Auf Weichböden und zwischen Steinen, unter 30 m Tiefe, gewöhnlich in leeren Schneckenhäusern und mit Schwämmen oder Anemonen vergesellschaftet.

Pagurus anachoretus (= **Eupagurus anachoretus**)
Bis 25 mm lang, Carapax 8 mm, Antennen ohne Borsten; 1. Schreitbeinpaar mit ungefähr gleichen Scheren, Oberfläche der rechten Schere haarig und glatt. Farbe: Antennen und Augenstiele rot geringelt, Körper gelb bis rosa-rot. Vorkommen: Auf Felsen im seichten Wasser.

Pagurus prideauxi (= **Eupagurus prideauxi**) Anemonen-Einsiedler
Bis 6 cm lang, Carapax etwa 2 cm. 1. Schreitbeinpaar trägt schwach beborstete, fein gekörnte Scheren (rechte geringfügig größer), 2. und 3. Beinpaar mit gefurchten, nicht spitzen Klauen; 4. und 5. Paar reduziert. Farbe: Carapax braunrot. Vorkommen: Das kleine Gehäuse ist fast immer von der Mantelaktinie *Adamsia carciniopados* überwachsen, auf Weichböden unter 10 m.

Pagurus bernhardus (= **Eupagurus bernhardus**) Gewöhnlicher Einsiedlerkrebs
Bis 10 cm lang, Carapax 4 cm. 1. Schreitbeinpaar mit großen, ungleichen, grob gekörnten Scheren (rechte Schere größer); 2. und 3. Schreitbeinpaar mit spitzen Klauen; 4. und 5. Paar reduziert. Farbe: Carapax grau-rot; Scheren rot-braun. Vorkommen: Die Schneckenschalen sind häufig von *Suberites domuncula* (Schwamm), *Hydractinia echinata* (Hydroid) oder *Calliactis parasitica* (Seeanemone) bewachsen; der Polychaet *Nereis fucata* bewohnt als Kommensale das Gehäuse; gelegentlich parasitiert der Wurzelkrebs *Peltogaster paguri*.

Pagurus sculptimanus (= **Eupagurus sculptimanus**) (nicht abgebildet)
Bis 15 mm lang, Carapax 4 mm. Ähnelt *P. prideauxi*, hat jedoch stumpf endende Scheren am 1. Schreitbeinpaar mit deutlichem Kiel auf der Oberseite. Farbe: Carapax gelb bis gelb-rot. Vorkommen: Unter 6 m Tiefe.

Pagurus alatus (= **Eupagurus alatus**)
Bis 40 mm lang, Carapax 8 mm; 1. Schreitbeinpaar mit ungleichen, außerordentlich kräftigen Scheren (rechte fast doppelt so groß wie linke), ohne Borsten oder Stacheln, mit 2 deutlichen Furchen, die von einem kielförmigen Grat getrennt sind. Farbe: Gelb mit roter Zeichnung. Vorkommen: In 30–100 m Tiefe.

Pagurus cuanensis (= **Eupagurus cuanensis**)
Bis 25 mm lang, Carapax bis 6 mm; Oberseite der rechten Schere behaart und körnig (siehe Bild). Farbe: Gelb-braun. Vorkommen: Von 10–100 m Tiefe.

Anapagurus laevis Gelber Einsiedler
Bis 20 mm lang, Carapax 10 mm, 1. Schreitbeinpaar mit dürftig behaarten Scheren (rechte sehr viel größer als linke). Farbe: Carapax weiß, Scheren orange gebändert. Vorkommen: Unter 10 m.

Catapaguroides timidus (nicht abgebildet)
Bis 10 mm lang; 1. Schreitbeinpaar mit Scheren (rechte kaum größer als linke); beim rechten Bein Glied vor der Schere verdickt, beträchtlich größer als die Schere; Hinterleib relativ groß. Farbe: Graun-braun. Vorkommen: Ab 6 m Tiefe, selten.

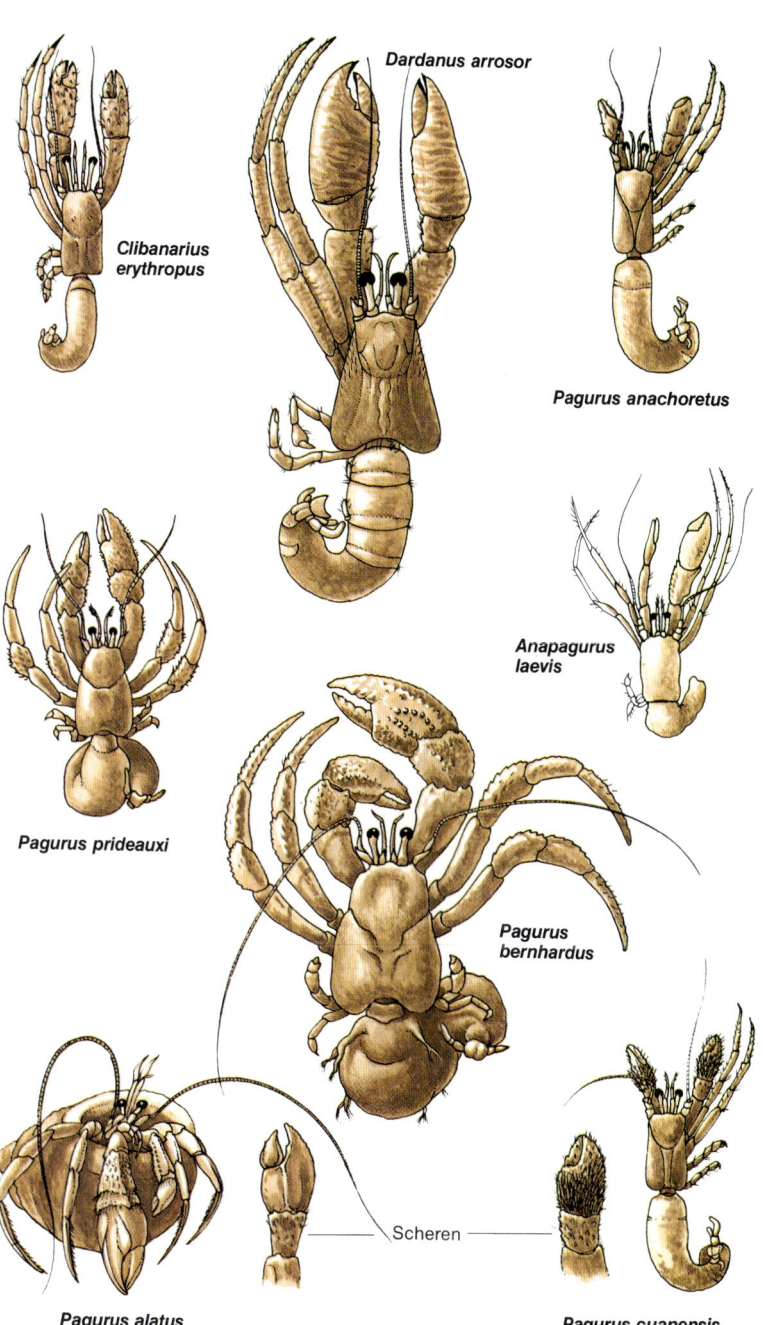

Clibanarius
erythropus

Dardanus arrosor

Pagurus anachoretus

Anapagurus
laevis

Pagurus prideauxi

Pagurus
bernhardus

Pagurus alatus

Scheren

Pagurus cuanensis

Krabben (Brachyura)

Krabben sind Bewohner der Küste oder der Meeresböden, die durch einen zumeist mächtigen, schweren Panzer ausgezeichnet sind. Der Carapax ist abgeflacht und zeigt die typische Krabbengestalt; der Hinterleib ist stark reduziert und wird immer unter der Brust eingeschlagen getragen. Die Antennen sind normalerweise kurz; das 1. Schreitbeinpaar trägt auffällige und oftmals auch kräftige Scheren, während die übrigen 4 Schreitbeinpaare unterschiedlich entwickelt sind und meist mit einer Klaue enden.

Dromia personata (= D. vulgaris) Wollkrabbe
Bis 8 cm lang. Carapax etwas breiter als lang, gewölbt; der ganze Körper einschließlich der Extremitäten wird größtenteils von einem kurzen Pelz überzogen; 4. und 5. Beinpaar aus der Normallage verschoben und besonders das 5. Paar deutlich auf den Rücken verlagert; dieses verfügt über kleine Scheren. Farbe: Pelz dunkelbraun; die „unbehaarten" Spitzen der Scherenfinger hellrosa. Vorkommen: Auf Sand- und Felsküsten von der Ebbelinie bis 30 m Tiefe.
Anmerkung: Trägt fast immer Schwammstücke am Rücken, die sie mit den beiden letzten Beinpaaren festhält.

Homola barbata
Bis 30 mm lang. Carapax etwas länger als breit; Stirnrand relativ gerade und bezahnt, Carapaxseiten gerade, am Ende leicht gebogen; Oberseite stachelig; 1. Schreitbeinpaar mit kleinen Scheren. Farbe: Braun. Vorkommen: Auf Sand- und Schlammböden, von 50–100 m Tiefe.

Ethusa mascarone Gepäckträgerkrabbe
Bis 16 mm lang. Carapax länger als breit; Stirnrand zwischen den Augen in 2 gezähnte Fortsätze ausgezogen; Carapaxseiten nahezu gerade, gegen das Hinterende aber ausgebuchtet; zarte, schlanke Schreitbeine, von denen das 1. Paar am kräftigsten ist und Scheren trägt, das 2. und 3. Paar am längsten und das 4. und 5. Paar kürzer sind, wobei das 5. Paar fast am Rücken gelenkt. Farbe: Carapax braun-grau. Vorkommen: Auf sandigen und schlammigen Substraten, zwischen 10 und 30 m, manchmal zwischen Algen.

Dorippe lanata Trägerkrabbe
Bis 3 cm lang. Carapax etwa birnenförmig, nahezu so breit wie lang, mit geradem, bezahntem Stirnrand; Carapax und Beine ebenfalls „behaart", aber nicht so dicht wie bei Dromia vulgaris; in der Mitte der Carapaxseitenränder jeweils 1 auffälliger Zahn; 1. Schreitbeinpaar klein, scherentragend; 2. und 3. Paar am größten; 5. Paar fast am Rücken der Krabbe. Farbe: Carapax rosa-braun. Vorkommen: Auf Weichböden bis 50 m Tiefe.

Calappa granulata Hahnenkammkrabbe
Bis 11 cm lang. Carapax fast oval, breiter als lang; Vorderrand stark gebogen, fein gezähnt; Hinterrand schwach gebogen mit wenigen großen Zähnen; 1. Schreitbeinpaar mit kräftig entwickelten Scheren, die auf ihrer Oberseite einen Kamm, ähnlich dem eines Hahnes, aufweisen. Farbe: Carapax hellgrau bis gelb, rot gefleckt. Vorkommen: Auf Sedimentböden, wo sie sich eingräbt, um auf Beute zu lauern.

Ebalia cranchi Granulierte Krabbe
Bis 7 mm lang, Carapax mit körniger Oberfläche und rhombischem bis polygonalem Umriß; Stirn- und Hinterrand mit einer Einkerbung; 5 auffällige Höcker (1 hinterer, 2 seitliche – je einer rechts und links – und 2 annähernd zentrale). Farbe: Carapax gelb-rot. Vorkommen: Auf Sedimentböden von 20–130 m Tiefe.

Ebalia nux
Bis 8 mm lang. Carapax rundlich, mit kleiner Einkerbung in der Mitte des Vorderrandes und 2 Zähnen auf beiden Seiten zwischen Kerbe und Auge; Oberseite glatt, ohne Stacheln oder Knötchen. 1. Schreitbeinpaar lang mit schlanken Scheren. Farbe: Rosa, rötlich oder braun. Vorkommen: Auf Schlammböden unter 100 m.

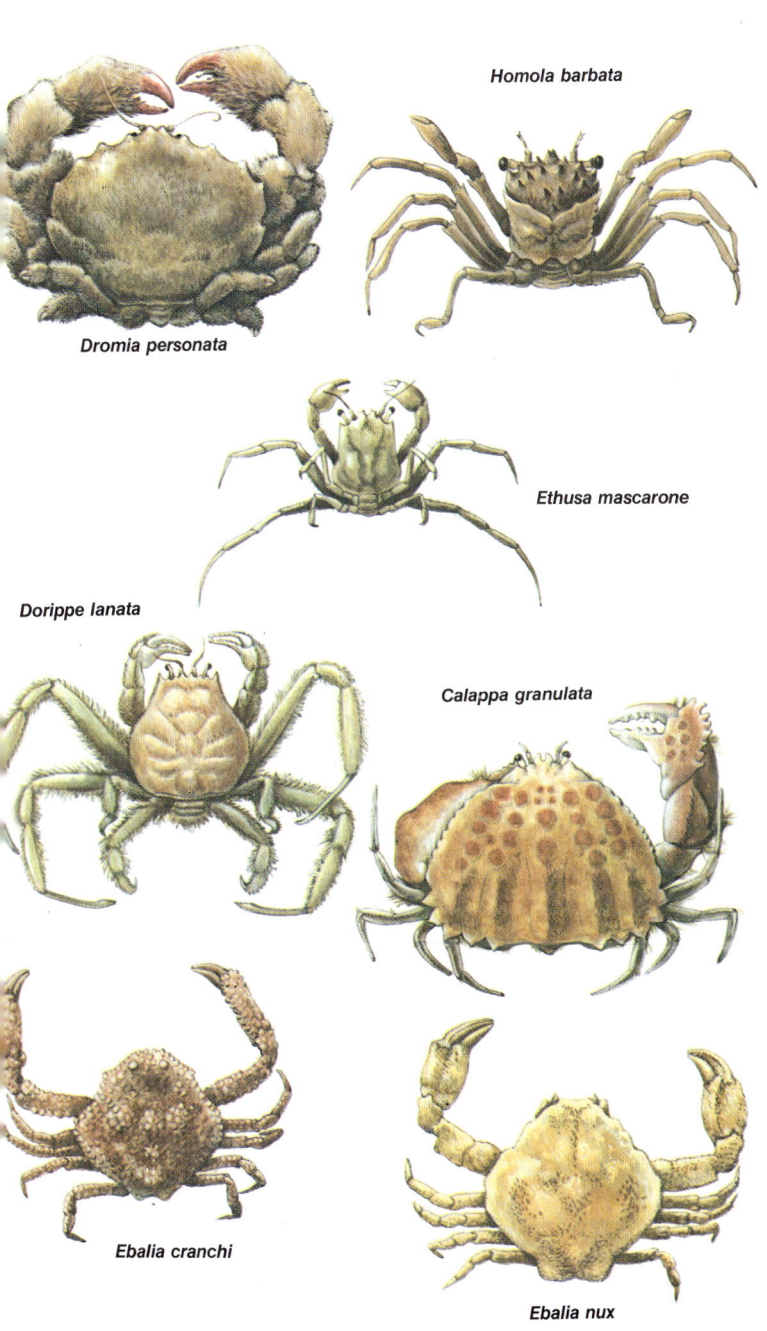

Homola barbata

Dromia personata

Ethusa mascarone

Dorippe lanata

Calappa granulata

Ebalia cranchi

Ebalia nux

Corystes cassivelaunus Antennenkrebs
Bis 4 cm lang. Carapax nicht so breit wie lang, relativ glatt; 1 kleiner und 1 auffälliger Randzahn liegen zwischen Auge und dem Abgang des 1. Schreitbeinpaares, das beim Männchen 2mal so lang ist wie der Carapax, beim Weibchen aber kürzer; ausnehmend lange, beborstete, über ihre ganze Länge beisammenliegende Antennen. Farbe: Carapax schmutzfarben, graun-gelb. Vorkommen: Im Sublitoral und im Flachwasser, gewöhnlich im Sand eingegraben, wobei sie die zusammengelegten Antennen wie ein Rohr verwenden, um Wasser zu den Kiemen zu leiten.

Atelecyclus rotundatus
Bis 30 mm lang. Carapax fast kreisförmig, Rand mit Zähnen gesäumt, Antennen halb so lang wie Carapaxdurchmesser, 1. Schreitbeinpaar sehr kräftig, aber nur mit kleinen Scheren, übrige Beine mehr oder weniger gleich lang, Carapax und Beine schwach behaart. Farbe: Rötlich-weiß mit roten Tupfen, Scherenspitzen schwarz, Haare braun. Vorkommen: Auf Sand- und Schlammböden ab 15 m.

Liocarcinus puber (= **Macropipus puber**) Schwimmkrabbe
Etwa 8 cm lang oder weniger. Carapax mit 8–10 kleinen Zähnen, von denen die mittleren beiden am längsten sind, zwischen den Augen; 5 große, spitze Seitenrandzähne, die nach vorne weisen; 1. Schreitbeinpaar mit kräftigen Scheren; 5. Beinpaar mit flachem, rundem Endglied, das als Schwimmpaddel verwendet wird. Farbe: Carapax rot-braun; mit feinen Borsten besetzt, die dem Tier ein schmutzig-braunes Aussehen verleihen; Augen rot. Vorkommen: Zwischen Steinen und Felsen des Sublitorals bis 10 m Tiefe.

Liocarcinus corrugatus (= **Macropipus corrugatus**)
Bis 25 mm lang. Carapax etwas breiter als lang, Hinterrand mäßig konvex, Hauptzahn zwischen den Augen und 2 kleinen auf jeder Seite; Oberseite des Carapax quer gerunzelt. Farbe: Rötlichbraun, manchmal rotgefleckt. Vorkommen: Auf Kies und Sand bis 100 m tief.

Liocarcinus depurator (= **Macropipus depurator**) Ruderkrabbe
Bis 4 cm lang. Carapax geringfügig breiter als lang; Oberfläche bisweilen rauh und schuppig, mit einigen Borsten; zwischen den Augen 3 scharfe Zähne. 1. Schreitbeinpaar trägt Scheren, das 5. Paar verfügt über ein abgeflachtes, abgerundetes Endglied, das als Schwimmpaddel verwendet wird. Farbe: Rotbraun. Vorkommen: Auf verschiedenen Böden, bis 1 m tief.

Carcinus mediterraneus Strandkrabbe
Bis 4 cm lang. Carapax 1 1/2mal so breit wie lang; zwischen den Augen 3 stumpfe Zähne; Carapaxrand beiderseits mit 5 scharfen, wohlentwickelten Zähnen; 1. Schreitbeinpaar mit mittelgroßen, kräftigen Scheren; 2. und 3. Beinpaar am längsten; das 5. Paar ist am kürzesten, seine Endglieder sind flach, aber spitz zulaufend. Farbe: Variabel, dunkel grün-grau mit weißen, gelben oder orangen Zeichnungen. Vorkommen: An sandigen oder felsigen Küsten und im Seichtwasser.

Pirimela denticulata Zahnkrabbe
Etwa 25 mm lang. Carapax trägt zwischen den Augen 3 kleine Fortsätze, von denen die beiden äußeren dreieckig und abgeflacht, der mittlere jedoch länger und abgerundet erscheinen; 7 weitere Zähne sind beiderseits am Carapaxrand; 1. Schreitbeinpaar mit kleinen Scheren; alle übrigen Beine enden mit spitzen, nicht paddelartigen Klauen. Farbe: Carapax variabel, grün, braun, purpurrot; kann auch gefleckt sein. Vorkommen: Auf felsigen, mit Grobsand vermischten und algenbestandenen Böden, im Sublitoral bis 60 m Tiefe.

Thia scutellata (= **T. polita**)
Bis 22 mm lang. Carapax geringfügig breiter als lang, herzförmig; Augen sehr klein und fast ganz in Augenhöhlen versteckt; mehrere Zähne an beiden Seiten, Beine kurz, Scheren gedrungen. Farbe: Rosa. Vorkommen: In Sand grabend bis 20 m tief.

Schere ♂

Corystes cassivelaunus ♀

Atelecyclus rotundatus

Liocarcinus puber

Liocarcinus corrugatus

Liocarcinus depurator

Carcinus mediterraneus

Pirimela denticulata

Thia scutellata

Cancer pagurus Taschenkrebs
Bis 14 cm lang, häufig kleiner, gelegentlich größer. Carapax schwach gekörnt, leicht gewölbt, etwa 1½mal so breit wie lang, Umriß oval; Seitenrand mit etwa 9 rundlichen Lappen an jeder Seite; 1 Schreitbeinpaar mit kräftigen Scheren; die übrigen 4 Beinpaare sind beborstet, das 5. Paar ist am kleinsten. Farbe: Carapax rosa-bräunlich; Scherenfinger mit schwarzen Spitzen. Vorkommen: Im Sublitoral bis etwa 100 m Tiefe.

Goneplax rhomboides
Bis 27 mm lang, meist kleiner. Carapax beinahe doppelt so breit wie lang, mehr oder weniger rechteckig, Ecken des Vorderrandes in deutliche Zähne ausgezogen, ein weiteres Paar etwas weiter hinten an den Seiten; Augen auf langen Augenstielen, 1. Schreitbeinpaar beim Männchen sehr lang, scherentragendes Glied so lang wie Carapax, alle anderen Beine gleichartig. Farbe: Gelb-rot. Vorkommen: Auf Weichböden bis 100 m tief.

Pilumnus hirtellus Borstenkrabbe
Bis 15 mm lang. Carapaxvorderrand mit 2 flachen Lappen zwischen den Augen; 5 Seitenrandzähne hinter den Augen (Augenhöhlenränder mitgezählt); Carapax breiter als lang, vorne abgerundet, verschmälert sich gegen das Hinterende zu; 1. Schreitbeinpaar mit großen, kräftigen, ungleichen Scheren; gesamtes Tier mit langen Borsten bedeckt. Farbe: Rot-braun, Scheren braun oder purpurrot. Vorkommen: Unter Steinen und Felsblöcken im Seichtwasser und an der Küste.

Pinnotheres pisum Erbsenkrabbe
Länge des Carapax: Weibchen bis 14 mm, Männchen bis 6 mm, weiblicher Carapax weich, kugelig und glatt; 1. Schreitbeinpaar mit zarten Scheren, letztes Glied des 5. Schreitbeinpaares hakenförmig eingekrümmt. Männlicher Carapax hart, zwischen den Augen leicht ausgeweitet, Scheren des 1. Schreitbeinpaars kräftiger, auch die anderen Beine sind kräftiger und stärker behaart, hakenförmiges Endglied am 5. Beinpaar. Farbe: Weibchen durchscheinend gelb-braun, oben ein gelber Punkt und an den Seiten gelbe Flecken; Männchen gelb-grau. Vorkommen: Auf und in Muscheln.
Ähnlich: *P. pinnotheres*, jedoch Endglied des 5. Schreitbeinpaares lang, gerade und zugespitzt, von gleicher Länge wie das vorletzte. Farbe: Grün-gelb mit rötlicher Färbung auf dem Carapax.

Xantho pilipes (= **X. hydrophilus**)
Bis 24 mm lang; Carapax länger als breit, glatt, vorne abgeflacht, hinten leicht gewellt, außerhalb der Augen etliche stumpfe Zähne an den Carapaxseiten durch scharfe Einschnitte getrennt; 1. Schreitbeinpaar trägt Scheren mit braunen Spitzen (rechte Schere etwas kräftiger als linke), die übrigen Beine sind behaart und werden nach hinten zu kürzer. Farbe: Gelb-braun, rotgefleckt. Vorkommen: Eulitoral bis 50 m tief, auf Hart- und Weichböden.

Pachygrapsus marmoratus Felsenkrabbe
Bis 3 cm lang. Antennen und Augen zeimlich weit auseinander, fast an den Ecken des Carapax stehend; Carapaxvorderrand glatt, gerade, dahinter 3 seichte Einbuchtungen; Carapax glatt; 2 oder 3 spitze Seitenrandzähne; 1. Schreitbeinpaar mit mittelgroßen Scheren, die übrigen Beine sind beborstet. Farbe: Carapax gelb-grün; marmoriert. Vorkommen: In Nischen und Spalten der Felsküste, von der Gezeitenzone abwärts; zum Teil über der Wasserlinie anzutreffen.

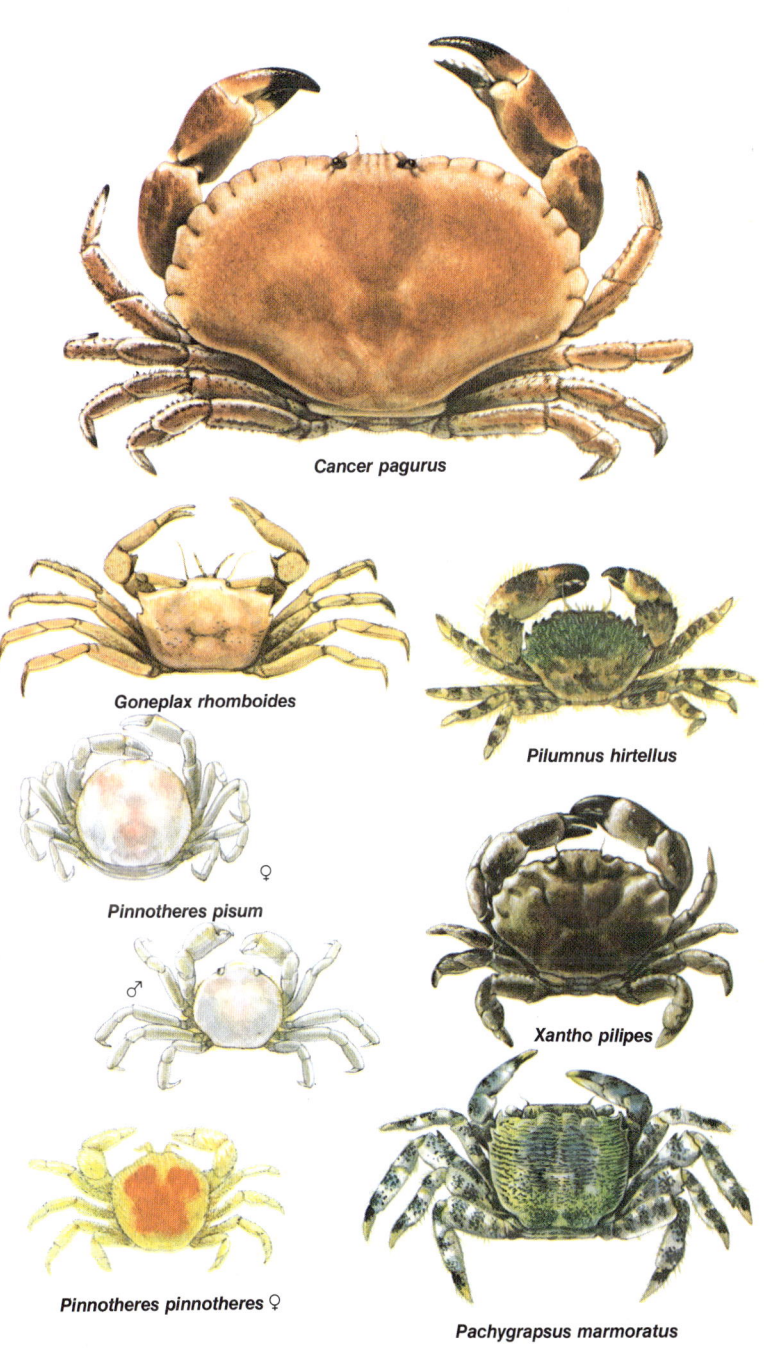

Cancer pagurus

Goneplax rhomboides

Pilumnus hirtellus

Pinnotheres pisum ♀

♂

Xantho pilipes

Pinnotheres pinnotheres ♀

Pachygrapsus marmoratus

Macropodia rostrata Gespensterkrabbe
Bis 22 mm lang. Carapax länger als breit, dreieckig, Vorderecke zu einem deutlichen Rostrum ausgezogen mit 2 eng zusammenliegenden Spießen, Augen können nicht in Gruben eingeklappt werden; Körper mit zahlreichen abstehenden Borsten; 1. Schreitbeinpaar relativ kurz mit schwachen Scheren, die übrigen Beinpaare sehr lang und dünn. Farbe: Graun-braun, gelb-braun oder rot-braun, oft überwachsen. Vorkommen: Auf Hart- und Weichböden bis 85 m tief.

Inachus dorsettensis Gespensterkrabbe
Bis 25 mm lang. Carapax dreieckig, etwa so breit wie lang, trägt parallel zum Stirnrand in einer Reihe 4 kleine Höcker, hinter denen ein größerer steht; am Hinterrand 2 große Höcker, zwischen denen 1 kleinerer liegt; zwischen den Augen ein kurzes, zweiteiliges Rostrum; die Augen können in ihre Gruben gelegt werden; 1. Schreitbeinpaar trägt relativ plumpe Scheren, 2. Paar etwa 3mal so lang wie Carapax; die übrigen Beinpaare werden gegen das Hinterende zu schrittweise kürzer. Farbe: Gelb-braun. Vorkommen: Auf Weich- und Hartböden, von 6 m abwärts.

Acanthonyx lunulatus
Bis 25 mm lang. Carapax länger als breit, Vorderecke in mehreren Spießen endend, 4 davon zwischen den Augen, die an den Seiten der beiden äußeren Spieße liegen, außerhalb der Augen befinden sich beiderseits je 3 Spieße, Hinterrand des Carapax gebogen, 1. Beinpaar trägt mäßig große Scheren, die übrigen Beinpaare charakteristisch eingekerbte vorletzte Glieder, die mithelfen, Algen festzuhalten, wenn sich die Endkralle einwärtsbiegt. Farbe: Smaragdgrün oder gold-braun. Vorkommen: Hervorragend dem Festklammern auf Algen angepaßt, von 1–20 m Tiefe, vorwiegend in bewegtem Wasser.

Pisa armata (= *P. gibbsi*) Maskenkrabbe
Bis 4 cm lang. Carapax mehr oder minder dreieckig, länger als breit; Oberfläche rauh, schwach gewölbt, mit leicht konkaven Seiten; 2 rostrale Spieße (beim Männchen parallel, beim Weibchen divergierend) und 2 kleinere Stacheln vor den Augen; am Hinterende gewöhnlich 3 Höcker, von denen einer nach hinten weist, die beiden anderen nach den Seiten. 1. Schreitbeinpaar mit kräftigen, aber nicht sehr großen Scheren; die übrigen Beinpaare nehmen gegen das Hinterende zu schrittweise an Länge ab. Farbe: Carapax braun. Vorkommen: Auf verschiedenen Böden, zumeist unter 20 m Tiefe.

Maja squinado Große Seespinne
Bis 18 cm lang. Carapax hinten nicht so breit wie lang, annähernd dreieckig, aber mit konvexem, gerundetem, mit großen und kleinen Stacheln versehenem Umriß; Oberfläche mit Stacheln und Borsten bedeckt; Rostrum aus 2 getrennten Stacheln bestehend; 1. Schreitbeinpaar relativ lang mit kleinen, gleich großen Scheren, übrige Beine beborstet und mit Ausnahme des 5. Paares lang. Farbe: Carapax rot, rosa oder weiß, manchmal gefleckt. Vorkommen: Auf Sedimentböden und zwischen Felsblöcken im Sublitoral bis etwa 50 m Tiefe.

Lissa chiragra Gichtkrebs
Bis 4 cm lang. Carapax länger als breit, an sich birnenförmig, aber mit einer Anzahl knotiger Auswüchse an der Peripherie und 2 Höckern am Rücken; Kontur oft unter aufwachsenden Organismen verborgen. 2 Rostralstacheln, die miteinander zu einem T-förmigen Rostrum verwachsen sind; beiderseits davon ein kleinerer Stachel. 1. Schreitbeinpaar trägt Scheren und besitzt, wie die anderen Schreitbeine, knorrige Glieder, 5. Beinpaar am kürzesten. Farbe: Carapax rötlich. Vorkommen: Auf Weichböden und zwischen anderen Organismen (sekundäre Hartböden), von 30–80 m Tiefe.

Parthenope massena (= *Lambrus massena*) Birnenkrebs
Bis 2 cm lang. Carapax in Form einer dickbäuchigen Birne, hinten so breit wie lang, nicht stark mit Höckern versehen; Rostrumende stumpf; 1. Schreitbeinpaar sehr lang, mit auffälligen Höckern und Scheren; übrige Beinpaare kleiner und annähernd gleich groß. Farbe: Carapax lichtgrau, gelb oder grünlich, manchmal maskiert. Vorkommen: Auf felsigen und sandigen Böden von 5–200 m Tiefe.

Macropodia rostrata

Inachus dorsettensis

Acanthonyx lunulatus

Pisa armata

Maja squinado

Lissa chiragra

Parthenope massena

Insekten (Insecta)

Insekten sind landbewohnende Gliederfüßer; einige wenige davon sind Küstenbewohner, die im Angespül und auf der Oberfläche kleiner Fluttümpel leben. Ihr Körper gliedert sich in erwachsenem Zustand in 3 Regionen: den Kopf mit einem Antennenpaar, eine 3gliedrige Brust (Thorax) mit 3 Paar Laufbeinen und 1 oder 2 Flügelpaaren und in einen beinlosen Hinterleib (Abdomen).

Die beiden hier vorgestellten Arten gehören zur Gruppe der Urinsekten (Apterygota), die primär flügellos sind und am Hinterleib paarige, meist stummelförmige Anhänge tragen.

Petrobius maritimus Borstenschwanz
Bis 12,5 mm. Kopf mit auffälligen, fast körperlangen Antennen und recht großen Maxillarpalpen. Brust mit 3 Paar Beinen, aber ohne Flügel; Hinterleib endet in einem fast körperlangen Terminalfaden. Vorkommen: In Felsspalten und zwischen Geröll, im Supralitoral und weiter landeinwärts.

Lipura maritima Felskriecher
Bis 3 mm lang. Kopf mit kurzen Antennen. Brust und Hinterleib ziemlich plump; Brust mit 3 Paar kurzen Beinen, jedoch ohne Flügel; Hinterleib verbreitert sich zunächst, verjüngt sich aber dann zu einem stumpfen Ende. Vorkommen: Im allgemeinen auf dem Oberflächenhäutchen des Wassers in Felstümpeln des Supralitorals treibend oder auf Felsen und Algen kriechend.

Asselspinnen (Pantopoda)

Ausschließlich marine Gliederfüßer mit einem dominierenden Vorderkörper (Prosoma), dessen Vorderende zu einem Rüssel (Proboscis) ausgezogen ist, der am Ende die Mundöffnung trägt. Der Hinterleib ist stark reduziert und stummelförmig dem Vorderkörper ansitzend. Immer vorhanden sind 4 Paar auffälliger, zum Teil recht langer Laufbeine, in die Ausläufer der inneren Organe wie Darmtrakt und Keimdrüsen (Gonaden) hineinreichen. Ohne Hilfe eines Mikroskops sind diese Tiere nicht exakt zu bestimmen. Im Mittelmeer kommen 10 Arten vor.

Nymphon gracile Zierliche Asselspinne
Bis 10 mm lang, manchmal auch länger; Laufbeine bis 25 mm lang. Vorderkörper schlank; beiderseits des Rüssels liegt 1 Paar scherentragender Cheliceren, die zum Ergreifen der Beute dienen; dahinter folgt 1 Paar zarter, fünfgliedriger Pedipalpen; neben den 4 Laufbeinpaaren gibt es noch 1 Paar sog. Eiträger, mit deren Hilfe das Männchen die vom Weibchen abgelegten Eier transportiert. Vorkommen: In Pflanzenbeständen des Eu- und Sublitorals.

Callipallene brevirostris
Ähnelt *Nymphon gracile*, ist jedoch nur 15 mm lang. Schreitbeine bis 6 mm. Vorderkörper mit kürzerem Mundfortsatz als Nymphon. Vorkommen: In der Gezeitenzone und im seichten Wasser, häufig in Algenbeständen und Hydroidstöcken.

Hufeisenwürmer (Phoronida)

Die Phoroniden sind ein sehr kleiner Stamm rein mariner, festsitzender, wurmförmiger Tiere, die am Vorderende eine Tentakelkrone tragen, die einem hufeisenförmigen Tentakelträger (Lophophor) aufsitzt. Die Tiere leben in chitinösen, selbstgebauten Röhren. Da sie zart und klein sind und verborgen leben, sind sie nur mit Mühe zu entdecken. Im Körperinnern sind zwei Coelomabschnitte vorhanden. Die Phoroniden werden als Verwandte der Bryozoa (siehe Seite 222) angesehen. Im Mittelmeer kommen 3 Arten vor.

Phoronis mulleri
Sichtbar ist nur die Tentakelkrone, die 5 mm im Durchmesser erreicht. Körperlänge bis 11 mm, Körper zum Hinterende hin verdickt. Farbe: Durchscheinend grau mit rosa Anflug an der Tentakelbasis, Röhre grau-braun. Vorkommen: Auf Schalen oder Steinbrocken aufwachsend, oft im Sediment eingebettet.

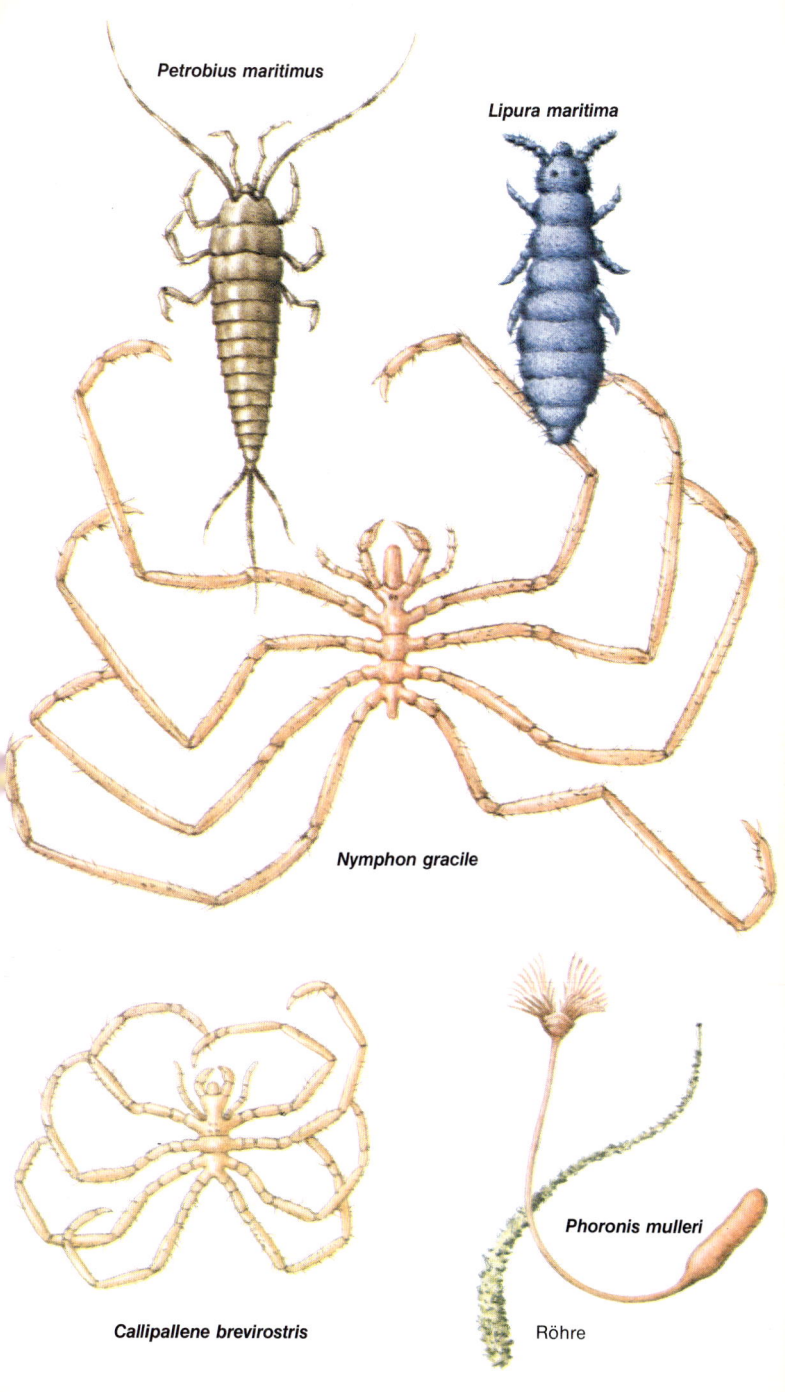

Petrobius maritimus

Lipura maritima

Nymphon gracile

Callipallene brevirostris

Phoronis mulleri

Röhre

Moostiere (Bryozoa, Ectoprocta)

Moostiere sind winzige, festsitzende, koloniebildende Tiere, die ein sie umhüllendes Gehäuse (Zooecium) abscheiden. Eine echte Leibeshöhle (Coelum) ist vorhanden; der Mund ist von einem Kranz hohler, bewimperter Tentakel (Lophophor) umstellt; der Tentakelkranz kann in das Zooecium zurückgezogen werden; die Afteröffnung liegt immer außerhalb dieses Tentakelkranzes.

Moostiere gehören zu den am weitesten verbreiteten Tieren, die steinige und felsige Küsten und Meeresböden besiedeln; dennoch werden sie oft vernachlässigt, zum einen vielleicht wegen ihrer geringen Größe, zum anderen wegen ihrer fehlenden wirtschaftlichen Bedeutung. Man unterteilt sie in 2 Klassen: die Phylactolaemata und die Gymnolaemata, von denen die erste ausschließlich im Süßwasser vorkommt, während die zweite fast nur marine Formen umfaßt. Der Bauplan ist recht charakteristisch; die Einzeltiere (Zooide) bilden in ihrer Gesamtheit die Kolonie, die durch ungeschlechtliche (asexuelle) Vermehrung (= Knospung) aus einer Ancestrula (= Primärzooid) entstanden ist. Die Kolonien überziehen oft Felsen, Schalen oder Algen (wie z. B. *Membranipora*) oder können weitgehend frei, nur an ihrer Basis festgeheftet, aufwachsen (wie z. B. *Flustra*).

Das Zooecium kann abgeflacht, schachtel- oder röhrenförmig sein, seine Wandung durch Kalkeinlagerung gehärtet werden. Der Mund führt in einen U-förmig gebogenen Darm, der sich, wie auch die Fortpflanzungsorgane, im Inneren des Zooeciums befindet; Kreislauf- und Exkretionssystem fehlen. Der Bauplan eines Moostierzooids wird in Bild 36 dargestellt.

Ein charakteristisches Merkmal dieses Stammes ist die Entwicklung vielgestaltiger Tiere (polymorpher Zooide) innerhalb der Kolonie. Die meisten Individuen der Kolonie dienen dem Nahrungserwerb (Autozooide), darüber hinaus sind aber andere für bestimmte Funktionen spezialisiert. Eine Art sind die sog. Avicularien, die winzigen Vogelschnäbeln ähneln. Sie schützen die Kolonie vor kleinen Organismen, die diese sonst überwachsen und damit die Öffnungen verstopfen würden. Eine andere Zooidenart sind die Vibracularien; das sind relativ lange Kehrstäbe, die möglicherweise durch ihre Bewegung die Wasserströmung um den Stock verstärken und die Ansammlung von Sinkstoffen (Detritus) und anderen Partikeln verhindern. Die Autozooide filtrieren mit Hilfe der bewimperten Tentakel ihres Lophophors Nahrungspartikel aus dem umgebenden Seewasser. Bild 37 zeigt Avicularien und einen Teil einer Kolonie.

Neben der ungeschlechtlichen Vermehrung, bei der durch fortwährende Knospung aus der Ancestrula die Kolonie entsteht, führt die geschlechtliche (sexuelle) Vermehrung zur Entwicklung und Verbreitung freischwimmender Larven. Nach einer Periode planktonischen Lebens verwandeln sich diese Larven, vorausgesetzt, sie finden eine zur Anheftung geeignete Unterlage, unter Metamorphose in eine neue Ancestrula, von der in der Folge eine neue Kolonie ihren Ausgang nimmt. Bei einigen Arten entwickeln sich die Embryonen entweder im Inneren des Mutterzooides in sog. inneren Brutkammern oder in besonderen äuße-

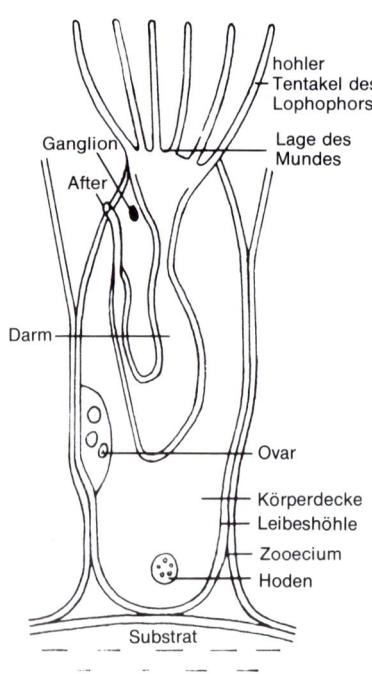

Ganglion
hohler Tentakel des Lophophors
Lage des Mundes
After
Darm
Ovar
Körperdecke
Leibeshöhle
Zooecium
Hoden
Substrat

Bild 36. Schema eines Einzeltieres (Zooids)

ren Brutkammern (Ooecien). Die Einzeltiere der Kolonien sind vorwiegend Zwitter, getrenntgeschlechtliche Gattungen sind selten. Moostiere meiden im allgemeinen das Brackwasser, doch können einige Arten (z.B. *Electra crustulenta*) niedrigen Salzgehalt tolerieren. Anhaltspunkte zum Erkennen einer Moostierkolonie ergeben sich zum Teil unmittelbar aus dem allgemeinen Erscheinungsbild – z.B. aufrechte, verzweigte, am Substrat kriechende etc. Formen –, für das Sehen feinerer Details an den Zooiden selbst, die für eine endgültige Bestimmung notwendig sind, ist eine gute Lupe unbedingt erforderlich. Die allgemeine Form des Zooecium, die Lage der Öffnung (Orificium), durch die der Tentakelkranz ausgefahren werden kann, das Vorhandensein eines Deckels (Operculum,), um die Öffnung zu schließen, das Vorkommen von Ooecien, Avicularien etc. sind wesentliche Bestimmungsmerkmale; daneben tragen einige Arten Stacheln und Dornen, die ebenfalls für die Identifizierung wichtig sind. Leider gibt es aber im europäischen Raum wesentlich mehr Arten, als in diesem Rahmen berücksichtigt werden können.

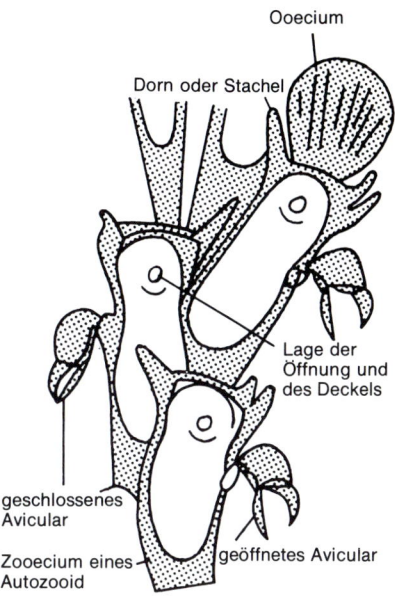

Bild 37. Teil einer Kolonie von **Bugula** (Schema)

Gymnolaemata

Moostiere mit röhrenförmigen und schachtelförmigen Zooecien, deren Wandungen verkalkt sein können. Der Tentakelkranz ist ringförmig.

Cyclostomata

Moostiere mit durchweg verkalkten röhrenförmigen Zooecien; die Öffnung des Zooecium (Orificium) ist rund und endständig; kein Deckel (Operculum); keine Avicularien und Vibracularien.

Crisia eburnea Elfenbein-Moostierchen
Verzweigte, strauchförmige Kolonien bis 2 cm Höhe; mit der Basis festgewachsen; hinter jedem Einzeltier befindet sich ein langer Dorn. Farbe: Grau-weiß. Vorkommen: Auf Rotalgen, Schalen und Felsen wachsend; vom Eulitoral bis 50 m Tiefe.

Ctenostomata

Moostiere mit unverkalkten, röhrenförmigen Zooecien; die Öffnung des Zooecium kann durch einen Kragen (Collare) verschlossen werden. Kein Deckel; Ooecien, Avicularien und Vibracularien fehlen.

Alcyonidium polyoum
Gelatinöse, glatte, schwammähnliche Kolonie von unregelmäßiger Gestalt, bis 20 cm hoch, die Einzeltiere sitzen in einer Gallertmasse eingebettet, die ohne Skulpturen ist. Farbe: Gelb, grün, grau oder braun. Vorkommen: Im Sublitoral bis 100 m tief.

Zoobotryon verticillatum Gescheiteltes Moostierchen
Büschelige, verzweigte Kolonie bis 50 cm Höhe; Zooecien rund oder oval, an den Zweigspitzen dicht, an den Ästen oft weit auseinanderstehend und eher zweizeilig. Farbe: Opak-weiß, gelegentlich grün. Vorkommen: Auf Bojen, Treibgut etc. aufwachsend; besonders in Hafenbecken. Anmerkung: Anzeiger für verschmutzte Gewässer.

Bowerbankia pustulosa
Büschelig verzweigte Kolonie bis 30 mm Höhe, an der Basis festgewachsen, die Einzeltiere sitzen oft gruppenweise in Abständen um die Achse. Farbe: Braun. Vorkommen: Im seichten und tieferen Wasser, auf Algen und Felsen wachsend.

Cheilostomata

Moostiere mit abgeflachten, oft kästchen- oder blasenförmigen Zooecien, deren Wände verkalkt sind; die Öffnung des Zooecium (Orificium) liegt vorne und kann mit einem häutigen oder verkalkten Deckel verschlossen werden; Ooecien, Avicularien und Vibracularien sind meist vorhanden.

Aetea sica
Verzweigte Kolonien aus röhrenförmigen Einzeltieren, jedes mit einem Teil am Substrat angeheftet, der andere Teil erhebt sich frei und aufrechtstehend aus einer Geschwulst. Die angewachsenen Teile bilden eine Masse mit wurzelähnlichem Wuchs, die aufrechten Teile sind durch enge Ringelungen gekennzeichnet; Höhe des Einzeltieres bis 1,8 mm. Farbe: Weiß. Vorkommen: Auf verschiedenen Substraten, bis in 80 m Tiefe.

Membranipora membranacea Seerinde
Mattenartige, krustenförmige Kolonien, deren Größe entsprechend der Unterlage variiert; junge Kolonien rund, ältere unregelmäßig; Zooecien rechteckig, an den vorderen Ecken je ein starker Dorn; mitunter treten am Rand der Kolonie aus dem Bereich der Öffnung schlauchförmige, blind endende, abweichend gestaltete Einzeltiere, sog. Turmzellen, auf (siehe Abbildung). Vorkommen: Auf Algen vom Eulitoral abwärts bis in geringe Tiefe.

Electra pilosa Zottige Seerinde
Kolonie unregelmäßig geformt; Einzeltier mit 2 vorderen Dornen, 1 langen auffälligen Stachel am hinteren Ende und mehreren kleinen rund um das Öffnungsfeld. Farbe: Silbergrau. Vorkommen: Auf Algen und Steinen, im Eulitoral und Seichtwasser.

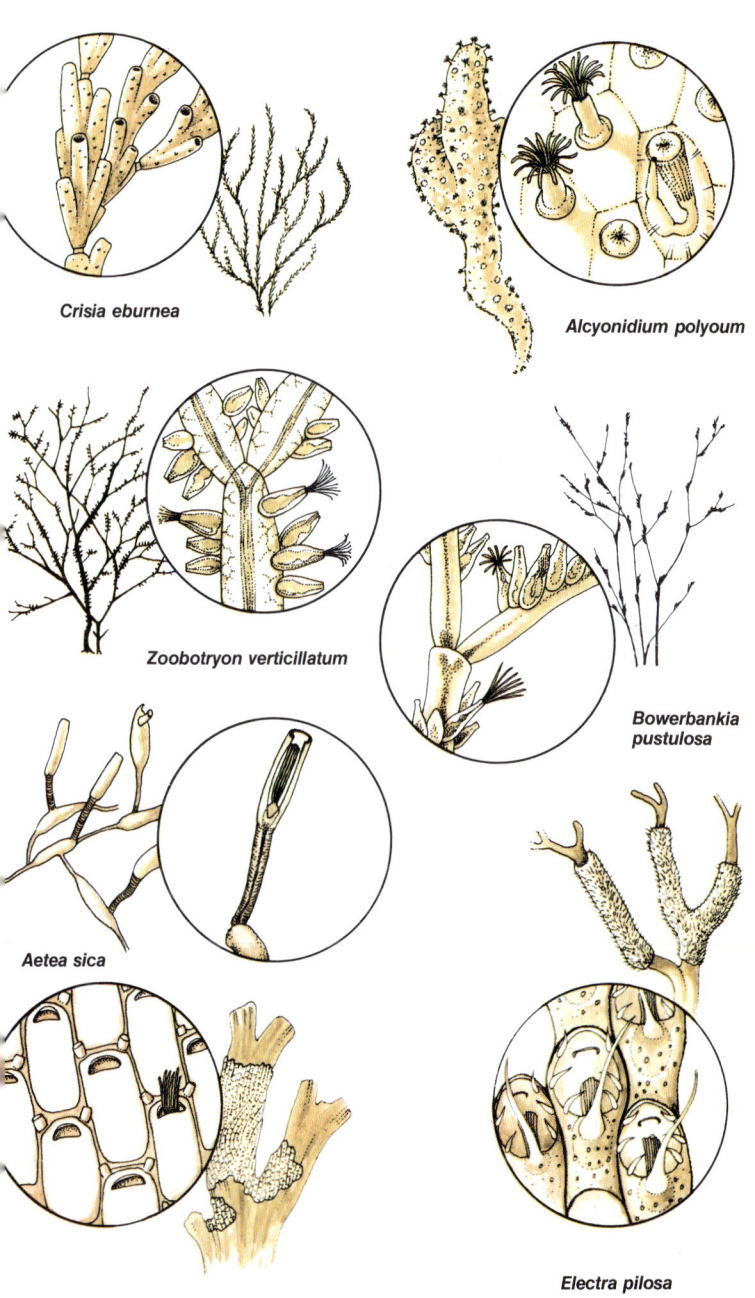

Crisia eburnea

Alcyonidium polyoum

Zoobotryon verticillatum

Bowerbankia pustulosa

Aetea sica

Membranipora membranacea

Electra pilosa

Carbasea papyrea
Kolonie aus flachen, verzweigten Büscheln, Äste verbreitern sich zum Ende hin; Höhe bis 50 mm. die Einzeltiere sitzen nur an der Seite, sie sind unregelmäßig gestaltet und nicht skulptiert. Farbe: Braun-grau-weiß, gelegentlich mit rosafarbenen Embryonen. Vorkommen: Auf *Posidonia* (siehe Seite 44), Kalkrotalgen, Muschelschalen und gelegentlich Krebspanzern, bis 100 m tief.

Cellaria salicornioides
Strauchartige Kolonie aus zarten, gabelig verzweigten Ästchen, die gegliedert erscheinen, bis 50 mm hoch. Zooecien oval bis sechseckig, wechselweise in Gruppen. Vorkommen: Bis 100 m tief auf Grobsand und Sandböden.

Scrupocellaria scrupea
Aufrecht verzweigte Kolonie, 20 mm hoch, mit wurzelähnlichen Rhizoiden am Grund. Zooecien distal erweitert, mit 3–4 Dornen an der Außen- und 1–2 an der Innenspitze; hervortretende Avicularien. Farbe: Orange-braun. Vorkommen: Auf Steinen, Felsen und Schalen bis in tiefes Wasser.

Bugula neritina Busch-Moostierchen
Büschelige, gabelig verzweigte Kolonien, Äste an den Enden mit leichter Spiraldrehung, bis 80 mm hoch; rundliche Zooecien in 2 Reihen angeordnet, ohne Dornen und Avicularien; Vorderseite membranös, äußere distale Ecke weicht etwas aus der Astrichtung ab. Farbe: Braun-purpurrot. Vorkommen: In verschmutztem Wasser, wächst auf Bojen, Schiffsrümpfen, Hafenmolen etc.
Ähnlich: *Bugula turbinata* mit derben, buschigen, spiralen Wedeln von 50 mm Höhe und langgestreckten Einzeltieren, die 2 Stacheln am Vorderende tragen. Avicularien vorhanden. Farbe: Orange, häufig mit Schlamm bedeckt. Vorkommen: Unter Felsüberhängen, zwischen Algen und Schwämmen, im Sublitoral und im Flachwasser.

Myriapora truncata Falsche Koralle
Kolonie ähnlich einer Koralle; Zweige mit abgestutzten Enden, an denen jedoch nicht die für die Koralle typischen Septen sichtbar sind; Einzeltiere in den bis zu 10 cm hohen Stämmchen eingebettet. Farbe: Gelb-rot bis korallrot, abgestorben gelb-weiß. Vorkommen: Auf Felsen, in Spalten und Höhlen, an meist nicht zu tiefen, schattigen Standorten.

Margaretta cereoides (= **Tubucellaria opuntioides**) Röhrencellarie
Bis 5 cm hohe, verzweigte Kolonien; die ovalen Zooecien sind zusammengedrängt und bilden so die Stämmchen. Farbe: Gelb-braun. Vorkommen: Überwiegend auf *Posidonia*-Rhizomen (siehe Seite 44), meist im Flachwasser.

Pentapora fascialis (= **Hippodiplosia fascialis**) Band-Moostierchen
Große, auffällige Kolonien bis 20 cm Höhe; ovale bis rhombische Zooecien dicht gruppiert. Farbe: Orange-rosa. Vorkommen: Auf Hartböden, zwischen Korallen etc.; bis 25 m Tiefe.

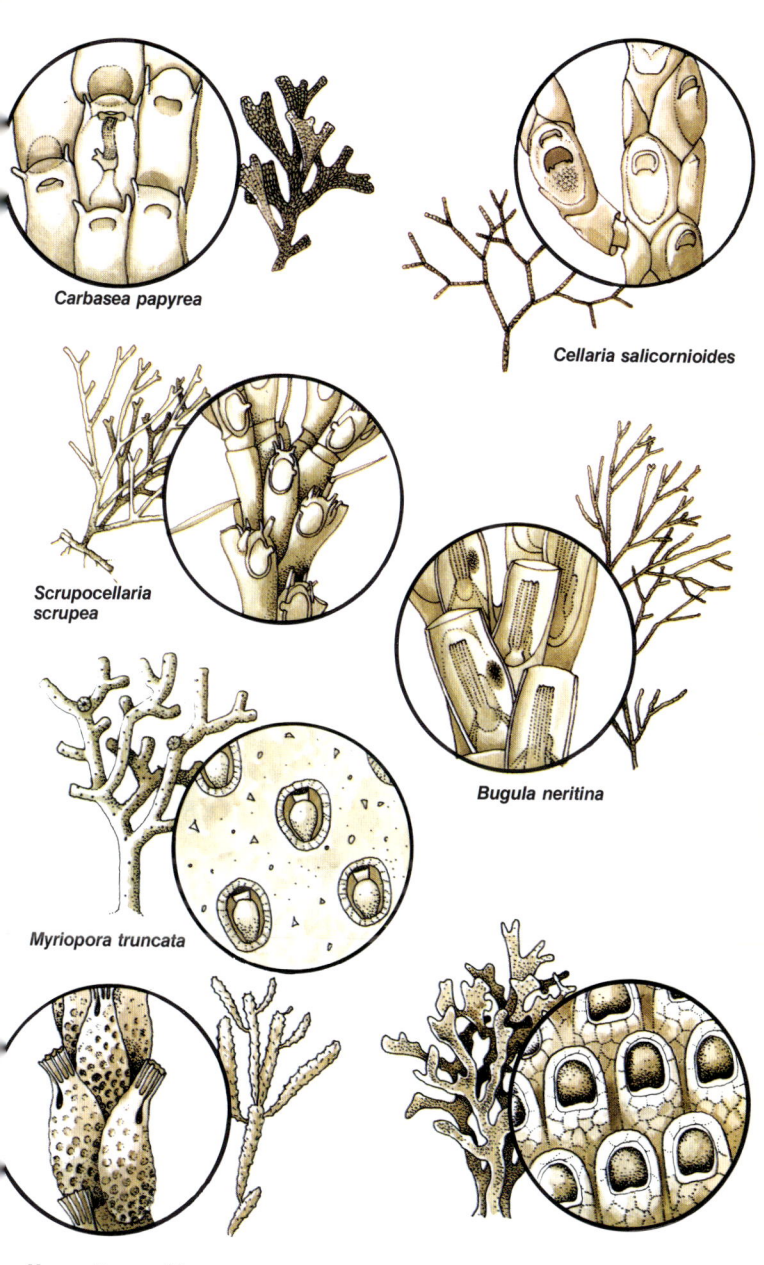

Carbasea papyrea

Cellaria salicornioides

*Scrupocellaria
scrupea*

Bugula neritina

Myriopora truncata

Margaretta cereoides

Pentapora fascialis

Stachelhäuter (Echinodermata)

Die Stachelhäuter stellen einen klar umrissenen Tierstamm dar. Sie leben ausschließlich im Meer und zeigen im erwachsenen Zustand bemerkenswerte Symmetrieverhältnisse. Zumeist sind sie radiärsymmetrisch, wobei der Mund im Zentrum einer Körperseite, die Afteröffnung normalerweise im Zentrum der gegenüberliegenden Seite liegt. Der Körper kann, wie beim Seeigel, scheibenförmig bis kugelig sein oder, wie bei den See- und Schlangensternen, in 5 oder mehr Arme ausgezogen sein. Diese Art der Symmetrie ist unter dem Begriff Pentamerie bekannt.

Die heute lebenden (rezenten) Stachelhäuter lassen sich in 5 gut gegeneinander abgegrenzte Klassen unterteilen; allerdings zeigen Fossilfunde, daß noch weitere Gruppen existiert haben. Alle heute lebenden (rezenten) Klassen sind in den europäischen Meeren vertreten: Die Federsterne (Crinoidea), die Seesterne (Asteroidea), die Schlangensterne (Ophiuroidea), die Seeigel (Echinoidea) und die Seegurken (Holothuroidea). Alle Stachelhäuter weisen eine Reihe gemeinsamer Merkmale auf, anhand derer man sie leicht als solche erkennen kann. Gleichzeitig aber unterscheiden sie sich so deutlich, daß man sie jeweils einer der 5 Gruppen zuordnen kann.

Der Körper der Stachelhäuter baut sich aus 3 Gewebeschichten (die aus den 3 Keimblättern Ekto-, Meso- und Entoderm hervorgehen) auf. Es ist ein Innenskelett vorhanden, nur gelegentlich ragen Skelettbildungen – wie Stacheln der Seeigel – über die Epidermis hinaus. Das Skelett besteht aus zahlreichen Kalkplättchen; einige davon sind fest miteinander verbunden und bilden den Panzer oder die sog. Schale, andere sitzen der Schale auf und bilden Stacheln. Bei vielen Arten, außer den Seeigeln, sind die Platten zu einem oder mehr oder minder lockeren Verband zusammengefügt, so daß die Tiere verhältnismäßig beweglich erscheinen. Die den Panzer überziehende Epidermis kann durch Pigmenteinlagerungen verschieden gefärbt sein. Die meisten Organsysteme, wie Verdauungstrakt, Keimdrüsen (Gonaden) und der größere Teil des einzigartigen Wassergefäßsystems (Ambulacralsystem),) liegen innerhalb der Schale in einer meist geräumigen Leibeshöhle. Ein bestimmtes System, das die Flüssigkeit im Körper reguliert (Osmoregulationssystem), dürfte nicht ausgebildet sein; darauf beruht möglicherweise auch die Unverträglichkeit von Wasser mit niedrigem Salzgehalt. Die Tiere sind gewöhnlich getrenntgeschlechtlich, und das gleichzeitige Ablaichen erfolgt oft zu bestimmten Jahreszeiten. Die äußere Befruchtung erfolgt im Meer und führt zur Bildung einer pelagischen Larve, die mehrere planktonische Stadien durchläuft, ehe sie zu Boden geht und sich unter Metamorphose in die Jugendform verwandelt.

Entsprechend der fünfstrahligen Radiärsymmetrie tritt auch das Wassergefäßsystem (Ambulacralsystem) in Form von meist 5 Doppelreihen von Ambulacralfüßchen in Erscheinung. Jedes Füßchen ist elastisch und kann durch Einpressen von Leibeshöhlenflüssigkeit ausgestreckt werden. Unter Kontraktion der Füßchenmuskulatur wird die Flüssigkeit wieder zurückgepumpt; dieselben Muskeln können das Füßchen aber auch beugen und ermöglichen so eine „schreitende" Fortbewegung. Viele Seesterne, Seeigel und Seegurken tragen an ihren Füßchen Saugscheiben, mit deren Hilfe sie sich am Substrat festhalten können; die Füßchen dienen hier der Fortbewegung. Im Gegensatz dazu bewegen sich Feder- und Schlangensterne mit Hilfe ihrer biegsamen Arme fort. Der innere Aufbau des Wassergefäßsystems ist kompliziert. Trotz seiner offensichtlichen Verbindung mit der Außenwelt über eine siebartig durchlöcherte Platte (Madreporenplatte) besteht kein Anlaß zur Annahme eines Flüssigkeitsaustausches. Neben der Fortbewegung dient dieses System auch der Atmung und der Ernährung.

Bei den Federsternen (Crinoiden) liegen Mund und After auf derselben, dem Substrat abgekehrten Körperseite. Diese Stachelhäuter verankern sich mit Hilfe spezieller Anhänge auf der Körperunterseite, den Cirren, am Substrat und verwenden ihre saugscheibenlosen Ambulacralfüßchen, die in großer Anzahl auf den verzweigten Armen sitzen, um Nahrungspartikel aus dem Wasser abzufiltrieren. Diese Partikel werden über sog. Amulacralfurchen, die über die Arme laufen, dem Mund zugeleitet.

Seesterne spüren ihre Beute mit ihrem chemischen Sinn auf; zur Nahrungsaufnahme stülpen sie dann häufig den Magen über das Beutetier oder schieben ihn in dieses (z. B. in eine geöffnete Muschel); anschließend erfolgt die äußere Verdauung und die Aufnahme der gelösten Nährstoffe; der auf der Unterseite gelegene Mund ist dafür besonders geeignet. Die kleinen Stacheln der Seesterne sind bei weitem nicht so beweglich wie die der Seeigel.

Schlangensterne sind Weidegänger, die ihre saugscheibenlosen Füßchen dazu verwenden, Nahrung zum Mund zu transportieren. Sie bewegen sich mit Hilfe ihrer biegsamen

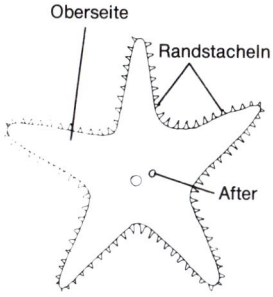

Oberseite

Randstacheln

After

Bild 38. Äußere Merkmale und Symmetrieverhältnisse des Seesternes *Astropecten irregularis*

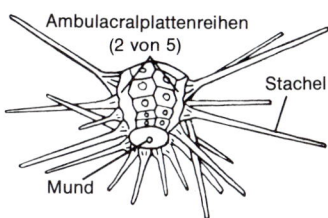

Ambulacralplattenreihen (2 von 5)

Stachel

Mund

Bild 39. Äußere Merkmale des Seeigels *Cidaris cidaris* (Stacheln teilweise entfernt)

Arme fort. Eine Afteröffnung fehlt, unverdauliche Nahrungsreste werden durch den Mund ausgestoßen.

Viele reguläre (radiärsymmetrische runde Formen) Seeigel weiden von Felsen pflanzlichen wie tierischen Aufwuchs ab. Ihr mit 5 Zähnen ausgestattetes Kaugerüst, die Laterne des Aristoteles, liegt innerhalb der Corona (= Schale), die außen eine mehr oder minder große Anzahl beweglicher Stacheln trägt; diese üben mehrere Funktionen wie Bewegung, Schutz und Verteidigung wie auch verschiedene Sinneswahrnehmungen aus. In ihren Aufgaben werden die Stacheln zum Teil von winzigen, pinzettenartigen Organen, den Pedizellarien, unterstützt; diese helfen z. B. bei der Säuberung der Körperoberfläche mit und können auch, vor allem, wenn es sich um Giftpedizellarien handelt, zur Verteidigung eingesetzt werden. Die Füßchen tragen an ihren Enden zumeist Saugscheiben und können zum Festhalten und zur Fortbewegung oft zu beachtlicher Länge ausgedehnt werden. Irreguläre (radiärsymmetrische Formen; bei denen sekundär eine bilaterale Symmetrie entstanden ist) Seeigel (Herzigel, Sanddollar etc.) sind entsprechend ihrer grabenden Lebensweise modifiziert; sie ernähren sich von den im umgebenden Sand vorhandenen organischen Stoffen.

Die Skelettelemente der Seegurken sind zumeist mikroskopisch klein und verleihen dem Tier eine weichere, biegsamere Gestalt. Umgewandelte Ambulacralfüßchen umstehen die Mundöffnung; sie erlangen ihre Nahrung entweder durch Abfiltrieren aus dem Wasser oder durch Abtupfen der Sandoberfläche. Die Seegurken kriechen gewöhnlich mit dem Vorderende voraus; in ähnlicher Weise verfügen auch die irregulären Seeigel trotz ihrer Radiärsymmetrie über ein funktionelles Vorder- und Hinterende. In einigen Fällen, z. B. bei *Synapta,* sind nur Mundfüßchen ausgebildet, Ambulacralfüßchen fehlen, und die Tiere bewegen sich daher wurmartig im Schlamm fort.

Haarsterne (Crinoidea)

Stachelhäuter mit 5 paarigen, Seitenäste tragenden Armen, die von einem kelchartigen Körper ausgehen. Diese Arme werden zusammen mit ihrem Ambulacralfüßchen sowohl zum Abfiltrieren von Nahrungspartikeln aus dem Wasser als auch für das stelzenartige Schreiten und Schwimmen verwendet. Mund- und Afteröffnung liegen auf der Oberseite, während die Körperunterseite eine Anzahl kurzer Anhänge (Cirren) zum Festhalten am Substrat trägt. Im Mittelmeer kommen 2 Arten vor.

Antedon mediterranea Mittelmeer-Haarstern
Bis 20 cm Durchmesser oder mehr. Körper eine unscheinbare Scheibe mit Armen, die oft langsam im Wasser wogen. Farbe: Gelb-rot-braun. Vorkommen: Auf Felsen, Steinen und Algen, bisweilen auf Gorgonien (siehe Seite 84), mit den Cirren verhaftet; bis 40 m tief.

Leptometra phalangium (nicht abgebildet)
30 cm und mehr Durchmesser. Körper unscheinbar, 5 Paar verzweigte Arme, Cirren erreichen etwa $1/3$ der Armlänge. Farbe: In lebendem Zustand ganz grün, nach dem Tode verblassend. Vorkommen: In tiefem Wasser, ab 70 m Tiefe, gewöhnlich auf Hartböden.

Seesterne (Asteroidea)

Stachelhäuter, deren Körper in 5 mehr oder weniger deutliche Arme ausgezogen ist. Der Mund liegt auf der Unterseite, die Afteröffnung auf der Oberseite. Die Lokomotionsorgane (Ambulacralfüßchen) stehen auf der Unterseite eines jeden Armes und sind meist mit Saugnäpfen versehen. Im Mittelmeer 18 bekannte Arten.

Luidia ciliaris Schmalarmiger Großplattstern
Bis 40 cm und mehr. Körper trägt immer 7 abgeflachte Arme; die Ambulacralfüßchen enden eher mit Knöpfchen als mit Saugnäpfen. Farbe: Oben orange-rot, unten weiß. Vorkommen: Auf Sand und Schlamm, bisweilen eingegraben; vom oberen Sublitoral (gelegentlich) bis 150 m Tiefe.

Luidia sarsi (nicht abgebildet)
20 cm Durchmesser. Körper trägt stets nur 5 abgeflachte Arme, Ambulacralfüßchen enden eher mit Knöpfchen als mit Saugnäpfen. Farbe: Oben gelb-rot-braun, Seitenfläche der Arme oft dunkler, unten heller. Vorkommen: Auf Weichböden, von 10 m abwärts. Kommt nicht in der Adria vor!

Astropecten
Aus dem Mittelmeer sind 4 Arten beschrieben worden. Körper abgeflacht, stets 5 Arme, die von auffälligen Stachelreihen begrenzt werden und wie Kämme aussehen; Ambulacralfüßchen ohne Saugnäpfe. Vorkommen: Auf sandigen oder schlammigen Böden, kriechend oder grabend, vom Sublitoral bis 300 m Tiefe. Zur Unterscheidung der Arten wird die Ausbildung der oberen und unteren Marginalplatten und die Anzahl ihrer Stacheln herangezogen (siehe Abbildungen).
A. aurantiacus Kamm-Seestern: Bis 60 cm Durchmesser, sehr auffällige Marginalplatten, oben orange-rot, unten gelb.
A. bispinosus: Bis 80 mm Durchmesser, oben oliv-braun, unten heller.
A. spinulosus: Bis 70 mm Durchmesser, oben braun-rot-grün, unten heller.
A. irregularis Nordischer Kammstern: Bis 80 mm Durchmesser, oben gelb-braun, unten heller.
Anmerkung: Zwischen den Ambulacralfüßchen lebt kommensalisch der Polychaet *Acholoë astericola*.

Ceramaster placenta
Bis 16 cm Durchmesser. Körper flach, pentagonal und sehr kompakt. Farbe: Braun-gelb-rot. Vorkommen: Auf Weichböden, von ungefähr 30 m abwärts.

Antedon mediterranea

Luidia ciliaris

Anordnung der
Stachelreihen

**Astropecten
irregularis**

**Astropecten
spinulosus**

**Astropecten
aurantiacus**

**Astropecten
bispinosus**

**Astropecten
aurantiacus**

**Ceramaster
placenta**

Hacelia attenuata Kleiner Seestern
Bis 20 cm Durchmesser, vielfach aber kleiner. Körper mit kleiner Scheibe und drehrunden Armen, die sich fast über ihre ganze Länge verjüngen und zu einer richtigen Spitze ausgezogen sind; Ambulacralfüßchen mit Saugscheiben und von Reihen kurzer Stacheln geschützt. Farbe: Braun-rot-scharlachrot. Vorkommen: Auf Felsen von 1–150 m Tiefe.

Ophidiaster ophidianus Violetter roter Seestern
Bis 20 cm Durchmesser. Körper mit kleiner Scheibe und verhältnismäßig langen, zylindrischen Armen, die ihren Durchmesser bis zur Spitze fast nicht verringern; Ambulacralfüßchen mit Saugnäpfen versehen und von Reihen kurzer schützender Stacheln begleitet. Farbe: Violett-rot. Vorkommen: Auf Felsen und auf Hartböden, von 1 m Tiefe absteigend, in wärmeren Teilen des Mittelmeeres. Fehlt in der Adria!

Asterina gibbosa Polsterstern
Bis 5 cm Durchmesser, gelegentlich auch darüber. Körper sternförmig mit abgerundeten Armspitzen. Farbe: Oben hell-grün-braun; unten mehr gelblich. Vorkommen: Auf, meist aber unter Steinen und Felsblöcken des seichten Küstenwassers bis in eine Tiefe von 100 m.

Asterina phylactica (nicht abgebildet)
Bis 15 mm Durchmesser, Körper sternförmig mit abgerundeten Armspitzen, Saugnäpfe vorhanden. Farbe: Grün, Radien bräunlich-rot getönt. Vorkommen: In Felstümpeln und im Seichtwasser.

Anseropoda placenta (= *Palmipes membranaceus*) Gänsefußstern
Bis 15 cm Durchmesser. Körper extrem flach und pentagonal; Ränder leicht konkav eingezogen und bisweilen eingerissen. Farbe: Oben rosa, häufig mit roten und weißen Flecken, unten gelblich-weiß (Pigmentverteilung aber sehr variabel). Vorkommen: Auf Sand und Schlamm, von 10–100 m Tiefe.

Echinaster sepositus Purpurstern
Bis 20 cm Durchmesser. Körper mit kleiner, weichhäutiger Scheibe; von *Ophidiaster ophidianus* durch die auffälligen Pusteln der Körperoberseite und die größere Körperscheibe zu unterscheiden; verhältnismäßig lange und allmählich sich verjüngende Arme; Füßchen mit Saugscheiben. Farbe: Ziegel-orange-rot. Vorkommen: Auf Felsen und Weichböden von 1–250 m Tiefe.

Marthasterias glacialis Eisstern
Bis 80 cm Durchmesser, häufig jedoch wesentlich kleiner. Körper mit abgerundeten, sich allmählich verjüngenden Armen, deren Spitzen im Leben häufig leicht aufgebogen werden; Körperoberfläche von auffälligen Stacheln bedeckt, die jeweils von einem Wall kleiner, pinzettenartiger, bereits mit der Lupe erkennbarer Organe (Pedizellarien) umgeben sind; Ambulacralfüßchen mit Saugscheiben. Farbe: Oben braun-gelb mit graugrüner Zeichnung; unten gelblich-weiß. Vorkommen: Auf verschiedenen Hartböden, vom Seichtwasser bis 180 m Tiefe.

Coscinasterias tenuispina Dornenstern
Bis 15 cm Durchmesser. Körper mit verhältnismäßig kleiner Scheibe und 6–10 oft unterschiedlich langen Armen; Oberfläche von deutlichen Stacheln bedeckt, die jeweils von einem Pedizellarienkranz umgeben sind. Farbe: Variabel; blaue oder braune Flecken auf weißem, rotbraunem oder purpurnem Grund. Vorkommen: Auf Felsen und unter Steinen, im Sublitoral bis 30 m Tiefe.

Ophidiaster ophidianus

Hacelia attenuata

Asterina gibbosa

Anseropoda placenta

Echinaster sepositus

Marthasterias glacialis

Coscinasterias tenuispina

Schlangensterne (Ophiuroidea)

Stachelhäuter mit normalerweise 5 unverzweigten, gelenkigen, stacheltragenden Armen; den Ambulacralfüßchen fehlen Saugscheiben. Die runde Körperscheibe ist abgeflacht und trägt auf ihrer Unterseite die Mundöffnung; eine Afteröffnung sowie Pedizellarien fehlen. Eine genaue Bestimmung der Schlangensterne ist schwierig und nur unter Berücksichtigung kleiner, mit einer Lupe sichtbarer Strukturen möglich. Ein brauchbares Merkmal stellt bei den Ophiuroiden die Anzahl der Armstacheln (wobei diese nur auf einer Seite eines Armgliedes gezählt werden). Im Mittelmeer kommen etwa 20 Arten vor.

Ophiomyxa pentagona
Körperscheibe bis 25 mm Durchmesser, leicht fünfeckig, ohne Stacheln und deutliche Platten; Arme erreichen den 4fachen Scheibendurchmesser, Armstacheln 4–5, kurz und unbedeutend, in Gruppen angeordnet. Farbe: Braun, manchmal mit Zeichnung. Vorkommen: Auf verschiedenen Böden, bis in 100 m Tiefe.

Ophiotrix fragilis Zerbrechlicher Schlangenstern
Körperscheibe bis 2 cm Durchmesser; häufig pentagonal, wobei die Ecken zwischen den Armbasen liegen; Oberseite mit vielen kleinen und einigen längeren Stacheln; letztere liegen in 5 radiären, V-förmigen Gruppen über jeder Armbasis und zu beiden Seiten der beiden dreieckigen Platten. Arme nicht länger als das Fünffache des Scheibendurchmessers; zerbrechlich; Armstacheln 7, auffällig, fein gesägt; der unterste Armstachel ist hakenförmig. Farbe: Variabel; oben leuchtend rot-braun-violett-purpur; häufig gemustert. Vorkommen: Unter Steinen, in Felsspalten, zwischen Seegräsern, Algen und Muschelschalen, vom Küstenflachwasser bis in 350 m Tiefe.

Ophiotrix quinquemaculata
Körperscheibe bis 15 mm Durchmesser, ähnelt O. fragilis. Arme 8fache Länge des Scheibendurchmessers, Armstachel 6, hakenförmig. Farbe: Rot-rosa-grau gemustert. Vorkommen: Auf Weichböden und zwischen Algen in 20–100 m Tiefe.

Amphiura chiajei
Körperscheibe bis 8 mm Durchmesser, fünfeckig, über den Armansatzstellen abgerundet, Oberseite mit schuppenähnlichen Platten bedeckt, jeweils 2 große Platten bilden ein V am Ursprung der Arme, Arme kurz und zart, 7fache Länge des Scheibendurchmessers, Armstacheln 5, nicht lang, konisch. Farbe: Orange-rot. Vorkommen: Auf Weichböden zwischen Algen von der Gezeitenzone bis 50 m Tiefe oder mehr.

Amphiura filiformis
Körperscheibe bis 10 mm; ähnelt A. chiajei, Armstachel 5, 2. Armstachel charakteristisch geformt (siehe Abbildung). Farbe: Grau-braun-rot. Vorkommen: Auf Sandböden und zwischen Geröll in 5–50 m Tiefe und mehr.

Amphipholis squamata Schuppiger Schlangenstern
Körperscheibe 5 mm Durchmesser, mit 2 auffälligen hellen Platten über jeder Armbasis. Arme erreichen bis 4fachen Scheibendurchmesser; Armstacheln 4, kurz, konisch, an scheibennahen Armgliedern. Farbe: Bläulich-grau-weiß. Vorkommen: Unter Felsen, Geröll und Algen, im Küstenflachwasser, bis 250 m Tiefe.

Ophiura texturata Gemusterter Schlangenstern
Körperscheibe bis etwa 3 cm Durchmesser, Umriß annähernd rund, Oberfläche schuppig; 2 auffällige Platten über jedem Armursprung. Arme verjüngen sich gegen die Spitze, erreichen maximal den 4fachen Scheibendurchmesser, Armstacheln 3, laufen spitz aus, kürzer als die Armbreite an dieser Stelle, liegen dem Arm an. Farbe: Oben orange-braun, unten heller. Vorkommen: Im schlammigen Sand grabend, bis 200 m Tiefe. Ähnlich: O. albida.

Ophioderma longicauda Brauner Schlangenstern
Körperscheibe bis 3 cm Durchmesser mit lederiger, körneliger Oberfläche und deutlicher Einkerbung über jedem Armursprung. Arme verjüngen sich gegen die Spitze und erreichen ungefähr den 4fachen Scheibendurchmesser; Armstacheln 15, kurz, eng dem Arm anliegend. Farbe: Bräunlich mit grüner Zeichnung. Vorkommen: Auf sandigen und felsigen Böden, besonders unter Steinen, bis 70 m Tiefe.

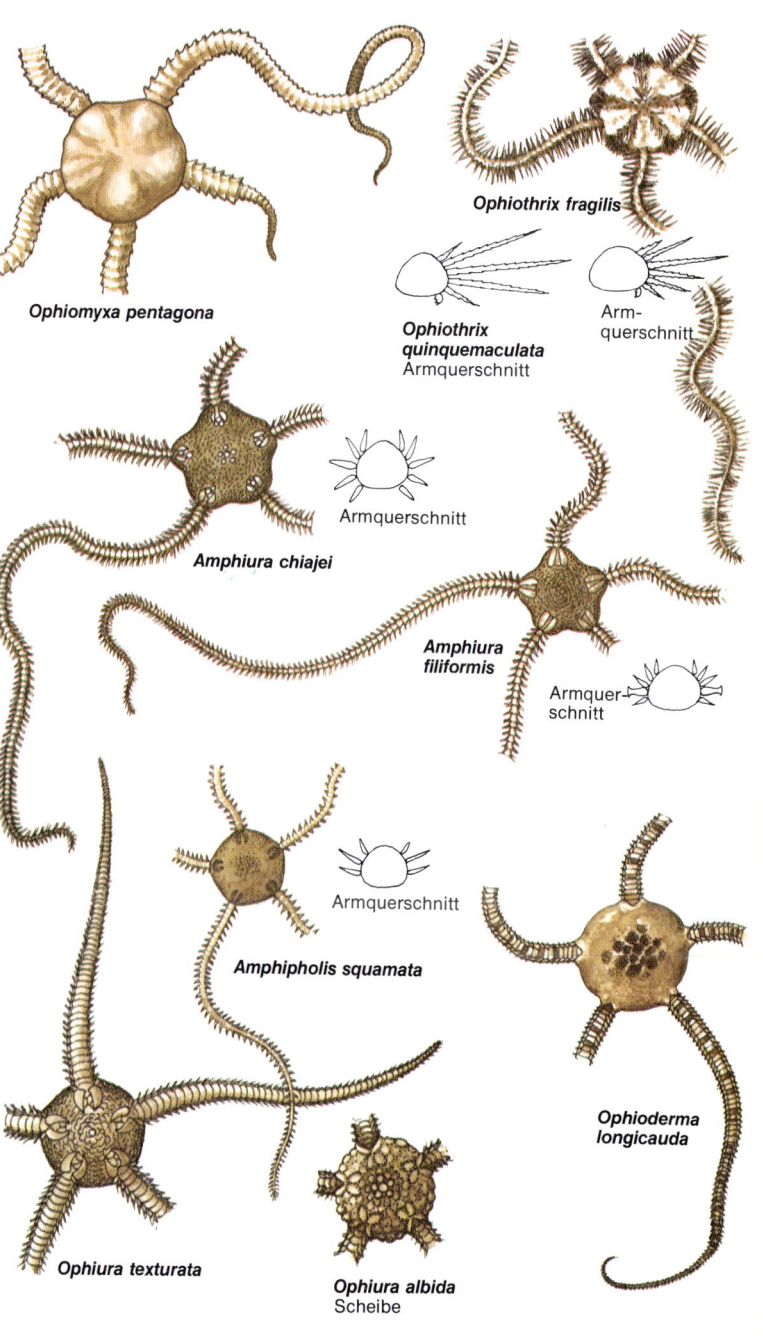

Ophiomyxa pentagona

Ophiothrix fragilis

Ophiothrix quinquemaculata
Armquerschnitt

Arm-querschnitt

Amphiura chiajei

Armquerschnitt

Amphiura filiformis

Armquer-schnitt

Amphipholis squamata

Armquerschnitt

Ophioderma longicauda

Ophiura texturata

Ophiura albida
Scheibe

Seeigel (Echinoidea)

Halbkugelige, herz- oder scheibenförmige Stachelhäuter mit kalkigen Skelettplatten, die eine feste Schale (Corona) bilden und die außen stets bewegliche Stacheln tragen. Während die Unterklasse der Perischoechinoidea bis auf die Lanzenseeigel (Cidaroidea) ausgestorben sind, gehören alle übrigen heute lebenden Seeigel zur Unterklasse Euechinoidea, die sich in 4 Überordnungen gliedert. Die als reguläre Seeigel (Regularia) bezeichneten sind radiärsymmetrisch, ihnen werden die irregulären Seeigel (Irregularia) gegenübergestellt, die erst nach der Metamorphose bilateralsymmetrisch werden.

Perischoechinoidea
Lanzenseeigel (Cidaroidea)

Stylocidaris affinis Kleiner Lanzenseeigel
Schale bis 4 cm Durchmesser. Stacheln groß, spitz zulaufend, erreichen zumeist nur wenig mehr als den Schalendurchmesser und tragen viele sichtbare kleine Dornen. Farbe: Orange-braun. Vorkommen: Auf Corallinenböden und Felsblöcken, im Sublitoral bis 30 m Tiefe.

Cidaris cidaris (= ***Dorocidaris papillata***) Lanzenseeigel
Schale bis 7 cm Durchmesser. Stacheln sowohl groß als auch klein; die großen Stacheln (sog. Primärstacheln) mit längsverlaufenden Graten (aus Reihen sehr feiner Zähnchen aufgebaut) können doppelten Schalendurchmesser erreichen und sind oftmals von Schwämmen, Hydroiden etc. überwachsen; die kleinen Stacheln (sog. Sekundärstacheln) sind um die Basen der großen Stacheln sowie beiderseits der Ambulacralfüßchen gruppiert. Farbe: Gelb-grün-rot-braun. Vorkommen: Variabel; unter 30 m Tiefe.

Euechinoidea
Diadematacea

Reguläre, halbkugelige Seeigel, deren Panzer von 5 Paar doppelten Porenreihen durchbrochen ist, durch die beim lebenden Tier die langen Ambulacralfüßchen Verbindung mit der Leibeshöhle haben. Die Mundöffnung liegt zentral auf der Bauchseite und hat einen Kauapparat, der After liegt zentral auf der Dorsalseite des Panzers.

Centrostephanus longispinus Langdorniger Seeigel
Schale bis 6 cm Durchmesser. Stacheln lang, innen hohl, schlank, sehr beweglich. Farbe: Schale rot-braun, Stacheln mit braunen und weißen Binden. Vorkommen: Normalerweise unter 40 m, häufig im sehr tiefen Wasser. Die scharfen Stacheln können schmerzhafte Wunden verursachen.

Echinacea

Arbacia lixula Schwarzer Seeigel
Schale bis 5 cm Durchmesser. Stacheln bis 3 cm lang, kräftig, mit scharfen Spitzen. Farbe: Stacheln schwarz, gereinigte Schale rosa mit charakteristischen roten Streifen, die die Lage der Füßchenporen angeben; Mundöffnung sehr groß. Vorkommen: Auf Felsen und in Algenbeständen; im Sublitoral bis 40 m Tiefe. Anmerkung: Diese Art lebt häufig direkt unter der Oberfläche in großen Ansammlungen mit *Paracentrotus lividus* (siehe Seite 238) zusammen. Unterscheidungsmerkmale: Beim lebenden Tier ist die Ausdehnung des häutigen Mundfeldes von *P. lividus* wesentlich kleiner als bei *A. lixula*.
Anmerkung: Die besonders spitzen Stacheln von *A. lixula* sind häufig Ursachen schmerzhafter Verletzungen; sie lassen sich sehr schlecht herausziehen, können aber einige Tage später herausgedrückt werden.

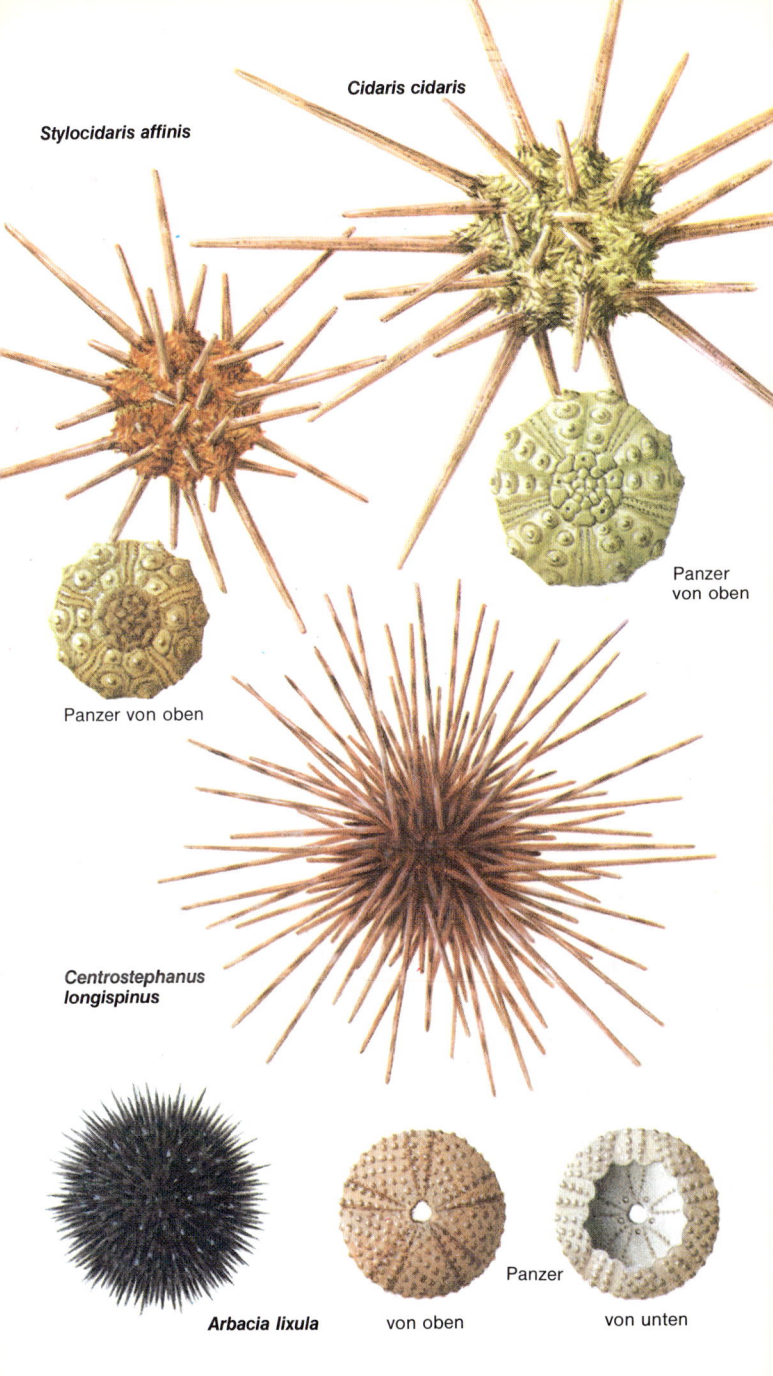

Stylocidaris affinis

Cidaris cidaris

Panzer
von oben

Panzer von oben

**Centrostephanus
longispinus**

Arbacia lixula

von oben

Panzer

von unten

Sphaerechinus granularis Violetter oder Purpur-Seeigel
Schale bis 12 cm Durchmesser. Stacheln bis 2 cm lang, kurz und kräftig. Farbe: Stacheln häufig violett mit weißen Spitzen, seltener völlig weiß, heben sich deutlich gegen die purpurviolette Schale ab; die gesäuberte Schale kann an den 10 schmalen, jeweils etwa 2 mm tiefen Einschnitten am Rande der Mundöffnung erkannt werden. Vorkommen: Auf Felsen sowie in Algenbeständen des Sublitorals bis etwa 100 Tiefe.

Paracentrotus lividus Steinseeigel
Schale bis 60 mm Durchmesser. Stacheln 30 mm lang, glatt, kräftig. Farbe: Lebend variabel von grün bis dunkelbraun; gesäuberte Schale rundherum grau-grün. Vorkommen: Auf Felsen und Corallinaceen, von der Gezeitenzone bis 30 m Tiefe, auch in Fluttümpeln.

Psammechinus microtuberculatus Kletterseeigel
Schale bis 3,5 cm Durchmesser. Stacheln bis 1,5 cm lang, schlank. Farbe: Stacheln mit rötlichen Spitzen; gereinigte Schale grau-grün. Vorkommen: Unter Felsen und Steinen, auf sekundären Hartböden, von 4–100 m Tiefe.

Echinus acutus
Schale bis 16 cm Durchmesser, rosa-rot, kompakt, konisch mit relativ wenigen Stacheln; Stacheln 20 mm lang (viele kürzer), bedecken den Panzer nur spärlich. Farbe: Oben rötlich-braun, unten heller. Vorkommen: Häufig auf Weichböden von 20–1000 m Tiefe, aus der Adria nicht gemeldet.

Echinus melo Melonen-Seeigel (nicht abgebildet)
Schale bis 17 cm Durchmesser; die Gültigkeit dieser Art, die in vieler Hinsicht E.acutus sehr ähnlich ist, wird diskutiert; die Schale ist zumeist kugelig, nie konisch. Farbe: Gelblich bis grünlich. Vorkommen: Auf felsigen Böden und sekundären Hartböden, von 25–1000 m Tiefe.

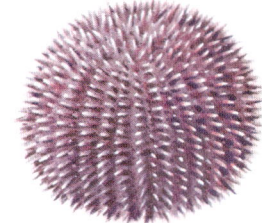
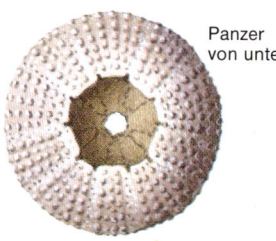

Panzer
von unten

Sphaerechinus granularis

Panzer
von unten

Paracentrotus lividus

Panzer
von oben

Panzer
von unten

Psammechinus microtuberculatus

Echinus acutus　　Panzer von der Seite

Gnathostomata
Sanddollars (Clypeasteroidea)

Irreguläre, scheibenförmige Stachelhäuter, deren Ambulacralfüßchen in meist blattartigen Mustern (Petalodien) vorwiegend auf der Oberseite angeordnet sind. Die Afteröffnung ist auf die Unterseite verschoben und manchmal der Mundöffnung stark genähert; ein Kaugerüst ist ausgebildet.

Echinocyamus pusillus Zwergseeigel
Schale bis 1,5 cm lang. Stacheln kurz und dicht stehend. Farbe: Grün-grau. Vorkommen: In Sand und Grobsand von 1–800 m Tiefe.

Atelostomata
Herzseeigel (Spatangoidea)

Irreguläre, herzförmige Stachelhäuter, deren Ambulacralfüßchen fast ausschließlich auf der Oberseite, aber nur in geringer Anzahl auf der Unterseite auftreten. Mund- und Afteröffnung liegen mehr oder minder unterseits, an das Vorder- und Hinterende gerückt; ein Kaugerüst fehlt. Die Schale ist dicht mit feinen Stacheln bedeckt, die dem Tier ein fellartiges Aussehen verleihen. Diese Seeigel sind ihrer grabenden Lebensweise vorzüglich angepaßt, man findet sie nur, wenn man nach ihnen gräbt. Alle hier vorgestellten Arten können leicht verwechselt werden.
Im Mittelmeer kommen 8 Arten vor.

Echinocardium cordatum Kleiner Herzigel
Schale bis 9 cm lang, meist aber kleiner; mit 5 Reihen Ambulacralfüßchen, wobei die vordere Reihe am längsten und von den übrigen dadurch deutlich unterschieden ist, daß sie in einer tiefen, fast bis zur Mundöffnung reichenden Rinne liegt. Stacheln überwiegend kurz, einige jedoch lang und gebogen; dicht stehend, nach hinten weisend. Farbe: Lebend gelb-braun, gereinigte Schale grau-weiß. Vorkommen: Im Sand grabend, von der Ebbelinie bis 200 m Tiefe.

Schizaster canaliferus
Schale bis 70 mm lang, vorne breit, verjüngt sich nach hinten, mit 5 Reihen Ambulacralfüßchen, wobei die vordere am längsten ist und in einer bis zum Mund reichenden Rinne liegt, mit deutlicher Einbuchtung am Vorderrand. Stacheln kurz, dicht, vorne länger. Farbe: Grau mit rosa Anflug, gereinigte Schale gräulich. Vorkommen: In Sand und Schlamm grabend, von 9–900 m Tiefe.

Spatangus purpureus Violetter Herzigel
Schale bis 12 cm lang, mit 5 Reihen Ambulacralfüßchen, wobei die vorderste Reihe am längsten ist und in einer ebenfalls, aber relativ seichten, zur Mundöffnung führenden Rinne liegt. Stacheln in der überwiegenden Mehrzahl kurz, nur einige Stacheln der Unterseite länger. Farbe: Lebend rot-violett, gereinigte Schale grau-weiß. Vorkommen: Im Sand grabend, von 5–800 m Tiefe.

Brissopsis lyrifera Leier-Herzigel
Schale bis 7 cm lang, mit 5 Reihen von Ambulacralfüßchen, wobei die beiden hinteren Reihen kürzer sind und die vorderen Reihen in einer Einbuchtung liegen; die Afteröffnung ist leicht über den Rand der Schale verschoben, so daß sie von oben her sichtbar ist. Stacheln kurz, dicht, fellartig. Farbe: Lebend braun-rot, gereinigte Schale gelb-grau. Vorkommen: Im Sand und Schlamm grabend, von 5–300 m Tiefe.

Brissus unicolor Grauer Herzigel
Schale bis 13 cm lang, mit 5 etwa gleich langen Reihen Ambulacralfüßchen, wobei die vordere Reihe zwar bis zur Mundöffnung reicht, allerdings nicht in einer Rinne liegt; Mundöffnung sehr weit vorne gelegen. Stacheln bedecken die Schale fellartig. Farbe: Lebend gelb-braun; gereinigte Schale grau-hellbraun. Vorkommen: Im Sand und in schlammigen Sanden, von 7 m abwärts.

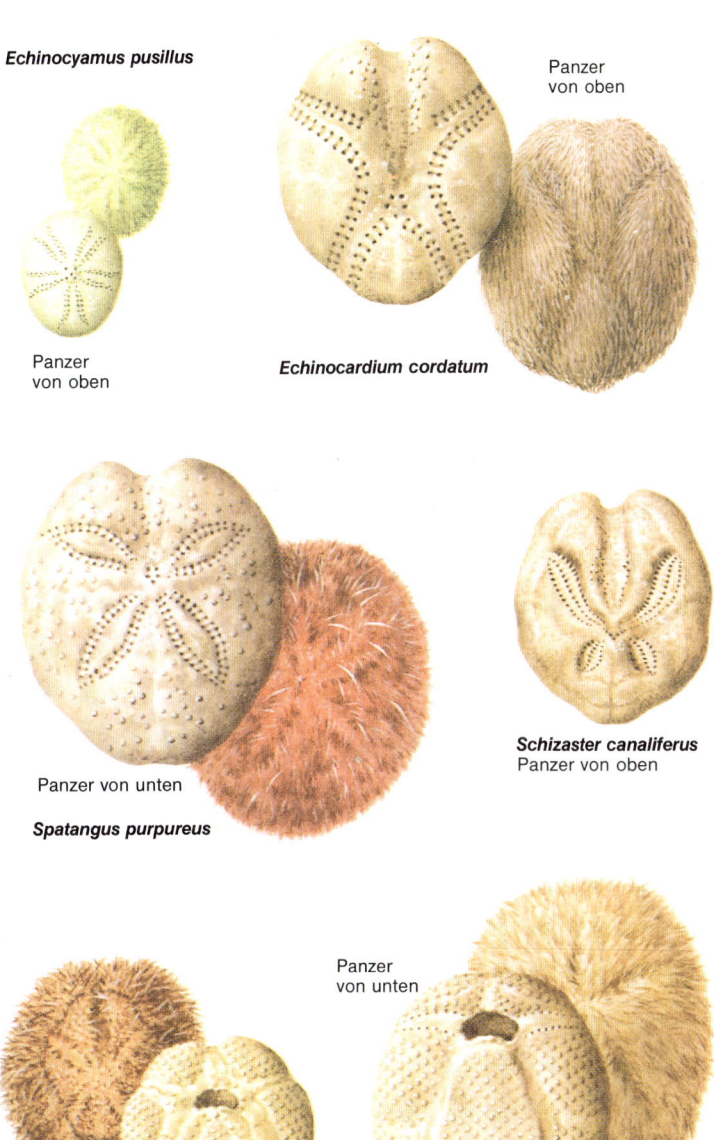

Echinocyamus pusillus

Panzer
von oben

Panzer
von unten

Panzer
von oben

Echinocardium cordatum

Spatangus purpureus

Schizaster canaliferus
Panzer von oben

Panzer
von unten

Panzer
von unten

Brissopsis lyrifera

Brissus unicolor

Seegurken (Holothuroidea)

Bilaterale, gurken- und wurmartige Stachelhäuter ohne auffällige Stachel- oder Armbildungen. Ambulacralfüßchen sind bei vielen Arten vorhanden, und zwar in 5 Reihen entlang der Körperseiten des Tieres; dabei stehen gewöhnlich 3 Reihen in Kontakt mit der Unterlage und sind dann mit Haftscheiben für die Fortbewegung ausgestattet, während die beiden anderen Reihen auf der Oberseite liegen. Die am Vorderende gelegene Mundöffnung wird von einem Kranz abgewandelter Ambulacralfüßchen umgeben; die Afteröffnung (Kloakalöffnung) liegt am Hinterende des Tieres. Das Skelett besteht aus kleinen Kalkspikeln, die in die ledrige Haut eingebettet sind. Anmerkung: Seegurken sind nicht immer leicht und sicher zu bestimmen, wenn keine Präparation der Spikeln gemacht wurde. Im Mittelmeer kommen 27 Arten vor.

Stichopus regalis Königsholothurie
Bis 30 cm lang. Körper mit ausgebildeter, flacher, sohlenartiger Unterseite, auf der sich die der Fortbewegung dienenden Ambulacralfüßchen befinden; abgerundete Oberseite mit warzigen Auswüchsen und Höckern; Mundöffnung liegt nicht endständig, sondern ist leicht auf die Unterseite verschoben. Farbe: Oben bräunlich-rötlich mit hellen Flecken; unten hell. Vorkommen: Auf Sandböden und zwischen Korallen- und Moostierstöcken auf sekundären Hartböden; von 5–400 m Tiefe.

Holothuria forskali Braune Holothurie
Bis 20 cm lang. Körper gurkenförmig mit relativ gut erkennbarer Körperunterseite, auf der sich 3 Reihen Ambulacralfüßchen mit Saugscheiben zur Fortbewegung befinden; Oberseite gewölbt, warzig, mit unregelmäßig angeordneten, saugscheibenlosen Füßchen; um die Mundöffnung können 20 schildförmige Tentakel (abgewandelte Ambulacralfüßchen) sichtbar werden. Farbe: Oben schwarz; unten hellbraun-gelb. Vorkommen: Auf Weichböden und zwischen *Zostera* (siehe Seite 44); im Sublitoral bis 70 m Tiefe. Anmerkung: Beim Hantieren mit Seegurken können diese klebrige weiße Fäden ausstoßen, die sog. Cuvierschen Organe, die der Feindabwehr dienen.

Cucumaria elongata Sichel-Holothurie
Bis 15 cm lang. Körper häufig gekrümmt und gegen das Hinterende spitz zulaufend; Ambulacralfüßchen in 5 regelmäßigen Doppelreihen. Farbe: Vorwiegend dunkelbraun. Vorkommen: Auf Sand- und Schlammböden, von 5–150 m Tiefe.
Ähnlich: *C. planci*, wird nur bis 10 cm lang und unterscheidet sich durch die 10 gefiederten Oraltentakel.

Thyone fusus Spindel-Thyone
Bis 20 cm lang, meist jedoch weniger. Körper gedrungen, verjüngt sich gegen beide Enden zu; Außenseite von vielen unregelmäßig angeordneten Ambulacralfüßchen bedeckt; gelegentlich werden die 10 die Mundöffnung umstehenden Tentakel sichtbar. Farbe: Variabel, gewöhnlich weiß-rosa. Vorkommen: Auf verschiedenen Weichböden, von 10–150 m Tiefe.

Leptosynapta inhaerens Wurmseewalze (nicht abgebildet)
Bis 18 cm lang. Außer 12 die Mundöffnung umstehende und zur Nahrungsaufnahme abgewandelte Tentakel keine weiteren Ambulacralfüßchen; jeder Tentakel trägt 5–7 Paar kleiner, fingerförmiger Äste. Winzige, ankerförmige, der Fortbewegung dienende Skelettelemente können durch die weiche Haut vorgeschoben werden und erhöhen so deren Haftfähigkeit. Farbe: Meist hellrosa. Vorkommen: Auf oder in Schlammen und Sanden grabend, von 10–50 m Tiefe.

Labidoplax digitata Finger-Seewalze
In vieler Hinsicht ähnlich *Leptosynapta inhaerens*. Bis 18 cm lang, gelegentlich auch mehr. Körper ohne Ambulacralfüßchen zur Fortbewegung; jeder Mundtentakel mit 2 Paar winziger, fingerförmiger Äste. Vorkommen: Im Schlamm und Lehm grabend, im Sublitoral bis 70 m Tiefe.

Stichopus regalis

Holothuria forskali

Cucumaria elongata

Thyone fusus

Cucumaria planci

Labidoplax digitata

Pfeilwürmer (Chaetognatha)

Kleine, ausschließlich im Meer lebende Tiergruppe, deren etwa 50 bekannte Arten in eine einzige Klasse gestellt werden. Aufgrund ihrer Durchsichtigkeit kann man sie nur in einem Gefäß mit Seewasser bei durchfallendem Licht erkennen. Sie sind zwar nur selten in Küstennähe anzutreffen, kommen aber häufig in Planktonproben vor. Etwa 12 Arten kennt man aus den europäischen Meeren; wegen ihrer Kleinheit und ihres überwiegend ozeanischen Vorkommens sind hier nur 2 Arten angeführt.

Der kleine, bilateralsymmetrische, torpedoförmige Körper trägt paarige Seitenflossen und eine Schwanzflosse. Der vorne liegende Mund ist beiderseits mit starken Greifhaken umstellt. Kreislauf- und Exkretionssystem fehlen. Abweichungen im Bauplan beziehen sich vorwiegend auf die Anzahl der Seitenflossen und die Körperform.

Pfeilwürmer sind aktive Räuber, die sich besonders von kleinen Krebsen ernähren. Dabei scheinen sie in der Lage zu sein, ihre Beute durch die beim Schwimmen entstehenden Schwingungen zu orten; diese wird dann mit Hilfe der Greifhaken gefangen und einverleibt. Im Mittelmeer kommen 12 Arten vor.

Sagitta setosa Pfeilwurm (siehe Seite 47)
Bis 15 mm lang. Körper schlank, durchsichtig und farblos; 1 Paar Seitenflossen, wobei die vordere etwa in der Mitte des Körpers liegt und die hintere ein wenig vor dem Schwanz endet. Vorkommen: Planktonisch in Küstengewässern.

Spadella cephaloptera Brauner Pfeilwurm (siehe Seite 47)
Bis 8 mm lang. Körper nicht so lang wie Sagitta setosa, aber breiter; 1 Paar Seitenflossen, die mehr oder minder kontinuierlich in die Schwanzflosse übergehen. Vorkommen: Im Gegensatz zu den meisten Pfeilwürmern ist diese Art benthisch und heftet sich mit Hilfe ihrer Saugnäpfe an Steinen und Algen fest. Man findet sie am Seeboden oder in Felstümpeln.

Hemichordata

Kleine, ausschließlich im Meer lebende Tiergruppe. Etwa 80 Arten sind bekannt, die in 3 Klassen aufgeteilt sind: Enteropneusta, Pterobranchia und Planctosphaera, von denen nur die erste Klasse in den Rahmen dieses Buches paßt. Mit Ausnahme der Planctosphaera besitzen die Hemichordaten bilateralsymmetrische, zumeist wurmförmige Körper, die in 3 deutliche Regionen geteilt sind; mit oder ohne Kiemenspalten. Gefäßsystem vorhanden, Exkretionssystem fehlt. Tentakel können im mittleren Körperabschnitt vorhanden sein. Sowohl solitäre als auch koloniebildende Formen.

Eichelwürmer (Enteropneusta)

Diese solitären marinen Würmer sind aufgrund ihrer Körpergliederung in die 3 Regionen – Eichel, Kragen und Rumpf – leicht zu erkennen. Zwischen Eichel und Kragen öffnet sich der Mund, der in einen den Rumpf durchziehenden Darmtrakt überleitet. Der Rumpfabschnitt selbst ist rund oder abgeflacht; in seinem vorderen Teil liegen die im Darm durchbrechenden Kiemenspalten, deren oft kompliziert gestaltete Wandungen stark durchblutet sind und als Kiemen der Atmung dienen. Bei einigen Arten bildet der Darm im hinteren Rumpfabschnitt eine Anzahl paariger Taschen, sog. Leberdivertikel, die als kleine Anschwellungen zu beiden Seiten des Körpers auch schon von außen erkennbar sind. Tentakel fehlen. Mit einfachem Blutgefäßsystem und einfach gebautem Nervensystem.

Eichelwürmer leben im Sand oder Schlamm in zum Teil U-förmigen Gängen und können charakteristische Kotsandhäufchen auf der Substratoberfläche bilden, die an ähnliche Auswürfe der Vielborster (Polychaeten) erinnern. Filtrierer, die Nahrungspartikel dem umgebenden Wasser und Substraten entnehmen. Die Tiere sind getrenntgeschlechtlich, Spermien und Eier werden direkt ins freie Wasser abgegeben; aus dem befruchteten Ei entwickelt sich häufig eine pelagische Larve. Aus dem Mittelmeer sind 4 Arten bekannt.

Balanoglossus clavigerus Keulen-Eichelwurm (siehe Seite 247)
Bis 30 cm lang. Eichel kurz und gelb gefärbt, kurze Kragenregion, Rumpf hellbraun, vorderer Abschnitt abgeflacht mit faltigen oder gekräuselten Rändern, hinterer Abschnitt lang und schlauchförmig. Vorkommen: Im Sand, Schlamm und Ton grabend, im flachen und im tiefen Wasser.

Glossobalanus minutus (siehe Seite 247)
Bis 10 cm lang. Eichel kurz, Kragen klein, Rumpf dicker und wulstiger als bei *Balanoglossus clavigerus*, Ränder nicht gefaltet bzw. gekräuselt, Kiemenabschnitt nicht verbreitert, Abdominalregion rundlich. Farbe: Durchsichtig milchig-weiß bis gelblich. Vorkommen: Im Sand und Schlamm eingegraben, bis 50 m tief.

Saccoglossus mereschkowskii (nicht abgebildet)
Bis 40 mm lang. Körper nicht deutlich in 3 Regionen gegliedert. Eichel lang und fleischfarben, Kragen kurz und rot. Rumpf blaß gelb-braun mit olivgrünen Zeichnungen. Vorkommen: Weichböden, bis 40 m tief.

Chordatiere (Chordata)

Bilateralsymmetrische Tiere mit einem Achsenskelett (Chorda dorsalis) und einem dorsal davor gelegenen Nervenrohr, einer echten Leibeshöhle (Coelom) sowie Kiemenspalten im vorderen Darmbereich (Kiemendarm). Der Schwanz liegt hinter dem After.
Dieser Stamm umfaßt 3 Unterstämme: Urochordata, Schädellose (Acrania) und Wirbeltiere (Vertebrata). Unter den Wirbeltieren sind die Fische wohl die bekanntesten Meerestiere, die auf den Seiten 254–255 noch genauer behandelt werden. Allgemein weniger bekannt sind die beiden anderen Gruppen. Die Schädellosen (bekanntester Vertreter: das Lanzettfischchen – *Branchiostoma lanceolatum*) sind eine artenarme, marine, im Sand lebende, filtrierende Tiergruppe, die den Wirbeltieren besonders nahesteht. Der Unterstamm der Urochordaten hat ebenfalls einen Entwicklungsgrad erreicht, der ihn in enge Beziehung zu den Wirbeltieren bringt; er gliedert sich in 3 Klassen, von denen nur die Klasse der Appendicularia (Copelata), die hier jedoch nicht berücksichtigt wird, zeitlebens über eine Chorda im Schwanzabschnitt verfügt; die beiden übrigen Klassen (Thaliacea und Ascidiacea) zeigen nur während ihres Larvallebens dieses Chordatenmerkmal, im erwachsenen Zustand fehlt diesbezüglich jede Spur, so daß sie oberflächlich betrachtet mehr den Wirbellosen ähneln.
Die Klasse Thaliacea (Salpen und Feuerwalzen) umfaßt eine Reihe Organismen, die im erwachsenen Zustand ein pelagisches Leben führen; sie ernähren sich von kleineren planktonischen Lebewesen, die sie mit Hilfe ihrer Kiemen aus dem Wasser abfiltrieren. Ihr Körper ist von einer Anzahl Muskelbänder reifenartig umgeben, durch deren Kontraktion Wasser aus der hinteren Ausströmöffnung gedrückt wird, wodurch das Tier vorwärts schwimmt. Aufgenommen wird das Wasser mit den darin enthaltenen Planktonorganismen über die vordere Einströmöffnung. Der Körperbau der einzelnen Individuen kann recht variabel und auch kompliziert sein, was zu einem großen Teil auf Generationswechsel und eine während der Vermehrungsphase auftretenden Polymorphismus bei einzelnen Gruppen zurückzuführen ist. Mit Ausnahme der Feuerwalzen durchlaufen die Thaliacea während ihrer Entwicklung ein kaulquappenähnliches , freischwimmendes Larvenstadium, das eine Chorda besitzt. Die Feuerwalzen kommen nur in Form großer Kolonien vor. Hingegen treten während eines Lebenszyklus bei den Salpen sowohl solitäre wie auch koloniale Formen auf. Bild 40 zeigt stark schematisiert den Grundbauplan einer solitären Salpe.
Die Klasse Seescheiden (Ascidiacea) umfaßt eine Reihe von Organismen, die, im Gegensatz zu den Salpen, im erwachsenen Zustand als Bodenbewohner an Felsen oder auch anderen Organismen festgeheftet sind. Die freischwimmende, kaulquappenähnliche Larve mit Chorda behalten sie jedoch bei. Aus dem Wasser, das den Kiemendarm durchströmt, werden Nahrungspartikel abfiltriert. Der Körper ist gewöhnlich von einem dicken Mantel (Tunica) aus zelluloseähnlichem Material von knorpeliger bis gallertiger Konsistenz umhüllt. Wie die Salpen verfügen auch die Seescheiden über eine Ein- und Ausfuhröffnung (In- und Egestionsöffnung), die aber hier beide an dem der Unterlage abgekehrten Pol liegen. Die genaue Lagebeziehung dieser beiden Öffnungen (die Einfuhröffnung liegt normalerweise terminal) zueinander ist für die Bestimmung dieser Tiere wichtig. Ein weiteres charakteristisches Merkmal ist das Verhältnis der Länge jenes Körperabschnittes, der den Kiemendarm umfaßt, zur Länge des Magenbereiches (sog. Gastralregion). Nicht bei allen Arten sind jedoch diese Regionen leicht zu trennen. Unter dem Kiemendarm liegen der Magen, bisweilen die Keimdrüsen (Gonaden) und Teile des Blutgefäßsystems. Aus Gründen der Übersichtlichkeit werden aber die beiden letzteren Systeme nicht in das vorliegende Schema (Bild 41) miteinbezogen. Einige Seescheiden, wie z. B. *Botryllus,* sind koloniebildend. Hierbei sind die Individuen in eine dicke Tunica eingelagert und jeweils rund um die gemeinsame Ausfuhröffnung angeordnet.

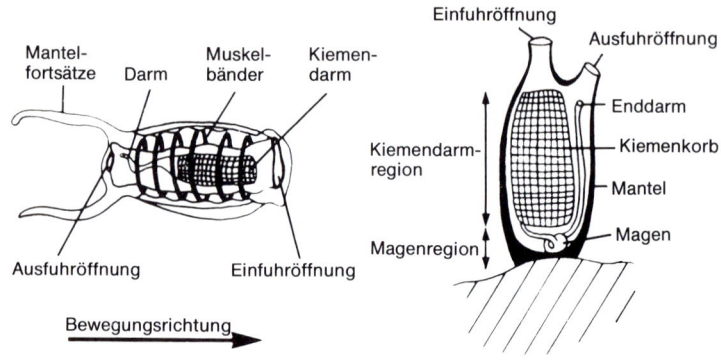

Bild 40. Grundbauplan einer solitären Salpe (schematisch)

Bild 41. Grundbauplan einer Seescheide

Urochordata
Salpen und Feuerwalzen (Thaliacea)

Thaliacea sind mit Ausnahme der koloniebildenden Feuerwalzen im erwachsenen Zustand pelagische Tiere mit gallertigem, tönnchenförmigem Körper. Nur die Larven, die allerdings den unten angeführten Formen fehlen, verfügen über ein rückenseitiges Nervenrohr und einen Ruderschwanz; im erwachsenen Zustand ist das Nervensystem stark reduziert. Salpiden und Dolioliden lassen sich mit dem Planktonnetz gewinnen. Sie bedürfen sorgfältiger Untersuchung, will man sie exakt bestimmen. Die Entwicklungszyklen sind komplex. Aus dem Mittelmeer sind 10 Arten bekannt.

Dolium mülleri
Einzelnlebend. Bis 4 mm lang. Körper tonnenförmig, mit schwacher Zähnelung an den Öffnungen; 10–14 Kiemenspalten, 6 deutliche Muskelbänder, U-förmiger Magen. Farbe: Durchsichtig. Vorkommen: Planktisch.

Dolium denticulatum (nicht abgebildet)
Bis 9 mm lang. Körper ähnlich D. mülleri, 45 Kiemenspalten, bis zu 6 Muskelbänder, Magen bogenförmig. Farbe: Durchsichtig. Vorkommen: Planktisch.

Salpa democratica Ketten-Salpe
Einzelnlebende Tiere bis 15 mm lang, Koloniemitglieder nur bis 6 mm lang, Ketten 30 cm lang oder länger. Farbe: Durchsichtig. Vorkommen: Planktisch im Oberflächenwasser.

Salpa maxima Tonnenförmige Salpe
Einzelnlebend. Bis 10 cm lang. Körper tonnenförmig, mit 9 auffälligen Muskelbändern, die am Bauch nicht geschlossen sind. Farbe: Glasig durchsichtig. Vorkommen: Planktisch, im Oberflächenwasser.

Pyrosoma atlanticum (nicht abgebildet)
Bis 10 cm lang. Körper zylindrisch mit durchsichtigen, tentakelartigen Anhängen, besteht aus vielen Einzeltieren, die um einen zentralen Hohlraum so angeordnet sind, daß ein Zylinder entsteht, die Einzeltiere sind in der knorpeligen Zylinderwand so eingebettet, daß die Mundöffnungen nach außen und die Ausfuhröffnungen in den nur an einer Seite offenen Zylinder münden. Farbe: Durchsichtig, weiß. Vorkommen: Planktisch. Anmerkung: Diese Art leuchtet aufgrund lichterzeugender symbiontischer Bakterien intensiv.

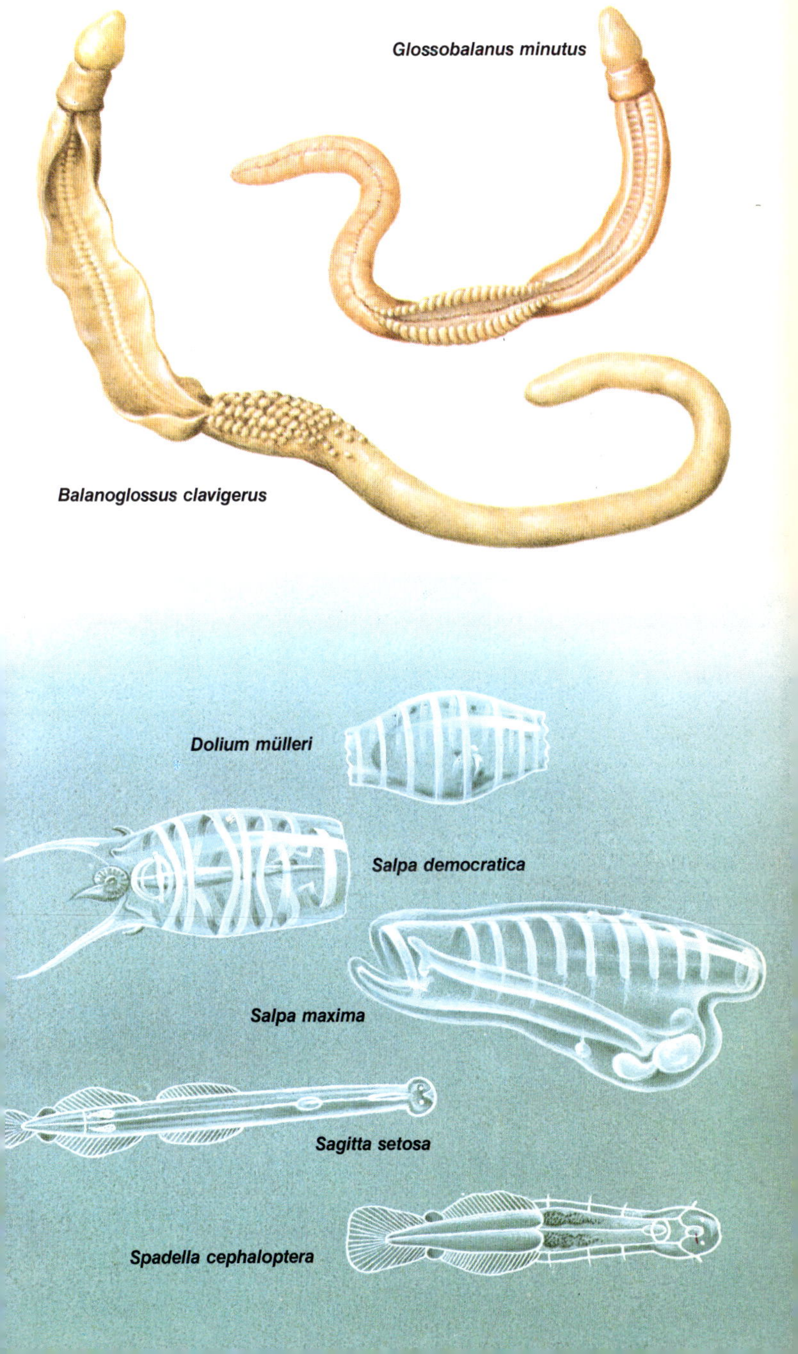

Glossobalanus minutus

Balanoglossus clavigerus

Dolium mülleri

Salpa democratica

Salpa maxima

Sagitta setosa

Spadella cephaloptera

Seescheiden (Ascidiacea)

Seescheiden sind im erwachsenen Zustand immer festsitzende, zwittrige Tiere, deren Körper von einem mehr oder minder dicken, gallertigen, knorpeligen oder ledrigen, aus zelluloseähnlichem Material bestehenden Mantel (Tunica) umhüllt ist. Sie sind solitär oder koloniebildend und stets zwittrig. Nur die kaulquappenähnliche Larve besitzt ein dorsales Nervenrohr und eine Chorda. Ihre Bestimmung ist schwierig. Die Gesamtzahl der mittelmeerischen Arten ist unbekannt, es dürften etwa 60 Arten sein.

Clavelina lepadiformis Keulen-Synascidie
Festsitzend, koloniebildend; Einzeltiere bis 30 mm hoch, nur basal durch dünne Ausläufer (Stolonen) verbunden; Ein- und Ausfuhröffnung stehen nahe beisammen; Kiemendarm deutlich kürzer als Magenregion. Farbe: Durchscheinend und gallertartig, mit rosa-gelb-weißer Zeichnung. Vorkommen: An Steinen, Algen und Muschelschalen sitzend, vom untersten Ebbeniveau bis in 50 m Tiefe.

Distoma adriaticum
Festsitzend, koloniebildend, bis 90 mm hoch, Einzeltiere in dichter Kolonie, nicht leicht auseinander zu halten, Ausströmöffnung subterminal, Einströmöffnung mit 6 feingepunkteten Lappen (Lupe!); Kiemendarmregion mit 24 Kiemenspalten, kürzer als Magenregion. Farbe: Weißlichbraun. Vorkommen: Auf Steinen und Muschelschalen, bis 40 m tief.

Aplidium proliferum (= *Amaroucium proliferum*) Sproß-Synascidie
Festsitzend, Individuen wachsen in fleischigen, keulenförmigen Kolonien, die bei 5 cm Durchmesser bis 5 cm Höhe erreichen können; die einzelnen Individuen, die ziemlich unregelmäßig um die gemeinsame Ausfuhröffnung angeordnet sind, sind nur schwer erkennbar; Kolonie glatt und durchscheinend; Einzelindividuen rötlich durchschimmernd. Vorkommen: Auf Steinen, Felsen, Algen und Muschelschalen im Sublitoral bis etwa 50 m Tiefe.

Aplidium conicum (= *Amaroucium conicum*)
Festsitzend, koloniebildend, bis zu 12 cm hoch, die Individuen sitzen in einer kegelförmigen, glatten Kolonie, sind nicht leicht zu erkennen, Einströmöffnungen mit 6 Läppchen (Lupe!). Farbe: Orange mit dunkel pigmentierten Flecken. Vorkommen: Auf Sand und Schill etc., bis 50 m tief.

Didemnum candidum (= *D. maculosum*) Krusten-Ascidie
Festsitzend, koloniebildend, bis 2 mm hoch und 40 mm breit; Einzeltiere in sehr flacher, krustenförmiger, lederartiger Kolonie; 5−8 Einzeltiere teilen sich eine gemeinsame Ausströmöffnung; der Mantel enthält Kalziumkarbonatkristalle. Farbe: Orange, braun, grau oder violett. Vorkommen: Auf Steinen, Felsen, Algen, Schalen etc., bis in tiefes Wasser.

Sidnyum turbinatum
Festsitzend, koloniebildend, bis 15 mm hoch, Einzeltiere wachsen in flachen Kolonien, die ihrerseits manchmal durch Stolonen verbunden sind. Einströmöffnungen mit 8 kleinen Läppchen (Lupe!), die um eine gemeinsame Ausströmöffnung gruppiert sind. Farbe: Orange. Vorkommen: Auf Algen, Seegras, Schalen und Steinen wachsend bis 200 m tief.

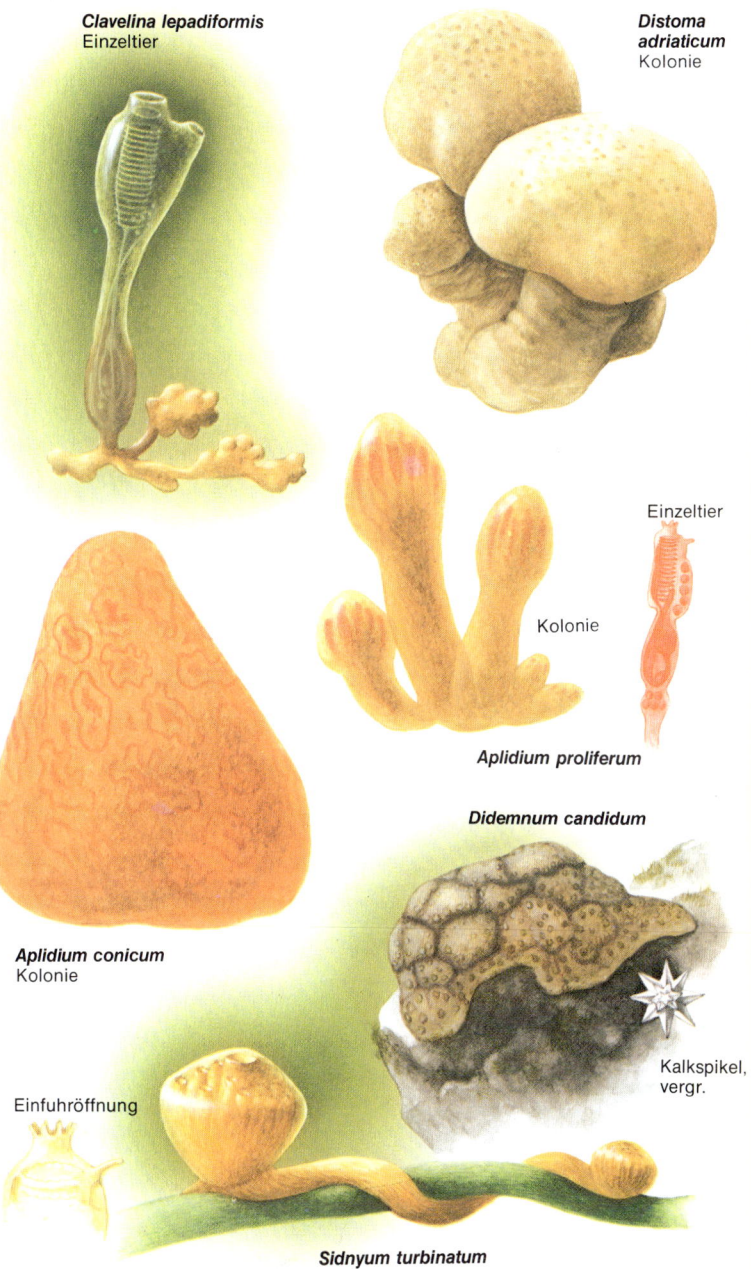

Clavelina lepadiformis
Einzeltier

Distoma adriaticum
Kolonie

Einzeltier

Kolonie

Aplidium proliferum

Didemnum candidum

Aplidium conicum
Kolonie

Kalkspikel, vergr.

Einfuhröffnung

Sidnyum turbinatum

Ciona intestinalis Schlauch-Ascidie
Einzelnlebend, festsitzend, bis 12 cm hoch. Ausströmöffnung nahe bei der terminalen Einströmöffnung, beide mit Läppchen, Mantel durchsichtig, Eingeweide von außen sichtbar, Kiemendarmregion länger als Magenregion. Farbe: Durchscheinend mit gelb-grüner Färbung; Ränder der Öffnungen gelb. Vorkommen: Oft in großer Zahl auf Felsen, Molen und Pfählen, aber auch auf Algen aufwachsend, vom Ebbeniveau bis in große Tiefen.
Ähnlich: *C. edwardsi,* jedoch glänzend grün gefärbt.

Diazona violacea Kugel-Ascidie
Festsitzend; Einzeltiere wachsen in kugeligen oder stärker abgeflachten Kolonien, die bei 40 cm Durchmesser bis 20 cm Höhe erreichen können; Einzelindividuen selbst bis 5 cm hoch und können bis zu 2 cm mit ihrer Kiemenregion über die Kolonie emporragen; Ein- und Ausfuhröffnung liegen endständig und einander stark genähert. Farbe: Durchscheinend gelb-grün. Vorkommen: Auf Felsen und Steinen aufwachsend, häufig in starker Strömung; von 30—200 m Tiefe.

Ascidiella aspersa Spritz-Ascidie (nicht abgebildet)
Festsitzend; einzelnlebend, mit rauher Oberfläche, über 6 cm hoch, gelegentlich bis 13 cm; Einfuhröffnung endständig, Ausfuhröffnung etwa $1/3$ der Körperhöhe tieferstehend. Farbe: Braun-grau-schwarz. Vorkommen: Auf Weichböden (wo sie einen Stiel entwickeln können) oder auf Steinen, Algen und Pfählen festgewachsen, kann auch von anderen Seescheiden überwachsen sein.

Ascidia mentula Stumpen-Ascidie
Festsitzend; einzelnlebende Tiere bis 10 cm hoch; Tunica dick knorpelartig, Oberfläche mit flachen Buckeln besetzt; Ausfuhröffnung mehr als die halbe Körperlänge von der endständigen Einfuhröffnung entfernt; Kiemen- und Magenbereich etwa gleich groß. Farbe: Grünlich durchscheinend. Vorkommen: Auf Steinen und Muschelschalen im Sublitoral bis etwa 200 m Tiefe.

Ascidia virginea
Einzelnlebend, festsitzend, bis 80 mm hoch, Oberfläche buckelig. Mantel relativ dünn und schwach, Ausströmöffnung etwa $1/3$ der Körperlänge von der endständigen Einströmöffnung entfernt. Farbe: Durchscheinend milchig, mit roter Zeichnung. Vorkommen: Auf Steinen und Muschelschalen, im allgemeinen ab 30 m Tiefe.

Phallusia mammillata Warzen-Ascidie
Festsitzend; einzelnlebende Tiere bis 14 cm hoch; Tunica dick, knorpelartig mit vielen glatten, deutlichen Erhebungen; Ausfuhröffnung weniger als die halbe Körperlänge von der endständigen Einfuhröffnung entfernt. Farbe: Schwankt je nach Tiefe zwischen weiß bis braun. Vorkommen: Gewöhnlich auf Steinen, die im Sand oder Schlamm liegen, im Sublitoral bis etwa 180 m Tiefe.

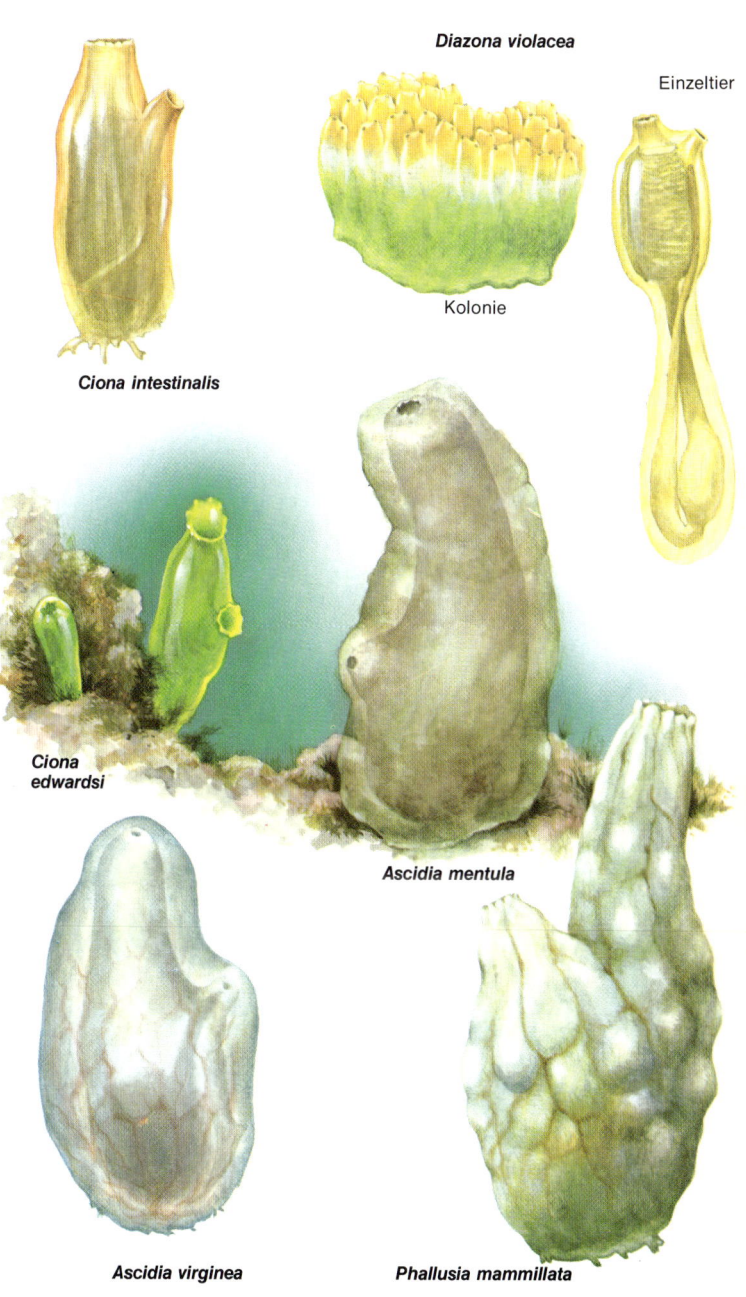

Diazona violacea

Einzeltier

Kolonie

Ciona intestinalis

Ciona edwardsi

Ascidia mentula

Ascidia virginea

Phallusia mammillata

Styela plicata Falten-Ascidie
Festsitzend; einzelnlebende Tiere bis 7 cm hoch; Tunica ledrig faltig; Ausfuhröffnung etwa ¼ der Körperlänge von der endständigen Einfuhröffnung entfernt. Farbe: Weiß-braun. Vorkommen: An Steinen angewachsen, bisweilen in Gruppen eng zusammen-stehend.

Distomus variolosus
Festsitzend, koloniebildend, kugelige Individuen bis 10 mm hoch, durch Stolonen ver-bunden, Ausströmöffnung nahe der Einströmöffnung, Manteloberfläche rauh. Farbe: Rot-braun. Vorkommen: Überwächst Felsen und die Haftscheiben von Algen, nur in ge-ringer Tiefe.

Botryllus schlosseri Sternascidie
Festsitzend; Einzeltiere stehen in charakteristischen sternförmigen Gruppen von 3–5 und mehr in der Kolonie angeordnet; Form und Größe der Kolonie unterschiedlich, oft-mals flache Überzüge, bisweilen auch fleischige, dicke Klumpen bildend; Einzelindivi-duen etwa 2 mm lang, rund um eine gemeinsame Ausfuhröffnung angeordnet. Farbe: Sehr variabel; oft braun-gelb-grün oder auch rötlich, wobei die sternförmigen Individu-engruppen durch eine kontrastierende Farbe hervorstechen. Vorkommen: Überziehen Steine, Felsen und Algen, bisweilen aber auch Hydroidenstöcke und selbst andere See-scheiden im Sublitoral auf sekundären Hartböden und im seichten Wasser.

Botrylloides leachi Mäander-Ascidie
Ähnlich *B. schlosseri,* die bis 15 mm langen Individuen sind aber in unregelmäßigen Mäandern beiderseits einer verlängerten, gemeinsamen Ausfuhröffnung angeordnet. Farbe: Orange-gelb-grau. Vorkommen: Überziehen Steine, Algen und andere See-scheiden.

Halocynthia papillosa
Einzelnlebend, festsitzend, tonnenförmige Einzeltiere bis 60 mm hoch, gelegentlich größer, die Öffnungen sind oft von einem Kranz Nadeln umgeben. Ausströmöffnung etwa ½ Körperlänge von Einströmöffnung entfernt. Farbe: Braun-rot bis leuchtendrot, unten manchmal heller. Vorkommen: In seichtem Wasser, oft an sandigen Orten.

Microcosmos sulcatus (= *M. vulgaris*)
Einzelnlebend, festsitzend, Individuen 80 mm lang oder länger, Einström- und Aus-strömöffnung weit voneinander entfernt, dicke, ledrige, faltige Manteloberfläche, oft von anderen Organismen besiedelt. Farbe: Bräunlich-rot, Öffnungen mit rotem Zeich-nungsmuster. Vorkommen: Auf Sand und Schill.

Molgula manhattensis Blaugrüne Ascidie
Festsitzend, einzelnlebend; Individuen rundlich, bis 3 cm hoch; Tunica weich, von fei-nen Fibrillen und manchmal auch von Sandkörnern bedeckt; Ein- und Ausfuhröffnung endständig und deutlich schornsteinartig vorragend. Farbe: Blau-grün. Vorkommen: Auf verschiedensten Substraten vom Strand bis in 100 m Tiefe.

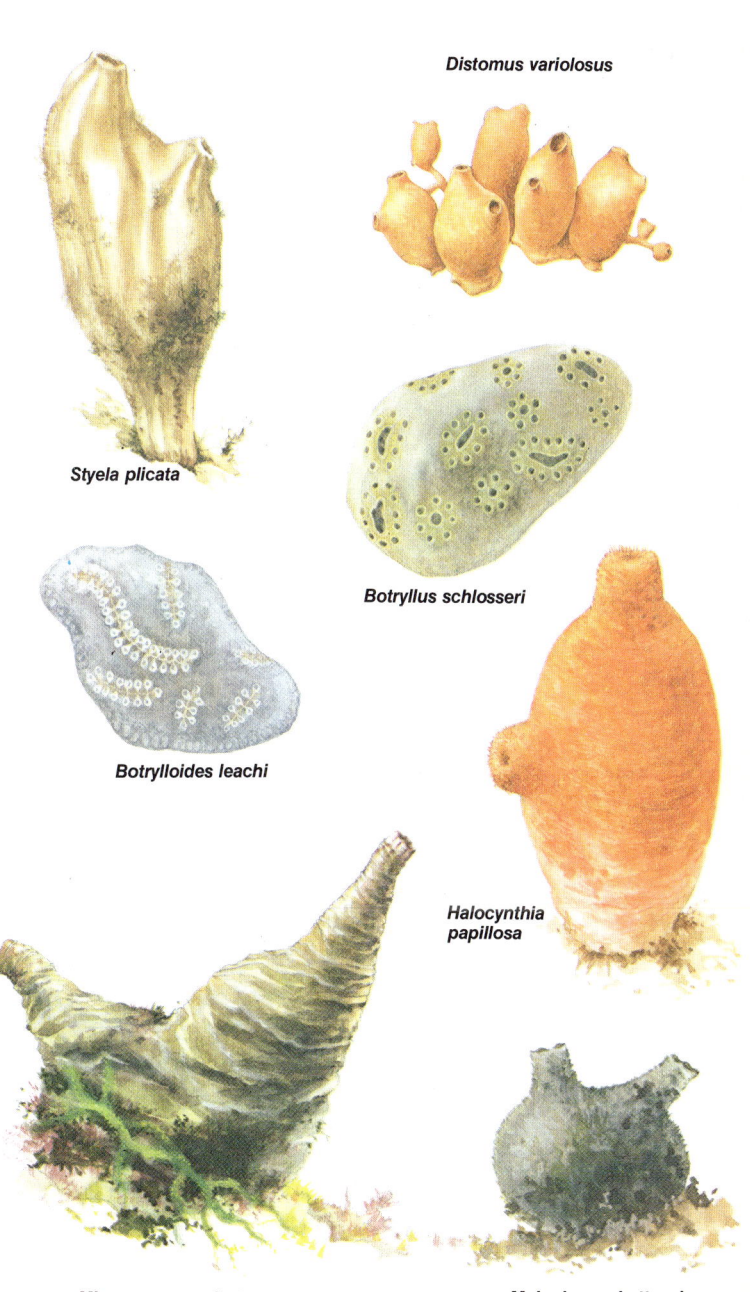

Distomus variolosus

Styela plicata

Botryllus schlosseri

Botrylloides leachi

Halocynthia papillosa

Microcosmus sulcatus

Molgula manhattensis

Wirbeltiere (Vertebrata)

Neben den allgemeinen Chordatenmerkmalen besitzen Wirbeltiere eine Wirbelsäule, die sich aus einer Reihe von gelenkig miteinander verbundenen Wirbeln zusammensetzt und die embryonal immer vorhandene Chorda in unterschiedlichem Ausmaß ersetzt. Der Kopf trägt die Hauptsinnesorgane und das von einer mehr oder minder vollständigen Skelettkapsel geschützte Gehirn. In der Regel verfügen Wirbeltiere über paarige Vorder-(Brust-) und Hinterextremitäten (Beckengliedmaßen). Mit etwa 46 700 Arten stellen die Wirbeltiere wohl nur einen Bruchteil des gesamten Tierreiches dar, zu ihnen gehören jedoch eine große Zahl allgemein bekannter Organismen, die von den ursprünglichen Rundmäulern bis zum Menschen selbst reichen. Im Rahmen dieses Buches sollen jedoch als einzige Gruppen nur die Fische behandelt werden, obwohl Seevögel und auch Säugetiere ebenfalls allgemein bekannte Meeresbewohner sind. Unter dem deutschen Begriff „Fische" werden zoologisch gesehen mehrere Wirbeltierklassen zusammengefaßt; und zwar Kieferlose Wirbeltiere (Agnatha), zu denen die Neunaugen und die Inger oder Schleimaale gehören; Panzerfische (Placodermi), eine ausgestorbene Gruppe kiefertragender Fische; Knorpelfische ohne knöchernes Skelett (Chondrichthyes), die Haie und Rochen einschließen, und echte Knochenfische (Osteichthyes) mit allen höheren Knochenfischen. Im folgenden werden alle Gruppen mit Ausnahme der Pacodermi behandelt.

Die Klasse Agnatha sind primitive Fische, die heute nur durch die Ordnung Rundmäuler (Cyclostomata) repräsentiert sind. Dieser Name leitet sich von der ringförmigen, saugnapfähnlichen und mit Raspelzähnen bewaffneten Mundöffnung ab. Die Rundmäuler umfassen 2 Gruppen, die Neunaugen und die Schleimaale. Die sowohl im Süßwasser wie auch im Meer vorkommenden Neunaugen leben parasitisch, indem sie sich an anderen Fischen anheften, ein Loch in diese raspeln und das Blut aussaugen bzw. diese ausfressen. Schleimaale sind ausschließlich marin und ernähren sich von toten oder sterbenden Fischen sowie von einer großen Anzahl bodenlebender Organismen. Während sich der gesamte Lebenszyklus der Schleimaale im Meer abspielt, gehen die Meeresneunaugen zum Ablaichen ins Süßwasser und können dabei in Ästuarien abgefischt werden. Die Flußneunaugen laichen ebenso im Süßwasser ab, verbringen aber mindestens 1 Jahr, in dem sie ihre Geschlechtsreife erlangen, im Meer, bevor sie wieder in das Süßwasser zurückkehren.

Obwohl die Rundmäuler ein niedriges Entwicklungsniveau innerhalb der Wirbeltierreihe einnehmen (einfache, unpaare Flossen, wenig differenzierte Sinnesorgane usw.), haben sie spezielle Anpassungen an ihre Lebensweise ausgebildet. Dazu gehört der Saugmund mit der Zähnchenbewaffnung und die Lage der Kiemen, die eine Atmung selbst dann noch ermöglichen, wenn ein Teil des Kopfes im Wirtsgewebe steckt.

Zur Klasse Knorpelfische zählen einige der größten und gefräßigsten Meerestiere, die in den europäischen Gewässern durch eine Reihe von Formen, wie z. B. die kleinen Katzen- und Dornhaie, die Rochen und die sehr großen Riesenhaie, vertreten sind. Im Gegensatz zu den oben erwähnten Rundmäulern sind die Haie durchweg schnelle und kraftvolle Schwimmer, die häufig ein gefräßiges, carnivores Leben führen, wobei sie vor allem Jagd auf Schwarmfische wie Heringe und Makrelen machen. Einige der kleineren Arten sind benthisch und ernähren sich als Sammler von kleineren Bodentieren, während die

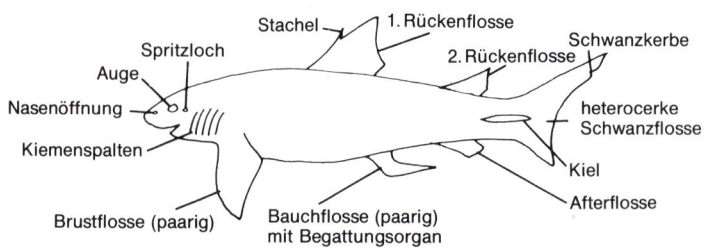

Bild 42. Äußere Merkmale eines männlichen Haies (schematisch)

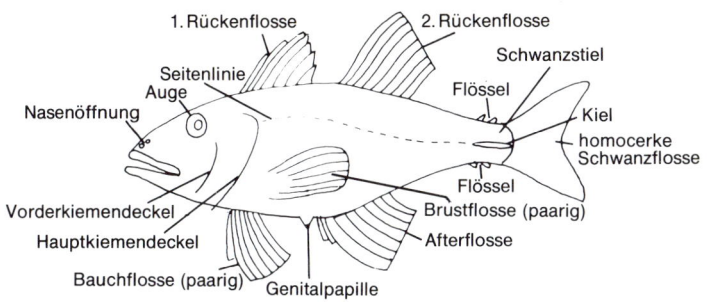

Bild 43. Äußere Merkmale eines Knochenfisches (schematisch)

Riesenhaie kleine Planktonorganismen aus dem Oberflächenwasser in der Art mancher Wale abfiltrieren. Rochen sind Bodenbewohner, die sich von Wirbellosen oder auch von Plattfischen, die im Sand und Schlamm leben, ernähren. Bild 42 zeigt die wesentlichen Merkmale eines männlichen Haies, bei dem die Beckenflossen zu Begattungsorganen umgewandelt sind, die die Übertragung der Spermien in das Weibchen ermöglichen. Die Eier bleiben normalerweise nach der Befruchtung im mütterlichen Körper, entwickeln sich zu Embryonen, die, sobald sie den zu einem selbständigen Leben nötigen Grad der Entwicklung erreicht haben, geboren werden. Nur bei einigen Arten, wie den Katzenhaien, werden die Eier bzw. frühe Embryonen in ganz speziellen Eihüllen, den sog. Nixentäschchen, abgelegt. Diese Eikapseln werden an Algen etc. befestigt, und nach einer relativ langen Entwicklungszeit (bis zu 10 Monaten) schlüpfen die jungen Haie aus. Ähnlich verhalten sich viele Rochen. Auch bei diesen Arten kann man die Männchen am Besitz der Begattungsorgane an den Beckenflossen erkennen.
Wie bei anderen räuberischen Tieren sind auch bei den Haien und Rochen die Sinnesorgane gut entwickelt. Vor allem die Sinnesorgane zur Wahrnehmung von Schwingungen und Vibrationen sowie chemischer Substanzen tragen wesentlich zum Aufspüren der Beute bei.
Die meisten wichtigen Nahrungsfische gehören zur Klasse der Knochenfische (Osteichthyes), wenngleich auch Haie und Rochen in vielen Ländern aus wirtschaftlichen Gründen gefischt werden. Die Knochenfische werden in 3 Unterklassen geteilt, von denen hier 2 interessieren. Im ersten Fall sind dies die recht ursprünglichen Knorpelfische (Chondrostei), zu denen man neben einer großen Anzahl fossiler Formen die Störe zählt. Die zweite Gruppe sind die Teleostei, die die dominierenden Knochenfische der Gegenwart und der jüngsten geologischen Epochen repräsentieren. Sie sind sofort an der symmetrisch (homocerk) ausgebildeten Schwanzflosse (Chondrostei besitzen im Gegensatz dazu eine asymmetrische-heterocerke Schwanzflosse) und innerlich am Besitz einer Schwimmblase zu erkennen; diese ermöglicht dem Fisch ohne aktive Schwimmbewegung, eine bestimmte Lage im Wasser beizubehalten. Bild 43 zeigt die wesentlichen äußeren Merkmale eines Knochenfisches. In vielen Fällen lassen sich die Geschlechter äußerlich nur zu bestimmten Jahreszeiten (Balzfärbung, Hochzeitskleid) aufgrund der Färbung unterscheiden. Die meisten marinen Echten Knorpelfische legen eine große Anzahl Eier, die vom Männchen nach dem Ablaichen im freien Wasser befruchtet werden. Zum Teil verfügen die Eier über Schwebeeinrichtungen wie Öltropfen im Dotter, so daß sich die Embryonen im Plankton schwebend entwickeln und die ausgeschlüpften Jungfische nach Aufbrauchen ihres Dottervorrates von winzigen Planktonlebewesen ernähren können. Die Echten Knochenfische haben sich derart entfaltet, daß sie heute alle marinen Lebensräume, vom offenen Ozean bis zum Fluttümpel, vom Oberflächenwasser bis zu den Tiefseeböden des Abyssals, erobert haben. Eine große Vielfalt beherbergen die Küstengebiete und Flachmeere Europas.
Da sich die Fische im lebenden und toten Zustand in der Färbung oft erheblich unterscheiden, wurden Farbangaben bei der Identifizierung auf ein Minimum beschränkt.

255

Neunaugen und Schleimaale (Agnatha)

Kieferlose Wirbeltiere ohne paarige Flossen. Aus dem Mittelmeer sind 3 Arten bekannt.

Petromyzon marinus Meerneunauge
Bis 90 cm lang, Kopf mit kleinen Augen, 7 Paar Kiemenöffnungen, ovale Mundöffnung, saugnapfartig mit vielen, in mehreren Ringen angeordneten Hornzähnen; großer, zentraler, zweispitziger Zahn. Körper lang, schlank, aalartig, 2 dorsale Flossen, 1 Schwanzflosse; Haut weich, glatt, ohne Schuppen. Vorkommen: Oft in der Nähe von Flußmündungen, vom Flachwasser bis in 400 m Tiefe und mehr.

Lampetra fluviatilis Flußneunauge (nicht abgebildet)
Bis 50 cm lang, Männchen gewöhnlich kleiner als Weibchen. Kopf-, Körper- und Flossenverhältnisse wie bei *Petromyzon marinus;* Saugmund mit nur 3 Paar Zähnen auf jeder Seite, oben in der Mitte fehlen die Zähne. Farbe: Rücken dunkelblau-grün, Flanken silbrig, Bauchseite weiß. Vorkommen: Im Flachwasser bis in 300 m Tiefe, häufig in der Nähe von Flußmündungen, an denen sie sich zur Laichwanderung flußaufwärts sammeln.

Myxine glutinosa Inger, Schleimaal
Bis 40 cm lang, ohne Augen, 2 Barteln zu beiden Seiten der endständigen Nasenöffnung, 2 weitere zu beiden Seiten der Mundöffnung; jederseits 1 Kiemenöffnung. Aalartiger Körper, niedriger Flossensaum um den Körper. Vorkommen: Auf schlammigen Böden, meist in Wohnhöhlen eingegraben, unter 25 m Tiefe; oft an anderen Fischen angesaugt, von denen sie sich ernähren.

Haie, Rochen (Chondrichthyes)

Wirbeltiere mit Kiefer und Knorpelskelett, das durch Kalkeinlagerung verfestigt ist; Mundöffnung unterständig; in der Regel mit 5 Kiemenspalten, ohne Kiemendeckel; Haut mit Placoidschuppen bedeckt; Schwanzflosse asymmetrisch (heterocerk). Im Mittelmeer kommen 72 Arten vor.

Lamna nasus Heringshai
Bis 3,5 m lang. Kopf mit auffälliger Schnauzenspitze; Kiefer mit dreieckigen Zähnen, die an der Zahnbasis je 2 winzige Nebenzähnchen tragen; paarige kleine Spritzlöcher, 6 Paar Kiemenspalten. Körper relativ plump; 1. Rückenflosse beginnt unmittelbar hinter dem Brustflossenansatz, 2. Rückenflosse klein, liegt der kleinen Afterflosse gegenüber; Schwanzstiel mit seitlichen Kielen, oberer Schwanzflossenlappen gekerbt und nur geringfügig größer als unterer.
Vorkommen: Hochseebewohner, normalerweise im Oberflächenwasser, selten unter 150 m Tiefe.

Isurus oxyrhynchus Spitzschnauzenhai, Mako
Bis 4 m lang. Kopf stromlinienförmig; Kiefer mit dreieckigen Zähnen ohne Nebenzähnchen; 5 deutliche Kiemenspalten beiderseits vor den Brustflossen. Körper relativ schlank, 1. Rückenflosse beginnt unmittelbar am Hinterende der Brustflossen, 2. Rückenflosse liegt direkt vor der Afterflosse; Schwanzstiel mit Kiel, oberer Schwanzflossenlappen länger und eingekerbt. Vorkommen: Hochseeform, gewöhnlich nahe der Oberfläche schwimmend.

Cetorhinus maximus Riesenhai
Bis 15 m lang. Spitze Schnauze, winzige Zähne, kleine Augen; 5 lange, vor den Brustflossen liegende Kiemenspalten; Kiemen mit Reusen zum Abfiltrieren der Planktonnahrung aus dem Wasser. 1. Rückenflosse liegt zwischen Brust- und Beckenflossen. Vorkommen: Hochseebewohner, meist im Oberflächenwasser, bis in 150 m Tiefe.

Alopias vulpinus Fuchshai, Drescher
Bis 4 m lang, Kopf stumpfer als bei anderen Arten. Außerordentlich langer Oberlappen der Schwanzflosse. Vorkommen: Hochseebewohner.

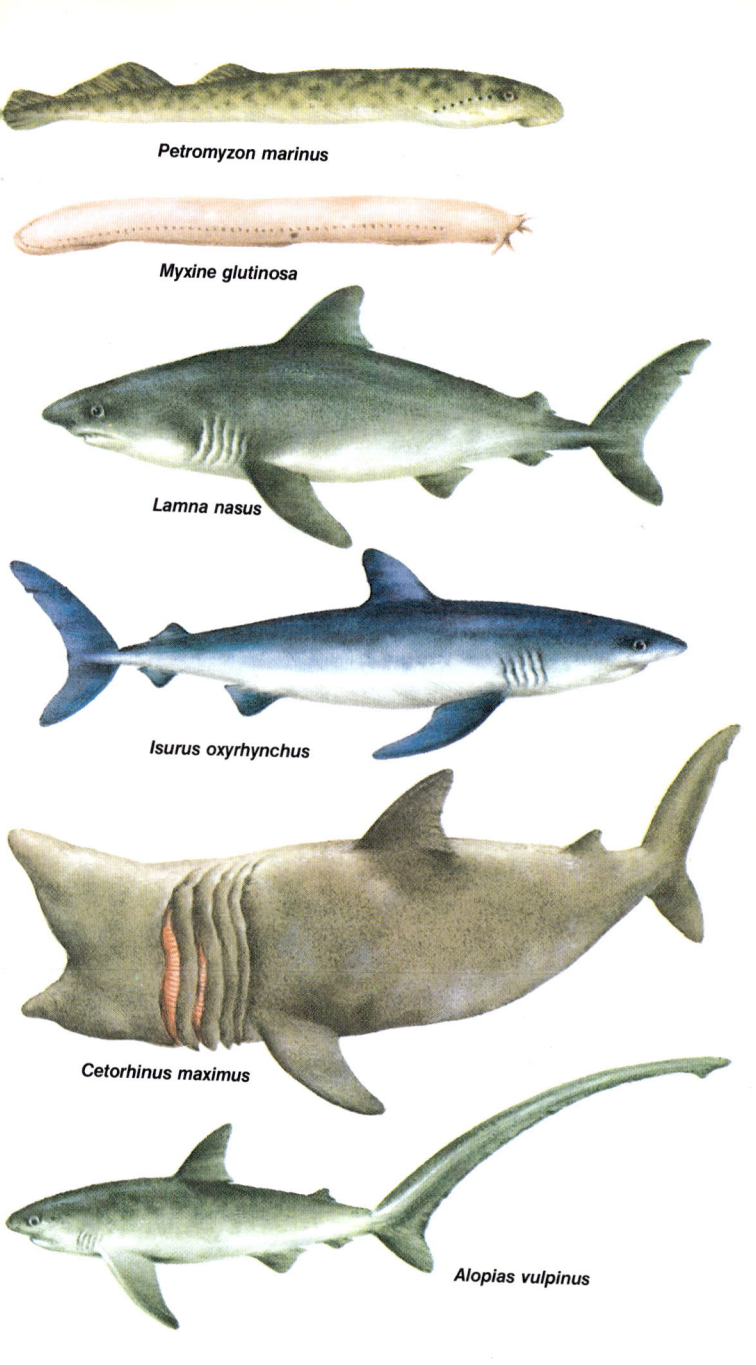

Petromyzon marinus

Myxine glutinosa

Lamna nasus

Isurus oxyrhynchus

Cetorhinus maximus

Alopias vulpinus

Scyliorhinus canicula Kleingefleckter Katzenhai
Bis 70 cm lang. Kopf mit stumpfer, abgerundeter Schnauze; Nasenöffnungen stehen durch eine deutliche, ziemlich gerade äußere Rinne, die an der Schnauzenunterseite sichtbar ist, mit der Mundöffnung in Verbindung; 5 Paar kleine Kiemenspalten, die beiden letzten über der Brustflosse gelegen; 1 Paar deutliche Spritzlöcher. 2 Rückenflossen, die zweite liegt unmittelbar hinter der Afterflosse. Vorkommen: Nahe oder auf sandig-schlammigen Böden, vom flachen Wasser bis in 100 m Tiefe.

Scyliorhinus stellaris Großgefleckter Katzenhai
Bis 1 m lang. Kopf sehr ähnlich S. canicula, aber leicht an den Nasenrinnen auf der Schnauzenunterseite zu unterscheiden, die die Nasenöffnungen nicht mit dem Mund verbinden, sondern kurz davor gegen die Mittellinie gewendet verlaufen und sich fast zu einer w-förmigen Figur treffen. 2. Rückenflosse beginnt über der Mitte der Afterflosse; keine Kiele am Schwanzstiel. Vorkommen: Auf felsigem Untergrund, bevorzugt geschützte Stellen, vom flachen Wasser bis etwa 50 m Tiefe.

Mustelus mustelus Glatthai
Bis 1,5 m lang. Kopf mit scharfer, spitz zulaufender Schnauze; Kiefer mit abgeplatteten, pflasterartigen Zähnen, die etwa rautenförmigen Kacheln ähneln und eher zum Zerquetschen als zum Zerreißen der Beute geeignet sind; 5 Paar Kiemenspalten, die letzte über der Brustflosse gelegen. 1. Rückenflosse beginnt hinter der Brustflosse, 2. Rückenflosse unmittelbar vor der Afterflosse; Schwanzflosse mit tiefer Kerbe. Vorkommen: Grundhai über Sand- und Schlammböden, von 5–100 m Tiefe.

Mustelus asterias Gefleckter Glatthai (nicht abgebildet)
Ähnlich M. mustelus, Körper jedoch massiger und mit weißen Abzeichen am Rücken und an den Flanken. Vorkommen: Über Weichböden bis in 150 m Tiefe.

Prionace glauca Blauhai
Bis 4 m lang. Kopf mit spitzer Schnauze; Zähne dreieckig mit gesägten Rändern; 5 Paar kleine Kiemenspalten, das letzte über den langen, sichelförmigen Brustflossen. 1. Rückenflosse größer als 2.; keine Kiele am Schwanzstiel; Schwanzflosse mit Einkerbung am Oberlappen; verhältnismäßig glatthäutig, da Placoidschuppen sehr klein. Vorkommen: Hochseebewohner, wandert im Sommer küstenwärts.

Galeorhinus galeus Hundshai
Bis 2 m lang. Kopf mit auffallend spitzer Schnauze; scharfe, spitze Zähne mit kleinen zusätzlichen Spitzen am Außenrand; 5 Kiemenspalten, die letzte über der Brustflosse. 1. Rückenflosse liegt zwischen Brust- und Beckenflosse, 2. Rückenflosse unmittelbar vor der Afterflosse, deutliche Kerbe im Schwanzoberlappen. Vorkommen: Über Geröll- und Sandböden, vom Flachwasser bis in 250 m Tiefe.

Galeus melastomus Schwarzmaul-Hai
Bis 80 cm lang. Schnauze abgeflacht und kaum zugespitzt. Nasenrinnen vorhanden, geöffnetes Maul schwarz, 1 Paar Spritzlöcher, 5 Paar Kiemenspalten, das letzte davon unmittelbar vor den Brustflossen. 2. Rückenflosse beginnt am Ende der Analflosse, keine Kiele am Schwanzstiel, der obere Schwanzlappen erscheint dank großer Schuppen gezackt. Vorkommen: Gewöhnlich in tieferem Wasser, von 150–400 m, wird jedoch gelegentlich in Trawlnetzen gefangen.

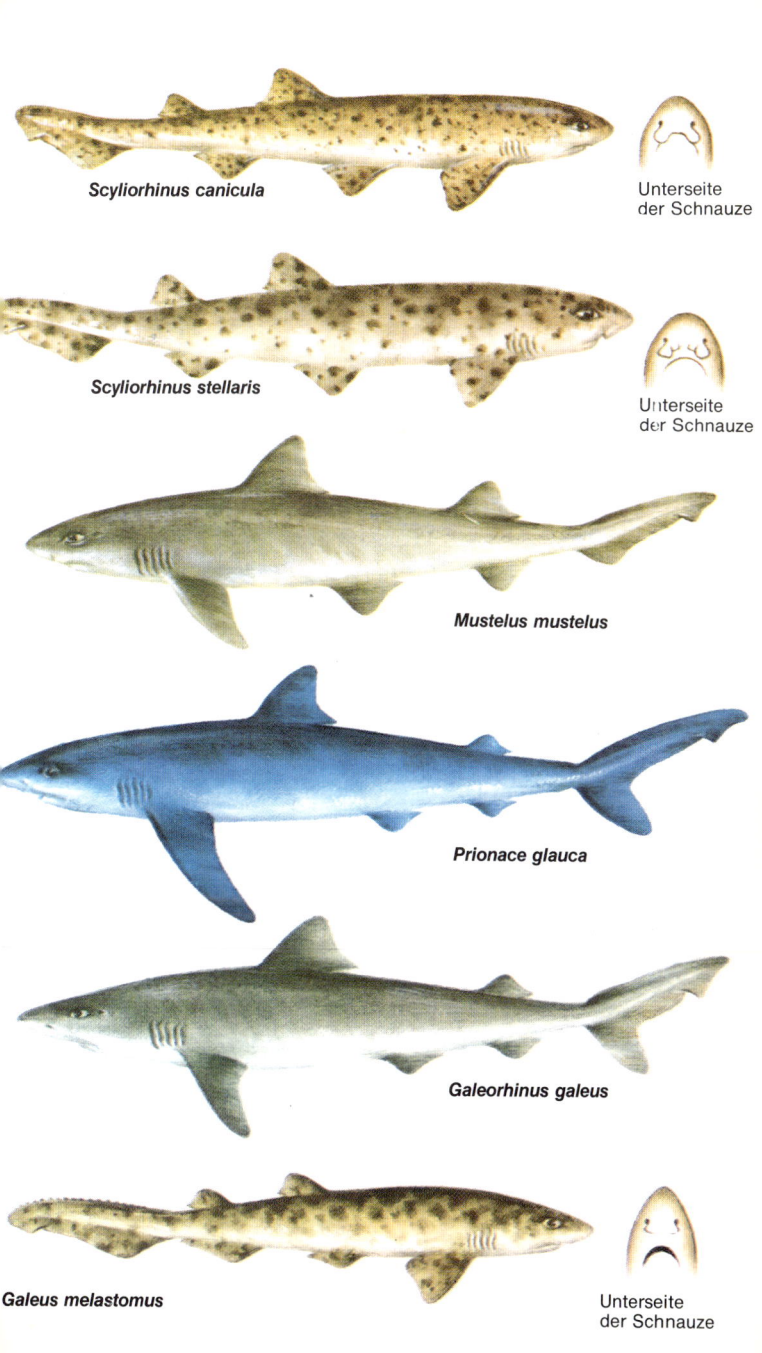

Scyliorhinus canicula

Unterseite
der Schnauze

Scyliorhinus stellaris

Unterseite
der Schnauze

Mustelus mustelus

Prionace glauca

Galeorhinus galeus

Galeus melastomus

Unterseite
der Schnauze

Hexanchus griseus

Bis 5 m lang. Kopf nicht scharf zugespitzt, gezackte Zähne, kleines Spritzloch, 6 Kiemenspalten, die letzte unmittelbar vor der Vorderkante der Brustflosse. Brustflossen dreieckig, die einzige Rückenflosse ist nach hinten versetzt, in der Lage zwischen Becken- und Analflossen. Schwanzflosse mit deutlich verlängertem, eingekerbtem Oberlappen. Vorkommen: Im tiefen Wasser, 100 m oder mehr, im Sommer in Küstennähe.

Heptranchias perlo (= Heptranchus cinereus)

Gleicht *Hexanchus griseus,* hat jedoch 7 Kiemenspalten und wird nur 3 m lang.

Carcharodon carcharias   Weißer Hai

Bis 12 m lang. Kopf kräftig mit zugespitzter Schnauze, Kiefer mit scharfen, dreieckigen Zähnen mit gezackten Rändern, 5 tiefgezogene Kiemenspalten, die letzte unmittelbar vor dem Ansatz der Brustflossen; Brustflossen groß und nach hinten gebogen, mit deutlichem Hinterlappen nahe der Ansatzstelle. 1. Rückenflosse gut entwickelt; 2. Rückenflosse sehr klein, zwischen Becken- und Analflosse gelegen; Schwanzflosse beinahe symmetrisch mit Kielen. Vorkommen: Im tiefen Wasser, gelegentlich in Küstennähe.

Sphyrna zygaena   Glatt-Hammerhai

Bis 3 m lang. Kopf von oben gesehen hammerartig, Augen und schlitzförmige Nasenöffnungen am Vorderrand des „Hammerkopfes". Spritzloch fehlt, 5 Paar Kiemenspalten, das letzte vor der Brustflosse. Körper etwas gedrungen, verjüngt sich zum Ende hin. 1. Rückenflosse liegt über den Brustflossen, 2. über der Analflosse, Oberlappen der Schwanzflosse lang, Einkerbung nur angedeutet. Vorkommen: Gewöhnlich im tiefen Wasser, gelangt gelegentlich in küstennahes Gewässer.

Squalus acanthias   Dornhai

Bis 1,2 m lang. Kopf mit abgerundeter Schnauze; Spritzloch hinter den Augen; 5 Kiemenspalten, alle vor der Brustflosse gelegen. 1. und 2. Rückenflosse mit je einem kräftigen Stachel am Vorderrand; 2. Rückenflosse hinter den Beckenflossen gelegen; Afterflosse fehlt; ohne Kiel am Schwanzstiel und Einkerbung der Schwanzflosse. Vorkommen: Bodenhai über verschiedensten Substraten in küstennahen Gewässern.

Squalus fernandius

Bis 70 cm lang; gleicht sehr S. acanthias, Kopf jedoch mit stumpferer Schnauze; Körper nicht gefleckt; Dorn der 2. Rückenflosse so groß wie Flosse selbst. Vorkommen: Bodenhai in küstennahen Gewässern.

Torpedo marmorata   Zitterrochen

Bis 60 cm lang. Kopf mit deutlichen, hinter den Augen liegenden Spritzlöchern; ihr Innenrand trägt keine Hautausstülpungen und wirkt daher gefranst. Körper rund-scheibenförmig; Brustflossen bilden gleichzeitig die Körperränder; Beckenflossen klein; Afterflosse fehlt; Haut glatt, ohne Dornen. Vorkommen: Auf Sand- und Schlammböden, zumeist halb vergraben, vom flachen Wasser bis in 200 m Tiefe.
Anmerkung: Bei Berührung kann dieser Rochen durch Entladung seiner elektrischen Organe, die modifizierte Muskeln darstellen und beiderseits der Körperscheibe gelegen sind, kräftige elektrische Schläge austeilen.

Torpedo torpedo   Gefleckter Zitterrochen

Ähnelt T. marmorata, kann jedoch leicht an seinen 5 großen, blauen, schwarzgeränderten Flecken auf der überwiegend dunkelblauen Rückenseite erkannt werden; seine Spritzlöcher sind im allgemeinen groß und glattrandig.

Torpedo nobilana   Schwarzer Zitterrochen

Unterscheidet sich von T. marmorata durch seine einfarbig dunkelgraue bis blauschwarze Färbung und glattrandige Spritzlöcher.

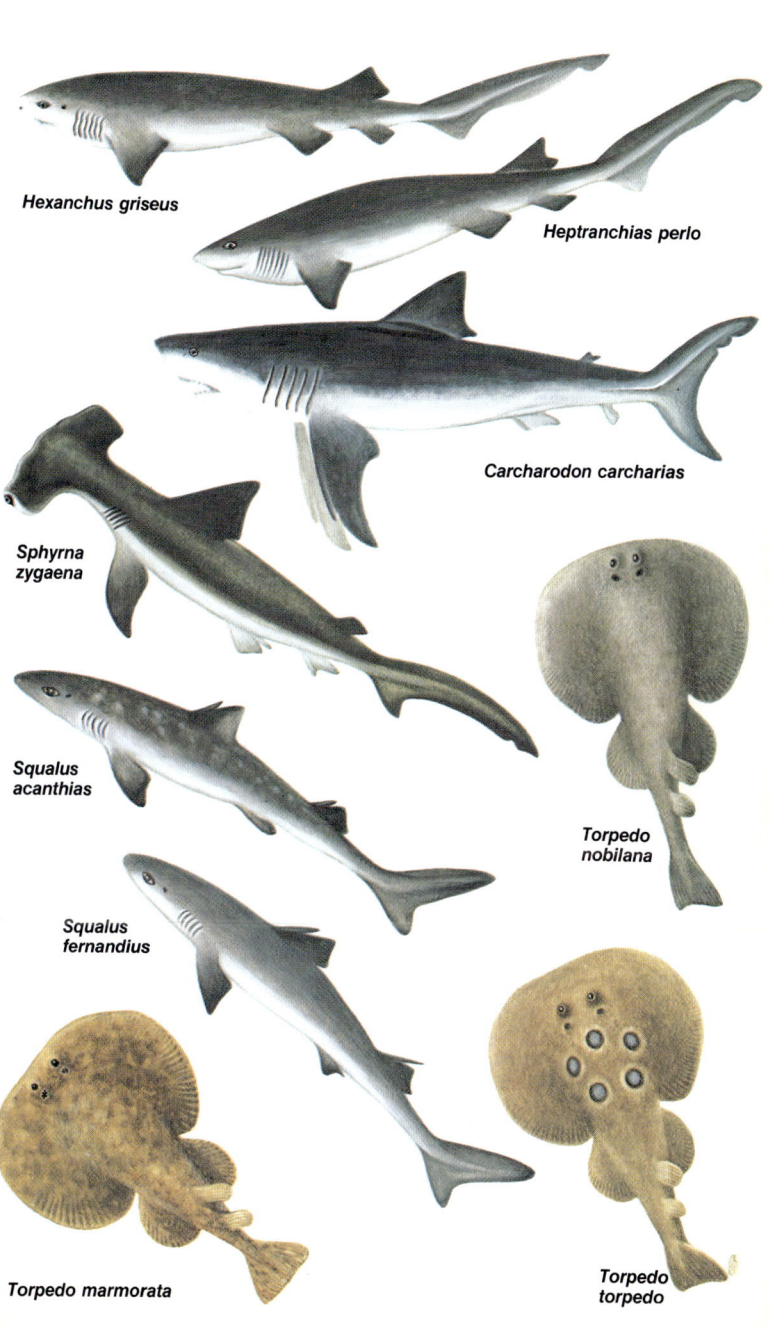

Hexanchus griseus

Heptranchias perlo

Carcharodon carcharias

Sphyrna zygaena

Squalus acanthias

Squalus fernandius

Torpedo nobilana

Torpedo marmorata

Torpedo torpedo

Raja clavata Nagelrochen
Bis 80 cm lang. Kopf mit deutlichen Spritzlöchern. Die großen, flügelartigen Brustflossen bilden die Körperkontur; die kleinen Beckenflossen sind stark genähert; Rückenflossen fehlen; Haut sehr rauh mit zahlreichen Dornen auf der Körperoberfläche und am Schwanz. Vorkommen: Auf verschiedenen Weichböden, vom seichten Wasser bis in 100 m Tiefe. Anmerkung: Das Männchen hat lange, walzenförmige Begattungsorgane, die die halbe Schwanzlänge erreichen.

Raja batis Glattrochen
Bis 2 m lang. Schnauze länger und spitzer als bei *R. clavata*. Die beiden flügelförmigen Vorderränder konkav, Jungtiere noch glatthäutig, mit zunehmendem Alter entwickeln sich Dornen, beim Männchen auf dem Rücken, beim Weibchen am Vorderrand, die Flossen wie bei *R. clavata*, jedoch mit Dornen zwischen der 1. und 2. Rückenflosse. Vorkommen: Auf Sand- und Schlammböden bis 600 m Tiefe.

Raja asterias Mittelmeer-Sternrochen (nicht abgebildet)
Bis 1 m lang. Schnauze rundlich, 5 Kiemenspalten und Mund ventral, Augen und Spritzlöcher dorsal. Körper abgeflacht, leicht rundlich, Ränder mit winzigen Dornen gesäumt, Schwanzoberseite mit 1–3 Dornenreihen. Flossen wie bei voriger Art. Farbe: Oberseite gelb-grün mit weißen und braunen Flecken.

Raja miraletus Vieräugiger Rochen (nicht abgebildet)
Bis 60 cm lang. Schnauze verhältnismäßig kurz. Farbe: Oberseite gelblich-grau mit schwarzen Tupfen und 2 auffälligen Augenflecken (blaues Zentrum mit schwarzem Ring und gelbem Saum). Vorkommen: Auf Weichböden.

Dasyatis pastinaca Gewöhnlicher Stechrochen
Bis 2,3 m lang. Kopf mit verhältnismäßig spitzer Schnauze; Augen kleiner als die unmittelbar dahinterliegenden Spritzlöcher. Die großen, etwas abgerundeten Brustflossen bilden die Körperkontur; Beckenflossen unmittelbar anschließend; Rückenflossen fehlen; langer, spitz zulaufender Schwanz erreicht etwa 1 1/2fache Körperlänge und trägt einen mit Widerhaken versehenen auffälligen Giftstachel, der schmerzhafte Verletzungen verursachen kann. Vorkommen: Lebt eingegraben am Boden oder schwimmt in mittlerer Wassertiefe oder an der Oberfläche, im seichten Wasser bis 100 m Tiefe.

Myliobatis aquila Adlerrochen
Bis 2 m lang. Kopf deutlich vom Körper abgesetzt; Augen und Spritzlöcher seitlich am Kopf. Körper etwa rautenförmig mit sehr großen Brust- und kleineren Becken- und Rückenflossen, letztere liegt unmittelbar vor dem Schwanzstachel; Schwanz erreicht doppelte Körperlänge. Vorkommen: Über sandigen Böden bis in 100 m Tiefe.

Chimaera monstrosa Seeratte
Bis 1,4 m lang, häufig kürzer. 2 Zahnplatten im Ober-, 1 Zahnplatte im Unterkiefer, ohne Spritzlöcher, große Augen, an jeder Seite 1 Kiemenöffnung, über der ein fleischiger Deckel liegt. Männchen mit merkwürdigem Stirnzapfen. Körper verjüngt sich nach hinten, vor der 1. Rückenflosse ein kräftiger Giftstachel, 2. Rückenflosse lang und nieder, Brustflossen groß, Bauchflossen klein, Analflosse von der langen Schwanzflosse getrennt. Männchen mit Begattungsorganen. Vorkommen: Lebt an oder nahe am Meeresboden in tiefen Schichten, bis 300 m tief.

Squatina squatina Meerengel
Bis 2 m lang. Kopf im Umriß plump mit 2 Nasenöffnungen und kleinen Barteln; die auffälligen Spritzlöcher liegen hinter den Augen. Körper abgeflacht, rochenähnlich; sehr große Brustflossen und wesentlich kleinere Beckenflossen; 2 Rückenflossen; Afterflosse fehlt; Oberlappen der Schwanzflosse ist kleiner als die untere. Vorkommen: Auf Sand- und Geröllböden; teilweise eingegraben; normalerweise vom seichten Wasser bis in etwa 100 m Tiefe.
Anmerkung: 2 andere *Squatina*-Arten kommen ebenfalls im Mittelmeer und im angrenzenden Atlantik vor, sind aber nicht abgebildet. Der Dornen-Meerengel *S. aculeata* unterscheidet sich von *S. squatina* durch eine Reihe auffälliger Hautdornen entlang der Rückenlinie; der Gefleckte Meerengel *S. oculata* zeigt große schwarze Flecken auf den Brustflossen und am Schwanzstiel.

Raja clavata ♀

Raja batis ♀

Dasyatis pastinaca ♀

Myliobatis aquila

Chimaera monstrosa ♀

Squatina squatina

Knochenfische (Osteichthyes)

Fische mit echten Kiefern und teilweise oder ganz verknöchertem Skelett.

Störartige (Chondrostei)

Altertümliche Fische mit weitgehend erhaltener Chorda, ohne Wirbelkörper und mit asymmetrischer (heterocerker) Schwanzflosse; knöcherne Flossenstrahlen. Schädelskelett knorpelig und mit Hautknochenplatten bedeckt; Kiemen in einheitlicher Kiemenhöhle, die von einem beweglichen Kiemendeckel überdeckt wird. Aus dem Mittelmeer sind 4 Arten bekannt.

Acipenser sturio Stör
Länge: Erwachsen etwa 1,5 m, gelegentlich aber bis zu 4 m und mehr. Kopf: Mit spitzer Schnauze, die auf ihrer Unterseite 4 Barteln und die weit vorstülpbare, ovale Mundöffnung trägt. Körper mit 5 Längsreihen großer Knochenplatten; oberer Lappen der Schwanzflosse größer als der untere. Vorkommen: Auf Sand- und Schlammböden, häufig im Brackwasser, wandern zum Ablaichen weit flußaufwärts.

Echte Knochenfische (Teleostei)

Höher entwickelte Fische mit stark reduzierter Chorda, mit Wirbeln und mit symmetrischer (homocerker) Schwanzflosse. Schädelskelett ganz verknöchert. Kiemen hinter dem Kiemendeckel verborgen. Eine Schwimmblase ist normalerweise vorhanden. Im Mittelmeer kommen über 460 Arten vor.

Anguilla anguilla Europäischer Flußaal
Bis 1,4 m lang. Oberkiefer kürzer als Unterkiefer; Kiemenöffnung spaltförmig und klein. Körper schlank, mit winzigen Schuppen. Rückenflosse beginnt weit hinter der Spitze der Brustflosse, Beckenflossen fehlen. Der Flußaal tritt in 2 Formen auf: Einer jüngeren, dem sog. Gelbaal, und einer älteren, silbrigen Form, dem sog. Blankaal, der hier abgebildet ist. Auch Zwischenformen kommen vor. Die Aale wandern von den Flüssen zu ihren Laichplätzen (Sargassosee) und zurück und machen dabei einen Gestaltwechsel durch.

Muraena helena Muräne
Bis 1,3 m lang. Kopf mit langen, kräftigen Kiefern; Kiemenöffnung von einem schwarzen Ring umgeben. Körper ohne Brust- und Beckenflossen; Rückenflosse beginnt unmittelbar vor der Kiemenöffnung. Vorkommen: In Felsspalten, Höhlen und Riffen.

Conger conger Meeraal
Bis 2 m lang. Kopf mit großer Mundöffnung; Oberkiefer unwesentlich länger als der Unterkiefer; Kiemenöffnung schlitzförmig. Körper kräftig und zylinderförmig. Rückenflosse beginnt unmittelbar hinter den Brustflossenspitzen; Beckenflossen fehlen, desgleichen auch Schuppen. Vorkommen: Zwischen Felsen, Geröll und Höhlen.

Sprattus sprattus Sprotte
Bis 15 cm lang. Kiemendeckel glatt. Rückenflosse unmittelbar hinter der Körpermitte; Beckenflossen unmittelbar vor dem Rückenflossenansatz; Schwanzflosse gegabelt; die scharfen gekielten Schuppen geben dem Bauchkontur ein gesägtes, gekieltes Aussehen; die großen Schuppen lösen sich leicht vom Körper. Vorkommen: Schwarmbildende Hochseeform, die im Winter in Küstennähe anzutreffen ist.

Sardina pilchardus Sardine (wenn klein) oder Pilchard (wenn groß)
Bis 26 cm lang. Kopf mit strahlenförmig gefurchtem Kiemendeckel. Rückenflossenansatz etwas vor der Körpermitte; Beckenflossenansatz etwa in der Mitte der Rückenflosse; die letzten Strahlen der Afterflosse verlängert; Schwanzflosse gegabelt; Bauchkante nicht scharf gekielt; Schuppen sehr groß; auf den Körperflanken wenige dunkle Flecken. Vorkommen: Im Sommer in Küstennähe, im Winter in tieferem Wasser.

Argentina sphyraena Argentine
Bis 27 cm lang, Kopf verhältnismäßig spitz mit kleinem Maul und großen Augen. Körper langgestreckt und schlank mit zarten Schuppen; kleine Fettflosse vorhanden. Vorkommen: Über Schlammböden, bis 200 m tief.

Acipenser sturio

Anguilla anguilla

Muraena helena

Conger conger

Sprattus sprattus

Sardina pilchardus

Argentina sphyraena

Alosa fallax Finte
Bis 60 cm lang. Kopf groß mit charakteristischer Kerbe in der Mitte des Oberkiefers, Kiemendeckel schwach radiär gerippt. Körper zusammengedrückt, heringsähnlich, an den Seiten 7 dunkle runde Flecken, Kielschuppen bilden einen scharfen Kiel auf der Unterseite. Vorkommen: Im seichten küstennahen Wasser und in Flüssen, wohin sie zum Laichen einwandert.

Micromesistius poutassou Blauer Wittling
Bis 45 cm lang. Unterkiefer etwas länger als Oberkiefer, keine Barteln. Körper schlank; 3 getrennte Rückenflossen, 1. Analflosse sehr lang (beginnt auf gleicher Höhe wie die 1. Rückenflosse). Vorkommen: Küstenfern in tiefen Gewässern, zwischen 100−300 m Tiefe.

Engraulis encrasicolus Sardelle
Bis 20 cm lang, häufig kleiner. Vorspringender Oberkiefer, Mundspalte tief und bis hinter das Auge reichend, Körper schlank, mit zarten Schuppen, die leicht ausfallen. Vorkommen: In großen Schwärmen im Oberflächenwasser, im Sommer in Küstennähe, bedeutender Wirtschaftsfisch des Mittelmeerraums.

Merlangius merlangus Wittling
Bis 50 cm lang, gelegentlich bis 70 cm. Oberkiefer länger als Unterkiefer, dieser nur bei Jungtieren 1 Bartel tragend. Körper schlank; 3 an ihrer Basis miteinander verbundene Rückenflossen, 2 Afterflossen, wobei die 1. direkt unter der Mitte der 1. Rückenflosse beginnt. Vorkommen: Über verschiedenen Weichböden, von 30−100 m Tiefe, Jungtiere häufig mit Quallen vergesellschaftet.

Apletodon microcephalus Kleinköpfiger Scheibenbauch
Bis 4 cm lang. Kopf groß, abgeplattet, dreieckig, Mund klein. Körper flach, Männchen mit dunkel gefleckter Rücken- und Analflosse und purpurrotem Kehlfleck. Rücken- (5- bis 6strahlig) und Afterflosse (5- bis 7strahlig) sind infolge der Saugscheibe am Vorderkörper weit nach hinten gerückt. Vorkommen: An der Küste zwischen Felsen bis 25 m tief.

Lepadogaster lepadogaster lepadogaster Küstenscheibenbauch
Bis 7 cm lang. Kopf mit langer, abgeflachter Schnauze und langen Kiefern; Oberkiefer größer als Unterkiefer, der bei geschlossenem Mund bedeckt wird; Tentakel über den Nasenöffnungen. Körper unterseits flach, Rückenpartie gewölbt; Afterflosse kürzer als Rückenflosse, wie diese aber mit der Schwanzflosse verbunden; Brustflossen abgerundet; Beckenflossen zu Saugscheibe umgewandelt. Vorkommen: Im pflanzenbestandenen Felslitoral, besonders in Blockfeldern unter Steinen angesaugt. Anmerkung: Dieser Fisch wird hier als Unterart betrachtet, die sich von der atlantischen Form *Lepadogaster purpurea* (nicht abgebildet) unterscheidet.

Im Mittelmeer kommen 2 weitere Saugfische oder Scheibenbäuche vor: *Gouania wildenowii* und *Opeatogenys gracilis* (beide nicht abgebildet). *G. wildenowii* wird 6 cm groß, Rücken-, Schwanz- und Afterflossen sind verschmolzen und bilden einen Flossensaum um den Hinterkörper des grau-gelben bis braun-grünen Tieres. *O. gracilis* wird 3 cm lang, Rückenflosse mit 3 Strahlen, Afterflosse mit 4 Strahlen, Körper schlanker, oben rötlich, mit Stachel auf dem Kiemendeckel.

Diplecogaster bimaculatus (= **Lepadogaster bimaculatus**) Saugfisch
Bis 6 cm lang. Kopf groß, mehr als $1/4$ der Gesamtlänge einnehmend. Männchen mit 2 purpurroten, gelb gesäumten Flecken im Nacken. Saugscheibe hinter dem Ansatz der Brustflossen an der Unterseite, Rücken- (5- bis 7strahlig) und Afterflosse (4- bis 6strahlig) weit nach hinten verlagert, aber nicht an die Schwanzflosse heranreichend. Vorkommen: An der Küste, zwischen Felsen, bis 55 m Tiefe.

Alosa fallax

Micromesistius poutassou

Engraulis encrasicolus

Merlangius merlangus

Apletodon microcephalus

Lepadogaster lepadogaster lepadogaster

Diplecogaster bimaculatus

Phycis blennoides Gabeldorsch
Bis 75 cm lang, meist kürzer. Augen und Nasenöffnungen relativ klein, Bartel am Unterkiefer. Körper hochrückig, mit leicht abgehenden Schuppen, Seitenlinie im Vorderkörper nach oben gebogen; 1. Rückenflosse kurz, dreieckig, mit verlängertem 3. Flossenstrahl, 2. Rückenflosse niedriger und sehr lang, Brustflossen in Körpermitte ansetzend, lange, gabelförmige Bauchflossen aus nur je 3 Flossenstrahlen. Vorkommen: Jungfische in Küstennähe, erwachsene schwarmweise im tiefen Wasser bis 350 m Tiefe.

Trisopterus minutus capelanus Zwergdorsch
Bis 20 cm lang. Oberkiefer länger als Unterkiefer, letzterer mit großer Bartel. Körper langgestreckt, 3 beieinander liegende Rückenflossen, Brustflossen mit schwarzem Fleck an der Basis. Vorkommen: In Küstengewässern von 25–100 m Tiefe. Anmerkung: Es handelt sich hier um die mittelmeerische Unterart von *T. minutus,* der im Nordatlantik verbreitet ist.

Trisopterus luscus Franzosendorsch
Bis 30 cm lang. Oberkiefer etwas länger als Unterkiefer; auffälliger Bartel am Unterkiefer. Körper hochrückig; 3 Rückenflossen; Beckenflossen vor den Brustflossen, die an der Basis einen schwarzen Fleck aufweisen; Afteröffnung direkt unter der Mitte der ersten Rückenflosse; 2 Afterflossen; die Rücken- und Afterflossen folgen jeweils dicht aufeinander. Vorkommen: Auf felsigen und sandigen Böden, vom Flachwasser bis in etwa 300 m Tiefe.

Pollachius pollachius Steinköhler
Bis 1,2 m lang. Oberkiefer kürzer als der bartellose Unterkiefer. 3 Rückenflossen und 2 Afterflossen, die jeweils durch deutliche Zwischenräume getrennt sind; Seitenlinie über der Brustflosse nach oben ausgebuchtet und erst unter dem Beginn der 2. Rückenflosse wieder gerade verlaufend; 1. Afterflosse beginnt unter dem Ansatz der 1. Rückenflosse und endet kurz vor dem Ende der 2. Rückenflosse. Vorkommen: Zwischen Molen und Felsen in Küstennähe, vom Seichtwasser bis in 200 m Tiefe.

Gaidropsarus mediterraneus (= **Motella mediterraneus** = **Onos mediterraneus**)
Mittelmeerquappe
Bis 25 cm lang. Kopf mit 3 Barteln, wobei je einer über jedem Nasenloch, der dritte am Unterkiefer sitzt; Oberkiefer reicht nicht bis zum Augenhinterrand. 1. Rückenflosse mit deutlichem erstem Flossenstrahl, die übrigen Strahlen stark reduziert; 2. Rückenflosse lang; einzige Afterflosse ebenfalls lang. Vorkommen: Zwischen Felsen, häufig auch in Gezeitentümpeln und in Seegraswiesen bis in 30 m Tiefe.

Gaidropsarus vulgaris
Bis 53 cm lang. 1 Bartel am Unterkiefer und 2 oberhalb des Mundes, dessen Spalt weit nach hinten reicht. Körper lang, Flossenverhältnisse wie bei *G. mediterraneus,* Brustflossen jedoch mit 20–22 Strahlen. Vorkommen: Küstenfern über Felsen oder Geröll, bis 50 m tief.

Molva macrophthalma (= **M. elongata**) Mittelmeer-Leng (nicht abgebildet)
Bis 90 cm lang. Unterkiefer mit Bartel, etwas länger als Oberkiefer. Körper lang und schlank; Flossen kurz, 1. Rückenflosse mit 10–12 Strahlen, kaum von der langen 2. Rückenflosse abgesetzt, abgerundete Schwanzflosse, Bauchflossen vor den Brustflossen. Farbe: Rücken und Flanken grünlich-braun, Bauchregion gelb bis silber. Vorkommen: In tiefem Wasser von 200–1000 m über Schlammböden. Häufig auf Fischmärkten zu sehen.

Merluccius merluccius Seehecht
Bis 1,8 m lang. Kopf lang mit kräftigen Kiefern und großen Zähnen, unterer Kiefer länger als oberer. Körper langgestreckt, Seitenlinie gerade, nicht über den Brustflossen abbiegend; 2 Rückenflossen, die 1. davon fast dreieckig, die 2. lang und der Afterflosse gegenüberliegend; die beiden letzteren schwanzwärts mit schwacher Einbuchtung. Vorkommen: im tiefen Wasser von 150–550 m Tiefe.

Phycis blennoides

Trisopterus minutus capelanus

Trisopterus luscus

Pollachius pollachius

Gaidropsarus mediterraneus

Gaidropsarus vulgaris

Merluccius merluccius

Cheilopogon heterurus (= **Cypselurus heterurus**) Atlantischer Kinnbartel-Flugfisch
Bis 40 cm lang. Kopf heringsartig, Unterkiefer zum Teil länger als Oberkiefer. Körper heringsartig, Rückenflosse weit hinten ansetzend, mit 13–14 Stachelstrahlen, auf der Höhe des 4. beginnt die Analflosse mit 8–10 Stachelstrahlen; die untere Hälfte der Schwanzflosse ist gegenüber der oberen verlängert, Brustflossen groß und zugespitzt, Bauchflossen nach hinten verlagert und ebenfalls verbreitert und groß. Vorkommen: Als Planktonfresser, im Oberflächenwasser, wo er seine Fähigkeit, im Flug über das Wasser zu gleiten, nützt, um seinen Feinden zu entkommen.
Ähnlich: *Exocoetus volitans* und *Exonautes rondeleti* (beide nicht abgebildet), beide bis 30 cm lang mit kurzen Köpfen und großen Augen. *Exocoetus volitans* ist oben grau bis blau, unten silbrig bis grau gefärbt. Brustflossen grau mit weißem Saum, Bauchflossen viel kleiner als bei *Cheilopogon heterurus,* hinter den Brustflossen ansetzend, bläulichweiß gefärbt. *Exonautes rondeleti* ist oberseits bläulich-braun, unten silbrig mit farbigen Brustflossen, die Bauchflossen gleichen eher denen von *Cheilopogon heterurus.*

Belone belone Hornhecht
Bis 80 cm lang. Kopf mit feinen, spitz zulaufenden Kiefern, Oberkiefer kürzer als Unterkiefer. Körper langgestreckt und schlank; Rückenflosse weit hinten in der Nähe der gegabelten Schwanzflosse gelegen; Brust- und Beckenflosse vorhanden; Afterflosse unter der Rückenflosse; hinter diesen beiden Flossen keine Flössel. Vorkommen: In Schwärmen im offenen Oberflächenwasser, während der Sommermonate in Küstennähe.

Scomberesox saurus Makrelenhecht
Bis 45 cm lang. Gleicht sehr *Belone belone,* jedoch mit kleineren Zähnen und mehreren Flösseln hinter der Rücken- und der Afterflosse.

Sphyraena sphyraena Pfeilhecht oder Barrakuda
Bis 1 m lang. Kopf mit kräftigen Kiefern, oberer kürzer als unterer; viele scharfe Zähne. Körper schlank und kräftig mit 2 deutlich voneinander getrennten Rückenflossen; Afterflosse unter der 2. Rückenflosse; erwachsene Tiere mit dunklen Querstreifen. Vorkommen: Im offenen Wasser, häufig über Sandböden; gewöhnlich in Trupps.

Atherina presbyter Sand-Ährenfisch
Bis 15 cm lang. Kopf mit großer Mundöffnung. Körper schlank; 2 deutlich getrennte Rückenflossen; Schwanzflosse gegabelt; Ansatz der Afterflosse etwas vor der 2. Rückenflosse; charakteristische Silberstreifen entlang der Körperseiten. Vorkommen: Schwarmfisch küstennaher Gewässer, auch in Flußmündungen und im Brackwasser.

Atherina boyeri Großschuppiger Ährenfisch (nicht abgebildet)
Unterscheidet sich von *A. presbyter* durch einen größeren Kopf und einen höheren, kürzeren Körper mit wesentlich größeren Schuppen, die Analflosse hat 2 Stacheln und 11–13 verzweigte Flossenstrahlen.

Zeus faber Heringskönig oder Petersfisch
Bis 50 cm lang, häufig kürzer. Kopf ausgedehnt mit vorstreckbarem Mund. Körper hochrückig, seitlich zusammengedrückt (wie auch der Kopf), mit auffälligem schwarzem Fleck auf jeder Körperseite. Rückenflosse und Vorderteil der Afterflosse mit charakteristischen starken Flossenstachel. Vorkommen: In küstennahen, seichten Gewässern, gewöhnlich bis 50 m Tiefe, manchmal tiefer.

Capros aper Eberfisch oder Ziegenfisch
Bis 16 cm lang. Kopf relativ großäugig und spitzschnauzig, Unterkiefer größer als Oberkiefer, Mund vorstreckbar. Körper seitlich zusammengedrückt. 1. Rückenflosse mit langen Flossenstachel, 2. Rückenflosse dem stachellosen Teil der Afterflosse gegenüberliegend, Bauchflosse vorne mit 1 Flossenstachel. Vorkommen: Gewöhnlich im tiefen Wasser zwischen Korallenstöcken und Felsen, doch gelegentlich unter 100 m tief über Sandböden.

Cheilopogon heterurus

Belone belone

Scomberesox saurus

Sphyraena sphyraena

Atherina presbyter

Zeus faber

Capros aper

Macroramphosus scolopax Schnepfenfisch
Bis 15 cm lang. Charakteristisch röhrenförmig ausgezogene Schnauze mit endständigem Mund; Augen auffällig. Körper seitlich abgeflacht, verhältnismäßig hochrückig; am Vorderrand der 1. Rückenflosse befindet sich ein vorne gesägter Stachel, der in angelegtem Zustand über die Schwanzflosse hinausreicht. Vorkommen: Unter 25 m Tiefe, gewöhnlich tiefer, über Sand- und Schlammböden.

Syngnathus acus Große Seenadel
Bis 50 cm lang. Kopf mit spitz zulaufender Schnauze, die mehr als die Hälfte der Kopflänge ausmacht; kleiner Buckel über der Kiemenöffnung. Körper sehr lang und schlank; Brustflossen vorhanden; zwischen Brustflossenansatz und Rückenflossenansatz liegen etwa 18 Körperringe; Schwanzflosse klein. Vorkommen: In Algenbeständen und vor allem Seegraswiesen. Beim Männchen ist im Sommer eine Bruttasche ausgebildet.

Syngnathus typhle Grasnadel
Bis 30 cm lang. Kopf mit seitlich abgeflachter Schnauze. Körper lang, röhrenförmig, mit 16–18 Körperringen zwischen Kopf und der reduzierten Afterflosse. Flossen wie bei *S. acus*, Rückenflosse mit 28–41 Strahlen. Vorkommen: Im seichten Wasser, häufig über Sandböden zwischen Algen oder Seegras.

Nerophis ophidion Kleine Schlangennadel
Bis 30 cm lang. Kopf relativ klein mit winzigem Mund. Nur Rückenflosse mit 33–34 Strahlen vorhanden; 28–32 Körperringe zwischen Kopf und After. Vorkommen: Im seichten Wasser, hauptsächlich zwischen Seegras und Algen.

Hippocampus hippocampus Kurzschnauziges Seepferdchen
Bis 16 cm lang. Kopf relativ kurz mit winzigem Mund. Charakteristisches „pferdeähnliches" Aussehen, ohne „Mähne" im Nacken. Brustflossen mit 13–15 Strahlen, Rückenflosse 16–18strahlig; winzige Analflosse an der dicksten Stelle des Bauches; ohne Schwanz- und Bauchflossen. Vorkommen: Im seichten Wasser zwischen Algen.

Hippocampus ramulosus Langschnauziges Seepferdchen
Bis 15 cm lang. Schnauze länger als 1/3 der Kopflänge. „Mähne" oder Kamm von läppchenartigen Anhängen vom Augenhinterrand bis zur Rückenflosse; Brustflosse 15- bis 18strahlig, Rückenflosse 18- bis 21strahlig, letztere gegenüber der kleinen Analflosse, die weiter schwanzwärts ansetzt. Vorkommen: Im seichten Wasser zwischen Seegras und Algen, nicht häufig.

Scorpaena scrofa Großer Drachenkopf oder Meersau
Bis 51 cm lang. Kopf schuppenlos, verhältnismäßig groß und stachelig, Mund groß, keine auffälligen Anhänge oberhalb der mäßig großen Augen, kleinere Anhänge überall. Körper gedrungen, Rückenflosse im vorderen Abschnitt mit 11–12 kräftigen Stachelstrahlen, im hinteren Teil 9–10 weichen Strahlen; Brustflossen über den Bauchflossen. Vorkommen: Über Stein- und Schlammböden von 20–100 m Tiefe.
Anmerkung: Kiemendeckel und Rückenflosse mit Giftstacheln.

Scorpaena porcus Kleiner Drachenkopf (nicht abgebildet)
Bis 30 cm lang. Gleicht *S. scrofa*, Kopf jedoch mit zahlreichen Anhängen, darunter ein besonders auffälliger über den Augen; Schnauze relativ kurz; vordere Rückenflosse mit 12 kräftigen Stachelstrahlen, hinterer Teil mit 10–12 weicheren Strahlen. Farbe: Rötlich-braun oder braungefleckt. Anmerkung: Giftstacheln auf Kiemendeckeln und Rückenflosse.

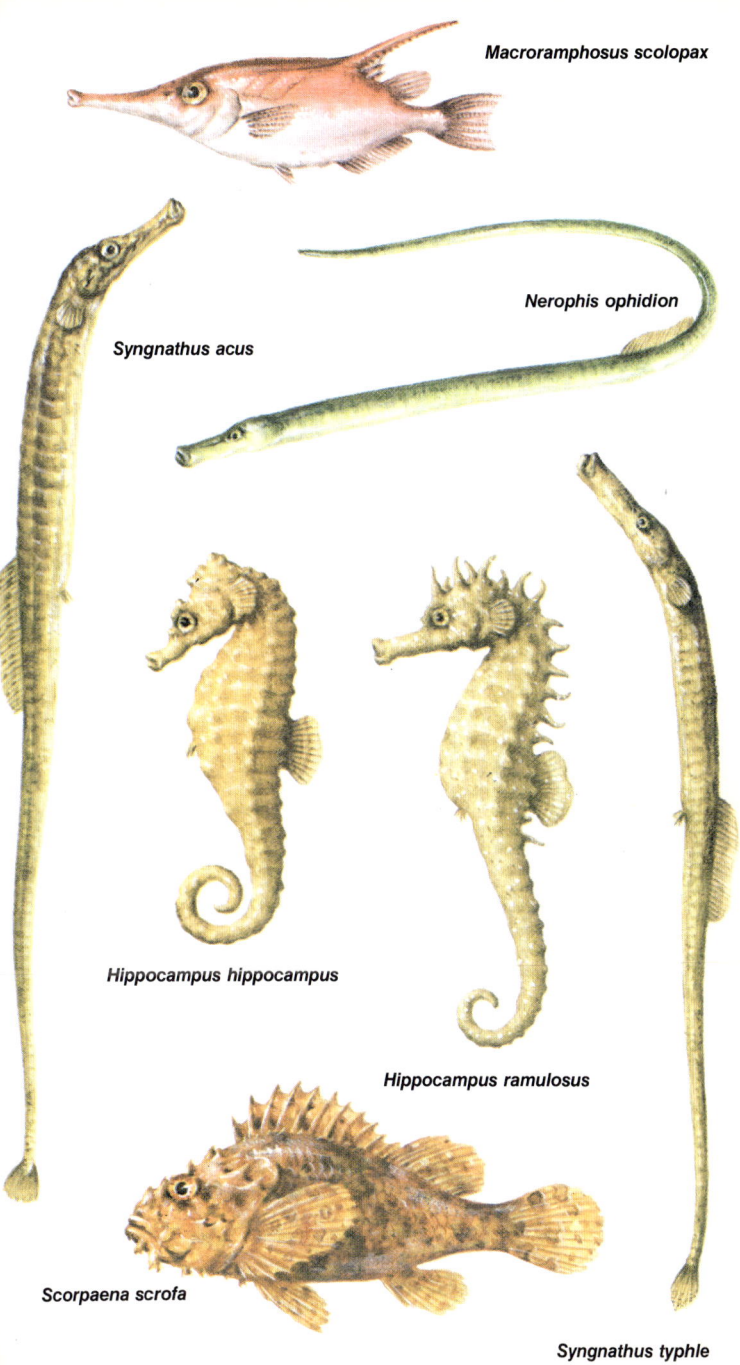

Macroramphosus scolopax

Nerophis ophidion

Syngnathus acus

Hippocampus hippocampus

Hippocampus ramulosus

Scorpaena scrofa

Syngnathus typhle

Trigla lyra Pfeifenfisch oder Leierhahn
Bis 40 cm lang, selten länger. Kopf groß mit auffälligen Augen, spitzer Schnauze, ge-
kerbten Knochenplatten und zahlreichen Dornen. Körper verjüngt sich schwanzwärts,
mit auffälligem, nach hinten gerichtetem Stachel über den Brustflossen. 1. Rückenflosse
mit 9–10 Stachelstrahlen; 2. Rückenflosse mit 16 weichen Strahlen; die vordersten 3
Strahlen der Brustflosse sind frei von Flossenhaut und ermöglichen ein regelrechtes
Gehen auf dem Meeresboden; der Teil dieser Flosse ist von charakteristischer flügelarti-
ger Form und liegt über den Beckenflossen. Vorkommen: In tiefem Wasser, von 50 m
abwärts.

Eutrigla gurnardus Grauer Knurrhahn
Bis 40 cm lang und länger. Scharf gespitzte Schnauze; 3 oder 4 Stacheln über der
Mundöffnung. Körper verjüngt sich gegen das Hinterende zu; 1. Rückenflosse mit Sta-
chelstrahlen, von der zweiten deutlich getrennt; Afterflosse beginnt etwas hinter dem
Ansatz der 2. Rückenflosse und ist kürzer als diese; die 3 unteren Strahlen der Brust-
flosse sind frei, der obere Teil ist normal gestaltet und reicht nicht bis zur Analflosse.
Vorkommen: Küstenfern in 20–50 m Tiefe.

Aspitrigla cuculus Seekuckuck
Bis 30 cm lang. Kopf mit spitzer Schnauze, die vor den Augen konkav eingezogen ist, mit
3 kleinen Stacheln beiderseits des Mundes. Körper verjüngt sich gegen das Hinterende;
1. Rückenflosse vorne mit verlängerten Stachelstrahlen, segelähnlich; Afterflosse auf
gleicher Höhe und von gleicher Länge wie die 2. Rückenflosse; Brustflosse geteilt, mit 3
nach unten gerichteten Sinnesstrahlen, der abgerundete Teil reicht bei dieser Art bis zur
Afterflosse; über dem Brustflossenansatz mehrere kleine Stacheln; Bauchflossen unter
den Brustflossen; Rückenflossenbasis jederseits mit einer Stachelreihe; Seitenlinie von
vertikal angeordneten, glatten Schuppen bedeckt. Vorkommen: Auf Sandböden, vom
Flachwasser bis 250 m Tiefe, gelangt häufig in Trawlnetze.

Dactylopterus volitans Flughahn (nicht abgebildet)
Bis 50 cm lang. Typische Knurrhahngestalt, jedoch mit großem, flügelartigem oberen
Brustflossenabschnitt, der bläulich-schwarz schimmert und blaue Streifen und Tupfen
trägt, ansonsten ist der Fisch gräulichbraun, unten heller mit rosa Anflug. Vorkommen:
Über verschiedenen Weichböden, ab 15 m Tiefe.

Serranus cabrilla Kleiner Sägebarsch
Bis 25 cm lang. Hinterrand des Vorderkiemendeckels gezähnt; Hauptkiemendeckel mit
2 Stacheln nahe der Körpermittellinie. Körper gestreckt; Rückenflosse mit Stachelstrahlen im vorderen Teil; etwa 8 auffällige, senkrechte braune Querbänder sowie 2 blaugrüne
horizontale Längsstreifen und gelb-orange Flecken. Vorkommen: Zwischen Felsen und
Nischen, vom seichten Wasser bis in etwa 400 m Tiefe.

Serranus scriba Schriftbarsch
Ähnlich *S. cabrilla*, aber weniger gestreckt. Bis 20 cm lang. Körper mit 4–7 auffälligen
braunen Querbändern; über der Afterflosse deutlichen hell-blauer Fleck; rote und blaue
schriftzeichenähnliche Linien am Kopf, vor allem am Kiemendeckel. Vorkommen: Im
bewachsenen Felslitoral, auch über Sand und in Seegraswiesen, vom Flachwasser bis
30 m Tiefe.

Serranus hepatus Brauner Sägebarsch (Beutelbarsch)
Bis 13 cm lang. Körper kürzer und hochrückiger als bei den beiden vorhergehenden Arten; 4 auffällige braune Querbänder; 1 dunkler Fleck etwa in der Mitte der Rückenflosse
hinter dem letzten Stachelstrahl. Vorkommen: Auf Fels- und Sandböden sowie zwischen
Seegräsern, vom Flachwasser bis in 100 m Tiefe.

Anthias anthias Roter Fahnenbarsch
Bis 20 cm lang. Kopf mit tiefliegendem Mund; Hinterrand des Vorderkiemendeckels gezähnt; Hauptkiemendeckel mit 3 Stacheln. Körper oval, seitlich stark abgeflacht; Rükkenflosse zweigeteilt, vorderer Abschnitt mit auffälligen Stachelstrahlen, von denen der
dritte besonders groß ist; tief eingeschnittene Schwanzflosse. Vorkommen: An der Felsküste, besonders vor Höhleneingängen.

Trigla lyra

Eutrigla gurnardus

Aspitrigla cuculus

Serranus cabrilla

Serranus scriba

Serranus hepatus

Anthias anthias

Polyprion americanus Wrackbarsch
Bis 2 m lang. Kopf groß; Oberkiefer kürzer als Unterkiefer; die Form des Vorderkopfes zwischen den Augen ist für die Bestimmung wichtig; unmittelbar über den Augen seichte Eindellung; zwischen den Augen und auf der Stirn kleine Auswüchse; Hinterrand des Vorderkiemendeckels gezähnt; Hauptkiemendeckel mit auffälligem horizontalem, etwa in Augenhöhe verlaufendem Grat. Rückenflosse zweigeteilt, vorderer Abschnitt mit kräftigen Stachelstrahlen. Vorkommen: Vorwiegend unter Treibgut, Wracks, Tangen etc. vom Küstenflachwasser bis in 100 m Tiefe.

Dicentrarchus labrax Wolfsbarsch oder Seebarsch
Bis 80 cm lang. Hinterrand des Vorderkiemendeckels gezähnt; Hauptkiemendeckel mit dunklen Flecken und 2 Stacheln. Körper langgestreckt, spindelförmig; 2 jeweils gleich lange, voneinander getrennte Rückenflossen, die erste mit beachtlichen Stachelstrahlen. Vorkommen: Über bewachsenen Sand- und Felsböden, vom seichteren Wasser bis in etwa 100 m Tiefe; zeitweise auch in Flußmündungen, gelegentlich in Schwärmen.

Epinephelus guaza (= ***Serranus gigas***) Großer Sägebarsch oder Brauner Zackenbarsch
Bis 1,4 m lang. Oberkiefer nur unwesentlich kürzer als Unterkiefer. Hinterrand des Vorderkiemendeckels gezähnt; Hauptkiemendeckel mit 3 kurzen Stacheln, die ungefähr über dem Ansatz der Brustflosse liegen. Körper hochrückig; Flossen dunkler als der großgefleckte Körper, mit helleren Rändern; Rückenflosse orange gesäumt. Vorkommen: Zwischen Felsen und Höhlen vom Flachwasser bis etwa 100 m Tiefe.

Trachurus trachurus (= ***Caranx trachurus***) Bastardmakrele
Bis 35 cm lang. Kopf groß, Schnauze spitz mit auffälligem Mund. Körper lang, schlank; 2 Rückenflossen (erste höher als zweite); tief gespaltene Schwanzflosse; 2 kräftige Stacheln vor der Afterflosse; Brustflossen flügelähnlich, reichen in angelegtem Zustand bis zu den beiden Stacheln zurück; Seitenlinie über der Brustflosse nach oben gebogen, streckt sich erst unter der 2. Rückenflosse; große, spitz zulaufende Schuppen entlang der Seitenlinie; Schwanzstiel seitlich gekielt. Vorkommen: In großen Schwärmen im offenen Wasser, von der Oberfläche bis 200 m Tiefe und mehr; seltener in Küstennähe über Sand; Jungfische des öfteren in kleinen Rudeln unter dem Schirm von großen Quallen.

Campogramma glaycos (= ***C. vadigo*** = ***Lichia vadigo***) Vadigo
Bis 65 cm lang. Große Kiefer, die bis hinter das Auge reichen; Zähne groß. Körper stromlinienförmig, Seitenlinie schwach gebogen. 1. Rückenflosse aus 6 freien Flossenstrahlen, 2. Rückenflosse mit vielen weichen Strahlen, tief gegabelte Schwanzflosse, Afterflosse fast so lang wie Rückenflosse. Vorkommen: Im küstenfernen Oberflächenwasser.

Naucrates ductor Pilotfisch oder Lotsenfisch
Bis 30 cm lang. Kopf abgerundet. Körper langgestreckt zylindrisch; 1. Rückenflosse bis auf wenige, isoliert stehende Stacheln vor der 2., langen Rückenflosse reduziert; Schwanzflosse gegabelt; vor der Afterflosse 2 freie Stacheln; Kiele am Schwanzstiel über der Seitenlinie; dunkle Querbinden am ganzen Körper, die sich auch auf die Rücken-, After- und Schwanzflosse erstrecken; Schwanzflosse weiß gerändert. Vorkommen: Freiwasserfisch, der häufig große Fische wie Haie, aber auch Schildkröten, Treibgut etc. begleitet, Jungfische bisweilen in kleinen Rudeln unter dem Schirm von Quallen.

Seriola dumerili Seriolafisch
Bis 1 m lang. Kopf groß, kräftige Kiefer, die bis in Augenhöhe reichen. Ungekielter Schwanz, 1. Rückenflosse mit 5–7 Stachelstrahlen, die 2. mit 36–38 weicheren Strahlen, 2 Stacheln vor der Analflosse, Schwanzflosse tief gegabelt. Vorkommen: Oberflächenbewohner, der auch in starken Strömungen lebt, Jungfische sind oft mit Quallen vergesellschaftet.

Polyprion americanus

Dicentrarchus labrax

Epinephelus guaza

Trachurus trachurus

Campogramma glaycos

Naucrates ductor

Seriola dumerili

Trachinotus ovatus (= *T. glaucus* = *Lichia glaucus*) Bläuel
Bis 30 cm lang. Kopf relativ klein, Kiefer enden unmittelbar vor dem Auge. Körper schlank, seitlich zusammengedrückt, mit 4–6 dunklen Flecken an den Flanken, ungekielter Schwanz. 1. Rückenflosse zu 5–6 Stacheln reduziert; 2. Rückenflosse mit 1 Stachelstrahl und 24–25 weicheren Strahlen, Schwanzflosse tief gegabelt, 2 Stacheln vor der Analflosse, kleine runde Bauchflossen. Vorkommen: Oberflächenfisch des offenen Wassers, gelegentlich in Schwärmen.

Brama brama Rays Brasse
Bis 65 cm lang. Kopf rundlich mit großem Mund, Kiefer reichen bis zum Ende des Auges, Körper hochrückig, verjüngt sich rasch zum Schwanz, Rückenflosse mit 3–5 Stachelstrahlen und anschließend 30–32 Flossenstrahlen (vordere länger als hintere); lange Analflosse, die vorne kräftigere Strahlen hat. Vorkommen: Im offenen Meer, bis 100 m tief, von wirtschaftlicher Bedeutung.

Anmerkung zu den Meerbrassen: Diese Fische gehören einer Familie (Sparidae) an, die über alle Meere verbreitet ist. Ihre Lebensweise ist recht unterschiedlich, was beispielsweise in der Ausbildung der Zähne zum Ausdruck kommt, die an unterschiedliche Ernährungsweisen angepaßt sind. Im Gegensatz dazu ist die Gestalt im allgemeinen recht einheitlich, nämlich hochrückig und seitlich zusammengedrückt. Viele Meerbrassen sind fischereiwirtschaftlich bedeutsam. Vom Mittelmeer sind 24 Arten bekannt.

Spondyliosoma cantharus (= *Cantharus lineatus*) Streifenbrasse
Bis 51 cm lang, häufig kleiner. Kopf mit kleinen Kiefern, die nicht bis zum Auge reichen; mit kleinen, scharfen Zähnen, Körper breit, Rückenflosse mit 11 Stachelstrahlen und 12–13 Flossenstrahlen (vordere länger als hintere). Vorkommen: Im Seichtwasser in Küstennähe zwischen Felsen und Wracks.
Anmerkung: Diese Art ist zwittrig, der weiblichen Phase folgt die männliche.

Pagellus erythrinus Rotbrasse (nicht abgebildet)
Bis 30 cm lang. Zugespitzte Schnauze, Kiefer erreichen das Auge nicht, scharf und spitz, Mahlzähne abgerundet. Körper verjüngt sich schwanzwärts rasch; Rückenflosse mit 12 Stachelstrahlen, gefolgt von 10 Flossenstrahlen. Farbe: Rücken orange-rot, Flanken rötlich, Seitenlinie bläulich, über dem Auge ein blauer Fleck, Rückenflosse basal bläulich, Oberrand des Kiemendeckels rötlich, Mund innen schwarz. Vorkommen: Über Sand- und Schlammböden, bis 100 m tief, zwittrig, der weiblichen Phase folgt die männliche.

Pagellus bogaraveo (= *P. centrodontus*) Graubarsch
Bis 35 cm lang. Kopf mit steilem Profil, Mund an der Unterseite gelegen; Vorderzähne klein und scharf; Hinterzähne ebenfalls klein, aber stumpf; obere Körperkontur stärker gekrümmt als die untere; die meisten erwachsenen Tiere tragen am Vorderende der Seitenlinie unmittelbar hinter dem Kiemendeckel einen auffälligen schwarzen Fleck. Vorkommen: Zwischen Felsen und Algenbeständen, zumeist in Schwärmen, vom Küstenflachwasser bis in 200 m Tiefe.

Pagellus acarne Spanische Meerbrasse
Bis 35 mm lang, oft weniger. Kopf verhältnismäßig klein, Mund jedoch groß und bis zum Auge reichend; vordere Kieferzähne gebogen, scharf, aber klein. Körper schlank, nicht besonders hoch, mit dunklem Fleck an der Basis der Brustflosse. Rückenflosse mit 12 Stachelstrahlen, darauf folgen 11–12 Flossenstrahlen, Afterflosse mit 3 Stachel- und 10 Flossenstrahlen. Vorkommen: In Bodennähe von 20–100 m Tiefe. Zwittrig, der männlichen Phase folgt die weibliche.

Sparus auratus Goldbrasse
Bis 70 cm lang. Kopf mit steilem Profil; Oberkiefer leicht vorragend; große Lippen; vordere Kieferzähne kräftig, kegelförmig, dienen als Fangzähne; hintere Zähne als Mahlzähne ausgebildet; Kiemendeckel ungezähnt und ohne Stacheln; zwischen den Augen ein charakteristisches Goldband. Körper hochrückig; im Winkel zwischen Beginn der Seitenlinie und Oberrand des Kiemendeckels ein dunkler Fleck. Vorkommen: In bewachsenem Felslitoral, über Seegraswiesen und Sandflächen, zeitweise im Brackwasser, in Flußmündungen und Lagunen.

Trachinotus ovatus

Brama brama

Spondyliosoma cantharus

Pagellus bogaraveo

Pagellus acarne

Sparus auratus

Boops boops (= **Box boops**) Gelbstrieme
Bis 20 cm lang. Mundöffnung klein; Zähne gekerbt, wobei die oberen Zähne jeweils 4 Spitzen, die unteren 5 Spitzen aufweisen; Hinterrand des Vorderkiemendeckels nicht gezähnt; Hauptkiemendeckel ohne Stacheln. Körper langgestreckt, Rückenflosse mit 14–16 Stachelstrahlen, auf die 14–15 Flossenstrahlen folgen. Vorkommen: Im Flachwasser bis 150 m Tiefe, häufig zwischen Algen und Seegrasbeständen. Wirtschaftlich bedeutsam.

Sarpa salpa (= **Boops salpa**) Goldstrieme
Länge: Erwachsen bis 30 cm. Kopf: Zähne im Oberkiefer gekerbt, im Unterkiefer dreieckig und mit gesägten Rändern; Kiemendeckel nicht gezähnt und ohne Stacheln. Körper oval, hochrückig; Rückenflosse mit 11–12 kräftigen Stachelstrahlen, auf die 14–15 Weichstrahlen folgen. Vorkommen: Zumeist in Schwärmen, zwischen Seegras und Algen.

Oblada melanura Brandbrasse
Bis 30 cm lang. Unterkiefer etwas länger als der obere; Kiefer reichen bis zum Anfang des großen Auges nach hinten; Lippen dünn. Körper im Vergleich zur Länge relativ hoch, ohne Längsstreifen, auffälliger schwarzer Fleck auf dem Schwanzstiel, der vorn und hinten von weißen Bändern begrenzt wird. Rückenflosse mit 11 Stachelstrahlen und 14 Flossenstrahlen; Afterflosse mit 3 Stachel- und 13–14 Flossenstrahlen. Vorkommen: Im Seichtwasser über Sandböden und Seegraswiesen.

Diplodus annularis Ringelbrasse
Bis 20 cm lang. Kopf größer und Profil weniger gerade als bei *O. melanura;* Mund reicht nicht bis zum Auge, dicklippig. Körper hoch, mit schwarzem Ring am Schwanzstiel, Farbe: Variabel, undeutliche dunkle Querstreifen, die sich wenig vom grauen, silbrigen oder violetten Untergrund abheben, Flossen ohne schwarze Pigmentierung. Vorkommen: Im Seichtwasser und zwischen Felsen.

Diplodus sargus Bindenbrasse, Großer Geißbrasse
Bis 50 cm lang, meist weniger. Kopf mit großem Mund, Kopfprofil deutlich konvex, Mund reicht nicht bis zum Auge. Körper hoch, oval, verjüngt sich zum Schwanz, mit 8 deutlich braunen Querbinden und schwarzem Fleck auf dem Schwanzrücken. Brustflossenansatz und Bauchflossen schwärzlich. Vorkommen: Im Küstenflachwasser, häufig in brakkigen Lagunen und Flußmündungen.

Diplodus vulgaris Gewöhnlicher Geißbrasse
Bis 40 cm lang, meist kleiner. Kopf im Profil schwach konvex; Mund und Kiefer groß und bis ans Auge reichend. Körper hoch, mit dunklem Sattel zwischen Kopf und 1. Stachelstrahl der Rückenflosse, ein weiterer schwarzer Sattel liegt über dem Schwanzstiel und reicht noch unter die letzten Flossenstrahlen der Rückenflosse, mit goldenen Längsstreifen. Bauchflossen schwarz mit weißem Saum. Vorkommen: Im Küstenflachwasser, häufig zwischen Felsen.

Puntazzo puntazzo (= **Charax puntazzo**) Spitzbrasse
Bis 45 cm lang, meist kürzer. Kopf im Profil schwach konkav, Kiefer reichen nur bis zu den Augen. Körper mit etwa 10 dunklen Querbinden (dünne wechseln mit dicken ab), mit schwarzem Sattelfleck auf dem Schwanzstiel, der nicht bis unter die Rückenflosse ausgedehnt ist; zweite Hälfte der Rückenflosse, Schwanz- und Afterflosse schwarz gesäumt. Vorkommen: An Felsküsten, gewöhnlich im Seichtwasser.

Boops boops

Sarpa salpa

Oblada melanura

Diplodus annularis

Diplodus sargus

Diplodus vulgaris

Puntazzo puntazzo

Dentex dentex (= **D. vulgaris**) Zahnbrasse
Bis 1 m lang. Kopf groß; Mund deutlich an der Unterseite gelegen; Vorderzähne lang und auffällig, hintere Zähne kleiner; Augen klein; Kiemendeckel ungezähnt, ohne Stacheln. Körper oval; obere Körperkontur stärker gekrümmt als untere. Farbe: Zwar variabel, im wesentlichen aber der Abbildung entsprechend, mit zumeist 5 dunklen, aber undeutlichen Querbändern; sehr große Exemplare (über 1 m Länge) sind häufig einfarbig rötlich. Vorkommen: Über Fels- und Sandböden vom seichteren Küstenwasser bis etwa 200 m Tiefe.

Lithognathus mormyrus (= **Pagellus mormyrus**) Marmorbrasse
Bis 45 cm lang, meist kürzer. Kopf groß, mit kleiner Delle über dem Auge. Körper nicht sehr hoch, zum Schwanz hin verjüngt, mit 12 dunklen Längsbinden, die mit helleren abwechseln. Vorkommen: Im allgemeinen über Sandböden im Seichtwasser.

Argyrosomus regius
Bis 2 m lang, meist kürzer. Kiefer reichen bis in Augenhöhe nach hinten. Körper lang, schlank, mit kräftigen Schuppen. Der stachelförmige Abschnitt der Rückenflosse ist vom weichstrahligen getrennt. Vorkommen: Über Sandböden, häufig in Brackwasser. Anmerkung: Erzeugen unter Wasser tiefe, grollende Laute.

Chelon labrosus (= **Mugil chelo** = **Crenimugil chelo**) Großlippige Meeräsche
Bis 70 cm lang, gelegentlich größer. Kopf breit mit abgerundeter Schnauze, relativ kleiner Mund, dicklippig. Oberlippe auch bei geschlossenem Mund sichtbar, 3 Papillenreihen an der Oberlippe und kleine Zähne, Auge nur mit winziger Fettdecke. Körper lang und im Querschnitt rund. 1. Rückenflosse mit 4 Stachelstrahlen, 2. mit 9–10 weichen Strahlen. Vorkommen: Im Küstenflachwasser.

Liza aurata Goldäsche
Bis 44 cm lang; Oberlippe ziemlich dünn, ohne Papillen, bei geschlossenem Mund nicht sichtbar, Auge mit kleiner Fettdecke. Goldtupfen auf den Kiemendeckeln, 1. Rückenflosse mit 4 Stachelstrahlen, 2. Rückenflosse mit 3 Stachel- und 7–9 Flossenstrahlen. Vorkommen: Küstengewässer, Lagunen und Flußmündungen.

Liza ramada Kleinlippige Meeräsche
Bis 60 cm lang, ähnelt sehr *L. aurata*, trägt jedoch kaum sichtbare Papillen auf der Oberlippe. 1. Rückenflosse mit 4 Stachelstrahlen, 2. mit 8–9 Flossenstrahlen.

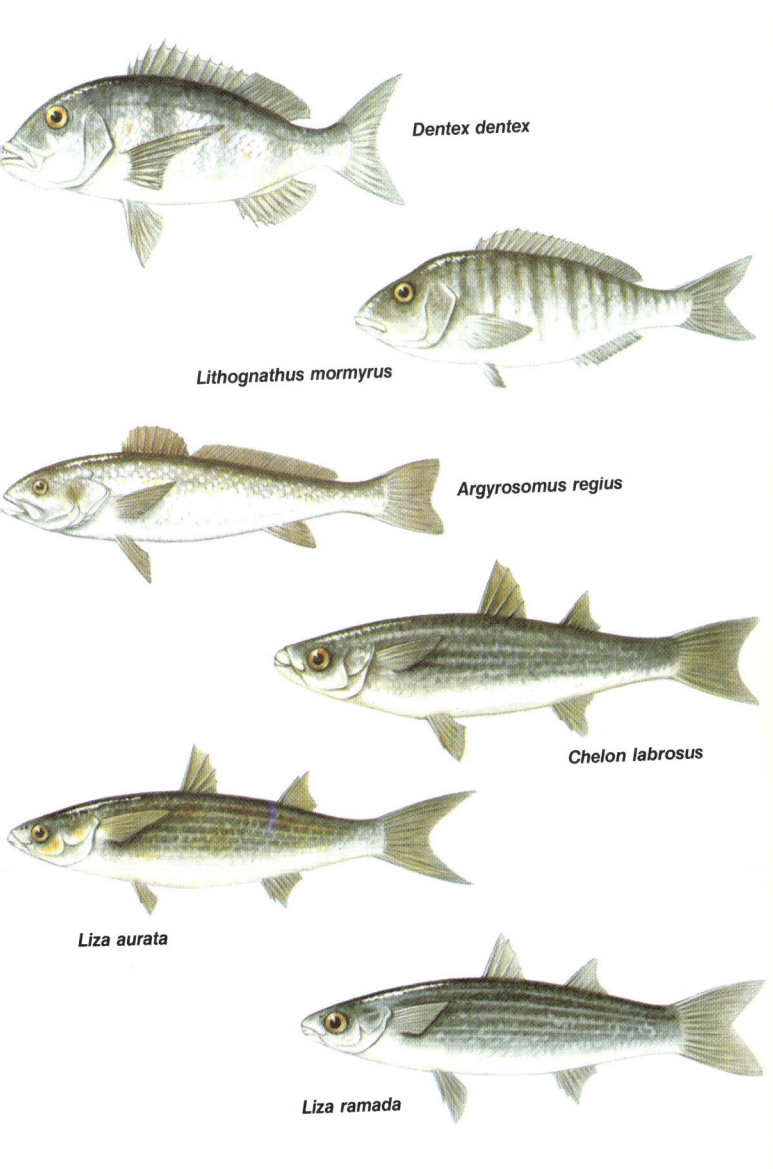

Dentex dentex

Lithognathus mormyrus

Argyrosomus regius

Chelon labrosus

Liza aurata

Liza ramada

Apogon imberbis Meerbarbenkönig
Bis 15 cm lang. Kopf mit großer Mundöffnung; Augen sehr groß mit 2 hellen Längsstreifen. Körper mit kleinen, kurzen Flossen; Beckenflossen deutlich vor den Brustflossen gelegen. Farbe: Hellrot mit dunkleren Stellen, die sich auch auf die Flossenspitzen erstrecken. Vorkommen: An dunklen Stellen, vornehmlich an Höhleneingängen sowie zwischen Felsen, zwischen 10 und 200 m Tiefe, in der Nacht freischwimmend.

Maena maena (= *M. vulgaris*) Laxierfisch
Bis 20 cm lang. Kopf vorne zugespitzt, kleiner Mund mit nicht bis ans Auge reichenden Kiefern. Körper oval mit rechteckigem schwarzem Fleck an den Seiten. Rückenflosse gleichmäßig hoch. Färbung: Variiert je nach Geschlecht und Jahreszeit, Rücken blaugrau, Bauchseite grau-weiß, in der Laichzeit haben Männchen auffällige blaue Streifen und Flecken. Vorkommen: Über Sandböden und Seegraswiesen.

Maena smaris
Bis 20 cm lang. Männchen im allgemeinen größer als Weibchen. Kopf zugespitzt, kleiner als bei anderen *Maena-Arten;* Kiefer reichen bis ans Auge. Körper schlank mit rechteckigem schwarzem Fleck an der Seite. Rückenflosse grau-braun (Männchen haben zur Laichzeit 4 blaue Streifen entlang des Körpers und eine blau-grüne Binde zwischen den Augen); Rücken- und Afterflosse blau-grün gefleckt. Vorkommen: Über Sandböden, häufig in der Nähe von Seegrasbeständen.

Maena chryselis Schnauzenbrasse
Bis 20 cm lang. Kopf zugespitzt, Kiefer reichen bis ans Auge. Farbe: Oben grau-braun oder gelb-braun, unten grau, weiß oder silbrig mit undeutlichen Streifen, der schwarze Seitenfleck liegt etwas weiter vorne als bei *M. smaris,* Flossen blau gefleckt (Männchen zur Laichzeit sehr bunt). Vorkommen: Über Sand und Grobsand.

Sciaena umbra (= *Corvina nigra* = *Johnius umbra*) Meerrabe
Bis 50 cm lang. Kopf groß und abgerundet. Körper hochrückig und kräftig; 2 Rückenflossen, 1. mit deutlichen Stachelstrahlen, 2. durch feines Hautstück mit der ersten verbunden; 2. Stachelstrahl der Afterflosse auffällig; Schwanzflosse bei erwachsenen Tieren mit geradem Hinterrand. Vorkommen: Zwischen Felsblöcken und in Felsklüften sowie in Algenbeständen und über Seegraswiesen; häufig in kleinen Gruppen.
Anmerkung: Die Jungfische sind bräunlich, mit braunen Bauchflossen und braunen Flossenstrahlen im Vorderteil der Afterflosse.

Umbrina cirrosa Schattenfisch
Bis 70 cm lang. Kopf abgerundet, Unterkiefer kürzer als Oberkiefer, mit warzenförmigen Barteln, Kiefer reichen nach hinten bis an die großen Augen. Körper weniger hoch als *Sciaena umbra,* mit diagonalen, wellenförmigen Goldlinien, die mit blauen Linien abwechseln. Flossenverhältnisse wie bei *Sciaena umbra,* jedoch ohne den Afterflossendorn. Vorkommen: Im Seichtwasser über Weichböden, oft in der Nähe von Flußmündungen.

Coryphaena hippurus Goldmakrele
Bis 1 m lang. Stirn steil abfallend, große Kieferspalte, reicht bis in Augenhöhe nach hinten, Körper lang, kräftig, verjüngt sich ganz allmählich schwanzwärts. Rückenflosse lang, bandförmig, vom Kopf bis zur Schwanzwurzel reichend; Schwanzflosse tief gegabelt. Vorkommen: Im offenen Meer in den oberen Wasserschichten.

Apogon imberbis

Maena maena

Maena smaris

Maena chryselis

Sciaena umbra

Umbrina cirrosa

Coryphaena hippurus

Mullus barbatus Rote Meerbarbe
Bis 30 cm lang, gleicht sehr *M. surmuletus,* hat aber ein stark abfallendes Kopfprofil, 2 sehr große und eine viel kleinere Schuppe unter dem Auge, 1. Rückenflosse rosahäutig und gelb gemustert, Schwanzflosse gegabelt.

Mullus surmuletus Gestreifte Meerbarbe
Bis 40 cm lang. Kopf mit mäßig steilem Profil und an der Unterseite gelegenem Mund; 2 lange Barteln am Unterkiefer; 2 auffällige Schuppen vom Mundwinkel bis unter das Auge. Körper langgestreckt, abgeflacht. Vorkommen: Auf Sandflächen in der Nähe bewachsenen Felslitorals, bis in 100 m Tiefe.

Cepola rubescens Bandfisch
Bis 70 cm lang; Kopf klein, mit großem oberständigem Mund, scharfen Zähnen und auffälligen Augen. Körper lang, aalförmig; Rückenflosse bandförmig, vom Kiemendeckel bis zum Schwanz reichend, Analflosse etwas weiter hinten beginnend. Vorkommen: In Seegrasbeständen, über Sandböden, manchmal eingegraben, bis 200 m tief.

Chromis chromis Mönchsfisch
Bis 15 cm lang. Kopf mit kleinem, endständigem Mund. Rückenflosse aus 2 Teilen bestehend, wobei der hintere Teil höher, kürzer und weichstrahlig ist; Schwanzflosse gegabelt. Farbe: Erwachsene Tiere dunkelbraun, junge Exemplare lebhaft blau. Vorkommen: Meist in großen, lockeren Schwärmen vor Abbrüchen der pflanzenbestandenen Felsküste.

Sparisoma cretense (= *Euscarus cretensis* = *Scarus cretensis*) Seepapagei
Bis 40 cm lang. Kopf groß, stumpfe Schnauze, kleiner Mund mit kraftvollen Kiefern und Mahlzähnen. Körper mit großen Schuppen. Farbe: Es gibt 2 Varietäten, die eine Form ist möglicherweise das Weibchen, die graue Form mit schwarzem Fleck hinter dem Kiemendeckel wahrscheinlich das Männchen. Vorkommen: Im Seichtwasser zwischen Felsen und Algen.

Lippfische (Labridae)

Zu dieser artenreichen Fischfamilie gehören sehr bekannte und häufige Bewohner der Küstenregion; einige davon gehören zu den farbenprächtigsten Fischen überhaupt. Färbung variiert je nach Jahreszeit, Untergrund und Erregungszustand (z. B. Balz), sehr häufig sind auch Männchen und Weibchen unterschiedlich gefärbt und gezeichnet. Körpergestalt mehr oder minder langgestreckt; der endständige Mund besitzt vorstreckbare, meist fleischige Lippen; Vorderkiemendeckel bisweilen leicht gezähnt, Hauptkiemendeckel ohne Stacheln. Rückenflosse geteilt, wobei der vordere Teil Stachelstrahlen trägt, der hintere, zumeist kürzere, aber weichstrahlig ist. In dieser Familie gibt es eine Reihe hermaphroditischer Arten, die in der Regel ihren Lebenszyklus als Weibchen beginnen und mit zunehmendem Alter sich in Männchen umwandeln.

Labrus mixtus (= *L. bimaculatus*) Streifenlippenfisch
Bis 35 cm lang. Vorderkiemendeckel ungezähnt; Körper langgestreckt und niedrig. Farbe: Männchen zur Laichzeit orange-rot mit leuchtend blauem Kopf und Flanken, Blaufärbung oft bis zur Rückenflosse ausgedehnt. Balzkleid mit weißem Kopf, junge Männchen orange-rot, junge Weibchen ebenfalls orange-rot, aber mit 3–4 schwarzen Flecken an Rücken und Schwanzstiel; zwittrig (zuerst weiblich, dann männlich). Vorkommen: Im Felslitoral, unter 10 m Tiefe.

Mullus barbatus

Mullus surmuletus

Cepola rubescens

Sparisoma cretense

Chromis chromis

Jungtier

Balzkleid ♂

Labrus mixtus ♂

Labrus turdus

Labrus merula

Labrus bergylta

Labrus turdus Grüner Lippfisch
Bis 45 cm lang. Stirn nicht abfallend. Farbe: Meist rötlich bis hellgrün, manchmal mit
seitlichem Silberband, oder oliv mit rötlichem Kiemendeckel und Bauch. Vorkommen: In
Seegraswiesen.

Labrus bergylta (= **L. maculatus**)
Gefleckter Lippfisch
Bis 40 cm lang. Kopf groß, mit dicken Lippen; Stirn über den Augen schwach eingedellt;
Kiemendeckel ungezähnt und ohne Stachel. Schuppen groß. Farbe: Grundfärbung
grün, rot oder braun mit Netzstruktur. Vorkommen: Zwischen Felsen, bis in 20 m Tiefe,
zwittrig (erst weiblich dann männlich).

Labrus merula Brauner Lippfisch
Bis 45 cm lang. Dicklippig, Kiemendeckel ohne Zähne und Dornen. Schwanzflosse mit
Einschnitt in der Mitte. Farbe: Im allgemeinen oliv oder bräunlich. Vorkommen: Im Fels-
litoral, häufig Einzelgänger.

Crenilabrus mediterraneus Mittelmeerlippfisch
Bis 15 cm lang. Kopf mit auffälligen Lippen; Unterkiefer kürzer als Oberkiefer; Vorderkiemendeckel gezähnt. Rückenflosse nach hinten lappenartig ausgezogen; Seitenlinie
folgt etwa der oberen Körperkontur. Farbe: An der Basis der Brustflossen und am
Schwanzstiel über der Seitenlinie je ein auffälliger dunkler Fleck; beim Männchen ist
dieser Fleck am Brustflossenansatz dunkelblau mit gelbem Saum, beim Weibchen dun-
kel-braun. Vorkommen: Über Sand und in Seegraswiesen und im bewachsenen Felslitoral.

Crenilabrus melops Goldmaid
Bis 20 cm lang. Vorderkiemendeckel gezähnt. Körper ziemlich hochrückig; Seitenlinie
weniger gebogen, gegen das Hinterende der Rückenflosse zu gestreckt; Afterflosse mit
etwa 3 vorderen Stachelstrahlen. Farbe: Je nach Erregungszustand und Alter sehr variabel (abgebildetes Männchen im Laichkleid), charakteristisch der dunkle Fleck am
Schwanzstiel auf oder knapp unterhalb der Seitenlinie. Vorkommen: Im algenbewachsenen Litoral, häufig in der Gezeitenzone wie auch in Gezeitentümpeln.

Crenilabrus cinereus Grauer Lippfisch
Bis 11 cm lang. Kopf mäßig zugespitzt, schwach konkaves Profil. Dunkler Fleck vor der
Rückenflosse und auf der Unterseite des Schwanzstiels. Farbe: Hellbraun bis grau,
manchmal grün-grau oder gelblich; zur Laichzeit sind beim Männchen die Kiemendek-
kel blau-grün gestreift, auch das Weibchen ist dann farbenprächtiger und trägt eine
schwarze Genitalpapille. Vorkommen: Im Seichtwasser, besonders in Seegraswiesen.

Crenilabrus scina Schnauzenlippfisch
Bis 12 cm lang. Lange und spitze Schnauze, konkaves Profil über den Augen. Heller
Fleck auf dem Schwanzstiel, beide Geschlechter mit Genitalpapille. Farbe: Grün bis
rot-braun, laichreife Männchen rötlich, laichreife Weibchen mit gelbem oder goldenem
Bauch. Vorkommen: Im Seichtwasser zwischen Felsen und Seegrasbeständen, im
Sommer häufiger.

Crenilabrus ocellatus Augenlippfisch
Bis 12 cm lang, Männchen größer als Weibchen. Kopf zugespitzt. Farbe: Beide Geschlechter mit schwarzem Fleck auf dem Schwanzstiel. Laichreifes Männchen grünlich
mit blau-violettem Fleck auf dem Kiemendeckelrand, Querbinden aus blauen und
grünen Flecken; laichreifes Weibchen grün-braun mit 2 braunen Streifen entlang der
Seiten, weiße Genitalpapille, Kiemendeckelfleck undeutlich. Vorkommen: Häufig, im
Seichtwasser, an Felsen und Hafenmolen und in Seegrasbeständen.

Crenilabrus tinca
Bis 30 cm lang. Kopf verhältnismäßig groß. Farbe: Reifes Männchen gelb-grüne Flanken
mit roten Längsbinden, Flossen rot-gefleckt und dunkelblau gesäumt, schwarzer Fleck
über dem Ansatz der Brustflosse. Weibchen ohne blaue und rote Musterung, weiße Genitalpapille, Hinterleib silbrig. Vorkommen: Im Felslitoral und in Seegraswiesen häufig.

Crenilabrus mediterraneus ♂

Crenilabrus melops ♂

Crenilabrus cinereus

Crenilabrus scina

Crenilabrus ocellatus ♂

♀

♂ Balzkleid

Crenilabrus tinca

♀

Coris julis Meerjunker
Bis 20 cm lang. Kopf mit spitzer Schnauze und endständigem Mund; Augen verhältnismäßig klein. Körper langgestreckt und weniger hochrückig als bei vielen anderen Lippfischen; beim Männchen sind die vorderen 2 Stachelstrahlen der Rückenflosse verlängert; hermaphroditisch, die erste (weibliche) Phase ist an einem blauen Fleck am unteren Kiemendeckelrand und einer gelben Linie, die von der Schnauze bis zum Schwanzstiel verläuft, zu erkennen; die zweite (männliche) Phase an den Stachelstrahlen der
Rückenflosse sowie einem schwarzen Fleck auf derselben; Männchen mit charakteristischem orangem Zick-Zackband auf den Flanken und schwarzem Fleck in der Körpermitte. Vorkommen: Im algenbewachsenen Felslitoral; verbirgt sich nachts im Sand.

Thalassoma pavo Meerpfau
Bis 20 cm lang. Körper langgestreckt; die Seitenlinie verläuft ein Stück parallel zur obe-
ren Körperkontur, macht einen scharfen Knick nach unten und zieht von da an gerade
bis zur Schwanzflosse; hermaphroditisch. Farbe: Die erste (weibliche) Phase braun-
grün, mit einer Reihe hellerer Querbänder und einem breiten schwarzen Fleck unter der
Mitte der Rückenflosse; die zweite (männliche) Phase mit hellgrüner Grundfarbe des
Körpers und kontrastierendes blau-rotes Querband hinter der Brustflosse. Vorkommen:
An Felsküsten im Sommer, bis in 20 m Tiefe, verbirgt sich nachts im Sand.

Trachinus draco Großes Petermännchen
Bis 35 cm lang. Kopf seitlich abgeflacht; großer schräger Mund; Augen liegen hoch an
den Kopfseiten und weisen nach oben; oberhalb der Augen 2 kleine Stacheln; großer
deutlicher Giftstachel am Hauptkiemendeckel. Körper langgestreckt, seitlich abgeflacht; 1. Rückenflosse mit 5–7 kräftigen Giftstacheln und einem schwarzen Fleck am
Vorderrand; 2. Rückenflosse lang; Körperflanken mit diagonalen Streifen. Vorkommen:
Auf Sandböden, häufig bis zu den Augen eingegraben und auf Beute lauernd.

Echiichthys vipera (= *Trachinus vipera*) Kleines Petermännchen
Bis 12 cm lang. Kopf ähnlich *T. draco,* aber ohne Stacheln über den Augen; Hauptkiemendeckel mit Giftstachel; Körper etwas hochrückiger; 1. Rückenflosse schwarz, mit
5–7 Giftstacheln. Vorkommen: Über Sandböden in Seichtwasser, bis 50 m tief. Anmerkung: Kann mit den Giftstacheln äußerst schmerzhafte Wunden verursachen.

Uranoscopus scaber Sterngucker
Bis 25 cm lang. Kopf groß, mit auf der Oberseite liegenden Augen; Unterkiefer mit kleinem, beweglichem Hautlappen. Körper plump, keulenförmig; große skulptierte Kiemendeckel; je ein kräftiger, spitzer Schulterstachel, dessen Giftigkeit umstritten ist; 1. Rükkenflosse mit 4 Stachelstrahlen. Vorkommen: Auf Sandböden, meist vergraben.

Schleimfische (Blennidae)

Körper langgestreckt und seitlich abgeflacht bis rundlich, Haut schuppenlos und drü-
senreich, Oberfläche daher sehr schleimig. Grundfische, die mit Schlängelbewegungen
des ganzen Körpers nahe über dem Boden schwimmen. Bei oberflächlicher Betrachtung sind sie unter Umständen mit Meergrundeln (Gobiidae, Seite 296–302) zu verwechseln, unterscheiden sich von diesen aber durch die vor den Brustflossen liegenden
Bauchflossen, die 1 Stachelstrahl und 1–3 Flossenstrahlen besitzen. Aus dem Mittelmeer
sind 21 Arten bekannt.

Blennius pavo Pfauenschleimfisch
Bis 12 cm lang. Kopf groß, mit steilem Profil und winzigen Augententakeln, Mund klein,
dunkler, hellblau gesäumter Fleck hinter dem Auge. Reife Männchen mit orangem
Kamm über dem Auge. Körper lang, Rückenflosse mit 12 Stachelstrahlen und 21–23 weichen Strahlen. Farbe: Gelb bis grün mit dunklen, blau gesäumten Querbinden, die sich
nach hinten in Flecken auflösen. Vorkommen: Zwischen Felsblöcken, im Seichtwasser.

Blennius ocellaris Seeschmetterling
Bis 17 cm lang. Kopf mit 2 kurzen, verzweigten Tentakeln über den Augen und 2 sehr
kleinen Tentakeln auf beiden Seiten des ersten Rückenflossenstrahles. Körper relativ
hochrückig; seitlich abgeflacht; 1. Strahl der Rückenflosse sehr lang, auffälliger, dunkler, weiß gesäumter Fleck gegen das Hinterende des vorderen Flossenteiles. Vorkommen: Auf Schlamm- und Felsgründen bis 20 m tief.

Coris julis

Thalassoma pavo

Trachinus draco

Echiichthys vipera

Uranoscopus scaber

Blennius pavo

Blennius ocellaris

Parablennius gattorugine (= *Blennius gattorugine*) Gestreifter Schleimfisch
Bis 25 cm lang. Augen hoch am Kopf gelegen; je 1 großer, verzweigter Tentakel über den Augen. Körper relativ hochrückig; typische Rückenflosse mit Stachelstrahlen im vorderen Flossenabschnitt; hintere Flossenstrahlen länger als die vorderen. Vorkommen: Auf seichten bis tieferen Fels- und Geröllgründen.

Blennius tentacularis Gehörnter Schleimfisch
Bis 15 cm lang. Auffällige Augententakel, die nur am Hinterrand verzweigt sind und so lang wie der 1. Strahl der Rückenflosse werden. Körper nach hinten verjüngt, Rückenflosse nicht deutlich in stachel- und weichstrahligen Abschnitt getrennt, 12–14 Stachelstrahlen, 18–25 weiche Flossenstrahlen. Vorkommen: Auf geröllübersäten Sandböden, auch im Brackwasser.

Blennius sanguinolentus Blutstriemen-Schleimfisch
Bis 15 cm lang. Profil rundlich, Kiefer klein mit kräftigen, konischen Zähnen, kleine Augententakel. Körper gedrungen mit vorgewölbtem Bauch, kopfwärts seitlich zusammengedrückt. Rückenflosse gleichmäßig hoch, mit 12–13 Stachel- und 20 Flossenstrahlen, über dem 1. und 2. Stachelstrahl liegt ein schwarzer Fleck. Vorkommen: Felsküste und Felsspalten.

Blennius sphinx
Bis 8 cm lang. Stirn steil abfallend, Augen liegen ganz oben, der Mund unten; unverzweigter Augententakel, rot gesäumter blau-grauer Fleck hinter dem Auge. Körper seitlich zusammengedrückt. Rückenflosse mit hohem Vorderlappen aus 12 Stachelstrahlen und niederem Hinterabschnitt aus 16–17 Flossenstrahlen. Vorkommen: Im Seichtwasser, an algenbewachsenen Felsen.

Blennius rouxi Streifenschleimfisch
Bis 7 cm lang. Tentakel über den Augen und vor der Nasenöffnung. Körper grau-weiß; charakteristischer schwarzer Streifen vom Auge bis zum Schwanzstiel. Vorkommen: Gewöhnlich zwischen Felsblöcken und auf Geröll, im seichten Wasser.

Blennius zoanimiri Steil abfallende Stirn, Mund klein, dicklappig, verzweigte Tentakel über den Augen und den Nasenöffnungen. Körper seitlich abgeflacht, gräulich bis rotbraun. Rückenflosse zweigeteilt mit 12 stacheligen und 17 weichen Strahlen. Vorkommen: In tiefem Wasser, über Corallinaceenböden.

Blennius nigriceps
Bis 4 cm lang. Kopf schwarzgemustert, steiles Profil, Augen an der Oberseite, ohne Augententakel. Körper lang, Bauch angeschwollen, gleichmäßig rot gefärbt. Rückenflosse aus einem stachelstrahligen Teil mit 12 Strahlen und einem durch eine Kerbe getrennten weichstrahligen Teil mit 15 Flossenstrahlen. Vorkommen: Zwischen algenbewachsenen Felsen, besonders vor Höhleneingängen, häufig mit *Tripterygion minor* (siehe Seite 294) vergesellschaftet, der sich deutlich durch den Besitz von drei Rückenflossen unterscheidet.

Blennius canevae
Bis 7 cm lang. Stirn steil, doch Profil schwach abgerundet, Augen klein, oben liegend, Mund unten, klein, keine Tentakel. Körper verjüngt sich allmählich nach hinten, dunkelbraun gefärbt mit netzartigem hellem Muster. Rückenflosse mit 13 Stachel- und 16 Flossenstrahlen, die von einer tiefen Kerbe getrennt sind. Vorkommen: In der Gezeitenzone und in extrem niedrigem Wasser zwischen Felsblöcken.

Parablennius gattorugine

Blennius tentacularis

Blennius sanguinolentus

Blennius sphinx

Blennius rouxi

Blennius zoanimiri

Blennius nigriceps

Blennius canevae

Blennius dalmatinus
Bis 4 cm lang. Stirn steil abfallend, Augen hervorragend; ohne Augententakel. Körper schlank, olivgrün bis goldbraun mit schachbrettartiger Musterung. Rückenflosse mit 12 Stachel- und 15–16 Flossenstrahlen. Vorkommen: Im Seichtwasser zwischen Felsblöcken.

Blennius trigloides
Bis 9 cm lang. Steile Stirn, auffälliges Auge, Tentakel fehlen gänzlich. Körper nach hinten verjüngt, grün bis gelbbraun gefärbt mit dunklen Flecken. Vorkommen: Im Seichtwasser zwischen Felsblöcken.

Coryphoblennius galerita (= **Blennius galerita** = **B. montagui**) Marmorierter Schleimfisch
Bis 8 cm lang. Typischer dreieckiger Hautlappen über dem Auge (beim Männchen stärker entwickelt), dahinter eine Längsreihe von 3–7 kleinen Tentakeln. Körper schlank; Rückenflosse durch Einkerbung deutlich geteilt. Vorkommen: Im seichten Felslitoral und in Fluttümpeln.

Cristiceps argentatus (= **Clinus argentatus**)
Bis 10 cm lang. Kopf relativ klein. Körper mit deutlichen Schuppen. 1. Rückenflosse dreieckig, mit 3 Hartstrahlen, 2. Rückenflosse als langer Flossensaum ausgebildet, mit 28 Hart- und 3–4 Weichstrahlen, Schwanzflosse in der Mitte durchsichtig, erscheint daher gegabelt. Vorkommen: Im Seichtwasser zwischen Algenbeständen.

Tripterygion tripteronotus (= **T. nasus**) Großer Dreiflossen-Schleimfisch
Bis 8 cm lang. Kopf mit spitzer Schnauze; je ein unverzweigter Tentakel über jedem Auge und auf jedem vorderen Nasenloch. Körper mit 3 Rückenflossen, wobei die vordere deutlich abgesetzt ist; der 1. Strahl der 2. Rückenflosse ist beim Männchen sehr lang und gibt der Flosse ein segelähnliches Aussehen; im Gegensatz zu den Schleimfisch-Arten mit Schuppen. Farbe: Die schwarze Kopffärbung wird beim Männchen während der Laichperiode noch deutlicher; Weibchen ohne diese Zeichnung. Vorkommen: Vorwiegend auf schattigen Felswänden und unter Überhängen, Höhleneingängen, etc., vom flachen Wasser bis etwa 10 m Tiefe.

Tripterygion minor
Bis 5 cm lang. Ähnlich T. tripteronotus, jedoch flachere Stirn und 1 Bartel an der Unterlippe. Am Rücken 3 auffällige weiße Flecken, die mit kleineren abwechseln.

Carapus acus (= **Fierasfer acus**) Nadelfisch (nicht abgebildet)
Bis 20 cm lang. Körper langgestreckt, aalförmig, seitlich zusammengedrückt, Rücken- und Afterflossen treffen am Schwanzende aufeinander. Vorkommen: In den Wasserlungen, selten in der Leibeshöhle von Seegurken der Gattungen Holothuria und Stichopus (Seite 242).

Blennius dalmatinus

Blennius trigloides

Coryphoblennius galerita

Cristiceps argentatus

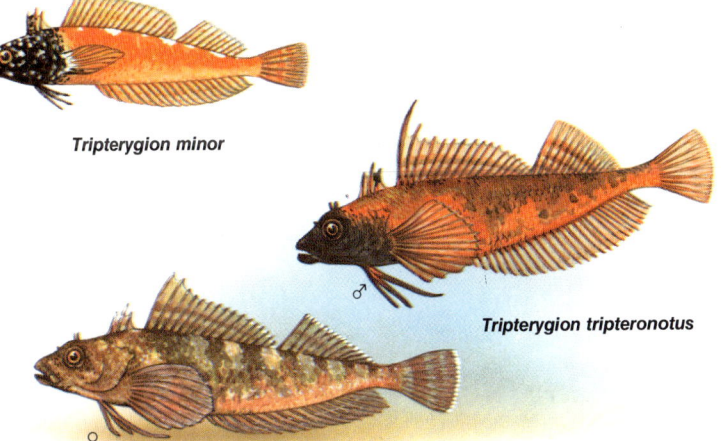

Tripterygion minor

Tripterygion tripteronotus

Callionymus reticulatus
Männchen bis 10 cm lang, Weibchen bis 8 cm. Vorderer Kiemendeckel mit dreiteiligem charakteristischem Stachel. Körper schlank, 1. Rückenflosse mit 4 Hartstrahlen, 2. Rükkenflosse weichstrahlig mit 10 Flossenstrahlen. Farbe: Reife Männchen orange-braun mit cremefarbener Unterseite und braunen Flecken und Bändern auf den Flossen, Flanken hellblau getupft, Weibchen schlichter. Vorkommen: Über Sand und Geröllböden, von 20–40 m Tiefe.

Callionymus lyra Leierfisch
Bis 25 cm lang. Lange, spitze Schnauze; Mund tief sitzend, Lippen verhältnismäßig groß; Augen froschähnlich vorragend; Vorderkiemendeckel mit vierzackigem Fortsatz. Körper langgestreckt, schlank und etwas dorsoventral abgeflacht; beim reifen Männchen ist die 1. Rückenflosse sehr lang und segelähnlich, beim jugendlichen Männchen und beim Weibchen ist sie jedoch nicht höher als die 2. Rückenflosse. Vorkommen: Auf Weichböden, vom Flachwasser bis in 100 m Tiefe.

Callionymus maculatus (= C. dracunculus) Gefleckter Leierfisch
Männchen bis 14 cm lang, Weibchen bis 11 cm. C. lyra ähnlich. Vorderkiemendeckel mit dreiteiligem Stachel, wobei 1 Spitze nach vorn und 2 nach hinten zeigen; silbrig. Körper verjüngt sich schwanzwärts. 1. Rückenflosse mit 4 Stachelstrahlen, die 2. Rückenflosse hat 9 Weichstrahlen. Farbe: Grundfärbung bräunlich-gelb, am Bauch hellgelb, 2 Längsreihen brauner, silbriger oder blauer Flecken auf den Flanken und 4 unregelmäßig geformte dunkle Flecken und Punkte. Vorkommen: Auf Sandböden, von 70–300 m Tiefe.

Callionymus festivus
Männchen bis 15 cm lang, Weibchen bis 10 cm. Kopf flach, mit langer, abgerundeter Schnauze, dicklippig; vorderer Kiemendeckel mit 3 Stacheln. Körper ohne Schuppen. 1. Rückenflosse mit 4 Hartstrahlen, 2. Rückenflosse mit 7 Weichstrahlen; beim Männchen sind die vorderen Strahlen der 2. Rückenflosse stark verlängert. Farbe: Sandfarben, Männchen an den Seiten und am Kopf hellblaue Striche und Punkte, Weibchen nicht so farbenprächtig. Flossen beim Männchen gelb mit leuchtend blauer Zeichnung, After- und Schwanzflosse schwärzlich; dem Weibchen fehlen die verlängerten Strahlen, die 1. Rückenflosse ist schwärzlich. Vorkommen: Im Seichtwasser, auf Sandböden, oftmals teilweise eingegraben.

Meergrundeln (Gobiidae)
Die Meergrundeln sind eine artenreiche Fischgruppe von sehr ähnlicher Gestalt, die mit etwa 45 Arten im Mittelmeer vertreten ist. Sie werden selten größer als 20 cm und sind an ihrem walzenförmigen Körper und den breiten, dorsoventral etwas abgeflachten Kopf mit den großen, dicht beisammenstehenden Augen und den breiten Lippen gut zu erkennen. Mit 2 Rückenflossen; die Brustflossen setzen über den Bauchflossen an, die in charakteristischer Weise zu einer Art Saugnapf verwachsen sind. Bedeutsam für die genaue Bestimmung sind dunkle Sinneshauptpapillen in der Kopfregion.

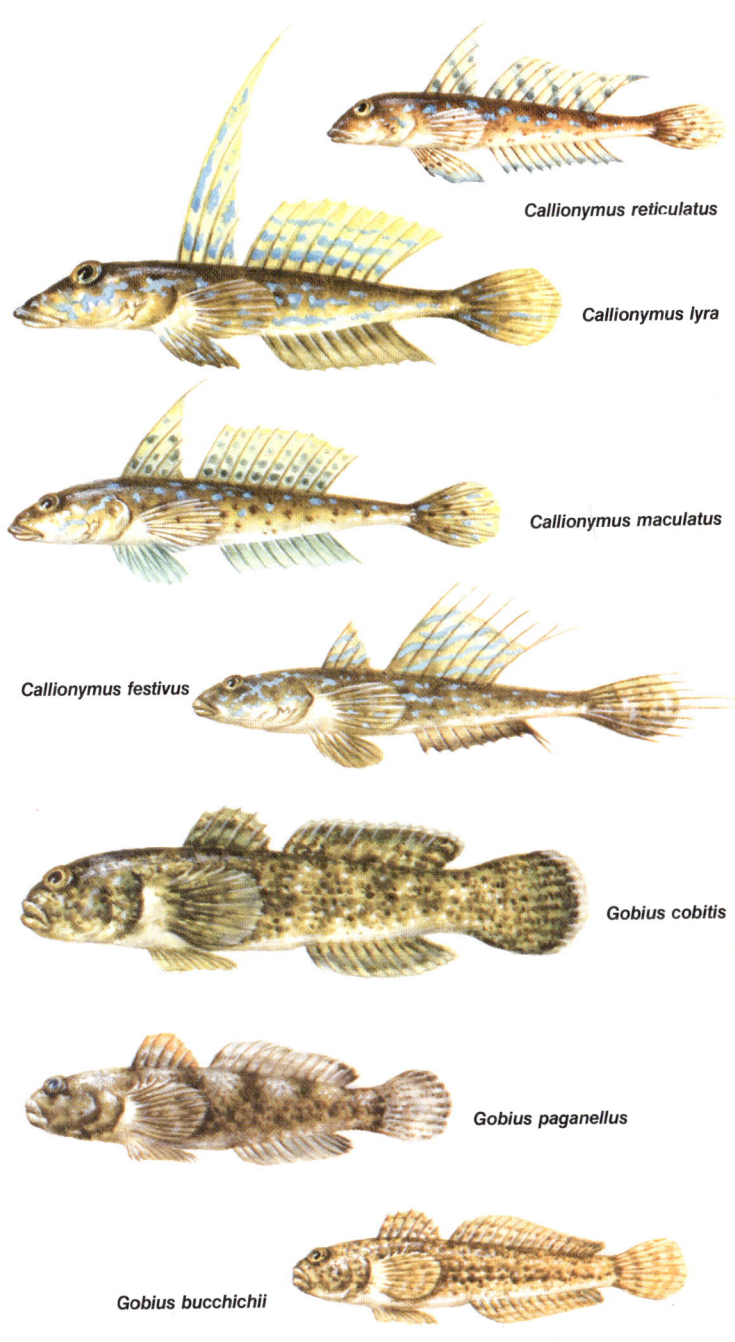

Callionymus reticulatus

Callionymus lyra

Callionymus maculatus

Callionymus festivus

Gobius cobitis

Gobius paganellus

Gobius bucchichii

Gobius cobitis Große Meergrundel (siehe Seite 297)
Bis 27 cm lang. Kopf groß mit sehr breiten Lippen, Mundspalte nicht bis zum Auge, Nasenöffnungen mit geteiltem Tentakel. 1. Rückenflosse mit 6 Stachelstrahlen, 2. mit 1 Stachel- und 13 Weichstrahlen, spitz verwachsene Bauchflossen mit seitlichen Läppchen. Vorkommen: Im bewachsenen Felslitoral.

Gobius paganellus Paganellgrundel (siehe Seite 297)
Bis 12 cm lang. Körper gedrungen; 1. Rückenflosse mit charakteristischem orangem bis hellbraunem Band und 4 etwa gleich langen Stachelstrahlen; Brustflossen mit einigen auffälligen freien oberen Stachelstrahlen, die hier die Basis der 1. Rückenflosse erreichen können; Schwanzstiel verhältnismäßig kurz. Vorkommen: Im seichten Litoral sowohl auf Fels wie auch auf Sand und bewachsenen, ruhigen Stellen.

Gobius bucchichii Anemonengrundel (siehe Seite 297)
Bis 10 cm lang, Kopf klein. 1. Rückenflosse mit 6 Stachelstrahlen, 2. mit 1 Stachel- und 13–14 Weichstrahlen; bräunliche Strichelzeichnung an den Seiten. Vorkommen: Auf Weichböden, oft in unmittelbarer Nähe von *Anemone viridis* (Seite 74), zwischen deren Tentakel der Fisch bei Gefahr flüchtet.

Gobius niger (= *G. jozo*) Schwarzgrundel
Bis 15 cm lang. Körper etwas dicker als manche andere Arten; 1. Rückenflosse beim Männchen höher als beim Weibchen, fahnenartig; Brustflossen mit einigen oberen Stachelstrahlen, die jedoch nicht die Basis der 1. Rückenflosse erreichen; Schwanzstiel relativ kurz. Farbe: Sehr dunkel, unregelmäßig gezeichnet. Vorkommen: Über Weichböden, oft in Muschelschalen, unter Steinen, vom Küstenflachwasser bis in 75 m Tiefe.

Gobius geniporus Schlankgrundel
16 cm lang. Körper schlank, braun mit dunklen Flecken an den Seiten. 1. Rückenflosse mit 6 Hartstrahlen, 2. mit 1 Hart- und 12–13 Weichstrahlen. Äußerste Enden der Brustflossenstrahlen sind frei. Vorkommen: Im Küstenflachwasser, in Seegraswiesen.

Gobius cruentatus Rotlippengrundel
Bis 18 cm lang. 1. Rückenflosse mit 6 Hartstrahlen, 2. mit 1 Hart- und 14 Weichstrahlen, Brustflossen mit einigen freien Strahlen. Farbe: Braunrot mit leuchtend roten Flecken an Seiten, Lippen und Wangen, schwarz pigmentierte Sinneshaut am Kopf. Vorkommen: An felsigen und sandigen Orten, in Seegraswiesen, bis 40 m tief.

Chromogobius quadrivittatus (= *Relictogobius kryzhanovskii*) Gebänderte Grundel
Bis 6,5 cm lang. Augen relativ weit auseinanderstehend, schwarzer Fleck auf dem Kiemendeckel, Kopf schwarz gefleckt. 1. Rückenflosse mit 6 Hartstrahlen, 2. mit 1 Hart- und 8–11 Weichstrahlen. Farbe: Bräunlich mit etwa 12 dunklen Querstreifen an den Seiten und helleren sattelförmigen Querbinden vor und hinter der 2. Rückenflosse, eine weiße, hinten schwarz begrenzte Querbinde reicht über den Nacken hinweg von einer Brustflosse bis zur anderen. Vorkommen: Im seichten Felslitoral.

Thorogobius ephippiatus (= **Gobius forsteri**) Leopardengrundel
Bis 13 cm lang. Körper ziemlich schlank; 1. Rückenflosse abgerundet, vorderster Strahl am längsten; Brustflossen ohne obere freie Stachelstrahlen; Schwanzstiel relativ lang; charakteristische rot-braune Pigmentflecken, die gegen das Hinterende zu größer werden; schwarzer Fleck im hinteren, basalen Abschnitt der 1. Rückenflosse. Vorkommen: Im Felslitoral bis in 40 m Tiefe.

Gobius niger

♂

♀

Gobius geniporus

Gobius cruentatus

Chromogobius quadrivittatus

Thorogobius ephippiatus

Zosterissor ophiocephalus

Zosterissor ophiocephalus (= **Gobius lota**) Grasgrundel
Bis 25 cm lang. Körper relativ gedrungen; 1. Rückenflosse mit vorstehenden Stachel-strahlen, deutlich getrennt von der 2.; oft ein dunkler Fleck am Oberrand der Brust-flossenbasis und ein auffälliger Fleck am Schwanzflossenansatz; Schwanzstiel kurz. Vorkommen: Häufig im Brackwasser, in Lagunen, an schlammigen Stellen oder in See-graswiesen.

Lesueurigobius friesii (= **Gobius friesii**) Fries-Grundel
Bis 12 cm lang. Körper schlank; kurzer Schwanzstiel, rautenförmige Schwanzflosse; die vorderen Strahlen der 1. Rückenflosse sind stachelig und lang; Brustflossen ohne Sta-chelstrahlen. Vorkommen: Auf Schlammböden, oft unter 50 m Tiefe, manchmal mit *Nephrops norvegicus* (Seiten 204) vergesellschaftet, in dessen Höhlen er Zuflucht sucht.

Gobius flavescens Schwimmgrundel
Bis 6 cm lang, Augen weit getrennt. 2. Rückenflosse nur wenig länger als die aus 7 Strah-len bestehende 1., beide Flossen deutlich getrennt; Oberrand der Brustflosse ohne Sta-chelstrahlen; auffälliger Fleck unter der 1. Rückenflosse und am Schwanzflossenansatz; Schwanzstiel lang. Vorkommen: In Küstennähe über dem Meeresboden, zumeist in Algenbeständen und über Seegraswiesen, bis 16 m tief.

Aphia minuta Weißgrundel
Bis 5 cm lang. Augen seitlich, erwachsene Männchen mit großen Vorderzähnen. Körper seitlich abgeflacht, durchscheinend weiß mit dunklen Pigmentflecken entlang den Flos-senansatzstellen und am Kopf. Weibchen mit kleineren Flossen. 1. Rückenflosse stets mit 5 Stachelstrahlen, 2. mit 1 Stachel- und 11–13 Flossenstrahlen. Brustflossen ohne freie Strahlen. Vorkommen: Im Seichtwasser freischwimmend, nicht am Boden, über Seegraswiesen.

Crystallogobius linearis Kristallgrundel
Bis 4,5 cm lang, Weibchen kleiner. Augen seitlich, Männchen mit großem Unterkiefer und auffälligen Vorderzähnen, Weibchen mit kleineren Kiefern und Pigmentflecken am Kinn. Körper seitlich abgeflacht. 1. Rückenflosse des Männchens mit 2 Stachelstrahlen, 2. Rückenflosse mit 1 Hart- und 14–15 Weichstrahlen. Brustflossen ohne freie Strahlen. Vorkommen: In großen Tiefen, bis zu 400 m.

Pomatoschistus marmoratus Marmorierte Grundel
Bis 6,5 cm lang. Kopf unterhalb des Kinns und Kiemendeckels dunkel pigmentiert, Männchen mit schwarzem Fleck am Kinn. 1. Rückenflosse mit 6 Stachelstrahlen, am Ende schwarz gefleckt; 2. Rückenflosse mit 2 Hart- und 8–9 Weichstrahlen, Brustflossen ohne freie Strahlen. Farbe: Sandbraun mit dunklerer Marmorierung und sattelförmigen Flecken, Männchen haben häufig 4 Querbinden. Vorkommen: Über seichten Sand-böden.

Pomatoschistus pictus
Bis 5,5 cm lang. 1. Rückenflosse mit 6 Hartstrahlen, 2. mit 1 Hart- und 8–9 Weichstrah-len, beide mit dunklen Punktreihen, die rosa überhaucht sind; Brustflossen ohne freie Strahlen. Farbe: Sand- bis rehbraun mit dunklerer Fleckung und sattelförmigen Mu-stern, 4 schwarze Doppelflecken entlang der Körpermitte. Vorkommen: In Küstenge-wässern, bis 50 m tief, über Sand- und Geröllböden, selten in Felstümpeln.

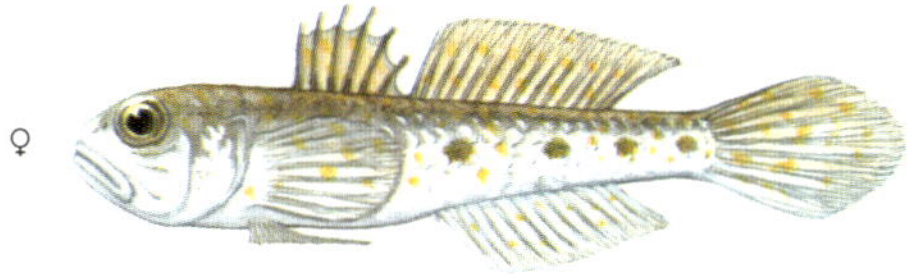

♀

Lesueurigobius friesii

♂

Gobius flavescens

♂

♀

Aphia minuta

Crystallogobius linearis ♂

Pomatoschistus marmoratus

Pomatoschistus pictus

Pomatoschistus minutus Sandgrundel
Bis 9 cm lang. Körper schlank, vordere Strahlen der 1. Rückenflosse etwas länger; beim Männchen dunkelblauer Fleck am hinteren Ende der 1. Rückenflosse; Oberrand der Brustflossen nicht stachelig; Schwanzstiel relativ lang; charakteristisch die 4 zusammengesetzten, mehr oder minder deutlichen Querstreifen an den Flanken. Vorkommen: Auf küstennahen und seichten Sandböden, bis 20 m Tiefe.

Pomatoschistus microps
Bis 6,5 cm lang. Kopf orange, zwischen Kinn und Kiemendeckel dunkel. Körper grau bis hellbraun, dunkle, sattelförmige Zeichnung am Rücken, etwa 10 Querbinden an den Seiten. 1. Rückenflosse mit 7 Stachelstrahlen (zwischen dem 5. und 6. schwarze Pigmentierung. 2. Rückenflosse mit 9 Weichstrahlen, beide rotbraun, Brustflossen mit freien Strahlen. Vorkommen: In Küstennähe, Flußmündungen und Felstümpeln.

Scomber scombrus Makrele
Bis 66 cm lang. Spitze Schnauze, Körper langgestreckt, torpedoförmig; 2 Rückenflossen, die erste mit 11–13 Stachelstrahlen, die Afterflosse liegt genau unter der 2. Rückenflosse; je 5 Flössel zwischen 2. Rücken- und Schwanzflosse und zwischen After- und Schwanzflosse; Schwanzflosse tief gegabelt; charakteristisch dunkle Streifen über dem Rücken. Vorkommen: Pelagischer Schwarmfisch, der im Sommer und im Herbst in Küstennähe kommt.

Scomber japonicus (= **S. colias**) Blasenmakrele
Bis 40 cm lang, ähnelt S. scombrus, hat jedoch größeren Kopf und 9–10 Stachelstrahlen in der 1. Rückenflosse. Farbe: Blau-grün mit blauen Flanken und weißem Bauch, goldgelber Streifen mit dunklen Tupfen von Kopf bis Schwanz. Vorkommen: Pelagisch, im offenen und im küstennahen Wasser.

Thunnus thynnus Großer Thun
Bis 3 m lang. Kopf groß, zugespitzt, Mund endständig, Kiefer relativ klein, reichen zurück bis in Augenhöhe, kleine, scharfe, konische Zähne; Schwanzstiel beiderseits gekielt. 1. Rückenflosse mit 13–15 Stachelstrahlen (vordere größer als hintere). 2. Rückenflosse schließt sich unmittelbar an, mit 1 Stachel- und 13–15 Weichstrahlen; 8–10 Flössel zwischen Rücken- und Schwanzflosse, 8–9 Flössel zwischen Anal- und Schwanzflosse; Brustflossen kurz. Vorkommen: Pelagischer Wanderfisch, in Schwärmen, selten tiefer als 100 m.

Thunnus alalunga Weißer Thun (nicht abgebildet)
Bis 1 m lang. Kopf groß. 1. Rückenflosse mit 13–14 Stachelstrahlen, 2. mit 13–14 Weichstrahlen, zwischen ihr und dem Schwanz liegen 7–8 Flössel, zwischen After- und Schwanzflosse 7. Farbe: Flossen gelb, Körper stahlblau mit gelben Flanken und silbrigem Bauch.

Auxis thazard Makrelenthunfisch
Bis 60 cm lang. Makrelenartiges Aussehen, Schwanzstiel gut gekielt. 1. Rückenflosse mit 10–11 Stachelstrahlen, ist von der 2., die 11–12 Stachel- und 8–9 Weichstrahlen besitzt, weit getrennt. Zwischen dieser und der Schwanzflosse stehen 8–9 Flössel, zwischen Anal- und Schwanzflosse sind es 7–8. Vorkommen: Pelagischer Schwarmfisch, im Sommer in Küstennähe.

Pomatoschistus minutus

Pomatoschistus microps

Scomber scombrus

Scomber japonicus

Thunnus thynnus

Auxis thazard

Euthynnus alletteratus Kleiner Thun (nicht abgebildet)
Bis 80 cm lang, Kopf groß, Kiefer lang, aber nicht bis in Augenhöhe zurückreichend. Schwanzkiele gut entwickelt, 1. Rückenflosse mit 13–16 Stachelstrahlen, von denen nur die ersten lang sind, 2. mit 11–14 Weichstrahlen, dahinter 8 Flössel, Schwanzflosse halbmondförmig, Brustflosse kurz, Afterflosse beginnt unterhalb des 1. Rückenflössels, sie hat 12–14 Weichstrahlen. Farbe: Oben dunkelblau bis schwärzlich, unten viel heller, hinter den Brustflossen erstreckt sich über den Oberrumpf eine makrelenartige Marmorierung.

Euthynnus pelamis Echter Bonito (nicht abgebildet)
Bis 1 m lang. Kopf groß, Kieferspalte nicht bis in Augenhöhe zurückreichend. Körper mäßig hoch, gut ausgebildete Schwanzkiele, 1. Rückenflosse mit 15 Hartstrahlen, die vorn am längsten sind und rasch kürzer werden. Die knapp davon getrennte 2. Rückenflosse hat 11–16 Weichstrahlen; 8 Flössel hinter der Rückenflosse, 7 hinter der Afterflosse. Farbe: Oben dunkelblau, Flanken grün, Bauch silbrig, mit 6 breiten Streifen, die über den Bauch zum Schwanz führen. Vorkommen: Pelagisch, normalerweise in größeren Tiefen.

Xiphas gladius Schwertfisch
4–9 m lang. Unverwechselbar mit schwertartig verlängertem Oberkiefer, eine kurze Rückenflosse mit 3–4 Strahlen, keine Brustflossen, keine Flössel. Vorkommen: Im Oberflächenwasser, bis 600 m Tiefe.
Ähnlich: Fächerfisch *Istiophorus platypterus,* unterscheidet sich durch den im Querschnitt runden Schwertfortsatz und die hohe, weit nach hinten reichende, segelähnliche Rückenflosse.

Arnoglossus laterna Lammzunge
Bis 19 cm lang. Linke Seite obenliegend. Kopf klein, Körper oval. Rückenflosse beginnt vor den Augen mit 87–93 Strahlen, die ersten zum Teil frei, aber nicht verlängert; Afterflosse mit 65–74 Strahlen. Vorkommen: Auf Sandböden von 10–60 m Tiefe.
Ähnlich: *A. imperalis* und *A. thori,* beide besitzen jedoch verlängerte, partiell freie vordere Rückenflossenstrahlen. Strahlenanzahl in der Rücken- und Afterflosse 96–106/74–82 bzw. 81–91/62–67.

Scophthalmus rhombus Glattbutt
Bis 75 cm lang. Körper ohne Knochenhöcker auf der Oberseite, mit Schuppen, vordere Strahlen der Rückenflosse büschelartig verzweigt, insgesamt mit 73–83 Strahlen; Analflosse mit 56–62 Strahlen. Vorkommen: Auf Sandböden bis in 75 m Tiefe.

Scophthalmus maximus Steinbutt
Bis 1 m lang, Körper rhomboidal, linke Seite oben, mit knöchernen Höckern auf der Oberseite, ohne Schuppen. Rückenflosse mit 57–71 Strahlen (keine frei), Afterflosse mit 43–52 Strahlen. Farbe: Variiert je nach Untergrund. Vorkommen: Auf Sand- und Kiesböden.

Pleuronectes platessa Scholle
Bis 90 cm lang, meist kürzer, rechte Seite oben, zwischen den Augen bis zum Kiemendeckelrand eine Reihe von 4–7 knöchernen Knötchen. Afterflosse mit 48–59 Strahlen. Farbe: Bräunlich mit auffälligen orangen Flecken. Vorkommen: Sand- und Schlammböden bis 200 m tief.

Platichthys flesus Flunder
Bis 50 cm lang, rechte Seite oben, Kopf ohne knöcherne Knötchen, nur an der Basis von Rücken- und Afterflosse je eine Reihe knöcherner Knötchen; Afterflosse 35- bis 46strahlig. Farbe: Grün-braun mit dunkleren Flecken. Vorkommen: Auf Weichböden bis 50 m tief.

Xiphas gladius

Arnoglossus laterna

Scophthalmus rhombus

Scophthalmus maximus

Pleuronectes platessa

Platichthys flesus

Erklärung der Fachausdrücke

Aboral der Mundöffnung entgegengesetzt gelegen
Ambulacralfüßchen hydraulisch arbeitende Teile des Wassergefäßsystems der Stachelhäuter
Ambulacralfurche eine bei Feder- und Seesternen offene, bei Seeigeln, Schlangensternen und Seegurken geschlossene Rinne, die zu beiden Seiten Ambulacralfüßchen trägt, entsprechend der Fünfgliedrigkeit zumeist 5 pro Tier
Antenne meist langer, schlanker Sinnesfortsatz am Kopf vieler Ringelwürmer und Gliederfüßer
Asymmetrisch ungleich, ohne Symmetrie
Asexuell ungeschlechtlich, Fortpflanzung ohne Sexualvorgang
Benthisch bodenlebend
Bilateralsymmetrie Symmetrieform eines Organismus, der in zwei spiegelbildlich gleich gebaute, rechte und linke Hälften geteilt werden kann
Biserial zweireihig, Anordnung in 2 Reihen
Brackwasser Wasser, dessen Salzgehalt unter dem des normalen Seewassers liegt (unter 3% im allgemeinen)
Byssus haarartige Sekretfäden, mit deren Hilfe sich verschiedene Muscheln an Steinen, Pflanzen etc. verankern können
Calyx Kelch, bezeichnet die äußere Umhüllung einer Blüte oder das Außenskelett eines Hydropolypen
Caruncula kleine, fleischige Höcker, z. B. am Kopf einiger Polychaeten aus der Familie Amphionidae
Cephalothorax Verschmelzungsprodukt von Kopf und Kopfbrustschild (Thorax) bei Höheren Krebsen
Chemorezeptor Sinnesorgan zur Wahrnehmung chemischer Reize, z. B. Geruch, Geschmack
Chitin organischer Bestandteil des Außenskeletts z. B. bei Gliederfüßern
Chorda Rückensaite, Stützstab bei niederen Chordatieren, Vorläufer der Wirbelsäule
Chordatiere Tiere mit einer, zumindest in einem Entwicklungsstadium vorhandenen Chorda
Cilien winzige, nur bei mikroskopischer Vergrößerung sichtbare, fadenförmige Strukturen, die durch ihr Schlagen entweder eine Strömung erzeugen oder der Fortbewegung dienen
Cirrus kleiner tentakel- oder fingerförmiger Fortsatz bei einigen Vielborstern und Gliederfüßern
Cölom flüssigkeitserfüllte Körperhöhle
Corona Panzer der Seeigel, der aus regelmäßig angeordneten Kalkplatten zusammengesetzt ist (streng genommen ein Innenskelett)
Detritus Schweb- und Sinkstoffe, die aus zerfallenen Organismen entstehen und sich am Meeresboden ansammeln
Egestionsöffnung Ausfuhröffnung der Manteltiere
Eingeweidesack Teil des Schneckenkörpers, in dem die Mehrzahl der inneren Organe liegt
Ektoparasit Außenparasit
Epiphytisch Pflanze, die auf der Oberfläche einer anderen Pflanze lebt, ohne ihr jedoch Nährstoffe zu entziehen
Epizoisch Tier, das auf der Oberfläche eines anderen Tieres aufwächst, ohne jedoch zu schmarotzen
Eulitoral biologisch definierte Küstenzone, deren Obergrenze mit dem höchst gelegenen Vorkommen der Seepocken zusammenfällt, und deren Untergrenze durch das höchst gelegene Vorkommen der Laminarien gekennzeichnet ist. Im Mittelmeer der Küstenstreifen, der zwischen Ebbe- und Flutlinie liegt
Evertebraten Tiere ohne Chorda oder Wirbelsäule, Wirbellose
Freie Zähne Zähne, die unabhängig von den Kiefern, z. B. am Rüssel verschiedener Vielborster auftreten
Gamet Samen- oder Eizelle
Gametophyt (bei Pflanzen) jene Generation, die Samen- und Eizellen produziert
Hartboden gewachsener Fels (primärer Hartboden), wie auch durch sedentäre Organismen verkitteter Meeresboden (sekundärer Hartboden)

Hermaphrodit Organismus, der die Fortpflanzungsorgane beider Geschlechter besitzt und daher sowohl Ei- als auch Samenzellen produzieren kann

Heteromorph (bei Pflanzen) Gametophyten- und Sporophytengeneration verschieden ausgebildet, verschiedengestaltig

Ingestionsöffnung Einfuhröffnung der Manteltiere

Isomorph (bei Pflanzen) Gametophyten- und Sporophytengeneration gleich ausgebildet, von gleicher Gestalt

Kommensalismus enge Beziehung, die zwischen mehreren Arten im gemeinsamen Leben besteht, Zusammenleben in einer Ernährungsgemeinschaft

Kutikula Außenskelett aus Chitin und Proteinen

Larve Entwicklungsstadium, das normalerweise dem erwachsenen Tier (Adulttier) nicht ähnlich ist, es sei denn, es führt eine ähnliche Lebensweise; Entwicklungsphase, die häufig mit einer völlig anderen Ernährungsweise als die des erwachsenen Tieres gekoppelt ist; stellt eine Verbreitungsart vieler mariner, seßhafter Tiere dar

Litoral zur Küste gehörend, biologisch definierte Küstenzone, die aus dem Eu- und Supralitoral besteht

Mangrove Pflanzengesellschaft der Gezeitenzone tropischer Küsten mit charakteristischen Holzbewächsen

Mantel Teil der Körperdecke der Weichhäuter, der die Mantelhöhle umschließt und die Schale produziert

Meduse Quallenstadium

Metamorphose Verwandlung einer Larve in das erwachsene Tier

Nekton Gegensatz zu Plankton, Gesamtheit der Organismen, die in der Lage sind, ihre jeweilige Position im Meer selbst zu wählen

Nipptide Gezeiten mit dem geringsten Unterschied zwischen Ebbe und Flut

Ocellus einfache Lichtsinneszelle

Oral Körperseite, die den Mund trägt

Osculum Ausströmöffnung bei Schwämmen

Parapodium segmentaler, meist ruderartiger Anhang eines Vielborsters, trägt gewöhnlich Cirren und Borsten

Pelagisch das freie Wasser des Meeres bewohnend

Pentamerie Fünfstrahlige Radiärsymmetrie

Perisarc dünne, schützende Skelettröhre der Hydrozoen

Pharynx vordere Region des Verdauungskanals, Kiemendarmregion der Chordaten

Phytoplankton meist mikroskopisch kleine planktonische Pflanzen

Plankton schwebende oder schwimmende Organismen, die jedoch nicht in der Lage sind, ihre jeweilige Position im Meer selbst zu bestimmen

Planula einfache Larvenform der Nesseltiere, gewöhnlich bewimpert

Pneumatophor gasgefülltes Schwebeorgan oder modifiziertes Individuum gleicher Funktion einer Staatsqualle

Polymorphismus Vielgestaltigkeit

Polyp festsitzendes Stadium der Nesseltiere

Propodium Vorderfuß bei Weichtieren

Radiärsymmetrie Symmetrieform eines Organismus, bei der die Körperteile gleichwertig um eine mittlere, vertikale Achse, die durch den Mund führt, angeordnet sind, ein definiertes Vorder- und Hinterende fehlt, ebenso eine rechte und linke Seite

Rhizoid wurzelähnliche Bildung, die der Verankerung dient

Rhizom, Wurzelstock, unterirdisch wachsender Stammteil

Rostrum meist spitz auslaufende Fortsetzung des Carapaxvorderrandes bei Krebstieren

Schell Sediment aus Bruchstücken von Molluskenschalen etc.

Segment Körpereinheit der Ringelwürmer und Gliederfüßer

Sipho röhrenartige Bildung zur Leitung von Wasserströmen bei Mollusken und Seescheiden

Spikel winzige Teile des Skelettes bei Schwämmen und Stachelhäutern

Spongocöl zentraler Hohlraum mancher Schwämme

Spore winziger Kiem oder Keimteil der ungeschlechtlichen Generation bei Pflanzen

Sporophyt (bei Pflanzen) Generation, die asexuell Sporen produziert

Springtide Gezeit mit dem größten Unterschied zwischen Ebbe und Flut

Spritzloch rudimentäre Kiemenspalte bei Haien und Rochen

Spritzwasserzone Küstenzone über dem höchsten Flutniveau, die unter dem Einfluß von Spritz- und Sprühwasser steht

Stachelstrahlen harte, stachelartige Flossenstrahlen in der ersten Rückenflosse oder im vorderen Flossenabschnitt der einzigen Rückenflosse bei barschartigen Fischen

Stolon wurzelähnliche Struktur, die in vielen Tierkolonien die Einzeltiere miteinander verbindet; bei Pflanzen ein meist horizontal wachsender Seitenast, der Wurzeln ausbilden kann und in der Folge zu einem selbständigen Individuum wird

Sublitoral biologisch definierte Küstenzone, die unter der oberen Verbreitungsgrenze der Laminarien liegt und nur bei niedrigstem Ebbestand unbedeckt ist und sich von der Küstenlinie bis zum Flachmeerboden erstreckt. Im Mittelmeer nie trockenfallender, ständig untergetauchter Teil des Küstenabhanges

Supralitoral biologisch definierte Küstenzone, deren Obergrenze durch das oberste Vorkommen der Strandschnecken der Gattung *Littorina* und deren Untergrenze durch das oberste Vorkommen der Seepocken gekennzeichnet ist. Im Mittelmeer allgemein definiert als jener Küstenstreifen über der Flutlinie, in dem der Einfluß des Meeres durch Wellenschlag bei schwerer See sowie durch Spritz- und Sprühwasser deutlich den des Landes überwiegt

Symbiose Zusammenleben verschiedener Lebewesen zum gegenseitigen Nutzen

Telson endständiger, fächerartiger Schwanzanhang vieler Krebstiere

Thallus primitiver Pflanzenkörper der Lagerpflanzen, ohne Wurzeln und Blätter

Theca becherförmiges Gehäuse, becherförmige Erweiterung der Skelettröhre, die das Polypenköpfchen umhüllt

Torsion Drehung des Körpers; tritt z. B. während der Entwicklung der Schneckenlarven auf

Tunicin zelluloseähnlicher Bestandteil des Mantels der Seescheiden und Salpen

Umbilicus Nabel, Öffnung in der Spindel der Schneckenschale

Umbo Wirbel, Teil einer Muschelschale

Ventral bauchseits

Vertebraten Tiere mit einer aus einzelnen Wirbeln aufgebauten Wirbelsäule

Wassergefäßsystem (Ambulacralsystem) das für Stachelhäuter charakteristische Kanalsystem

Weichboden Meeresboden, der zum überwiegenden Teil aus Feinsedimenten (Schlamm und Sand) besteht

Zelle kleinste funktionelle Einheit des pflanzlichen oder tierischen Organismus

Zooecium Gehäuse, das das Einzeltier der Moostiere umhüllt

Zooid Einzeltier einer Bryozoenkolonie

Zooplankton Gesamtheit der meist mikroskopisch kleinen Tiere des Planktons

Zooxanthellae Sammelbezeichnung für einzellige Algen, die symbiontisch im Körper verschiedener Seetiere leben

Literaturverzeichnis

Über die Tier- und Pflanzenwelt des Mittelmeeres existiert eine Fülle von meeresbiologischer Literatur. Das folgende Verzeichnis, das keineswegs vollständig ist, enthält eine Vielzahl verschiedener Monographien, Faunenlisten und Meeresführer bestimmter Regionen, von denen die meisten zur Vorbereitung dieses Buches herangezogen wurden.

Admiralty Tide Tables, Vol. 1: European Waters. Hydrographic Department, Ministry of Defense, Taunton, Sommerset (Enthält die Gezeitentabellen für viele größere europäische Hafenstädte und ist besonders für die Vorbereitung von Exkursionen unentbehrlich; erscheint jährlich)

ARRECGROR, J.: Muscheln am Meer. Hallwag Verlag, Bern 1976

BARRETT, J., YONGE, C. M.: Collins Pocket Guide to the Sea Shore. Collins Verlag, London 1958

BURTON, M.: Revision of Classification of Clacareous Sponges. Natural History, London 1963

CAMPBELL, A. C.: Der Kosmos-Strandführer. Kosmos-Verlag, Stuttgart 1977

COKER, R. E.: Das Meer- der größte Lebensraum. Parey Verlag, Hamburg 1966

DUNCAN, U. K.: A Guide to the Study of Lichens. T. Buncle & Co. Ltd., Arbroath 1959

ELTRINGHAM, S. K.: Life in Mud and Sand. English University Press Ltd., London 1971 (Wertvoller Beitrag zur Ökologie sandiger und schlammiger Substrate)

ENTROP, B.: Muscheln und Schnecken an Europas Küsten. Kosmos-Verlag, Stuttgart 1977

Fiches d'Indentifications du Zooplankton. Conseil Permanent International pour l'exploration de la mer 1949–1965. (Sehr brauchbare Tafelserie, die Bestimmungsschlüssel und Abbildungen zahlreicher planktonischer Tiere enthält)

GIBSON, R.: Nemerteans. Hutchinson University Library, London 1972 (Ausgezeichnete allgemeine Darstellung der Biologie der Nemertinen)

GRIMPE, G., E. WAGLER: Die Tierwelt der Nord- und Ostsee. Akademische Verlagsgesellschaft, Leipzig 1927–1940

HAAS, H., W. KATZMANN: Das Mittelmeer. Molden Verlag, Wien 1976

HARDAY, A. C.: The Open Sea. Part 2: Fish and Fisheries. Collins Verlag, London 1970

HARDY, A. C.: The Open Sea. Part 1: The World of Plankton. Collins Verlag, London 1971

KOEHLER, R.: Faune de France. 1: Echinodermes. Paul Lechevalier, Paris 1921 (Ausgezeichnete Zusammenfassung vieler Echinodermen aus dem Mittelmeer, Atlantik und Ärmelkanal)

KREMER, B. P.: Pflanzen unserer Küsten. Kosmos-Verlag, Stuttgart 1977

LINDNER, G.: Muscheln und Schnecken der Weltmeere. BLV Verlag, München

LUTHER, W., K. FIEDLER: Die Unterwasserfauna der Mittelmeerküsten. Paul Parey Verlag, Hamburg 1961

LYTHGOE, J. UND G.: Fishes of the Sea. Blandford Press, London 1971 (Ziemlich vollständiges Bestimmungsbuch für die Fische der Küstengewässer Nordeuropas und des Mittelmeeres)

MAITLAND, P. S.: Der Kosmos-Fischführer. Kosmos-Verlag, Stuttgart 1977

MATTHES, D.: Die Felsenküste der Adria. Kosmos-Verlag, Stuttgart 1976

MICALLEF, H., F. EVANS: The Marine Fauna of Malta. Malta University Press, 1968

NEWELL, R. C.: Biology of Intertidal Animals. Elek Verlag, London 1970 (Wesentliche Aspekte des Lebens an der Küste)

NICOL, J. A.: The Biology of Marine Animals. Pitman & Sons, Ltd., London 1967 (Wichtige Informationen über Organisation und Physiologie mariner Tiere)

NORDSIEK, DR. F.: Die europäischen Meeres-Gehäuseschnecken. Gustav Fischer Verlag, Stuttgart 1968

NORDSIEK, DR. F.: Die europäischen Meeresmuscheln. Gustav Fischer Verlag, Stuttgart 1969

Organisation for Economic Co-operation and Development (OECD). Catalogues of marine fouling organism. H.M.S.O., London (Handliche Broschüre mit guten Bestimmungsschlüsseln und Farbtafeln)

PETTER, G., B. GARAU: Meeresströme und Gezeiten. Arena Verlag, Würzburg 1979

RIEDL ET AL.: Fauna und Flora der Adria. Paul Parey Verlag, Hamburg 1981

ROESSLER, C.: Phantastische Unterwasserwelt. Hoffmann und Campe Verlag, Hamburg 1978

RYLAND, J. S.: Bryozoans. Hutchinson University Library, London 1970 (Allgemeine Darstellung der Biologie der Bryozoen)

TARDENT, P.: Meeresbiologie. Thieme Verlag, Stuttgart 1979

VOSMAER, G. C.: The Sponges of The Bay of Naples. 3 Bände. Martinus Nijhoff Verlag, Den Haag 1935 (Ausgezeichnete Arbeit über Schwämme mit Ausnahme der Kalkschwämme. Reichlich mit Farbtafeln illustriert)

WENDEL, K. H.: Meerestiere-Meerespflanzen. Die Unterwasserwelt der Mittelmeerküsten. Busse Verlag, Herford 1971

Register

Die halbfett gesetzten Seitenzahlen weisen auf Abbildungen hin.